U0150450

航天系统原理

李 智 张占月 马志昊 编著

电子工业出版社
Publishing House of Electronics Industry
北京·BEIJING

内 容 简 介

航天系统是由多个系统组成的完成特定航天任务的工程系统，是典型的复杂大系统，涉及多个学科领域。本书基于系统工程的视角，从基本概念、原理到应用，详细介绍航天系统的基本原理与知识点，使读者能把握航天系统的物理本质，理解航天系统的基本原理，了解航天系统应用中的关键问题，建立对航天的整体认识，具备一定的"知天、用天"能力，为后续的专业学习和航天应用奠定基础。

本书可作为高等院校相关专业本科生、研究生的通用基础教材，也可以作为航天爱好者的科普读物。

图书在版编目（CIP）数据

航天系统原理/李智等编著. —北京：电子工业出版社，2022.7
ISBN 978-7-121-43702-1

I. ① 航⋯   II. ① 李⋯   III. ① 航天系统工程

IV. ①V57

中国版本图书馆 CIP 数据核字（2022）第 096262 号

责任编辑：张正梅
印　　刷：北京天宇星印刷厂
装　　订：北京天宇星印刷厂
出版发行：电子工业出版社
　　　　　北京市海淀区万寿路 173 信箱　　　邮编：100036
开　　本：787×1092　1/16　　印张：20.75　　字数：505 千字
版　　次：2022 年 7 月第 1 版
印　　次：2022 年 7 月第 1 次印刷
定　　价：109.00 元

凡所购买电子工业出版社图书有缺损问题，请向购买书店调换。若书店售缺，请与本社发行部联系，联系及邮购电话：（010）88254888，88258888。

质量投诉请发邮件至 zlts@phei.com.cn，盗版侵权举报请发邮件至 dbqq@phei.com.cn。

本书咨询联系方式：zhangzm@phei.com.cn。

本书编写委员会

主　编：　李　智　马志昊　张占月
副主编：　刘海洋　陈维高　王　阳
委　员：　于金龙　左清华　刘思彤　许益乔
　　　　　宋翊宁　张海涛　张　刚　贾　璐
校　对：　张雅声　陶雪峰　张喜涛

"探索浩瀚宇宙，
发展航天事业，
建设航天强国，
是我们不懈追求的航天梦。"

——习近平

20 世纪初，航天先驱齐奥尔科夫斯基曾预言："地球是人类的摇篮，但人类不会永远躺在这个摇篮里，而是会不断探索新的天体和空间。人类首先将小心翼翼地穿过大气层，然后再去征服太阳系空间。"自从 1957 年世界上第一颗人造地球卫星发射升空、开辟了人类进入太空的新纪元以来，人类的活动区域便从陆地、海洋和大气层空间迈向了太空，现在已经向地月空间和深空拓展。经过 60 多年的发展，航天系统、工程及相关技术对世界各国的政治、军事、经济都产生了广泛而深远的影响，航天工程能力已经成为一个国家综合国力的集中体现，航天梦也是中华民族伟大复兴梦的有机组成部分。

航天系统是由多个系统组成的完成特定航天任务的工程系统，是典型的复杂大系统，涉及多个学科领域。本书基于系统工程的视角，从基本概念、原理及应用的角度介绍航天的基本原理与知识点，使读者能够把握航天系统的物理本质，理解航天系统的基本原理，了解航天系统应用中的关键问题，初步建立对航天的整体认识，具备一定的"知天、用天"能力，为后续的专业学习和航天应用奠定基础。

本书主要包括四个部分。第 1 部分是理论基础，共 3 章。第 1 章航天发展史，主要介绍人类自古到今航天发展的历史过程。第 2 章太空环境，主要介绍太空的范畴及特点，近地空间各种太空环境、太阳活动及其对航天器的影响，联合国《外空条约》、国际电信联盟法律文件等外空国际规则等。第 3 章航天器运动原理，主要介绍轨道运动的基本原理及轨道运动的特点，轨道运动参数描述，卫星与地球的关系，摄动力影响以及典型轨道类型，航天器姿态运动方程及其稳定性。

第 2 部分是航天系统，共包括 4 章。第 4 章航天器系统概述，主要介绍航天器的概念和基本分类、航天器构成以及新概念航天器。第 5 章航天发射原理，主要介绍航天发射要素、航天发射飞行过程和航天发射场以及测试发射模式和流程。第 6 章航天运输系统，主要介绍航天运输系统的概念和分类、火箭飞行基本原理、运载火箭基本构成和主要类型、运载火箭主要性能指标及计算等。第 7 章航天测控系统，主要介绍航天测控系统的功能和组成，航天器跟踪测量、遥测遥控的基本原理，航天测控网及其应用。

第 3 部分是卫星应用，共包括 3 章。第 8 章卫星遥感原理与应用，主要介绍卫星遥感概念和分类、卫星遥感系统组成和工作过程、卫星成像遥感原理、卫星遥感地面运控与应用等。第 9 章卫星通信原理与应用，主要介绍卫星通信系统概念和基本组成、卫星通信链路和雨衰、卫星通信工作原理、卫星通信地面运控与应用等。第 10 章卫星导航原理与应用，主要介绍卫星导航系统组成、卫星导航信号和电文、卫星导航定位原理及导航方程求解、卫星导航地面运控与应用等。

第 4 部分是太空安全基础，共包括两章内容。第 11 章太空态势感知系统原理，主要介绍太空态势感知概念，导弹预警、太空目标监视、太空环境监测三类太空感知活动，以及太空目标探测系统。第 12 章太空安全威胁，主要介绍航天器面临的动能武器威胁、定向能武器威胁及电子对抗等。

本书主要作为高等院校相关专业本科生、研究生的通用基础教材，也可以作为了解航天、应用航天的普及读物。

感谢中国空间技术研究院北京控制工程研究所与战略支援部队航天工程大学的装备预研联合项目组（项目编号：31511070601）对本书编写、审查、出版给予的大力支持和资助。

编著者

2022 年 2 月 9 日于北京

目录

第 1 部分　理论基础

第 1 章　航天发展史 ·· 2

1.1　古代人类的飞天梦想与尝试 ································· 2

　　1.1.1　古代中国的"飞行器" ································· 2

　　1.1.2　古人的飞天尝试 ······································· 3

1.2　近代航天发展简史 ··· 4

　　1.2.1　基础理论的建立 ······································· 4

　　1.2.2　火箭理论与实践 ······································· 4

　　1.2.3　航天时代的开启 ······································· 8

1.3　人类的太空探索 ··· 10

　　1.3.1　进入太空的努力 ······································· 11

　　1.3.2　探测太空的步伐 ······································· 14

1.4　中国航天发展与成就 ··· 19

　　1.4.1　中国航天事业起步 ····································· 19

　　1.4.2　中国航天辉煌成就 ····································· 22

第 2 章　太空环境 ·· 30

2.1　太空的范畴与特点 ··· 30

　　2.1.1　近地空间 ··· 30

　　2.1.2　地月空间 ··· 35

　　2.1.3　太阳系天体系统 ··· 37

　　2.1.4　银河系与星际空间 ····································· 39

2.2　近地太空环境及其效应 ······································· 39

　　2.2.1　真空环境 ··· 39

　　2.2.2　中性大气环境 ··· 41

　　2.2.3　辐射环境 ··· 42

　　2.2.4　等离子体环境 ··· 46

　　2.2.5　碎片与微流星体环境 ·································· 48

2.3　太阳活动的影响 ··· 49

　　　2.3.1　太阳活动 ·· 49

　　　2.3.2　太阳风暴及其影响 ·· 53

　2.4　外空国际规则 ·· 56

　　　2.4.1　外空国际规则的基本框架 ·· 57

　　　2.4.2　国际电信联盟法律文件 ·· 62

第 3 章　航天器运动原理 ·· 65

　3.1　轨道运动的基本原理 ·· 65

　　　3.1.1　开普勒行星运动定律 ·· 65

　　　3.1.2　轨道运动的定性分析 ·· 66

　　　3.1.3　轨道运动的力学解释 ·· 67

　　　3.1.4　椭圆轨道 ··· 68

　3.2　轨道运动的特点 ·· 69

　　　3.2.1　轨道运动的速度 ·· 69

　　　3.2.2　轨道机动 ··· 70

　　　3.2.3　轨道运动的周期 ·· 71

　　　3.2.4　轨道根数 ··· 72

　3.3　卫星与地球的关系 ·· 75

　　　3.3.1　星下点轨迹 ··· 75

　　　3.3.2　卫星的仰角 ··· 78

　　　3.3.3　卫星的覆盖区域 ·· 79

　3.4　轨道的类型与特征 ·· 80

　　　3.4.1　真实的轨道运动 ·· 80

　　　3.4.2　轨道的分类 ··· 81

　　　3.4.3　典型轨道及其应用 ··· 82

　　　3.4.4　拉格朗日点 ··· 89

　3.5　航天器姿态运动 ·· 90

　　　3.5.1　姿态运动动力学方程 ·· 91

　　　3.5.2　欧拉运动学方程 ·· 92

　　　3.5.3　常质量刚性航天器动力学方程 ·································· 93

　　　3.5.4　自由刚体自旋稳定 ··· 94

第 2 部分　航天系统

第 4 章　航天器系统概述 ·· 98

　4.1　航天器的概念与分类 ·· 98

　　　4.1.1　科学卫星 ··· 99

　　　4.1.2　技术试验卫星 ··· 101

　　　4.1.3　应用卫星 ·· 101

　4.2　航天器的构成 ·· 102

　　　　4.2.1　有效载荷 ··· 103
　　　　4.2.2　航天器平台 ·· 103
　　4.3　新概念航天器 ··· 110
　　　　4.3.1　整星新机理航天器 ·· 111
　　　　4.3.2　性能新要求航天器 ·· 112
　　　　4.3.3　功能新特性航天器 ·· 114
　　　　4.3.4　工作新模式航天器 ·· 117
第 5 章　航天发射原理 ·· 121
　　5.1　航天发射概述 ··· 121
　　　　5.1.1　航天发射的特点 ·· 121
　　　　5.1.2　航天发射方式 ··· 123
　　5.2　航天发射要素 ··· 126
　　　　5.2.1　航天发射的三要素 ·· 126
　　　　5.2.2　发射窗口 ·· 128
　　5.3　航天发射飞行 ··· 130
　　　　5.3.1　飞行轨道选择 ··· 130
　　　　5.3.2　飞行程序设计 ··· 132
　　5.4　航天发射场 ··· 133
　　　　5.4.1　航天发射场的测试发射模式 ··· 133
　　　　5.4.2　航天发射场的功能分区 ·· 138
　　　　5.4.3　航天发射场选址 ··· 141
　　5.5　世界主要航天发射场 ·· 144
　　　　5.5.1　国内典型航天发射场 ·· 144
　　　　5.5.2　美国典型航天发射场 ·· 146
　　　　5.5.3　俄罗斯典型航天发射场 ·· 148
　　　　5.5.4　其他国家典型航天发射场 ··· 150
　　　　5.5.5　未来航天发射场的发展趋势 ··· 152
第 6 章　航天运输系统 ·· 156
　　6.1　航天运输系统的分类 ·· 156
　　　　6.1.1　运载火箭 ·· 156
　　　　6.1.2　空间轨道转移运输飞行器 ··· 157
　　　　6.1.3　天地往返运输飞行器 ·· 158
　　6.2　火箭飞行的基本原理 ·· 159
　　　　6.2.1　弹道导弹的"1/2"准则 ··· 159
　　　　6.2.2　齐奥尔科夫斯基公式 ·· 160
　　　　6.2.3　多级火箭 ·· 162
　　6.3　运载火箭的构成与工作原理 ··· 163
　　　　6.3.1　运载火箭的构成 ··· 163

6.3.2 液体火箭发动机的工作原理 ·· 166

6.3.3 固体火箭发动机的工作原理 ·· 168

6.4 运载火箭的主要性能指标 ·· 170

6.4.1 总冲和比冲 ·· 170

6.4.2 总体性能指标 ··· 171

第 7 章 航天测控系统原理 ·· 173

7.1 航天测控系统的功能与组成 ·· 173

7.2 航天器跟踪测量 ·· 174

7.2.1 跟踪测量系统的分类 ·· 175

7.2.2 航天器测量原理 ·· 176

7.2.3 航天器跟踪引导原理 ·· 184

7.2.4 发展趋势 ·· 184

7.3 航天遥测、遥控 ·· 185

7.3.1 航天遥测 ·· 185

7.3.2 航天遥控 ·· 185

7.3.3 信号调制原理 ·· 186

7.3.4 多路复用 ·· 189

7.3.5 PCM 数据格式及数据差错控制 ·· 191

7.4 航天测控网及其应用 ·· 193

7.4.1 航天测控网的组成及其功能 ··· 193

7.4.2 航天测控网的应用 ·· 195

第 3 部分　卫星应用

第 8 章 卫星遥感原理与应用 ·· 200

8.1 卫星遥感概述 ·· 200

8.1.1 卫星遥感的概念与特点 ·· 200

8.1.2 卫星遥感的分类 ·· 201

8.1.3 卫星遥感系统组成与工作过程 ··· 205

8.2 卫星成像遥感原理 ·· 206

8.2.1 目标电磁特性 ·· 206

8.2.2 大气传输特性 ·· 209

8.2.3 卫星成像传感器 ·· 212

8.3 卫星遥感地面运控与应用系统 ·· 217

8.3.1 卫星遥感地面运控与应用系统概述 ····································· 217

8.3.2 卫星遥感任务规划 ·· 222

8.3.3 卫星遥感图像处理 ·· 226

8.3.4 典型系统介绍 ·· 229

第 9 章　卫星通信原理与应用 ························· 232

9.1　卫星通信系统 ····································· 232

9.1.1　卫星通信的概念 ······················· 232

9.1.2　卫星通信工作频段 ··················· 233

9.1.3　卫星通信系统的组成 ··············· 234

9.2　卫星通信工作原理 ······················· 238

9.2.1　卫星通信网络结构 ··················· 238

9.2.2　卫星通信基本过程 ··················· 239

9.2.3　卫星通信链路 ··························· 241

9.3　卫星通信地面运控与应用 ············· 242

9.3.1　卫星通信资源调度 ··················· 242

9.3.2　地面用户接入控制 ··················· 243

9.3.3　典型系统介绍 ··························· 244

第 10 章　卫星导航原理与应用 ··············· 248

10.1　卫星导航系统 ·························· 248

10.1.1　系统构成 ······················· 248

10.1.2　卫星导航信号 ·············· 250

10.1.3　导航电文 ······················· 252

10.2　卫星导航定位基本原理 ··········· 254

10.2.1　信号时延测量原理 ······· 254

10.2.2　方程的线性化 ·············· 256

10.2.3　方程求解 ······················· 257

10.3　卫星导航地面运控与应用系统 ···· 258

10.3.1　卫星导航地面运控系统 ·· 258

10.3.2　卫星导航接收机 ··········· 261

第 4 部分　太空安全基础

第 11 章　太空态势感知系统原理 ············ 266

11.1　太空态势感知概念 ················· 266

11.1.1　太空态势感知定义 ······· 266

11.1.2　太空态势感知对象 ······· 267

11.2　太空态势感知活动 ················· 269

11.2.1　导弹预警 ······················· 269

11.2.2　太空目标监视 ·············· 271

11.2.3　太空环境监测 ·············· 273

11.3　太空目标探测系统 ················· 275

11.3.1　太空目标特性 ·············· 275

11.3.2　太空目标探测信息类型 ·· 279

　　　11.3.3　地基雷达系统 ··· 279

　　　11.3.4　地基光学系统 ··· 282

　　　11.3.5　天基光学系统 ··· 283

第 12 章　太空安全威胁 ··· 285

　12.1　动能武器威胁 ··· 282

　　　12.1.1　基本概念 ··· 285

　　　12.1.2　动能武器的工作过程 ··· 286

　　　12.1.3　动能武器毁伤机理 ··· 288

　12.2　定向能武器威胁 ··· 291

　　　12.2.1　高能激光武器 ··· 291

　　　12.2.2　高功率微波武器 ··· 296

　12.3　电子对抗 ··· 303

　　　12.3.1　电子对抗的基本概念 ··· 303

　　　12.3.2　信息链路干扰 ··· 306

　　　12.3.3　传感器干扰 ··· 309

参考文献 ··· 314

第 1 部分
理 论 基 础

第1章

航天发展史

人类的活动范围是随着自身实践能力的提高不断拓展的。自从 1957 年世界上第一颗人造地球卫星发射升空，开辟了人类进入太空的新纪元以来，人类的活动区域便从陆地、海洋和大气层空间迈向了外层空间，并实现了对月球的近旁飞越、环绕乃至登月的创举，取得了对近地空间的探索、开发和利用等重大成果。

1.1　古代人类的飞天梦想与尝试

在人类足迹进入太空之前，太空一直是安静的、神秘的。天空中闪烁的星星，变成了人们持续关注的对象，它们到底是什么？是吉凶的象征？是天神和魔鬼？中国神话如嫦娥奔月、敦煌飞天、牛郎织女、孙悟空大闹天宫、哪吒闹海等故事中各路神仙腾云驾雾，古希腊神话中的伊卡洛斯用蜡和羽毛为自己制作能飞翔的翅膀，古罗马神话中的墨丘利那带翅的帽子和飞行鞋及阿拉伯神话中的波斯飞毯，这些神话都描绘了人们在太空自由飞行的情景，反映出自古以来人类对飞天的遐想与期望。一些大胆的人们还想上天去看看，虽然都以失败告终，但太空的神秘一直激发着人们的好奇心，直到有一天，人们在不懈的探索中终于找到了通往太空的"钥匙"，冲破了地球引力的束缚，飞向了天际。

1.1.1　古代中国的"飞行器"

中国是世界文明的发源地之一，古代中国人民为了实现飞上蓝天的梦想，凭着他们的勤劳和智慧，发明了风筝、火箭、孔明灯、竹蜻蜓等能飞的器械。而这些能飞的器械就是现代飞行器的始祖或雏形。美国国家航空航天博物馆中陈列着世界上最早的飞行器——中国的风筝，旁边的说明牌上醒目地写着："世界上最早的飞行器是中国的风筝和火箭。"

1.1.1.1　风筝

风筝又名风鸢、木鸢、纸鸢或鹞子，是一种玩具。追寻风筝的起源，可上溯到两千多年前的春秋战国时期，由于战争的需要，古人以鸟为形、以木为料，制成可在空中飞行的木鸢。据《韩非子·外储说左上》记载："墨子为木鸢，三年而成，蜚一日而败。"另据《鸿书》记载，鲁班也曾制作过木鸢，曰："公输班制木鸢以窥宋城。"

在中国古代，木鸢一直是战争时通信和侦探的重要工具，并能带上火药用作战争进攻的武器。相传公元前 202 年，楚汉相争时期，韩信曾做风筝，让张良乘坐而"楚歌云上"，楚军因思乡厌战而亡,这就是成语"四面楚歌"的故事。而宋朝高承在《事物纪原》中说韩信曾利用风筝测量距离,明代的《古今事物考》中也记载了韩信用风筝测量未央宫下面地道的距离一事,是风筝最早用来为军事服务的记载。唐宋时期,由于造纸业的出现,风筝改由纸糊,很快传入民间,成为人们休闲娱乐的玩具。公元 7 世纪风筝开始传入朝鲜,8 世纪传入日本,十三四世纪传入欧洲,以后又传入美洲和世界其他地方。

1.1.1.2　火箭

中国也是发明火药和火箭的国家。火箭一词最早出现在我国三国时期,当时的"火箭"只是箭杆前端绑有易燃物,点燃后由弓弩射出的普通箭,不是真正意义上靠喷气推进的火箭。到东晋时期,随着火药的出现,火药代替了易燃物,"火箭"迅速应用于军事和娱乐活动中。

真正靠火药燃烧产生气体喷射推进的火箭雏形是出现于南宋孝宗年间的炮仗和烟火。其中的"起火"是在一根细竹竿上捆一个药筒,点燃时能一飞冲天的一种烟火,战时可用作信号,平时用于庆祝喜事。"起火"的前端加一个箭头,尾端装上箭羽,便成了真正意义上靠喷气推进的火箭。这种火箭在明代茅元仪编著的《武备志》中有记载。这种原始火箭虽然远不如现代火箭那样复杂,但已经具备战斗部(箭头)、推进系统(药筒)、稳定系统(尾羽)和箭体结构(箭杆),是现代火箭的雏形。到元、明时期,"起火"已在民间流行,火箭武器也在军事应用中得到发展,出现了原始的"捆绑""多级火箭"和"回收"技术。类似喷气飞机的"神火飞鸦"、有两级推进的"火龙出水"(图 1.1)和能自控返回的"飞空砂筒",这些几百年前的武器可以认为是现代导弹和航天器的始祖。

（a）"神火飞鸦"　　　　　　　　　　　　（b）"火龙出水"

图 1.1　中国古代的火箭

1.1.2　古人的飞天尝试

世界上第一个试图乘火箭上天的开拓者是中国的"万户"。据记载,万户是浙江金华人,原名陶广义,后被朱元璋赐名"成道",万户是他的官职名。万户熟读诗书,却因热爱科学不爱官位而不去投考功名。一次炼丹中发生的爆炸事件,引发了他研究火器的兴趣。后来,万户终于试制出火器,并成为明朝开国功臣,朱元璋封他为"万户"。晚年,万户想利用这两种具有巨大推力的物体将人送上蓝天,去亲眼观察高空的景象。为了实现飞天梦想,他把自己捆绑在椅子上,在座椅的背后装上 47 枚当时所能买到的最大的火箭,两只手各拿一个大风筝(图 1.2)。万户让人同时点燃 47 枚火箭,其目的是借着火箭向前推进的动力,加上风筝的上升力量及平衡作用飞向天空。喷着火焰的"飞鸟"带着万户离开山头冲向半空，然而不久，火光消失，"飞鸟"翻滚着摔在山脚之下，万户也因此丧生。

这次实验虽然以失败告终，万户却由此成为古代中国乃至世界为航天事业献身的第一人。万户惊人的胆略和非凡的预见，为后人进入太空打开了思路。万户的实验是人类火箭飞行的初次尝试，得到现代国际社会的承认和赞扬，称他为"试图利用火箭作为交通工具的第一人"。万户的名字被美国科学家用来命名月球上的一座环形山，以表彰他的这一业绩。

图　1.2　万户飞天绘画

1.2　近代航天发展简史

1.2.1　基础理论的建立

航天思想萌芽于古代人们对太空的向往，但是科学地论证克服地球引力场的条件，只有在经典力学，特别是天体力学的基础上才能做到。随着近代天文学的发展和天体力学的创立，航天活动开始得到理论的指导。

16 世纪，波兰天文学家哥白尼创立了日心说，改变了当时人们对宇宙的认识。之后，天文学家第谷·布拉赫通过大量天文观测获得了有关行星运动的丰富资料。约翰尼斯·开普勒对第谷·布拉赫的观测资料用数学方法进行了分析计算和研究，发现了行星运动三定律，为经典天文学奠定了基石。1609 年，伽利略用自制的望远镜观察星空，使人类对太空的认识实现一个飞跃。伽利略还发现了自由落体定律和惯性原理，为经典力学的发展做出了贡献。1673 年，荷兰物理学家克里斯蒂安·惠更斯从单摆和圆周运动的实验中得出向心力定律。艾萨克·牛顿根据运动的现象研究自然界的力，在 1687 年发表了他的不朽著作《自然哲学的数学原理》。他在这本书中提出了万有引力定律和三大运动定律，创立了天体力学，使人们得以从动力学的角度来研究天体的力学运动。经典力学，特别是天体力学是航天先驱们寻求克服地球引力而进入太空的途径的理论基础。

1.2.2　火箭理论与实践

1.2.2.1　航天理论先驱

掌握了天体运行规律后，人们认识到，要想进行星际航行，就必须获得足够高的飞行速度。为了指导航天活动，为了获取星际航行的速度，许多航天先驱们着手进行基本理论研究和工程的实践，做出了重大贡献。这些先驱者中最著名的有康士坦丁·齐奥尔科夫斯基、罗伯特·戈达德和赫尔曼·奥伯特等人，如图 1.3 所示。

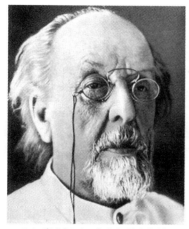

（a）康士坦丁·齐奥尔科夫斯基　　（b）罗伯特·戈达德　　（c）赫尔曼·奥伯特

图　1.3　近代航天先驱者

俄国科学家康士坦丁·齐奥尔科夫斯基（1857—1935 年）是现代航天和火箭理论的奠基人。他研究了星际航行的运载工具，最早明确阐明了利用反作用装置作为太空飞行推进动力的思想，指明火箭是实现星际航行的理想工具。他以动量守恒来研究火箭运动，从理论上证明了火箭可以在无大气环境下产生动力实现航天飞行，并于 1897 年推导出了被誉为"宇宙航行第一公式"的火箭运动方程式。他还首先提出利用多级火箭可以获得第一宇宙速度，能够将人造地球卫星送上太空。他在后续的论文和著作中，确定了液体火箭发动机是航天器最适合的动力装置，为运载火箭的发展指出了方向；研究了卫星轨道和开发太空的设想，提出了为实现星际航行必须设置空间站的设想，以及航天器在地面起飞、在星际空间飞行和在没有大气层的星球表面着陆的条件。齐奥尔科夫斯基所建立的航天学理论基础指导着航天活动的实践。

罗伯特·戈达德（R. H. Goddart，1882—1945 年）被尊称为"美国火箭之父"，他研究和阐述了宇宙航行学的理论和基本数学原理，提出了将火箭发射到月球的方案。他进行了火箭工作性能的实验，首先通过实验证明了火箭能在真空中工作，解答了当时许多人的疑虑。他研究了火箭发动机燃烧室和喷管形状对热效率的影响，得出火药火箭比液体燃料火箭效率低的结论，并着手研制液体火箭。1926 年 3 月 16 日，戈达德进行了世界上第一枚液体火箭的发射试验，并取得了成功，成为液体燃料火箭创始人。1932 年，他首次利用陀螺控制燃气舵操纵火箭飞行。1935 年，他制造的火箭的飞行速度超过了声速，射程达到70km。戈达德的贡献是将航天理论与火箭技术结合起来，使火箭进入实际的研制阶段。他不断地改进火箭，最终使火箭达到了可观的高度和速度。他的成就启发和鼓舞了 20 世纪30 年代一大批火箭研制者。

出生在罗马尼亚的德国籍物理、数学教授赫尔曼·奥伯特（1894—1989 年）是德国火箭研制工作的发起者，他的经典理论著作《飞往星际空间的火箭》和《通向航天之路》论述了摆脱地球引力和载人飞向太空的原理，在德国建立了火箭和宇宙航行学的基本理论。他的著作引起了公众很大的反响，激发了许多青年的兴趣。1927 年，德国创立星际航行协会，奥伯特担任会长。该协会成为航天人才基地，团结了一批欧洲航天爱好者，开展了液体火箭的研制和试验，进行了宇宙飞船的研究。通过交流与火箭研制活动，使布劳恩、瓦利尔、内贝尔等一批著名航天专家得到了锻炼和成长。1938 年，奥伯特在维也纳工程学院开始从事固体火箭研究，并于 1940 年加入德国国籍。1941 年，奥伯特参与了"V-2"火箭的研制工作。他的贡献主要在理论方面，对早期火箭技术和航天学的发展有较大的影响。

1.2.2.2 火箭研究组织的实践

20 世纪 20 年代中期，齐奥尔科夫斯基等航天先驱者提出的理论和取得的非凡成就已逐渐被世人所知，并且在一定程度上得到了承认。在这些先驱者的卓越思想和伟大著作的影响和激励下，欧洲和美国等许多地区和国家都有不少热血青年自发组织起来，成立了有关火箭研究和太空飞行的研究协会或组织，使液体火箭得到了很大发展。可以说，从航天学理论创立到 20 世纪 40 年代达到德国液体火箭这一技术高峰的过程中，二三十年代的火箭研究组织是其中极其重要的承上启下的环节。

1. 德国星际航行协会

德国星际航行协会创始人是温克勒（J. Winkler）和法利尔（M. Valier）。该协会于 1927 年 6 月 5 日成立，参加首次会议的只有 12 人，会议推举温克勒担任主席。会议确定协会的宗旨是：验证并应用奥伯特的理论，进行火箭与太空飞行的理论和试验研究。由于他们的最终目标是研制宇宙飞船，因此把座右铭定为"宇宙飞船万岁"。该协会还决定创办刊物《火箭》。为了扩大影响并在公众中宣传航天思想，该协会决定编辑出版一本介绍太空飞行知识的著作《太空飞行的可能性》。该书出版后得到热烈反响，吸引了一批年轻人加入协会，其中就有当时只有 19 岁，还在柏林工业大学学习的冯·布劳恩。

德国星际航行协会成立初期，经费筹措比较困难，所做的工作也很分散。为了尽早研制、发射一枚液体火箭，他们计划先从研制小火箭开始并取得了初步的成功。之后，他们决定研制新的液体火箭，取名"推进器"。该火箭取得了极大成功，也使协会名声远扬。德国星际航行协会在成立之初的 5 年内，做了大量开拓性的努力，共举办了 23 次火箭和太空飞行展览，进行了 270 次火箭发动机点火试验和 87 次火箭发射试验。

2. 美国火箭协会（ARS）

美国火箭协会的发起人大多是职业作家或业余作家，这批人有一个共同的爱好，就是都喜欢阅读和创作科学幻想小说。1930 年 4 月 4 日，在哈罗尔德论坛报记者爱德华·彭德利（E. Pendray）纽约的家中，12 个人聚集在一起，发起成立了美国星际航行协会，后来更名为美国火箭协会。在成立大会上，《幻想故事》杂志的编辑戴维·拉舍（D. Lasser）被选为协会的第一任主席。1930 年 7 月，该协会正式出版了刊物《会志》，后来改名为《航天学》，接着又改名为《美国火箭协会杂志》，最终演变成了《喷气推进》。

美国火箭协会成立了一个委员会，开展第一枚液体火箭的研制工作。彭德利和佩尔斯负责第一枚火箭的设计，并按照美国火箭协会的缩写命名为"ARS1 号"。在"ARS4 号"火箭取得成功后，协会决定将火箭和发动机研制工作分开，优先开展发动机和试验台的研制。与此同时，美国火箭协会其他成员分别进行火箭结构设计、冷却、火箭运动理论以及火箭应用方面的广泛研究。1936 年，埃弗里科诺（A. Alfricano）基于协会所进行的大量研究和试验，设计了一枚高空火箭。这项设计为他和协会赢得了第二届 REP-Hirsch 航天学大奖，使美国火箭协会在世界范围内确立起了自己的地位。

3. 苏联的火箭研究协会

苏联在 20 世纪二三十年代，也有几个火箭及太空飞行研究组织，包括 1924 年成立的星际交通协会、1925 年成立的"乌克兰太空研究协会"等。1928 年 6 月，列宁格勒气体动力学实验室开始研制助推火箭；1929 年 4 月，该实验室成立第二分部，开始研究液体火箭发动机和电火箭发动机；1931 年，又有两个研究小组成立，一是莫斯科喷气推进研究小组，二是列宁格勒喷气推进研究小组；1932 年 4 月，莫斯科反作用研究小组创建了实验火箭工厂，并于 1933 年成功研制了苏联第一枚全液体火箭"GIRD-X 号"。

为便于统一领导，莫斯科喷气推进研究小组和列宁格勒喷气推进研究小组与气体动力学实验室于 1933 年 10 月 31 日联合起来，成立喷气推进科学研究所，原气体动力学实验室主任、军事工程师克莱门诺夫被任命为研究所所长，科罗廖夫担任副所长。20 世纪 30 年代后期，喷气推进科学研究所在火箭研究设计方面也取得了一定成绩。从 1929 年到 1945 年，苏联的火箭技术在各方面都取得了重大突破，特别重要的是，这一时期涌现出了一大批火箭专家，包括格鲁什科、科罗廖夫、吉洪拉沃夫等，他们为苏联发展火箭、导弹和航天技术做出了巨大贡献。

1.2.2.3　"V-2"火箭及其历史作用

从 20 世纪 20 年代到第二次世界大战之前的一段时间，欧洲各国、美国以及苏联涌现出了一大批火箭专家，而且他们在火箭技术方面都取得重大的突破性成果，无论从理论上还是实践上都为人类制造火箭并最终克服地球引力做好了准备。然而世界各国当时并没有认识到火箭的价值，除了德国，美国、英国、法国和苏联都没有研制出实用的火箭武器。

从 20 世纪 20 年代末开始，德国陆军炮兵局抽调专人研究火箭的未来发展潜力和用于现代战争的可能性。刚刚取得工程硕士学位的年轻军官瓦尔特·罗伯特·多恩伯格（W. R. Dornberger，1895—1980 年）上尉被指派负责具体研究工作。1932 年年底，多恩伯格火箭研究小组的框架基本搭成，在冯·布劳恩（Wernher Von Braun，1912—1977 年）的主持下开始研制 A 系列液体火箭。其中，1942 年 10 月取得飞行成功的"A-4"火箭代表了 A 系列火箭的最高水平，推力高达约 260kN，利用陀螺平台与石墨燃气舵和气动舵组成的系统，实现了火箭飞行的制导和控制。"A-4"火箭的成功是火箭及航天史上具有重要意义的事件，多恩伯格在庆祝会上激动地说："我们利用火箭进入了太空，并且首次利用太空为地球上的两点架起了桥梁；我们证明了利用火箭原理进行太空飞行是切实可行的，这在科学技术史上有着非凡的意义。除了陆地交通、海洋交通和空中交通外，现在还可以加上无限广阔的宇宙空间作为未来洲际航行的一个中介。这是宇宙航行新纪元的曙光。今天，1942 年 10 月 3 日，是人类旅行乃至太空飞行新时代的第一天。"

"A-4"火箭后改名为"V-2"火箭，如图 1.4 所示。纳粹德国将其用于袭击英国本土，先后向伦敦发射了约 3000 枚火箭，造成了英国巨大的人员和建筑物损失，引起了很大的恐慌，充分显示了火箭武器的威力。"V-2"火箭从工程上实现了航天先驱的技术设想，标志着现代大型火箭技术取得了突破，成为向地球引力挑战的工具，是航天史的一个重要里程碑。

（a）"V-2"火箭　　　　　　　　　　（b）冯·布劳恩

图 1.4　德国的"V-2"火箭及其设计者冯·布劳恩

1.2.3　航天时代的开启

火箭技术、电子学及半导体器件的进展，为发射卫星创造了条件。科学界尤其是地球物理学界的迫切需求，也催促着政府尽早发射卫星。实际上，更为迫切的需求和起主要促进作用的是苏美两国都想抢先发射卫星，占据太空竞赛的领先地位。

1.2.3.1　人造地球卫星的诞生

20世纪四五十年代，美国和苏联都正式做出研制和发射人造卫星的决定，但在计划的具体执行上，美苏两国采取的路线却是完全不同的。苏联将运载火箭和洲际导弹通盘考虑、并行发展，从而大大加快了研制进度。美国则把人造卫星计划与洲际导弹研制截然分开。

1955年，苏联成立"人造地球卫星委员会"，负责人造卫星和运载火箭的研制，由科罗廖夫担任运载火箭的总设计师。

1957年8月21日，世界上第一枚洲际弹道导弹"P-7"成功进行了全程发射实验，射程达到了8000km。这次成功发射具有两个意义：一是苏联抢在美国之前（提前6个月）成功发射了洲际导弹，这使全世界东西两大阵营的军事力量对比发生了某种深远的变化，也在某种程度上提高了社会主义阵营的国际地位；二是为苏联率先跨入太空时代奠定了坚实的技术基础。

苏联宇航科学家米哈伊尔·克拉夫基耶维奇·吉洪拉沃夫（1900—1974年）提出了论证人造地球卫星的可行性和必要性的建议，他在《关于人造地球卫星》的报告中，充分论证了利用二级火箭可以达到第一宇宙速度并可用于发射人造卫星。受此启发，科罗廖夫认为导弹稍加改进就可以作为发射卫星的运载火箭。1955年6月25日在提交给苏联科学院的报告中，科罗廖夫指出，"利用火箭飞行器实现超远距离和无限高度的超高空飞行，在原理上是可行的。目前，制造人造地球卫星和进行载人高空飞行研究星际空间的火箭飞船日趋接近现实"。1956 年 1 月 30 日，苏联政府正式做出在 1957—1958 年研制人造地球卫星（以下统称人造卫星）的决定，并于 2 月开始制定卫星的技术要求。

为了发射人造卫星和达到第一宇宙速度的要求，科罗廖夫及其"卫星小组"对"P-7"导弹进行了改进，主要是取消了武器有效载荷，改装后的运载火箭被定名为"卫星号"运载火箭。此时，苏联已先后完成了地面测控网和位于哈萨克斯坦拜科努尔航天发射场的建设。

1957 年 10 月 4 日，"卫星号"运载火箭携带世界上第一颗人造卫星"斯普特尼克 1 号"在拜科努尔航天发射场发射成功，进入近地点 228.5km、远地点 946.1km、轨道倾角 65°、周期 96.2min 的椭圆形轨道。该人造卫星在轨道上共运行了 92 天，绕地球飞行约 1400 圈，于 1958 年 1 月 4 日再入大气层时烧毁。如图 1.5（a）所示，"斯普特尼克 1 号"卫星外形为球形，直径 0.58m，质量 83.6kg，安装了 4 根长约 2m 的天线。这颗人造卫星在技术上进行了星内温度压力试验、高空大气密度测量和电离层研究，并探测出几百千米高空的空气阻力。但同它的科学研究成果相比，它的政治影响和对科学技术发展的影响则更加深远。

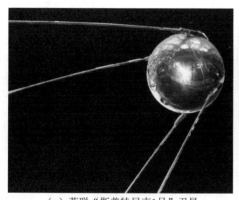 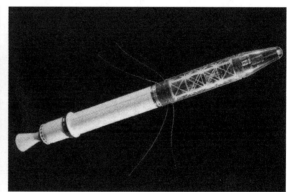

（a）苏联"斯普特尼克1号"卫星　　　　　　　　（b）美国"探险者1号"卫星

图 1.5　苏联与美国先后发射的首颗人造卫星

美国虽然制定了人造卫星发展规划，但由于提出人造卫星计划的单位有多个，一时难以取舍。几个大型火箭、人造卫星计划并存，多家单位互不相让，各行其是。第一个计划是以冯·布劳恩为首的陆军弹道导弹局和海军研究实验室于 1954 年联合提出的"轨道器"计划，采用的火箭是由"丘比特"中程导弹改装的。1955 年春，海军研究实验室"海盗"探空火箭计划小组提出了一个"先锋"计划。空军有关单位也提出了用"宇宙神"导弹改装成运载火箭发射人造卫星的计划。航空喷气工程公司和洛克希德·马丁公司（简称马丁公司）也提出了各自的人造卫星计划。

1955 年 9 月 9 日，经过权衡，美国国防部批准了海军研究实验室的"先锋"计划。虽然"先锋"计划小组及各承包公司在接下来的几年来一直都在不懈地努力，但由于这是一项十分庞大的工程，原方案又被多次修改，因此需要解决许多新的技术问题，加上美国公众的强烈反响和对美国人造卫星的期盼，致使"先锋"计划无法按正常的科学程序进行。当苏联成功发射第一颗人造卫星后，"先锋"号运载火箭还未进行过完整的试验。

1957 年 10 月 25 日，美国国防部终于批准恢复原本已经取消的"轨道器"计划。在冯·布劳恩的主持下，于 1958 年 1 月 31 日用"朱诺 1 号"四级运载火箭将美国的第一颗卫星"探险者 1 号"送入轨道。如图 1.5（b）所示，"探险者 1 号"卫星很小，本体质量为 4.8kg，与末级火箭连在一起后的质量为 14kg。不过，这颗卫星首先发现了地球辐射带，即范·艾伦带，在科学探测上取得了重要成果。地球辐射带是人类认识近地太空环境的第一个伟大发现。"探险者 1 号"一直在轨道上运行了 12 年，直到 1970 年 3 月 31 日才坠毁。

1.2.3.2 航天时代的到来

苏联和美国先后研制和成功发射了各自的第一颗人造卫星后，航天技术开始朝着进一步深化和应用化方向发展。在不断推出新型运载火箭的同时，人造卫星在军用和民用方面的应用也越来越多。航天技术对社会的巨大影响正逐步显现出来，航天活动越来越引人注目，航天事业的地位日益得到巩固。

人类发射的各种应用卫星，利用相对于地面位置更高的优势，能够更全面、及时地获取人类赖以生存的地球及其周围环境的信息，更好地开发地表、海洋和天空的资源为人类服务，也更广泛地为军事服务。人类借助通信卫星，可以实现远距离、大容量传递和中继各类信息，实现了信息技术革命；借助气象卫星，可以更好地为气象预报服务；利用资源卫星，可以大大提高矿产资源勘探的效率；通过导航卫星，可以为地球上任何位置的用户提供定位服务。航天技术对社会、经济、文化、科技甚至军事产生了巨大影响。继苏联和美国进入航天时代后，其他一些国家包括第三世界国家也都纷纷根据自己的国情制订了各自的航天发展计划，并且取得了不同的成就。表 1.1 列出了早期各国自主发射的首颗卫星的相关信息。

表 1.1　各国自主发射的首颗卫星的相关信息

国家	卫星名称	发射日期	卫星质量 /kg	近地点/远地点 /km	轨道倾角 /（°）	运载火箭
苏联	"斯普特尼克 1 号"	1957 年 10 月 4 日	83.6	228.5/946.1	65	"卫星号"
美国	"探险者 1 号"	1958 年 1 月 31 日	14	260.4/2531.4	33.34	"探险者 1 号"
法国	"试验卫星 A1 号"	1965 年 11 月 26 日	42	536.2/1808.9	34.24	"钻石"
日本	"大隅号"	1970 年 2 月 11 日	9.4	339/5138	31.07	"兰姆达 4S5 号"
中国	"东方红 1 号"	1970 年 4 月 24 日	173	439/2384	68.5	"长征 1 号"
英国	"普罗斯帕罗"	1971 年 10 月 28 日	66	537/1482	82.1	"黑箭"
印度	"罗希尼（光明）"	1980 年 7 月 18 日	40	306/919	44.8	"SLV-3"
以色列	"地平线 1 号"	1988 年 9 月 19 日	155	250/1150	142.9	"彗星号"

1.3　人类的太空探索

从第一颗人造卫星进入太空开始，人类对太空的探索也在艰难而又坚定地开展着。人类建造了飞船和航天飞机，先后将 200 余名宇航员送入太空和空间站开展科学研究；人类的足迹已经登陆月球，正在向火星迈进；人类的探测器早已征服太阳系行星，正在也必将最终走向更远的太空深处。

1.3.1 进入太空的努力

1.3.1.1 载人航天

载人航天是航天技术发展的一个新阶段。早在 20 世纪 40 年代末，人类就把一些生物装入探空火箭进行试验。20 世纪 50 年代后期，人类发射了多颗携带动物的人造卫星，对生命保障系统、回收技术、遥测、遥控、通信技术等进行了全面试验。科学家对获得的太空环境数据加以处理后发现，过去对微流星的危害估计偏高，存在辐射带的太空也是有限的，从而肯定了人类进入太空的可行性。

第一颗人造卫星发射后，苏联和美国开始在太空探索方面展开激烈的角逐。1961 年 4 月 12 日，苏联发射世界上第一艘"东方 1 号"宇宙飞船 [图 1.6（a）]，尤里·加加林少校 [图 1.6（b）] 乘"东方 1 号"用时 108min 绕地球运行一圈后，于上午 10 时 55 分在萨拉托夫附近安全返回。他回到莫斯科时，受到成千上万群众的夹道欢迎。时任苏联总书记赫鲁晓夫亲自授予加加林列宁勋章。加加林成为世界上第一位进入太空的宇航员，他的这次太空之旅具有划时代的意义（1968 年 3 月 27 日，加加林在飞行训练时因飞机失事遇难，年仅 34 岁）。

（a）"东方1号"宇宙飞船 　　　　　　（b）宇航员加加林

图 1.6 第一位进入太空的宇航员与他乘坐的宇宙飞船

美国直到 1962 年 2 月 20 日才成功地进行了第一次载人航天飞行，宇航员约翰·格林在轨道上停留了近 5h。即便如此，仍不能与不久后苏联宇航员季托夫在太空中飞行 25 小时 11 分的纪录相提并论。难能可贵的是 36 年之后，即 1998 年，已经 77 岁高龄的格林第二次飞向太空。他在美国"发现号"航天飞机上完成了长达 9 天的太空飞行。

1963 年 6 月 16 日，苏联在国际妇女代表大会召开前夕把女宇航员瓦莲金娜·捷列什库娃送上太空。这在当时引起极大的轰动。人们称她为"穿裙子的宇航员"，苏联又摘取了一个"世界第一"。捷列什库娃当时 26 岁，在"东方六号"飞船上生活了 72 小时 42 分，绕地球飞行了 72 圈。

1.3.1.2 太空行走

狭义的太空行走是指宇航员离开载人航天器乘员舱，只身进入太空的出舱活动；广义的太空行走包含航天员在月球以及行星等其他天体上完成各种任务的过程。太空行走是载人航天的一项关键技术，是人类在轨道上进行大型设备安装、科学实验、释放卫星、检查和维修航天器的重要手段。

1965 年 3 月 18 日，苏联宇航员阿列克谢·列昂诺夫在"上升 2 号"飞船飞行期间，首次实现了离舱 12min 的太空行走。1965 年 6 月 3 日，美国宇航员爱德华·怀特离开"格米尼 4 号"宇宙飞船，成为进行太空行走的第一个美国人。怀特在太空中行走了 21min，并使用喷气装置使自己在太空中机动飞行。

1984 年 2 月 7 日，美国"挑战者号"航天飞机宇航员麦坎德列斯和斯图尔特在不系安全索的情况下离开航天飞机实现太空行走，成为人类探索太空奥秘的第一批"人体地球卫星"。宇航员通过一种"载人机动装置"得以在太空中"自由飞翔"。

1984 年 7 月 17 日，苏联女宇航员萨维茨卡娅和另一位男宇航员扎尼拜科夫一起走出"礼炮 7 号"空间站，进行了长达 3 小时 35 分的舱外活动（见图 1.7），萨维茨卡娅成为世界上第一位在太空中行走的女性。

图 1.7 苏联女宇航员萨维茨卡娅进行舱外活动

1.3.1.3 航天飞机

运载火箭将人造卫星、空间探测器、载人飞船、空间站等航天器送入轨道后，就被遗弃在太空直至坠入大气层焚毁，这是航天活动耗费巨大的一个重要原因。20 世纪 60 年代各种航天器发射频繁，降低单位有效载荷的发射费用就显得日益重要。为了降低费用、提高效益，一些科学家提出了研制能多次使用的航天飞机的设想。美国、苏联、法国、日本、英国等国都曾对航天飞机的方案做过探索性研究工作。

1972 年 1 月，美国政府批准航天飞机（见图 1.8）为正式工程项目。1981 年 4 月 12 日，美国航天飞机"哥伦比亚号"首次进行试验性飞行，从近地轨道将两颗通信卫星送入地球静止轨道。

（a）航天飞机起飞的瞬间　　　　　　　　　　（b）刚刚脱离国际空间站的航天飞机

图　1.8　美国航天飞机

美国至今一共建造了 6 艘航天飞机（见表 1.2）。其中，第一艘"企业号"为工程样机；正式投入飞行的第一艘航天飞机为"哥伦比亚号"，它多次完成在太空来回穿梭后，于 2003 年 2 月在返途降落时解体坠毁，机上 7 名宇航员全部遇难，"哥伦比亚号"悲壮收场；第二艘为"挑战者号"，在 1986 年 1 月第 10 次发射升空时爆炸坠毁，机上 7 名航天员全部遇难；2011 年 7 月 21 日，"亚特兰蒂斯号"在佛罗里达州肯尼迪航天中心安全着陆，这标志着美国 30 年航天飞机时代宣告终结。

表 1.2　美国航天飞机概况

航天飞机	首飞时间	飞行次数	搭载人次
"企业号"	—	—	—
"哥伦比亚号"	1981 年 4 月 12 日	28	160
"挑战者号"	1983 年 4 月 4 日	10	60
"发现号"	1984 年 8 月 30 日	39	252
"亚特兰蒂斯号"	1985 年 10 月 3 日	33	207
"奋进号"	1992 年 5 月 7 日	25	173

苏联的航天飞机计划始于 1976 年，一是为了应对美国的航天飞机计划，二是为了本国空间站的运输。1988 年 11 月 15 日，苏联的"暴风雪号"航天飞机研制成功，并进行了首次无人飞行试验。然而，由于 1991 年苏联解体，这次飞行是"暴风雪号"航天飞机的第一次飞行，也是最后一次飞行。

1.3.1.4　国际空间站

在太空建立适合人们长期生活和工作的基地既是航天先驱者的理想，也是进一步开发和利用太空的需要。随着航天技术的进步，人类开始建立可长期工作的空间站。在建立国际空间站之前，进入近地轨道的空间站有 3 种：美国的"天空实验室"、苏联的"礼炮号"空间站和欧洲航天局的"空间实验室"。

20 世纪 90 年代，美、俄等国推出国际空间站项目，作为人类历史上规模最大、合作范围最广的航天项目，包括欧洲航天局和 16 个国家（美国、俄罗斯、日本、加拿大、巴西、比利时、丹麦、法国、德国、意大利、挪威、荷兰、西班牙、瑞典、瑞士、英国）参与其中。

1998 年 11 月 20 日，国际空间站第一个部件"曙光号"功能货舱发射升空开始部署，预计会运行至 2024 年。自从 2000 年 11 月 2 日至今，国际空间站上就保持至少两名人员工作。

国际空间站（International Space Station，ISS）是目前在轨运行的最大的空间平台，是一个拥有现代化科研设备，可开展大规模、多学科基础和应用科学研究的空间实验室，为在微重力环境下开展科学实验研究提供了大量实验载荷和资源，支持人在地球轨道长期驻留。国际空间站的主要功能是作为在微重力环境下的研究实验室，研究领域包括生物学、人类生物学、物理学、天文学、地理学等。

国际空间站总体设计采用桁架挂舱式结构，即以桁架为基本结构，增压舱和其他各种服务设施挂靠在桁架上，形成桁架挂舱式空间站（见图 1.9）。大体上看，国际空间站可视为由两大部分立体交叉组合而成：一部分以俄罗斯的多功能舱为基础，通过对接舱段及节点舱，与俄罗斯服务舱、实验舱、生命保障舱、美国实验舱、日本实验舱、欧洲航天局的"哥伦布"轨道设施等对接，形成空间站的核心部分；另一部分在美国的桁架结构上，装有加拿大的遥操作机械臂服务系统和空间站舱外设备，在桁架的两端安装 4 对大型太阳能电池帆板。这两大部分垂直交叉构成"龙骨架"，不仅加强了国际空间站的刚度，而且有利于各分系统和科学实验设备、仪器工作性能的正常发挥，有利于航天员出舱装配与维修，等等。

图 1.9   国际空间站

目前，国际空间站主要由美国国家航空航天局（NASA）、俄罗斯联邦航天集团（Roscosmos）、欧洲航天局（ESA）、日本宇宙航空研究开发机构（JAXA）和加拿大国家航天局（CSA）共同运营。

1.3.2   探测太空的步伐

深空探测是指脱离地球引力场，进入太阳系和宇宙空间的探测。它主要有两方面的内容：一是太阳系各大行星的探测，二是太阳系外的探测。深空探测意义重大，它是在卫星和卫星应用取得重大成就的基础上，向更广阔的太空进行的探索。深空探测可以进一步解答地球的起源与演变、行星和太阳系究竟是如何形成和演化的、人类是不是宇宙中唯一的生命、地球的未来将如何等一系列问题，同时有利于人类积极开发和利用空间资源。

全世界进行过深空探测的国家和组织有美国、苏联/俄罗斯、欧洲航天局、日本、中国、印度及以色列。据统计，截至 2019 年年底，世界上主要航天大国和组织共发射了约 250 个空间探测器：其中月球探测活动最多，共发射了约 136 个探测器；实施火星探测任务 44 次，金星探测 40 次，发射太阳探测器 15 个，以及太阳系其他天体的探测约 75 次。

1.3.2.1　月球探测

1959 年，苏联以拍摄月球背面图像为目标，先后发射了 3 个月球探测器。第一个探测器从月球一侧约 5000km 处飞过，未发回信息，进入了太阳轨道。第二个探测器命中月球视面中心以北 800km 处，在即将撞击月球表面的瞬间向地球发回关于月球附近不存在强磁场和辐射带的信息。这是第一个到达地球以外其他天体的航天器。第三个探测器从月球之南 7900km 进入绕月飞行轨道，经过月球背面时拍摄到月球背面 70% 从未被人类见过的区域和 30% 可从地面看见的月面。探测器飞回地球时，轨道正处于地球北半球的上空，有利于苏联地球站跟踪和数据接收。探测器在回程中又将所拍摄的资料重复播送。地球站收到并整理出约 30 张关于月球背面的图像，月球背面的面貌第一次被揭开了。

1963—1976 年是苏联实施月球考察计划的第二个阶段。在此期间苏联共发射了 21 个"月球号"探测器。最重要的成果是"月球 16 号""月球 20 号"和"月球 24 号"，它们分别于 1970 年 9 月、1972 年 2 月和 1976 年 8 月在月面软着陆并钻孔取样，将月球的土壤和岩石样品带回地球；"月球 17 号"和"月球 21 号"在 1970 年 11 月和 1973 年 1 月分别携带一辆重约 1.8t 的月球车在月面软着陆，由地面遥控月球车在月面自动行驶考察。两辆月球车分别行驶了 10.5km 和 37km。

美国早期的月球探测器是"先驱者号"探测器，从 1958 年开始发射。前 3 个都因未达到预定速度而失败，第 4 个虽然发射成功，但时间上已晚于苏联，且在离月球很远处飞过，未发回重要信息。此后，美国把对月球探测的第二个阶段计划与"阿波罗"载人登月计划结合起来，执行了"徘徊者号"探测器、"勘测者号"探测器和"月球轨道环行器"计划。1969 年 7 月 16 日 9 时 32 分，阿姆斯特朗、科林斯、奥尔德林 3 名航天员搭乘"阿波罗 11 号"飞船由"土星 5 号"火箭在肯尼迪航天中心发射；1969 年 7 月 20 日，"阿波罗 11 号"飞船的登月舱降落在月球赤道附近的静海区，22 时 56 分，航天员阿姆斯特朗走出登月舱，成功踏上月球，寂静的月亮上，出现了人类的第一个脚印，如图 1.10 所示。这是一次震惊全球的壮举，也是世界航天史上具有重大历史意义的成就。此后，"阿波罗 12 号""阿波罗 14 号""阿波罗 15 号""阿波罗 16 号""阿波罗 17 号"相继登月成功，对月球进行了广泛的考察。"阿波罗"工程集中体现了现代科学技术的水平，推动了航天技术的迅速发展。目前，只有美国进行过载人登月。

1.3.2.2　内行星探测

太阳系的内行星是指金星、火星、地球和水星。

1. 金星探测

在 20 世纪 60 年代，苏联多次发射金星探测器，但均无重要收获。1971 年，苏联"金星 7 号"探测器的着陆舱在金星表面软着陆成功，此后相继发射"金星 8 号"至"金星 16 号"探测器，发回了一批金星全景遥测照片和测量数据。

美国在 1962 年 8 月 26 日发射"水手 2 号"金星探测器，探测器在距金星 35000km 的地方掠过，获得了关于金星的某些资料。当探测器经过金星时，科学家通过测量探测器因金星引力而产生的轨道偏差，首次准确地计算出金星的质量。在 1978 年金星大冲期间，美国又发射了"先驱者–金星 1 号"探测器和"先驱者–金星 2 号"探测器，在金星表面软着陆成功，对金星进行了综合考察。

（a）航天员阿姆斯特朗成功踏上月球　　　　（b）"阿波罗11号"的3名航天员

图 1.10　人类首次踏上月球的宇航员

2. 火星探测

人类对火星上可能存在生命这一猜想一直怀有希望。苏联在 1962—1973 年发射了 7 个"火星号"探测器，其中 1 个飞越火星，2 个出了故障，2 个软着陆失败，2 个软着陆后不久通信中断。美国在 1964—1975 年共发射 6 个"水手号"探测器和 2 个"海盗号"探测器。前者拍摄了火星的照片，后者抛出着陆舱在火星表面软着陆。图 1.11（a）所示为"海盗号"探测器拍摄的火星图片。

美国国家航空航天局的"好奇号"火星探测器于 2011 年 11 月 26 日 23 时 02 分发射成功，顺利进入飞往火星的轨道，2012 年 8 月 6 日成功降落在火星表面，展开为期两年的火星探测任务。它是美国第 7 个火星着陆探测器，也是第 1 辆采用核动力驱动的火星车，其使命是探寻火星上的生命元素。

3. 水星探测

水星是太阳系内距太阳最近的行星，要想从地球上观测到水星，只有在它接近地平线处才有可能。美国于 1973 年发射的"水手 10 号"探测器在距水星 690km 处发回水星表面状态的信息。"水手 10 号"发回的水星照片十分清晰，可分辨约 150m 大小的物体 [图 1.11（b）]。测得的数据表明水星表面很像月球，布满大大小小的环形山，有很稀薄的大气，大气压力小于 2×10^{-11}Pa，昼夜温差极大，根据 2008 年 5 月的测量结果，最高地表温度为 634.5℃，最低地表温度为 −86℃。

1.3.2.3　外行星探测

太阳系的外行星是指木星、土星、天王星和海王星。外行星探测是从 20 世纪 70 年代初开始的。首先，它比内行星探测的距离远，探测器飞行时间往往长达数年，必须有大功率无线电发射机和大的发射天线才能使发回的信号在到达地球表面时仍有一定的强度。其次，在离太阳遥远的空间已不可能利用太阳能电池，只能用核电源。至今已经有 6 个探测器探访过木星，有 4 个探测器探访过土星。

（a）"海盗号"探测器拍摄的火星图片　　　　　　（b）"水手10号"探测器拍下的第一张水星照片

图 1.11　内行星探测器拍摄的火星与水星照片

　　美国于 1972 年 3 月发射了第一个探测外行星的"先驱者 10 号"探测器。1973 年 12 月，这个探测器飞近木星，向地球发回 300 张中等分辨率的木星照片，然后利用木星的引力场加速飞向土星，再利用土星的引力场加速飞行，折向海王星，1983 年飞过海王星的轨道。美国于 1973 年 4 月发射的"先驱者 11 号"探测器在 1974 年 12 月经过木星，1979 年 9 月在距土星 34000km 处掠过，拍摄了土星的照片，发回有关土星光环成分的资料。

　　美国于 1989 年 10 月发射升空的以伽利略命名的探测器是专程发往木星的探测器，对木星及其卫星进行探测，研究木星大气和磁场以及木星卫星的组成和物理状态。"伽利略号"探测器到达木星后，在近 8 年的时间里对木星及其几颗主要卫星进行探测，获得了宝贵信息，积累了人类对这颗星球的认识。

　　美国于 1997 年 10 月发射升空的以卡西尼（Cassini）和惠更斯（Huygens）命名的"卡西尼–惠更斯"探测器，专程前往土星及其最大的卫星土卫六，对土星系统进行探测，包括土星大气的组成、深层大气运动、云层性质、全球风场、闪电以及电离层与磁场的变化，对土星和土卫六的表面物理状态、大气结构与组成进行探测，测量土卫六的风和全球温度。2017 年 9 月，"卡西尼号"土星探测器 [图 1.12（a）] 燃料将尽，科学家控制其向土星坠毁，进入土星大气层，燃烧成为土星的一部分。

　　1977 年 8 月和 9 月，美国发射"旅行者 2 号"和"旅行者 1 号"探测器 [图 1.12（b）]，对多颗外行星进行探测。它们先后从木星和土星旁绕飞，探测了这两颗行星。1979 年以后，它们陆续发回木星和土星的照片，清楚地显示出木星的光环、极光和 3 颗新卫星以及木星的大红斑结构和磁尾形状，土星的光环构造、新的土星卫星、奇异的电磁环境等信息。在它们掠过土星时，受到土星引力加速助飞，实现了轨道引力机动，得到了进一步的速度增量，"旅行者 1 号"直接朝向太阳系边缘飞去，"旅行者 2 号"利用这几颗外行星位置分布的有利时机，调整了飞行程序，在飞向太阳系边缘之前，继续掠过天王星和海王星，成为迄今唯一一个探测这两颗行星的探测器。目前这两个探测器还在继续工作，发送回来的探测数据表明，它们已经飞行到达太阳系光球层顶，即将飞出太阳系的磁层范围，进入恒星际空间，继续探测星际间的粒子、紫外线源和磁场等，探寻太阳系和恒星际之间的边界。20 世纪 70—80 年代的深空探测成果无论从航天技术水平，还是从空间天文观测成果来看，都是重大的历史性成就。

　　　（a）"卡西尼号"土星探测器　　　　　　　　　（b）"旅行者号"探测器

图 1.12　美国发射的外行星探测器

1.3.2.4　遥远以远

深邃无穷的浩瀚宇宙始终是人类探索的方向。人类身临或者通过航天器所至的范围仍在太阳系内，尚看不到能够走出太阳系进入星际空间的那一天。前述的"先驱者号"探测器和"旅行者号"探测器是人类开展宇宙探测以来走得最远、表现最为优异的两个航天器。这两个航天器都携带了人类文明的信息，希望在茫茫宇宙中的某一角落为地外文明所发现。两个"先驱者号"探测器在 21 世纪初就与人类失去联系，美国国家航空航天局于 2004 年先后终止了相关努力。两个"旅行者号"探测器目前依旧在宇宙中航行。"旅行者 1 号"走得最远，截至 2019 年年底，距离太阳已达 210 亿千米之遥。预计两个"旅行者号"探测器将于 2025 年前后因能源耗尽而失去与人类的联系，径直孤独地继续它不知所终的宇宙旅行。

美国"哈勃"太空望远镜（Hubble Space Telescope，HST）的观测距离超过 120 亿光年。"哈勃"太空望远镜 [图 1.13（a）] 于 1990 年由"发现号"航天飞机送入太空，经过多次在轨维修，至今已经仍在太空遨游，完成了近万次观测，拍摄了三万多张宇宙天体的照片，进一步确定了宇宙年龄，证实了宇宙在加速膨胀，观测到了暗物质的存在。"詹姆斯·韦伯"太空望远镜（James Webb Space Telescope，JWST）[图 1.13（b）] 是美国国家航空航天局、欧洲航天局和加拿大国家航天局联合研发的红外线观测用太空望远镜，为"哈勃"太空望远镜的继任者，在 2021 年年底进入太空，继续开展人类探测宇宙的任务。

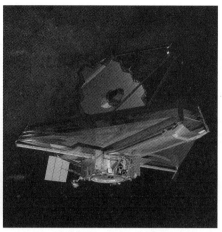

(a) "哈勃"太空望远镜　　　　(b) "詹姆斯·韦伯"太空望远镜

图 1.13 太空望远镜

1.4 中国航天发展与成就

20 世纪 50 年代后期起步的中国航天事业,经历了半个多世纪的历程。60 多年来,一个经济、科学技术比较落后的发展中国家,在自力更生、艰苦奋斗、团结协作方针的指引下,依靠自己的力量,用低额投资,建立了相当规模的航天工业体系,发展了具有世界水平的航天技术,取得了举世瞩目的成就。1970 年 4 月,我国第一颗人造卫星"东方红一号"遨游太空,2003 年 10 月,"神舟五号"载人飞船成功发射并顺利返回地球,实现了中华民族千年的飞天梦想。2007 年 10 月 24 日,我国首颗绕月人造卫星"嫦娥一号"成功奔月,开启了我国对月球的探测之旅。

1.4.1 中国航天事业起步

我国古人发明了火药,发明了火箭,在古代有过航天探索的辉煌历史,在那之后,欧美在火箭技术上有了很大的发展,而我国则长期处于落后状态,直到 20 世纪 50 年代中期,我国才开始发展现代的航天科学技术。

1.4.1.1 火箭与卫星研制

我国现代航天科技起步于 1956 年,在国务院制定的《1956—1967 年科学技术发展远景规划纲要(草案)》中,把喷气和火箭技术列入 12 年规划中的重点发展项目,其后成立了由钱学森 [图 1.14 (a)] 任院长的专门研制火箭的研究院,在以自力更生为主,力争外援,并利用资本主义国家已有的科学成果的方针指导下,开始了火箭的研制工作。1957 年开始至 1960 年中期苏联专家全部撤离以前,我国火箭研究人员得到了苏联专家的帮助,学习了改进型的"V-2"火箭,开展了对苏联"P-2"火箭的仿制,对我国火箭事业的开创和早期的发展起到了重要作用。

我国卫星工作的起步可以追溯到 1958 年。此前国际酝酿发射人造卫星时,赵九章 [图 1.14 (b)] 就强调了人造卫星对地球物理观测的重要意义。苏联第一颗卫星发射成功激发了人们对人造卫星的关注，我国一些科技人员参加了对卫星的观测活动，许多科学家参加座谈会，先后建议我国开展人造卫星的研究工作。毛泽东于 1958 年 5 月提出"我们也要搞人造卫星"，其后聂荣臻责成中国科学院张劲夫召集草拟人造卫星发展规划设想，成立了由钱学森、赵九章、卫一清领导的"中国科学院 581 组"，组织了中国科学院地球物理所、自动化所和上海机电设计院的人员，开展我国人造卫星和探空火箭的工作。以探空火箭练兵，高空物理探测打基础，开展卫星技术的预先研究，不断探索卫星发展方向，筹建空间环境模拟实验室，为研制卫星打好了基础。

（a）钱学森　　　　　　　　（b）赵九章　　　　　　　　（c）王希季

图　1.14　我国航天事业的先驱者

在此期间，上海机电设计院在杨南生、王希季 [图 1.14（c）] 的主持下研制探空火箭，中国科学院地球物理所二部在赵九章、钱骥的主持下研制火箭探空仪器，先后研制成功和发射了多批次、二十多枚高空探测火箭，火箭飞行高度最高达到 115km。通过火箭探空活动，锻炼了人才队伍，在总体设计、轨道分析、探测仪器、结构、热控、天线、电源、遥测遥控、雷达跟踪等专业领域取得了实践经验，为正式启动卫星研制工作做好了技术准备。与此同时，研制了大型空间环境模拟试验设备，为整星环境试验准备了必要的基础设施。卫星预先研究工作也取得了进展，研究了我国发展卫星工作的指导思想和技术途径，提出了我国卫星系列发展规划的设想。

我国运载火箭研制工作经过几年的努力，也取得了重要进展。早在 1960 年 11 月第一枚仿制的火箭试飞成功，火箭飞行了 550km。其后自行研制的"东风二号"火箭（见图 1.15）于 1964 年取得了飞行试验的成功，射程增加了 1 倍。根据火箭技术发展的进程可以预见到，经过不断努力，我国火箭的性能将具备把卫星送上天的能力。赵九章和钱学森先后向国家建议把卫星的研制工作提到日程，将发射卫星的工作列入国家计划，同时在中国科学院进行了我国卫星工作规划方案和第一颗卫星初步方案的设计和论证工作。

1.4.1.2　我国第一颗人造卫星

1965 年，周恩来主持中央专委第 13 次会议，批准了中国科学院上报的《关于发展我国人造卫星工作的规划方案建议》，正式启动了我国发射人造卫星的工作。在 1965 年 10

月 20 日开始的由全国各有关单位参加的"651 会议"上，大家全面深入地论证了我国第一颗卫星"东方红一号"的方案，确定了具体任务。会后组建了以赵九章和钱骥为领导的 651 设计院，负责卫星的总体设计、研制和总体协调，组建了以陈芳允等为领导的 701 工程处，负责地面跟踪站的总体设计和建设。1968 年，以中国科学院 651 设计院和七机部八院（现北京空间机电研究所）为基础，成立了以钱学森为院长的中国空间技术研究院，从七机部一院（现中国运载火箭技术研究院）引进了导弹研制人员和工程管理经验，在孙家栋、戚发轫等领导下继续完成了"东方红一号"卫星的研制工作。

图　1.15　我国自行研制的"东风二号"火箭

　　"东方红一号"是完全由我国自行设计和研制的卫星，外形如图 1.16 所示，为接近球形的 72 面体，直径 1m，质量 173kg。该卫星由结构、热控、电源、乐音、遥测、跟踪、天线、姿态测量和探测仪等分系统组成，沿纵轴以 120r/min 的转速自旋，赤道面上伸展出 4 根 3m 长的短波天线，用于发送东方红乐曲和遥测的短波无线电信号。

图　1.16　"东方红一号"卫星外形

　　发射"东方红一号"卫星的火箭是"长征一号"运载火箭，火箭的技术是在王希季主持下提出的，它由三级火箭组成，第一、第二级是在中远程导弹基础上稍加改进的火箭，第三级是新研制的固体火箭，在 180r/min 的自旋状态下工作。"长征一号"总长近 30m，起飞质量 81.5t，起飞推力约 1040kN。第三级火箭上装设有可膨胀的观测体，以增加对太阳光的反射面，便于地面观测。

1970 年 4 月 24 日，"长征一号"运载火箭从酒泉卫星发射中心发射升空，将"东方红一号"卫星成功地送入轨道，轨道近地点 439km，远地点 2384km，倾角 68.5°，周期 114min。卫星测控中心准确跟踪到卫星，测得轨道参数，及时准确地预报了卫星飞过世界 200 多个主要城市的时间和方位。"东方红一号"卫星发射成功使我国成为世界上第五个用本国火箭发射卫星的国家，开始了我国的航天时代，是我国航天事业的第一个里程碑。

1.4.2 中国航天辉煌成就

我国航天事业自 1956 年创建以来，经历了艰苦创业、配套发展、改革振兴和走向世界等几个重要时期，才达到相当规模和水平：形成了完整配套的研究、设计、生产和试验体系；建立了能发射各类卫星和载人飞船的航天发射中心和由国内各地面站、远程跟踪测量船组成的测控网；建立了多种卫星应用系统，取得了显著的社会效益和经济效益；建立了具有一定水平的空间科学研究系统，取得了多项创新成果；培育了一支素质好、技术水平高的航天科技队伍。

经过 60 多年的艰苦努力，我国建立了相当规模的航天工业体系和完整的航天科技体系，发展了具有世界水平的航天技术，取得了举世瞩目的成就，为人类航天事业做出了贡献。我国在卫星回收、一箭多星、低温燃料火箭技术、捆绑火箭技术以及地球静止轨道卫星发射与测控等许多重要技术领域已跻身世界先进行列；在遥感卫星研制及其应用、通信卫星研制及其应用、载人飞船试验及空间微重力实验等方面均取得重大成果，研制成功了多个系列和型号的运载火箭，形成了航天运载火箭系列型谱，发射了数十颗科学卫星和应用卫星，建立了自己的发射场和测控网，广泛开展了卫星应用。

1.4.2.1 "长征"系列运载火箭

在运载火箭方面，我国独立自主地研制了 13 种不同型号的"长征"系列运载火箭，适用于发射近地轨道卫星、地球静止轨道卫星和太阳同步轨道卫星。自 1985 年我国政府正式宣布将"长征"系列运载火箭投入国际商业发射市场以来，已将 30 多颗外国制造的卫星成功地送入太空，在国际商业卫星发射服务市场中占有了一席之地。截至 2019 年 7 月 26 日，我国已进行了 327 次航天发射，发射成功率达 92.64%，以高成功率出色地完成了各类卫星和飞船的发射任务，为我国航天事业的发展奠定了坚实的基础，做出了重要贡献。图 1.17 展示了我国"长征"系列运载火箭型谱。

"长征一号"（CZ-1）运载火箭于 1970 年以约 1040kN 的起飞推力成功发射了"东方红一号"卫星，开始了我国的航天发射活动。

"长征二号"系列运载火箭主要是发射低轨道重型卫星的两级运载火箭。"长征二号"（CZ-2）运载火箭 1975 年成功发射了第一颗返回式卫星，此后又发射了多颗返回式卫星。以"长征二号"为基础捆绑了 4 个助推器，组成了串并联的大型火箭"长征二号 E"（CZ-2E），俗称"长二捆"运载火箭，近地轨道运载能力达到 9.5t，全箭起飞质量 460t，于 1990 年在西昌卫星发射中心发射成功。"长征二号 F"（CZ-2F）运载火箭是在"长征二号 E"火箭的基础上，按照发射载人飞船的要求而研制的运载火箭，火箭由四个液体助推器、芯一级火箭、芯二级火箭、整流罩和逃逸塔组成，于 1999 年成功发射了"神舟一号"试验飞船，2003 年成功发射"神舟五号"载人飞船，为我国载人航天提供了安全可靠的运载工具。

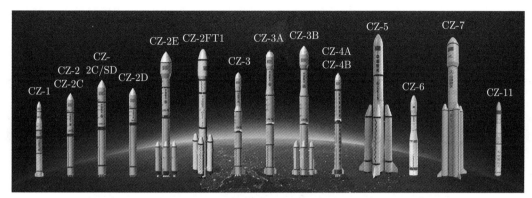

图 1.17　"长征"系列运载火箭型谱

"长征三号"系列运载火箭是上面级用液氢液氧发动机的三级运载火箭，主要用于发射地球静止轨道卫星，火箭将卫星发射到地球同步转移轨道，近地点约 200km，远地点 35786km。1984 年，"长征三号"运载火箭成功发射了我国的试验通信卫星，将 1400kg 的卫星发送到远地点为 35786km 的大椭圆转移轨道，从此我国具备了发射地球静止轨道卫星的能力。"长征三号甲"（CZ-3A）是"长征三号"的改进型，运载能力提高到 2.65t。以"长征三号甲"运载火箭作为芯级，捆绑 4 枚或 2 枚液体助推器而分别构成"长征三号乙"（CZ-3B）和"长征三号丙"（CZ-3C）运载火箭，地球同步转移轨道运载能力分别达到 5.1t 和 3.8t，用于发射国内外大型地球静止轨道卫星。

"长征四号"系列是采用常规液体燃料的三级大型运载火箭。该火箭起飞推力达 3000kN，能将 2.5t 的载荷送入太阳同步轨道，1988 年首发成功，将"风云一号"气象卫星送入太阳同步轨道。

"长征五号"系列运载火箭，又称"胖五"，是我国在 2006 年立项研制的一次性大型低温液体捆绑式运载火箭，也是我国新一代运载火箭中芯级直径为 5m 的火箭系列。"长征五号"系列由我国运载火箭技术研究院研制，设计采用通用化、系列化、组合化思想。该系列由二级半构型的基本型"长征五号"（CZ-5）运载火箭、不加第二级的一级半构型"长征五号乙"（CZ-5B）运载火箭及添加上面级的"长征五号/远征二号"（CZ-5/YZ-2）运载火箭组成，地球同步转移轨道和近地轨道运载能力将分别达到 14t 级、25t 级。未来，天宫空间站、北斗导航系统的建设，探月三期工程及其他深空探测的实施都将使用该火箭系列。"长征五号"（CZ-5）于 2016 年 11 月 3 日在文昌航天发射场首飞成功，如图 1.18 所示。

"长征七号"（CZ-7）运载火箭是我国新一代中型运载火箭。"长征七号"运载火箭为"两级半"构型运载火箭，"两级"是指运载火箭芯级为两级构型，"半"是指有助推器。"长征七号"运载火箭芯一级采用两台推力为 1200kN 的 YF-100 液氧/煤油发动机，拥有 4 枚助推器，每枚助推器采用一台 YF-100 发动机。2016 年 6 月 25 日，我国为空间站工程研制的新一代中型运载火箭"长征七号"在文昌航天发射场发射成功，为长征系列火箭家族增添了新成员，使我国火箭近地轨道运载能力从不到 9t 提升到近 14t，极大地提高了我国进入太空的能力，为顺利实施后续飞行任务奠定了重要基础。同时，"长征七号"运载火箭首飞任务，也是文昌航天发射场的首秀之战，标志着该新型发射场在承担地球同步轨道卫星、大质量极轨卫星、中低轨道航天器、大型空间站、深空探测器等发射任务方面正式起航，我国已经跨入世界大吨位火箭发射的行列。

图 1.18　我国"长征五号"火箭起飞瞬间

1.4.2.2　载人航天

载人航天是当今世界高新科技中最具挑战性的领域，能体现一个国家的综合国力和整体科技水平。随着我国国民经济和科学技术的不断发展，1992 年 9 月 21 日，我国正式批准实施载人航天工程，代号"921 工程"。

我国载人航天实施"三步走"的发展战略：第一步是以载人飞船起步，把航天员安全送入近地轨道，进行适量的对地观测和科学实验，并使航天员安全返回地面，实现载人航天的历史性突破；第二步是除继续用载人飞船进行对地观测和空间实验外，重点突破航天员出舱活动和空间交会对接试验这两项关键技术，并发射长期自主飞行、短期有人照料的空间实验室，尽早建成完整配套的航天工程大系统，解决我国一定规模的空间应用问题；第三步是建造长期有人照料、短期自主飞行的大型空间站，从而大规模、长时间地开发宝贵的太空资源，为全人类造福。至今，我国已先后成功发射了"神舟"系列的 5 艘无人试验飞船和 8 艘载人飞船，如表 1.3 所示。

2011 年 9 月 29 日，我国第一个空间实验室"天宫一号"成功发射入轨，标志着我国迈入航天"三步走"战略的第二步。"天宫一号"于 2016 年 3 月 16 日正式终止数据服务，2018 年 4 月 2 日再入大气层时被烧毁。"天宫一号"先后与"神舟八号""神舟九号"和"神舟十号"飞船多次完成空间交会对接，进行了一系列对地遥感、空间环境和空间物理探测、空间科学实验、航天医学实验及空间技术实验，初步建立了短期载人、长期无人独立可靠运行的空间实验平台，为建造空间站积累了经验，为我国载人航天发展做出了重大贡献。

表 1.3　我国历次载人飞船任务概况

飞船	发射时间	航天员	主要任务
"神舟五号"	2003 年 10 月 15 日	杨利伟	我国首次载人航天飞行，飞船在太空运行 14 圈，历时 21 小时 23 分
"神舟六号"	2005 年 10 月 12 日	费俊龙 聂海胜	在太空运行 76 圈，历时 4 天 19 小时 33 分，实现了多人多天飞行
"神舟七号"	2008 年 9 月 25 日	翟志刚 刘伯明 景海鹏	航天员翟志刚、刘伯明分别身着中国自主研制的"飞天"舱外航天服和从俄罗斯引进的"海鹰"舱外航天服，成功地实施了出舱活动
"神舟九号"	2012 年 6 月 16 日	景海鹏 刘　旺 刘　洋	在轨飞行 13 天，与"天宫一号"进行了两次交会对接，第一次为自动交会对接，第二次由航天员手动控制完成；刘洋成为我国进入太空的首位女航天员
"神舟十号"	2013 年 6 月 11 日	聂海胜 张晓光 王亚平	执行在轨维修、绕飞，首次进行应用飞行，升空后再和目标飞行器"天宫一号"对接，并对其进行短暂的有人照管试验；在轨飞行 15 天，并首次实现中国航天员太空授课活动
"神舟十一号"	2016 年 10 月 17 日	景海鹏 陈　冬	总飞行时间长达 33 天，开展地球观测和空间地球系统科学、空间应用新技术、空间技术和航天医学等领域的应用和试验，为中国建造载人空间站做准备
"神舟十二号"	2021 年 6 月 17 日	聂海胜 刘伯明 汤洪波	实现载人飞船与"天和"核心舱的交会对接，航天员进驻空间站驻留 3 个月，在轨验证长期驻留、再生生保、空间物资补给、出舱活动、舱外操作、在轨维修等空间站建造和运营关键技术，开展多领域空间应用试验
"神舟十三号"	2021 年 10 月 16 日	翟志刚 王亚平 叶光富	航天员乘组实现常态化驻留，能开展舱外维修/维护、设备更换、科学试验等一系列操作

　　第二个空间实验室"天宫二号"于 2016 年 9 月 15 日成功发射入轨，2019 年 7 月 16 日终止数据服务，2019 年 7 月 19 日受控离轨并再入大气层，最终落入南太平洋预定安全区域。"天宫二号"先后与"神舟十一号"载人飞船和"天舟一号"无人货运飞船进行了对接 [图 1.19（a）]，承担了验证空间站相关技术的重要使命，考核验证了航天员中期驻留、推进剂补加、在轨维修等空间站建造运营关键技术，是我国第一个真正意义上的太空实验室。

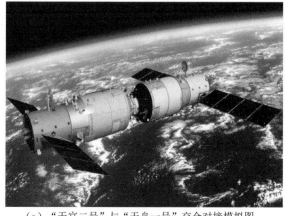

（a）"天宫二号"与"天舟一号"交会对接模拟图　　　　　（b）我国"天宫"空间站假想图

图 1.19　我国空间站

2021 年 4 月 29 日 11 时 23 分，执行我国空间站"天和"核心舱任务的"长征五号"B 遥二运载火箭，在中国文昌航天发射场点火发射。按照规划，2021—2022 年，我国接续实施 11 次飞行任务，包括 3 次舱段发射、4 次货运飞船以及 4 次载人飞船发射，于 2022 年完成空间站在轨建造，实现中国载人航天工程"三步走"发展战略"第三步"的任务目标。中国空间站命名为"天宫"，将通过交会对接和转位组装构成空间站本体。如图 1.19（b）所示，其基本构型包括"天和"核心舱、"问天"实验舱和"梦天"实验舱，每个舱段规模 20t 级。空间站在轨运行期间，由"神舟"载人飞船提供乘员运输，由"天舟"货运飞船提供补给支持。空间站设计寿命 10 年，可根据需要，通过维护维修进一步延长寿命。额定乘员 3 人，乘组轮换期间短期可达 6 人。

1.4.2.3 "北斗"卫星导航系统

从 1983 年著名科学家陈芳允院士提出双星定位设想以来，我国的卫星导航事业从无到有、从小到大、由弱到强，走出了一条具有中国特色的发展之路，"北斗"卫星导航系统已经成为一张闪亮的国家名片。"北斗"卫星导航系统是我国正在实施的自主发展、独立运行的全球卫星导航系统，目标是建成独立自主、开放兼容、技术先进、稳定可靠的覆盖全球的北斗卫星导航系统，促进卫星导航产业链形成，形成完善的国家卫星导航应用产业支撑、推广和保障体系，推动卫星导航在国民经济社会各行业的广泛应用。

我国自行研制的第一颗导航定位卫星"北斗"导航试验卫星，于 2000 年 10 月 31 日在西昌卫星发射中心发射升空，并准确进入预定轨道。2001 年年底，随着"北斗一号"正式上线运行指令的发出，我国迈入拥有自主卫星导航大国行列。2003 年 5 月 25 日、2007 年 2 月 3 日，我国在西昌卫星发射中心用"长征三号甲"运载火箭，先后把 4 颗"北斗"导航试验卫星送入太空。这标志着我国已自主建立了完善的试验卫星导航系统，对我国国民经济建设起到了积极作用。"北斗"试验卫星导航系统是通过双星定位方式来工作的，还有 1 颗是在轨备份星。用 2 颗卫星组建导航系统虽然是美国吉奥星公司首先提出来的，但美国和欧洲的公司在这方面的研制工作均告失败，而我国首先实现了这项卫星导航定位的创新工程。"北斗"事业经过多年的积累，集聚起势不可挡的力量，迈入发展"快车道"。

我国先后发展了三代"北斗"系统。"北斗一号"由 3 颗卫星提供区域定位服务，"北斗二号"包含 16 颗卫星，为亚太地区提供导航服务，2012 年投入使用；2018 年，"北斗"完成 10 箭 19 星发射，创下世界卫星导航系统建设和我国同一型号航天发射的新纪录，也促使我国自主建设、独立运行且独具短报文短信功能的"北斗三号"基本系统完成建设。2018 年 12 月 27 日，"北斗三号"正式面向全球提供服务。2020 年 6 月 23 日，我国在西昌卫星发射中心用"长征三号乙"运载火箭，成功发射北斗系统第 55 颗导航卫星，暨"北斗三号"最后一颗全球组网卫星。至此，"北斗三号"全球卫星导航系统星座部署比原计划提前半年完成，成为继美国"全球定位系统"（GPS）、俄罗斯"全球导航卫星系统"（GLONASS）和欧洲"伽利略"之后的第四个全球卫星导航定位系统。图 1.20 所示为"北斗"导航卫星星座模型图。

"北斗"卫星导航系统已成功应用于测绘、电信、水利、渔业、交通运输、森林防火、减灾救灾和公共安全等诸多领域，产生了显著的经济效益和社会效益。特别是在 2008 年北京奥运会、汶川抗震救灾中发挥了重要作用。2020 年，"北斗"卫星全球组网将为世界各地的人们提供全球定位、导航、授时等服务。

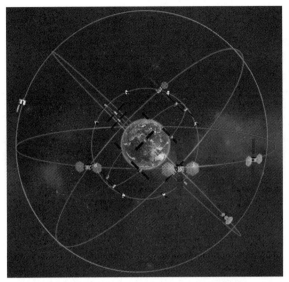

图　1.20　"北斗"导航卫星星座模型图

1.4.2.4　"嫦娥"探月工程

　　发射人造地球卫星、载人航天器和深空探测器是人类航天活动的三大领域。重返月球、开发月球资源、建立月球基地已成为世界航天活动的必然趋势和竞争热点。开展月球探测工作是我国迈出航天深空探测第一步的重大举措，实现月球探测将是我国深空探测零的突破。月球已成为未来航天大国争夺战略资源的焦点。月球具有可供人类开发和利用的多种独特资源，月球上特有的矿产和能源，是对地球资源的重要补充和储备，将对人类社会的可持续发展产生深远影响。中国探月工程是我国自主对月球的探索和观察，国务院正式批准绕月探测工程立项后，绕月探测工程领导小组将工程命名为"嫦娥工程"，将第一颗绕月卫星命名为"嫦娥一号"。"嫦娥一号"卫星由中国空间技术研究院研制，主要用于获取月球表面三维影像、分析月球表面有关物质元素的分布特点、探测月壤厚度、探测地月空间环境等。中国探月工程将按照"绕""落""回"三步走战略逐步开展。

　　第一阶段为"绕"，即实施"嫦娥一号"绕月探测工程，发射我国第 1 颗月球探测卫星，突破至地外天体的飞行技术，实现首次绕月飞行。这一阶段充分利用了我国现有的成熟航天技术，研究并发射了月球探测卫星，突破了地月飞行、远距离测控和通信、绕月飞行、月球遥测与分析等技术，并初步建立了中国月球探测航天工程系统。

　　第二阶段为"落"，即研制和发射月球软着陆器，并携带月球巡视探测器（俗称"月球车"）（见图 1.21），在着陆区附近进行就位探测。这一阶段通过发射"嫦娥二号""嫦娥三号""嫦娥四号"突破在地外天体上实施软着陆技术和自动巡视探测技术。具体方案是用安全降落在月面上的巡视探测器、自动机器人探测着陆区岩石与矿物成分，测定着陆点的热流和周围环境，进行高分辨率摄影和月岩的现场探测或采样分析，为以后建立月球基地的选址提供月面的化学和物理参数。

（a）着陆器　　　　　　　　　　　　　　（b）"玉兔号"月球车

图 1.21　"嫦娥三号"探测器着陆器和"玉兔号"月球车

第三阶段为"回"，即发射月球采样返回器软着陆在月球表面特定区域，并进行分析采样，然后把月球样品带回地球进行详细研究。这一步通过发射"嫦娥五号""嫦娥六号"突破返回器自地外天体自动返回地球的技术。其中，前期主要是研制和发射新型软着陆月球车，对着陆区进行巡视探测；之后研制和发射小型采样返回舱、月表钻岩机、月表采样器和机器人操作臂等，采集关键性样品返回地球，对着陆区进行考察，为下一步载人登月探测、建立月球前哨站的选址提供数据资料。

2020 年 11 月 24 日，探月工程"嫦娥五号"探测器由"长征五号"遥五运载火箭成功发射，于 12 月 1 日成功在月球正面预选着陆区着陆。2020 年 12 月 17 日，"嫦娥五号"返回器携带月球样品，采用半弹道跳跃方式再入返回，在内蒙古四子王旗预定区域安全着陆，标志着我国已完成了探月工程的"绕、落、回"三步走战略，后续将有计划地开展"勘、研、建"等活动，并计划在月球建立研究基地。

1.4.2.5　行星探测

我国最早的行星探测计划是与俄罗斯联邦航天局合作开展的火星探测计划。2011 年 11 月 8 日，"萤火一号"与俄罗斯的采样返回探测器一起发射升空。11 月 9 日，俄方宣布"福布斯–土壤号"火星探测器变轨失败，我国的第一次行星探测尝试宣告失败。

2016 年 1 月 11 日，我国正式批复首次独立的火星探测任务，我国火星探测任务正式立项，当时计划在 2020 年左右发射一颗火星探测卫星。2020 年 4 月 24 日，在 2020 年"中国航天日"启动仪式上，备受关注的中国首次火星探测任务名称公布，也公布了中国首次火星探测任务标志（见图 1.22）。中国行星探测任务被命名为"天问"系列，首次火星探测任务被命名为"天问一号"，后续行星任务依次编号，中国行星探测工程作

图 1.22　中国首次火星探测任务标志

为一个整体概念，以"揽星九天"作为工程的图形标志。

　　2020 年 7 月 23 日，我国首次火星探测任务"天问一号"探测器由"长征五号"遥四运载火箭发射升空。经过 7 个月的长途跋涉，"天问一号"探测器于 2021 年 2 月到达火星附近，开始实施火星捕获，于 2 月 10 日 19 时 52 分成功进入火星轨道。5 月 15 日 7 时 18 分，"天问一号"着陆巡视器成功着陆于火星乌托邦平原南部预选着陆区。5 月 19 日，中国国家航天局发布火星探测"天问一号"任务探测器着陆过程两器分离和着陆后火星车拍摄的照片（见图 1.23），中国首次火星探测任务（着陆火星）取得圆满成功。

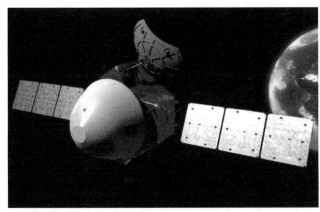

　　　　（a）"天问一号"探测器　　　　　　　　（b）"天问一号"传回的首幅火星照片
图 1.23　"天问一号"探测器及其传回的首幅火星照片

思考题

（1）古代中国人民凭着他们的勤劳和智慧发明了很多能飞的器械，是现代飞行器的雏形，能否列举一二？

（2）近代的哪些自然科学理论是人类进入太空的理论基础？

（3）近代航天理论的先驱者都有谁？分别有何贡献？

（4）"V-2"火箭有何历史作用？它的总设计师是谁？

（5）简述苏联和美国发射的第一颗人造地球卫星的基本情况和主要成果。

（6）我国自主发射的首颗卫星是哪颗？它是什么时间发射的？

（7）第一位进入太空的宇航员是谁？人类首次踏上月球的宇航员是谁？

（8）请举例说明我国航天事业取得的辉煌成就。

——第2章

太空环境

人类的航天活动总是在特定的太空环境中开展的，也就必然会受到复杂的太空环境的影响。广义的太空环境可以理解为地球大气层以外广阔宇宙空间中的一切物理环境的总和，同时随着太空竞争的加剧，在开展太空活动时也要充分考虑国际太空规则的约束。

2.1 太空的范畴与特点

太空，也称为空间（Space）或外层空间（Outer Space），简称天，是指地球稠密大气层以外的广阔宇宙空间，在航天领域一般定义为距离地面 100km 以上的空间，这一高度也被称为"卡门线"。按照太空的范围尺度，可以将太空划分为近地空间、地月空间、太阳系天体系统及银河系与星际空间等。

2.1.1 近地空间

我们居住的地球是太阳系八大行星之一，也是太阳系中直径、质量和密度最大的类地行星，距离太阳 1.5 亿千米，现有 40 亿～46 亿岁。地球存在着引力场和磁场，地球被大气层包围着，来自太阳的电磁辐射和携带太阳磁场的太阳风与地球磁场和地球大气相互作用，形成了由磁层、电离层和高层大气组成的相对稳定又紧密耦合的复杂系统。这一系统所在的空间我们视之为近地空间或地球空间，其外围即地球磁层顶，在日地连线向阳一侧，距离地心约为 10 个地球半径，即约 65000km。其基本特点是高真空、微重力、强辐射、高温差等。

2.1.1.1 地球的形状

地球是一个形状复杂的不规则椭球体，物理表面极不规则，陆地约占地球表面的 30%，地球上最高峰是珠穆朗玛峰，高度为 8848.86m；海洋约占地球表面的 70%，最深的海沟是太平洋的马里亚纳海沟，深度为 11022m。所以地球的物理表面实际上是不能用数学方法来准确描述的。根据研究工作的不同需要，可以采用以下四种地球形状近似模型。

1. 大地水准面

在大地测量中，常用大地水准面来表示地球近似的形状。这是一个假想的表面，它是占地球表面 70% 的海洋表面延伸穿过陆地得到的地球表面。大地水准面是重力作用下的等位面，它是不规则的，南半球和北半球也不对称，北极略凸起，南极略扁平，很像梨子的形状。大地水准面又称为全球静止海平面，是一个理想的表面，与地球的真实形状很接近。

2. 均质圆球

地球形状的一级近似是均质圆球，即地球各处密度均匀的球体，其体积等于地球的体积，圆球体的半径为 6371.004km。在研究卫星运动时，首先研究卫星在地球中心引力场中的运动规律，这就是卫星–地球二体问题，它是研究卫星在地球引力场中运动的基础。

3. 旋转椭球体

地球形状的二级近似是旋转椭球体，它比球体更接近于地球的真实形状。旋转椭球体是由一个椭圆绕其短轴旋转而得到的。其参数按照以下条件来确定：

（1）椭球体中心与地球质心重合，且其赤道平面与地球赤道平面重合。

（2）椭球体的体积与大地水准面模型的体积相等。

（3）椭球的表面与大地水准面的表面的高度偏差的平方和最小。

按照上述参数确定的椭球体称为总椭球体，其与大地水准面的最大偏差为几十米。1976 年，国际天文学联合会天文常数系统中确定的地球赤道半径为 6378.140km、扁率为 1/298.257，地心引力常数 $\mu = GM = 398600.5\mathrm{km}^3/\mathrm{s}^2$（其中，$G$ 为万有引力常数，M 为地球质量）。一个多世纪以来，世界各国先后推算出几十个地球椭球参数，表 2.1 列出了世界主要卫星导航系统所使用的地球椭球参数。

表 2.1　主要卫星导航系统所使用的地球椭球参数

卫星导航系统	GPS	GLONASS	Galileo	北斗
椭球模型名称	WGS-84	PZ-90	ITRS	CGCS2000
半长轴/m	6378137	6378136	6378136.55	6378137
地心引力常数/（$\mathrm{m}^3/\mathrm{s}^2$）	398600.5×10^9	398600.44×10^9	398600.4415×10^9	398600.4418×10^9
二阶带谐系数 J_2	1.08263×10^{-3}		1.0826359×10^{-3}	
地球自转角速度/（rad/s）	7.292115×10^{-5}	7.292115×10^{-5}	7.292115×10^{-5}	7.292115×10^{-5}
赤道扁率	1/298.257223563	1/298.257839303	1/298.25769	1/298.257222101

4. 三轴椭球体

地球形状的三级近似是三轴椭球体。通过对地球形状的进一步研究发现，地球的形状并不是旋转椭球，而是接近三轴椭球，即赤道的形状不是圆而是椭圆，南北半球对称。根据测量，地球赤道椭圆半长轴为 6378.351km，半短轴为 6378.139km，赤道扁率为 1/30000。长轴方向在西经 35° 附近。在这种假设情况下，地球引力位函数与时间有关。

2.1.1.2　地球的运动

地球作为太阳系八大行星之一，其运动既有绕太阳的公转，又有绕自身地轴的自转。地球绕太阳公转的轨道是一个偏心率为 0.0167 的椭圆，近日点距离约为 1.471×10^8km，远日点距离约为 1.521×10^8km。地球公转的平均速度为 29.79km/s，公转周期为 365d6h9min10s（恒星年）。地球公转的轨道面称为黄道面，它与地球赤道面的夹角称为黄赤交角，约为

$23°26'$。黄赤交角的存在造成了地球上的四季交替。

地球的自转是绕地轴进行的，地轴与地球表面相交于两点，即北极和南极。地球自转方向为自西向东，从北极看为逆时针方向旋转，旋转角速度矢量与地轴重合，指向北极。20 世纪以来，由于天文学的发展，人们认识到地球的自转速度是不均匀的，这种不均匀表现在：自转速度不均匀、地球自转轴在空间方向的变化及地球自转轴在地球表面上位置的变化。

地球自转周期约为 23 小时 56 分 4 秒。地球自转速度不均匀主要体现在如下三个方面。

（1）长期变化。地球自转速度逐渐变慢，每百年日长增加 1.6ms。人们通过研究发现，距今 3.7 亿年前，每年约有 400 天。引起地球自转长期变慢的主要原因可能是潮汐摩擦。

（2）季节变化。地球自转速度除了春季较慢、秋季较快的周年变化外，还有半年周期变化。周年变化的幅值为 20~25ms，主要是由风的季节性变化引起的，半年变化幅值约为 9ms，主要是由太阳潮汐引起的。

（3）不规则变化。这种变化表现为地球自转速度时快时慢。

这三种变化各有特点，长期变化在短时间内不明显，只有长期积累才有影响；季节变化很大，但是每年的变化规律都很稳定，可以用经验公式外推进行预报；不规则变化较大，且不能预计。

地球自转轴在空间的变化类似于一个旋转陀螺在外力作用下的进动和章动。地球自转轴在空间不断进动，是由月球和太阳对地球赤道隆起部分的摄动引起的。这种运动可以分成两个部分：一部分是日月岁差，可视为赤道平均极绕黄极的进动；另一部分是章动，是赤道真极绕平均极的周期运动。此外，由于行星对地球的摄动，使得黄道面绕瞬时转动轴旋转，黄道面的这种运动称为行星岁差。日月岁差对地球自转轴的影响较大，它使春分点每年向西移动 57.37″；行星岁差的影响很小，但使得春分点在黄道上东进。

由于地轴的进动，天极在天球上以黄极为圆心、以黄赤交角为半径的小圆上运动，周期约为 26000 年。章动是叠加在进动上的微小的不规则运动，振幅为 9.2″，周期为 18.6 年。图 2.1 显示了地球自转轴运动对天极及春分点的影响。

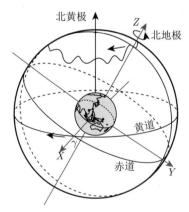

图 2.1　地球自转轴指向在空间的运动

地球自转轴与地球表面的两个交点即南北两极。地球自转轴在地球内部的移动称为极移，它造成了两极位置的变化。极移主要包含两个分量：一个分量以 420 天为周期，称为张德勒周期，这种极移成分是非刚性地球的自由摆动；另一个分量以一年为周期，称为周年周期，这种极移成分主要是由于大气作用引起的受迫摆动。地球极移的范围不超过 $\pm 0.4''$。极移使得地面上各点的纬度和经度发生了变化。

2.1.1.3 地球引力场

地球是近地空间的中心引力体，其引力场分布决定了绕地球运动的航天器的基本运动规律。由于地球形状不规则、密度分布不均匀及自转运动不规则，导致地球引力场在空间分布不规则，这将对航天器的轨道运动产生极大的影响。在地球固连坐标系中，质点所承受的地球引力加速度可以表示为

$$a(\boldsymbol{r}) = \mathrm{grad}V(\boldsymbol{r})$$

式中，$\boldsymbol{r} = \boldsymbol{r}(X, Y, Z)$ 为质点的地心位置矢量；$V(\boldsymbol{r})$ 为地球引力场位函数，其形式为

$$
\begin{aligned}
V(r, \varphi, \lambda) = \frac{\mu_E}{r} & \left[1 - \sum_{n=2}^{\infty} J_n \left(\frac{a_E}{r} \right)^n P_n(\sin \varphi) + \right. \\
& \left. \sum_{n=2}^{\infty} \sum_{k=1}^{n} \left(\frac{a_E}{r} \right)^n (C_{nk} \cos k\lambda + S_{nk} \sin k\lambda) P_{nk}(\sin \varphi) \right]
\end{aligned}
\tag{2.1}
$$

式中，μ_E 为地心引力常数；a_E 为地球椭球的长半轴；$P_n(\cdot)$ 为勒让德多项式；λ 和 φ 为计算点的经度和纬度；r 为矢径长度；J_n、C_{nk}、S_{nk} 为谐系数。

式 (2.1) 中，与经度无关的项（J_n）将地球描述成许多凸凹相间的带形，如图 2.2（a）所示，称为带谐项，其对应的系数称为带谐系数；一部分与经度有关的项（C_{nk}、S_{nk}，$n \neq k$）将地球描述为凸凹相间的棋盘图形，如图 2.2（b）所示，称为田谐项，其对应的系数称为田谐系数；另一部分与经度有关的项（C_{nk}、S_{nk}，$n = k$）将地球描述成凸凹相间的扇形，如图 2.2（c）所示，称为扇谐项，其对应的系数称为扇谐系数。

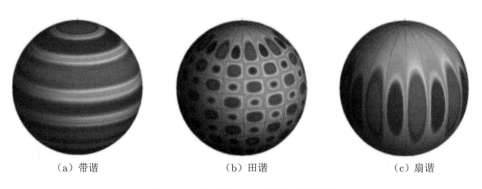

（a）带谐   （b）田谐   （c）扇谐

图 2.2 地球引力位函数各种谐系数

2.1.1.4 地球大气层

在地球引力作用下和地球磁场的保护下，大量气体聚集在地球周围，形成数千千米高的大气层，气体密度随海拔高度的增加而变得越来越稀薄。地球大气的气体主要集中在

0~50km 的高度范围之内，约占地球大气总量的 99.9%，而在高度大于 100km 的空间仅占 0.0001% 左右。整个大气层随高度不同表现出不同的特点，可划分为对流层、平流层、中间层、热层和外逸层，大部分流星体及陨落的航天器都会在中间层被烧毁。大气层最外层的热层一直向外延伸到星际空间，在这一层由于密度很小，气体之间的相互碰撞可以忽略，离子的运动轨迹基本为只受地球引力作用的轨道运动轨迹。地球高层大气温度受太阳活动的影响很大，主要表现在以下几方面。

（1）太阳活动周变化。太阳是决定地球高层大气性质的最主要的因素，当太阳紫外辐射和 X 射线的强度发生剧烈变化时，高层大气的温度和密度也随之发生剧烈的变化，且高度越高，差别越大，在 200km 的高度上可相差 3～4 倍，在高于 500km 的高度上可相差 20～30 倍，在 1000km 高度上可相差至 100 倍。

（2）季节变化。地球每年两次经过太阳赤道面，使得高层大气存在明显的半年变化。

（3）昼夜变化。在 200km 以下，大气的温度和密度昼夜变化不明显，随着高度增加昼夜变化明显加强，一般情况下，大气密度的极大值出现在地方时 14 点，极小值出现在地方时 4 点。

在太阳紫外线的作用下，高度为 60～1000km 的大气成分开始电离，形成大量的正、负离子和自由电子，所以这一层叫作电离层。这一层对于无线电波的传播有着重要的作用，对航天活动有较大的影响。电离层按照不同性质通常可分为一系列的层和区。电离层 D 层主要由太阳的强电磁辐射和高能粒子沉降产生，主要出现在白天，高度为 60～90km。E 层受太阳辐射、高能粒子沉降和等离子体输运过程控制，高度一般为 90～140km。F 层受太阳辐射、扩散、地磁场等作用控制，在白天分裂为 F1 层和 F2 层，其中 F1 层的高度一般为 140～210km，F2 层的高度为 250～400km。F2 层存在一个最大电子密度，在最大电子密度以上至数千千米的区域统称为顶部电离层。

2.1.1.5 地球磁场与磁层

地球附近空间充满着磁场，在几百千米到几个地球半径高度的空间。如图 2.3 所示，地球磁场呈现为偶极子磁场，磁南极大致指向地理北极附近，磁北极大致指向地理南极附近，磁极与地理极不完全重合，存在磁偏角。磁力线分布特点是赤道附近磁场的方向是水平的，两极附近则与地表垂直。赤道处磁场最弱，两极磁场最强。

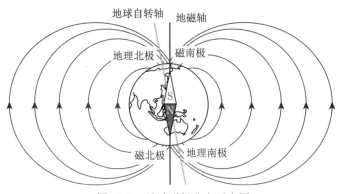

图 2.3　地球磁场分布示意图

地球磁层是指电离层以上受磁场控制的广大稀薄等离子体区域，它的外边界称为磁层顶。受到太阳风影响，整个地磁场的分布呈现朝向太阳的一面压缩、背向太阳的一面拉长的形状，磁层顶在向阳面日地连线上距离地球最近，约为 10 个地球半径，在背阳面则近似为圆柱体，磁尾可延伸至 1000 个地球半径之和的空间，如图 2.4 所示。

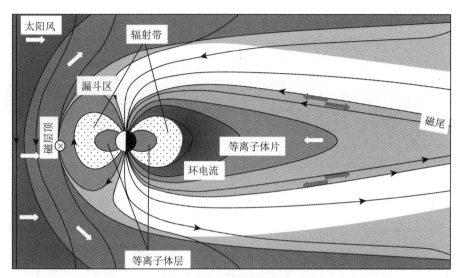

图　2.4　地球磁层结构示意图

南半球有一大块区域的磁场强度比世界其他地区弱了 30%~50%，弱化的速度也比其他地区快了 10 倍，被称为南大西洋异常区，又称南大西洋辐射异常区。它的中心在南美洲与非洲之间的大西洋，范围涵盖了南美洲西南端、非洲南端及两者之间的大西洋南部。南大西洋异常区的磁场甚至出现磁场翻转，产生一个局部朝南的磁北极。南大西洋异常区不只磁场减弱，范围也在逐渐扩大，而且其中心每年向西移动 0.3°。美国 NASA 的科学家甚至预测，如果南大西洋异常区以当前速度继续扩大，到 2240 年，将会涵盖半个南半球。有科学家认为，南大西洋异常区的种种现象表明地球的磁极"即将"翻转。实际上，地球磁场正在不断减弱，从历史数据来看，150 年间地球磁场降低了 15%，同时，磁极以每年 40km 的速度在移动。这一切似乎都在表明地球磁场正在翻转。地球漫长的历史上实际上也的确多次出现磁场翻转的现象。

地球磁层与大气层形成了一个有机的结构整体，像两把保护伞，每天为我们"遮风挡雨"，一起阻挡来自太阳的粒子流和有害射线，使它们无法到达地表空间。正是由于磁场和大气层的双重保护，地面上的人类和其他生物才免受辐射伤害。

2.1.2　地月空间

地月空间主要指地球至月球之间的太空范围，可细分为地球空间、月球空间及地月转移空间，主要的天体包括地球、月球、近地小天体及微流星等。由于月球运动会受到太阳引力影响，地月空间环境也会受到太阳风、太阳磁暴等影响，因此在考虑地月空间物理特性及轨道运动时，需要将太阳也纳入地月空间天体范围中。

月球距离地球约 380000km，是地球唯一的天然卫星，也是太阳系第五大卫星，可能形成于约 45 亿年前。月球绕地球公转的轨道面称为白道面，白道面与黄道面并不重合，它们之间的夹角约为 5.14°。地球对月球的运动和质量分布有着巨大的影响：由于地球对月球的引力梯度作用，月球的自转与其绕地球的公转周期相等，均为 27.32 天，因此月球始终以同一面朝向地球；由于地球的潮汐力作用，月球质心与月球形心并不重合，且靠近于地球一侧。月球与太阳的大小比例与距离的比例相近，使得它的视大小与太阳几乎相同，在日食时月球可以完全遮蔽太阳而形成日全食。

随着工业化、信息化和全球化浪潮的不断发展，作为人类文明摇篮的地球不堪重负，人类对发展地球空间的竞争已经到了空前的境地。月球是太阳系中距离地球最近的天体，也是当代航天技术可以有效构建运输体系的地外资源聚集区。地月空间是继陆地和海洋之后，人类生存空间拓展的又一广阔领域。地月空间具有丰富的可利用的资源和应用价值，月球上特有的矿产和能源，是对地球资源的重要补充和储备；月球以及地月拉格朗日点可以作为人类进一步探测宇宙空间的综合服务站和中转站。地月空间的建设与开发可以为人类在地球上形成的巨大过剩产能提供释放空间，从而推动人类文明的发展进入一个全新的阶段。在可以预见的未来，地月空间将成为航天强国竞争的重点区域。我国科学家提出在 21 世纪中叶建成地月空间经济区的构想（见图 2.5），以充分探索、开发及利用地月空间资源，促进我国经济、社会、科技、民生的发展，推动人类社会文明的进步。

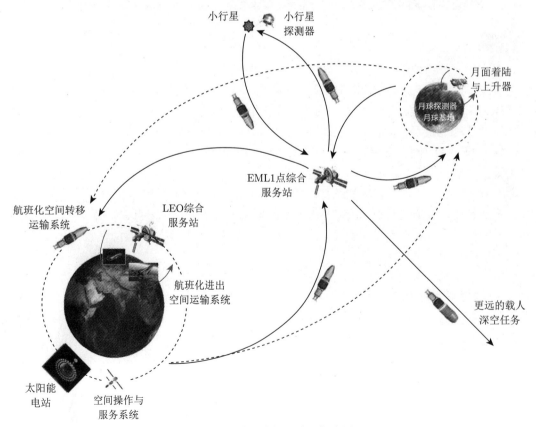

图 2.5　地月空间经济区概念图

2.1.3　太阳系天体系统

太阳系是指被太阳引力约束在一起的天体系统，包括太阳、行星及其卫星、矮行星、小行星、彗星及行星际物质。太阳系位于银河系猎户座旋臂上，距离银河系中心约 30000 光年，绕银河系中心公转周期约 2.5×10^8 年。

2.1.3.1　太阳

太阳是太阳系的中心天体，占据太阳系总质量的 99.86%。太阳和其他天体一样围绕自己的轴心自西向东自转，但表面不同纬度处的自转速度不同。在赤道处，太阳自转一周需要 25.4 天，而在纬度 40° 处需要 27.2 天，到了两极地区则需要 35 天左右。这种自转方式被称为"较差自转"。

太阳是一个巨大的圆球，其半径约 70 万千米，是地球半径的 109 倍，大约相当于地月往返距离，太阳的体积约为地球的 130 万倍。太阳与地球之间的距离大约为 1.5 亿千米，速度为 3600km/h 的高速飞机若昼夜不停地从地球飞到太阳大约需要 4.75 年，即使以第二宇宙速度（11.2km/s）飞行的火箭，从地球飞到太阳，也需要 154 天，而太阳光从太阳表面到达地球大约需要 8min。根据物理性质的不同，太阳内部可以分为若干层次，如图 2.6 所示。人们肉眼能够看到的发光圆球只不过是太阳的一个圈层——光球层，它有一个非常清晰的边界，太阳直径就是以这个边界来定义的。光球层的厚度大约只有 500km，可见光波段的太阳电磁辐射几乎全部是由光球层发射出来的，这也是被称为"光球"的原因。光球层的压力和密度都很小，气体压力大约只有地球大气压的 1/10，粒子密度也只有地球海平面大气密度的 1%，然而它却像一堵墙一样挡住了太阳内部辐射的外流，使人们看不到太阳内部的样貌。光球层以内是太阳的内部，由里到外依次为日核、辐射层和对流层；光球层以外是色球层和日冕层，它们与光球层统称为太阳大气。太阳内部几乎集中了太阳的全部物质，其中日核是太阳唯一的热能产生区，在这里由核聚变反应产生的巨大能量分别以辐射和对流的方式穿过辐射层和对流层向外传递。

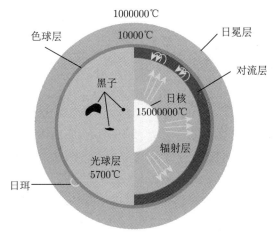

图 2.6　太阳的分层结构

2.1.3.2　行星与小行星

太阳系有八大行星，如图 2.7 所示，按照与太阳之间的距离由近到远分别为水星、金星、地球、火星、木星、土星、天王星及海王星。在火星轨道与木星轨道之间存在一个小行星密集的区域，称为小行星带。八大行星中，由于水星和金星的绕日运行轨道在地球运行轨道以内，因此称水星和金星为内行星，而其他行星位于地球运行轨道以外，则称它们为外行星。根据行星结构的不同，太阳系行星又可以分为类地行星和类木行星两大类。水星、金星、火星与地球相类似，以硅酸盐石作为主要成分，因此和地球一起称为类地行星；以木星为代表的类木行星则不以岩石或其他固体为主要成分，这些行星体积巨大，因此又称为气态巨行星，包括木星、土星、天王星和海王星。除水星、金星外，太阳系其他各行星均有围绕自己公转的卫星。

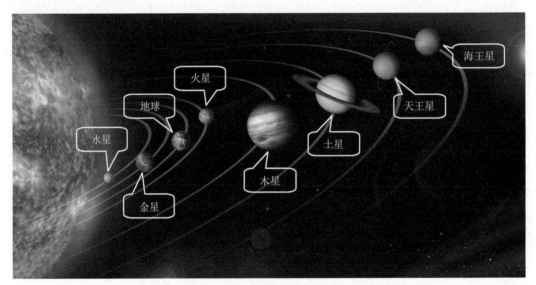

图　2.7　太阳系行星示意图

小行星带分布在火星轨道和木星轨道之间，距离太阳 2.3～3.3AU（AU 为天文单位，指的是地球到太阳的距离），被认为是受到木星的引力干扰而不能凝聚成形的失败的行星，是太阳系形成时遗留下的物质。小行星带可能包含数百万颗直径超过 1km 的小天体，但其总质量不会超过地球质量的千分之一，因此小行星带是非常空旷的，探测器可以安全飞跃。除小行星带上的小天体外，根据轨道和位置的不同，内太阳系中还有很多不同类型的小行星。例如，轨道穿越地球公转轨道、近日点小于 1AU 的阿波罗型小行星；轨道完全在地球轨道以内的阿登型小行星；轨道穿过火星轨道，但不穿过地球轨道，近日点稍大于 1AU 的阿莫尔型小行星；位于太阳与巨行星拉格朗日 L_4 点与 L_5 点上的特洛伊型小行星等。

2.1.3.3　行星际空间

行星际空间一般指太阳大气向外延伸所及的范围，从日冕层一直延伸到太阳系的边缘，即日球层顶。行星际空间占据了太阳系内绝大部分空间，其外边缘到达太阳中心的距离超过了 100AU。行星际空间的边缘是太阳风受到星际介质阻挡而停止的地方，此时太阳风的强度不足以推挤开来自周围恒星的恒星风。

行星际空间并非真空，其中的主要物质包括太阳风及太阳和其他天体所辐射出来的电磁波等。太阳风是从太阳日冕层吹出来的等离子体，其主要成分是电子和质子，还有少量以氦离子为主的重离子。这些等离子体首先快速逃离太阳，之后基本匀速运动在行星际空间，最后与星际介质相互作用，到达日球层顶。这些等离子体具有很高的电导率，它们携带着太阳磁场一起吹向行星际空间，形成了行星际磁场。

2.1.4 银河系与星际空间

银河系是太阳系所在的棒旋星系，其中包含的恒星数量为 1000 亿 ～ 4000 亿颗，总质量大约是太阳质量的 1.5 万亿倍。银河系所属的星系群称为本星系群，是一个典型的星系团，包含了约 40 个星系，其中银河和仙女星系是最大的两个。由若干个星系团聚在一起形成的更高一级的天体系统是超星系团，又称二级星系团，本星系群所在的超星系团为本超星系团。

整个宇宙空间是由各种形状不同的星系和各类星云构成的，它们均由几十亿至几千亿颗恒星、星际气体和尘埃物质组成。当前人类能够观测到的最远天体距离地球约 200 亿光年，这也是人类能够"看"到的宇宙的大小，但这并非宇宙的边界。

2.2 近地太空环境及其效应

在近地空间复杂的太空物理环境中，主要的环境包括真空环境、中性大气环境、辐射环境、等离子体环境及碎片与微流星体环境等。近地太空环境的各种要素都会对航天器造成各种不利的影响，如果不能有效地预见这种作用的潜在危害，可能会严重影响航天器执行任务的效果，甚至造成致命故障。太空环境对航天器的影响表现为一种综合效应。一个环境因素对航天器可能会产生多方面的影响，其中单粒子效应、总剂量效应及充放电效应是影响航天器安全的三大太空环境效应。

2.2.1 真空环境

100km 高空处的大气压力比海平面压力低 6 个数量级，可以认为此时的太空环境几乎没有空气，也几乎没有压强。要使航天器能在类真空状态下运行，对材料的使用和热控有诸多限制。

2.2.1.1 真空环境效应及其影响

当材料暴露在真空环境中时，许多物质会由于真空出气导致质量减少，出气物质会污染表面材料从而改变设备的热学或光学性质。在真空环境中，无法通过气体的对流来进行传热，因此航天器只能利用传导或辐射来为自身降温。

1. 出气现象

材料在太空真空环境中时，由于液体的蒸发、固体的升华及有机聚合物材料在制造过程中添加的催化剂、抗氧化剂、增塑剂、增黏剂等的挥发，导致材料质量损失，引起材料成分产生变化，材料可能硬化、脆化和龟裂，造成防护层分层、破裂等现象。另外，由于材料的质量损失和出气，其挥发物将会污染航天器上的敏感表面，如光学镜头、热控涂层、继电器触点等，使其功能降低甚至失效。

2. 分子污染

由于存在出气过程，航天器自身也会成为一种污染源。实验结果表明，如果出气分子撞击物体表面，大多数情况下不会发生弹射或散射，而是附着于物体表面，并形成热平衡状态。除非污染物分子获得了足以摆脱物体表面电子吸引力的能量，否则将一直附着在物体表面，这一过程遵循量子力学的随机概率理论。如果单位时间内附着物体表面的污染物数量大于脱离物体表面的污染物数量，污染物就会累积起来，在物体表面形成污染层。

物体表面附着的污染物薄层会改变其对太阳能的吸收率，从而影响热控材料的性能。还要注意，光学设备或太阳能电池阵上可能会形成污染物。光学设备如镜头、平面镜或焦平面阵列上所沉积的污染物薄层会使探测器的信噪比降低，并因吸收来自探测目标的光线而使探测器的动态范围受到限制，甚至导致传感器彻底丧失功能。

3. 热传递

150km 高空处，气压将降低到只有约 $0.7 \times 10^{-3}\mathrm{Pa}$。研究表明，当气压降至 $10^{-3}\mathrm{Pa}$ 以下时，气体的传导和对流传热便可忽略不计。这是因为太空中气体极为稀薄，在单位时间内碰撞到物体的气体分子寥寥无几，远远不足以对航天器进行加热。因此，航天器与太空环境之间的热传递几乎完全以辐射形式进行。航天器的温度在白天和黑夜有着明显的差异，而且白天航天器表面受暴晒与否，其温度差异也很大。

4. 紫外线影响

在轨航天器的表面会完全暴露在太阳紫外线之下，紫外线中的单个光子所具有的能量，足以使许多物质的有机化学键断裂，从而导致物理性质发生改变。一般来讲，可以把物质分为两类：一类是"太空稳定性"物质，在太空环境中，其性能基本不会发生变化；另一类是"太空非稳定性"物质，可能会对一系列影响因素比较敏感。实验表明，在航天器使用寿命内，由于紫外线的影响，很多材料的太阳能吸收率会变化 0.01 或更大。

5. 黏着与冷焊

当航天器处于超高真空环境时，航天器运动部件的表面处于原子清洁状态，无污染。而清洁、无污染的金属接触面间原子键结合造成的黏结现象会使活动部件驱动力矩增大，甚至可能发生接触面黏着或焊死，这就是真空黏着与冷焊现象。

2.2.1.2 真空环境效应防护

如表 2.2 所示，航天器设计人员在研制航天器时，可以利用各种各样的方法来避免或降低真空环境的影响。首先，可以选择合适的材料，如选择真空出气概率较小的物质作为航天器材料，这对飞行任务成功与否具有举足轻重的作用；其次，在设计时必须考虑自身产生污染的可能性，并采取有效措施把这种可能性降到最低，如航天器的通风口或推进器不要直接对着敏感物体的表面，以降低直接污染的可能性。热控分系统应该有足够的余量来应付飞行任务寿命期内可能出现的性能降低这一问题，还要考虑对低温表面进行周期性加热的可能性，来清除沉积的污染物。如果以上措施还不能达到理想的效果，就必须在地面上对许多材料进行预先热处理，以加快它的出气速度，从而减少这种材料在太空轨道上发生出气的概率。与此相似，也可以在航天器在轨道飞行的最初几天，让敏感的光学设备处于高温和热隔离状态，就可以在出气过程中尽量减少污染。

表 2.2　真空环境效应防护

途径	说明
材料选择	选择太空稳定性材料和涂料
结构	让通风口处出气材料远离敏感物体的表面
余量	允许在轨道运行时热力/光学性能有所降低
材料预处理	在安装到航天器上之前先将材料进行真空烘干
飞行和地面的操作	在早期操作过程中，提供在轨烘干时间；给低温表面 和污染出气薄膜提供加热机体的机会

2.2.2　中性大气环境

高层大气环境通常指近地轨道空间 $100 \sim 1000km$ 高度范围的大气环境，其成分主要是中性的分子和原子，因此也称为中性大气环境。空气中的氧气在太阳紫外辐射的作用下形成的原子氧，是低地球轨道影响航天器的主要环境因素之一。

2.2.2.1　中性大气环境效应及其影响

尽管近地轨道上的气体十分稀薄，根本无法维持人类的生命活动，但它却足以对轨道上以 $7km/s$ 速度飞行的航天器造成重大影响：高速运动的原子对航天器的撞击会增加气动阻力，产生表面溅射效应；原子氧可以通过化学反应腐蚀物体表面，或增强物体的可见光强度，干扰遥感、遥测。

1. 大气阻尼效应

航天器在大气阻力作用下，飞行高度会不断下降，要使它在规定高度上保持正常飞行，就需要不断给予推力，使它抬升高度；轨道高度越低，大气密度越大，阻力也就越大，所需的助推燃料也越多。对于低轨道飞行器而言，由于其飞行高度较低，因此轨道受大气影响更为严重。当航天器在低于 $100km$ 的高度飞行时，其飞行高度会迅速下降，飞行时间将小于几天；对于轨道高度介于 $100\sim600km$ 的航天器而言，由于所受大气阻力减小，因此在轨运行时间增长，从几天到几年不等，这主要由其携带的推进剂总量来决定；对于轨道高度在 $600km$ 以上的航天器而言，阻力影响可忽略不计，航天器可实现长期在轨运行。因此，在航天器飞行前，必须计算大气阻力，进行轨道预报，根据任务时间确定最佳携带燃料量。尤其是载人飞行器，在一次飞行任务中，往往需要多次变轨，以完成交会、对接、返回等任务，因而对载人飞船轨道预报的要求比对一般飞行器轨道预报的要求更高。

2. 原子氧剥蚀效应

原子氧是中高层大气的主要成分，主要是由太阳紫外线分解氧分子而产生的，其密度并不高，且随着高度、轨道倾角、太阳活动周期及季节等的变化而变化。但当航天器以 $7 \sim 8km/s$ 的速度飞行时，航天器表面材料与其发生一系列的化学作用，使这些材料氧化、腐蚀，使材料的性能退化。原子氧对航天器的影响包括如下几个方面：一是造成航天器结构材料的剥蚀和老化；二是对航天器温控材料的损耗；三是对太阳电池连接件的损耗；四是对遥感探测器或其他光学材料的污染和侵蚀。太阳紫外辐射、微流星撞击损伤、溅射或污染会加速原子氧损伤效应，导致某些材料的机械性能、光学性能、热学性能严重退化。

3. 物理溅射效应

中性分子对在轨道上运行的航天器所产生的能量是不可忽略的，当表面原子之间的化学键能小于碰撞能量时，每一次碰撞都有可能使物体表面原子的化学键断裂，从而造成对航天器表面的腐蚀，这一过程称为溅射。发生物理溅射的必要条件是碰撞能量大于某一个阈值，而大多数物质发生溅射过程的能量阈值都要高于平均的碰撞能量。因此，只有长期飞行的航天器，比如寿命长达 30 年的空间站，材料的溅射才可能成为决定航天器运行寿命的重要因素。

4. 辉光效应

许多航天器都在接近最外部的表面处出现过光辐射导致的辉光现象。许多航天器都携带光学设备，航天器自身的辉光现象可能会降低这些光学设备的观测能力。人们目前还无法很好地解释辉光过程的物理机理，但可以肯定的是，它与中性大气层有直接的关系，是航天器部分表面与原子氧的相互反应在大气中引起的可见光辐射。

2.2.2.2　中性大气环境效应防护

如表 2.3 所示，为了避免或降低中性大气环境效应的影响，设计者可以采取多种不同的方法。决定气动阻力大小的是轨道所处大气层的密度及航天器的形状和尺寸。然而除极少数的情况外，禁止用提高航天器运行高度的办法来减少阻力，其原因是，提高轨道的高度会影响有效载荷的工作性能，增加发射费用。此外，一般不建议设计气动表面光滑的航天器，因为航天器的整流罩对航天器的体积有所限制。因此，减少空气阻力最常用的方法，是调整航天器的飞行方向，让它在气流中的迎风面积最小。在较低轨道上，通常让太阳能电池阵与迎风面形成某个角度以减少阻力，这时候的太阳能电池阵只要能够向航天器提供足够的电能即可。

表 2.3　中性大气环境效应防护

途径	说明
材料	所选材料应满足以下条件：①与原子氧不反应；②表面反光率不太高（如果附近有光学仪器）；③有较高的溅射阈值
结构	减小迎风面，使阻力减小，使敏感表面和光学表面远离迎风面
防护层	在航天器表面增加防护层
操作	在允许的前提下，将航天器的运行轨道调整到相互作用较小的高度

选择合适的航天器材料可以控制溅射现象的出现。可以调整航天器敏感表面的指向，让其远离迎风面，或者使用防护外罩，来减少原子氧对航天器的撞击。为了避免辉光现象的出现，需要尽量把遥感设备对准航天器的尾迹，或者远离可能出现辉光现象的物体表面。当然，如果有选择余地，且辉光现象成为不可避免的问题，那么可以选择适当的材料来降低辉光强度。

2.2.3　辐射环境

辐射环境主要是指航天器在轨道上遭遇的各种能量的粒子辐射环境。航天器在轨运行期间，不可避免地受到辐射环境的影响，引起航天器材料及器件的功能及性能改变。

2.2.3.1　近地空间辐射环境

近地空间辐射环境包括天然粒子辐射环境和人工粒子辐射环境。天然粒子辐射环境主要成分为电子和质子，还包括少量的重离子。重离子具有能谱宽、强度大的特点，主要来源于地球辐射带、银河系宇宙射线以及太阳质子事件。人工辐射环境主要是高空核爆炸后所生成的核辐射环境。

1. 地球辐射带

地球辐射带又称范·艾伦辐射带，是指近地空间被地磁场捕获的高强度的带电粒子区域，是一个近似以地球磁轴为对称轴的"面包圈状"的高能粒子的高通量区。地球辐射带分为内外两个辐射带，在向阳面和背阳面各有一个区。其示意图如图 2.8 所示。

内辐射带中心位置约在 1.5 个地球半径处，范围限制于 −40℃~40℃，东西半球的高度不对称，西半球的高度低于东半球。内辐射带粒子的主要成分为质子和电子，也有少量的重离子。内辐射带受地球磁场控制相对稳定，大部分粒子密度的瞬态变化是由太阳活动诱发大气密度变化引起的。地球磁场存在于南大西洋异常区，此处的辐射会特别强。外辐射带位于地球上空 2 ~ 3 倍于地球半径的高度，厚度约 6000km，范围可延伸至磁纬 50° ~ 60° 处。外辐射带的主要成分为电子和质子，还有少量的 α 粒子。外辐射带捕获电子的通量与太阳活动密切相关，电子通量随时间变化涨落较大，甚至在十几分钟内涨落可超过一个数量级。

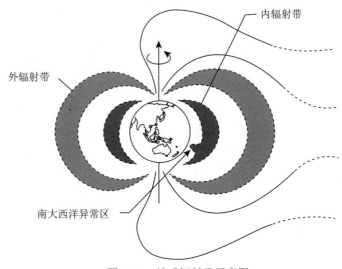

图 2.8　地球辐射带示意图

2. 银河系宇宙射线

银河系宇宙射线（简称银河宇宙线）源自太阳系外源源不断的粒子群，粒子的数量密度为每平方厘米每秒几个粒子。银河系宇宙射线几乎包含了元素周期表中所有的元素粒子，主要由 85% 的质子、14% 的 α 粒子（氦核）及 1% 的电子与重离子组成，其中还包含太阳系的高能粒子辐射，地磁场一般不足以使粒子偏转。银河系宇宙射线的流量大小与太阳活动成反比，即太阳活动高年时银河系宇宙射线的流量最小，而太阳活动低年时银河系宇宙射线的流量最大。另外，银河系宇宙射线的强度随着它与太阳的距离及黄道面的夹角的改变而改变。在地球极区，由于磁力线垂直于地球表面，因此少数宇宙射线粒子可沿磁力线沉降到磁层内；在地球极区以外，仅少量能量特别高的宇宙射线粒子能穿透地磁场的屏蔽进入磁层内；绝大部分宇宙射线粒子都被地球磁场所屏蔽，不会对地球轨道航天器造成威胁。

3. 太阳质子事件

太阳质子事件是指太阳在日冕物质抛射期间放射出许多粒子束的现象。太阳会周期性地喷发大量的高能质子、α 粒子及一些重核元素粒子，其中的主要成分是高能质子。太阳质子事件通常与太阳耀斑同时发生，并可能是太阳耀斑爆发开始的一个有效信号，但有的太阳质子事件仅仅是日冕物质抛射。太阳质子事件发生时释放的能量将使粒子加速，导致太阳产生磁流体动力学激波，并在行星际介质中传播。太阳质子事件所产生的辐射通量密度与太阳活动成正比，即太阳活动低年时辐射通量密度较低，太阳活动高年时粒子事件发生更频繁，辐射通量密度较高。太阳质子事件的发生时刻、大小、持续时间和成分，至今无法预测，一般持续数天到一周时间，峰值辐射将持续数小时。

4. 敌对辐射环境

在太空引爆核武器时，会形成敌对辐射环境。离爆炸地点较近的航天器，在爆炸后会立即受到辐射线的直接照射，即瞬时剂量辐射。大量的中子和 γ 射线也会辐射航天器，航天器还会遭受到电磁脉冲的攻击，导致许多电子设备被烧毁。爆炸瞬时释放出来的能量，可以把电子从许多离子中剥离，生成大量的带电粒子。随后这些带电粒子被地磁场捕获，可能导致地球辐射带中的带电粒子的数量剧增。与瞬时剂量辐射不同的是，地球辐射带中的带电粒子数量的增加会影响地球另一端的航天器。20 世纪 60 年代，美国进行的核爆炸试验，对地球辐射带的明显影响持续了两年，较明显的残余影响持续了至少 10 年。除了以上辐射环境，航天器自身携带的核装置也会产生辐射。

2.2.3.2　总剂量效应

总剂量效应是指带电粒子入射到物体（吸收体）时，会把部分或全部能量转移给吸收体，带电粒子所损失的能量也就是吸收体所吸收的辐射总剂量。当吸收体是航天器电子元器件和功能材料时，它们将受到总剂量辐射损伤。总剂量效应将导致航天器上的各种电子元器件和功能材料性能漂移、功能衰退，甚至完全失效或损坏。太空中的带电粒子对航天器的总剂量辐射损伤主要通过以下方式来作用。

1. 电离总剂量效应

高能带电粒子入射到航天器电子元器件和材料中时，会发生电离作用。元器件和材料吸收电离作用传递的能量后，出现的性能衰退、参数漂移等现象，称为电离总剂量效应。航天器几乎所有电子元器件和材料都会遭受总剂量效应的影响。总剂量效应是一种累积效应，当累积剂量超过元器件或材料所能承受的最大剂量时，其性能就会失效，从而对航天器造成威胁。

2. 位移损伤效应

在高能粒子与材料相互作用的过程中，除通过电离相互作用交换能量外，还可以通过非电离相互作用交换能量，即产生非电离能量损失。在高能粒子入射到材料中时，通过与原子发生弹性及非弹性碰撞，使原子脱离晶格的束缚，发生原子位移，由此使材料发生缺陷、产生性能变化的现象，称为位移损伤效应。

3. 深层充电效应

辐射的总剂量效应还可能引起航天器深层充电。高能带电粒子在航天器内部介质中沉积时，会产生电荷累积，形成内部电场。当所累积的内部电场超过介质的击穿阈值时，将发生静电放电。深层充电效应可能引起电磁脉冲干扰，从而造成逻辑电路翻转并形成伪信号，使卫星错误动作，造成电路击穿、局部材料损坏。

2.2.3.3 单粒子效应

当太空高能带电粒子轰击到大规模、超大规模微电子器件时，会造成微电子器件的逻辑状态发生变化，从而使航天器发生异常和故障，这种现象称为单粒子效应。单粒子效应包括单粒子翻转、单粒子锁定、单粒子瞬态及单粒子烧毁等。单粒子效应是星载计算机中最常见的错误之一，在与太空环境相关的卫星异常中，由单粒子效应造成的异常达 39%。它能够引起航天器数据错误、电路功能混乱、指令错误、计算机系统瘫痪，引发卫星故障异常，严重时会导致卫星失效。

1. 单粒子翻转

高能粒子在通过路径上电离产生的电荷在内部电场的作用下被收集，当聚集的电荷达到一定阈值时，器件的电状态发生不期望的翻转，例如，使原来记忆单元的 0 或 1 状态翻转。这种错误不是永久性的，也称为软错误。虽然不产生硬件损伤，但它会导致控制系统逻辑状态混乱，产生错误数据或者错误指令，从而可能对航天器产生灾难性后果。单粒子翻转的发生概率远大于总剂量效应和单粒子锁定。

2. 单粒子锁定

单粒子锁定主要针对的是 CMOS 器件。当高能带电粒子轰击 CMOS 器件，在其内部电离出足够的电荷时，会使 CMOS 电路中的可控硅结构被触发导通，由此在电源与地之间形成低电阻大电流通路的现象。长时间锁定电流会烧毁器件，造成器件永久失效。

3. 单粒子瞬态

单粒子瞬态主要发生于模拟或数字器件中，单个高能粒子轰击模拟或数字器件灵敏区时产生的电子空穴对，使器件输出电压受到瞬时脉冲干扰。

4. 单粒子烧毁

单粒子烧毁主要发生于功率器件，单个高能粒子入射时会产生电子空穴对。在电场的作用下，电子空穴对迅速分离，并分别沿着电力线向相反方向运动，极易产生电子空穴的雪崩效应。雪崩效应一旦形成，将使器件从正常工作状态触发到高电流状态，导致发热，最终使器件烧毁。

2.2.3.4 辐射环境效应防护

由于物质受到辐射作用影响会产生许多现象，因此，要使航天器的设计方案可行，就必须对它们的器件和材料进行辐射性试验，这也是一项重要的设计内容。对电子器件的试验可得到的重要参数包括：总剂量效应、锁定阈值、翻转阈值、单粒子翻转及中子损伤效应。

设计人员可以有多种途径保障航天器具有抵抗辐射的能力，如表 2.4 所示。对于航天器部件而言，关键是所选择的材料对辐射作用有足够的冗余度。安全系数达到 5 的部件可以放心使用，安全系数介于 2 ~ 5 的部件需要进行额外的辐射考核试验，或对其进行跟踪观测，要尽可能地避免使用安全系数小于 2 的部件。要避免出现单粒子翻转故障，应尽量选择线性能量传递阈值大的器件。对于整个航天器来说，要完全避免出现故障或翻转几乎是不可能的，所以航天器整体设计应具有出现这些故障后仍能工作的能力。冗余设计和恢复程序也是保障完成任务的关键因素。

表 2.4   辐射环境效应防护

途径	说明
屏蔽	为了减少辐射剂量和降低辐射剂量率，在敏感器件和辐射环境中间增加屏蔽体
设计/部件选择	选择辐射安全系数高、抗闭锁和抗翻转故障的设计和部件
裕度	加大太阳能电池阵面积，增加电源分系统设计冗余
恢复程序	安装修复软件，以便在发生闭锁和翻转时能自动恢复

2.2.4   等离子体环境

等离子体是宇宙中常见的物质形态，常被描述为除固态、液态和气态之外的物质的第四种形态，由部分电离或全部电离的气体组成。这些气体的原子和分子中的一些电子因具有足够的能量而离开，且不易重新结合。太阳风的主要成分即等离子体带电粒子流，地球电离层本质上也是一种等离子体环境。

2.2.4.1   等离子体环境效应及其影响

等离子体环境效应会导致航天器表面侵蚀和污染，从而影响它们的热性能；引起的不等量充电导致的放电，会损害电子系统，并影响材料性能，导致太阳能电池阵的能量损失。

航天器沉浸在等离子体环境中时，能量不能穿透航天器表面的数十千电子伏以下的空间等离子体与航天器表面相互作用，从而导致航天器表面电荷积累的充电现象称为表面充电。当表面电位差超过材料的击穿阈值时，可能引发静电放电。航天器表面的静电放电可能会产生具有瞬时高压和强电流特征的电磁脉冲，导致星上敏感电子元器件以及组件损坏或误动作，干扰卫星与地面的通信，甚至影响航天器任务的执行。静电放电还可能引起航天器表面材料的物理损伤，并诱发材料表面污染，引起表面溅射。

2.2.4.2   等离子体环境效应防护

有两套方案可以尽可能地减少航天器的充电现象。如表 2.5 所示，首先，可以通过有效地平衡航天器表面之间的电流，防止表面电势积累；其次，可以确保航天器整个表面都具有相同的导电性，以防止航天器表面不同部位出现电位差。为了避免航天器产生电势积累，应该携带一种"等离子体接触器"的等离子体发生装置，使航天器与等离子体有效接地。

表 2.5   等离子体环境效应防护

途径	说明
相同的表面导电性	尽可能使外表面材料的导电性一致
静电放电（ESP）免疫	所有电子设备外壳采用统一的接地、电磁屏蔽及过滤器
使电流平衡	可以考虑使用等离子体接触器或等离子推进器

NASA 提出了 5 项控制航天器充电的建议：一是接地；二是表面材料；三是屏蔽层；四是过滤；五是工艺规程。把所有的导电元件连接到共同的接地点能使电位差最小；与此

相似，让航天器表面全部或至少部分导电也能减小电位差；为电子设备和电缆加装屏蔽层，过滤电路的输入，能防止航天器产生放电感应电流；最后，通过采取正确的处理、组装、检测和试验方法，才能最大限度地减少航天器在运行轨道上发生有害作用的可能性。

2.2.4.3 电离层与无线电信号传输

星地之间的通信是通过无线电信号传输实现的，而这些无线电信号必然要穿越电离层。当不同频率的无线电波经过电离层时会受到不同程度的影响，人们巧妙地利用这一特性开发了短波通信、超视距雷达等系统，而电离层的扰动在很大程度上会影响这些系统的运行，甚至造成系统失效、通信中断。一般来说，频率在甚长波到10GHz之间的信号，在电离层中行进时都会遭受电离层的影响，如图 2.9 所示。这种影响主要表现为吸收衰减、闪烁、色散、时延、极化旋转和频率漂移等，具体影响程度与无线电信号频率、电离层电子密度等有关。

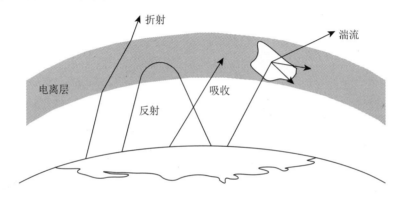

图 2.9 电离层对无线电信号传输的影响

1. 电离层吸收

在信号行进于电离层中时，免不了被"借"去部分甚至全部能量，导致信号受损或者完全失效。这是因为无线电信号在电离层中传播时，其电场矢量引起电子运动，电子与其他粒子碰撞引起电磁波衰减，即电离层吸收。一般而言，吸收的严重程度与信号频率有关，随着频率升高，电离层吸收明显减少。电离层吸收主要影响短波系统，严重时能引起短波信号的中断。一般，中纬度地区的吸收较弱，极区的吸收较强。另外太阳耀斑爆发时，吸收将增强。

2. 电离层折射与延迟

我们知道，由于介质性质的不同，光线入水会发生折射现象。电离层对电磁波信号也有类似的影响。当信号通过电离层时，路径会发生弯曲，传播速度也会变化。在卫星测量中，电离层延迟误差和信号传播路径上的总电子含量成正比。对于 1GHz 以上的频率，信号传播路径弯曲在许多应用中可以忽略不计，由于传播速度减缓而产生的延迟是影响系统测量精度的主要误差，如对于 GPS 信号，这种距离延迟在天顶方向最大可达到 50m，在卫星仰角较小时，可达到 150m，因此电离层延迟是卫星导航系统中最重要的误差源。

3. 电离层闪烁

天上的星星会"眨眼"，这是由大气湍流造成的。穿过电离层的电磁波信号也会出现类似的现象。当电磁波信号穿过电离层中电子密度不规则的区域时，会导致接收信号幅度、相位、极化等发生快速随机变化，这种现象叫作电离层闪烁。信号的峰值起伏有时可达到数十分贝，持续几分钟到几小时的时间。电离层闪烁可以影响 30MHz ~ 10GHz 频率范围内的电磁波信号。一般来说，信号的频率越低，电离层闪烁就越强。

4. 电离层色散

我们知道，当一束白光经过三棱镜时，它被分解成"赤橙黄绿青蓝紫"7 种颜色，这是光的色散现象，类似的现象也发生于电离层中。电离层对不同频率信号的传播影响不同，对一定带宽的信号而言，电离层表现出色散效应。一束窄带发射脉冲由于它包含的不同频率成分的传播速度和幅度衰减不一样，不同频率的信号将不能同时到达接收端，因此接收脉冲将发生畸变，即色散。电离层色散使接收到的脉冲信号发生畸变或失真，增加了信号的码间干扰和误码率。电离层色散主要对宽带信号影响较为严重，对窄带信号影响较弱。

5. 电离层多普勒效应

呼啸而过的火车在迎面而来时和在渐渐远离时，其声音听起来会有很大不同，这便是声波的多普勒现象。它的实质是由于火车的快速运动导致声波发生频移，最终传入耳膜的声波频率由高变低。电离层也会导致类似的现象。如果目标相对于雷达接收机快速运动，或者电波传输路径上的总电子含量发生快速变化，都能导致目标回波频率相对于工作频率的变化，即产生多普勒频移效应。电离层引起的多普勒频移称为电离层多普勒效应，其大小由电波传播路径上总电子含量的时间变化率和设备的工作频率共同决定，与前者成正比，与后者的平方成反比。多普勒频移对雷达测速和测角都具有重要影响。

6. 电离层多径效应

"条条大路通罗马"，信号在传播过程中是有一定的选择权的，特别是在路径选择上。信号从发射端到接收端常常有许多传输路径，如"一跳""两跳"等，其传输时延不同、损耗各异。在实际应用中，接收机总能接收到多个路径的信号。由于电离层的分层结构，加上短波的天线波束较宽，发射的电磁波波束具有一定的张角，所以电磁波的多条射线可能在不同高度被反射而到达同一接收点，因此在一条通信电路中存在着多种传播路径，这就是短波的多径传播现象。

可见，无论是利用电离层实现信号的远距离传输，还是建立天地链路，频率的选择都至关重要。比如对于短波通信来说，频率太低时，电磁波信号在电离层中传播时被完全吸收衰减，无法回到地面；频率太高时，电磁波信号可能"穿透"电离层而无法回到地面，或者反射后落到更远的区域，使原定的通信区域成为盲区。

2.2.5 碎片与微流星体环境

碎片与微流星体环境的主要构成包括卫星碰撞产生的碎片、发射过程中入轨的火箭末级、用于远地点入轨的远地点发动机、火箭喷射出来的喷射物、航天活动甚至航天员遗留下来的各种各样的物质及进入近地空间的微流星体等。当前可跟踪的碎片主要是尺寸 10cm以上的碎片，总数超过 26000 多个。其中，除了人类发射的各种卫星所产生的碎片，还包括航天器在发射或工作时散落的物体占 12%；废弃的火箭箭体占 14%；不再工作的有效载荷占 20%；其他碎片占 54%。其他碎片的主要来源包括航天器解体、在轨碰撞、运载火箭出现故障导致爆炸等。

微流星体与太空碎片的相对运动速度非常大，所引起的超高速碰撞能够损坏甚至毁灭航天器，对太空飞行构成严重威胁。一般地说，直径小于 0.01cm 的碎片（在近地轨道上数量很多）主要使航天器表面产生凹陷和剥蚀，长期与卫星碰撞可能造成累积影响；直径 0.01 ~ 1cm 的碎片会对航天器产生明显影响，其中，直径大于 0.1cm 的碎片会对卫星结构造成损害；直径大于 1cm 的碎片会对航天器造成灾难性的破坏。

太空碎片增加的主要原因是在轨大质量目标，尤其是近地轨道上质量为 100kg 以上的目标，可能发生灾难性的解体。这种解体会引起更多的碰撞事件，造成太空目标的反馈碰撞。针对太空碎片环境长期规划工具，大多数都有类似的减缓太空碎片的推荐措施，并考虑了技术、操作和经济上的可行性及其对环境稳定性的作用。主要措施包括：

（1）减少任务相关太空目标；

（2）防止在轨爆炸；

（3）防止非爆炸碎片释放事件；

（4）可跟踪目标的碰撞预警与规避；

（5）太空系统的任务后处理；

（6）在轨目标的清除。

2.3　太阳活动的影响

太阳是地球能量的源泉，可以说没有太阳就没有地球，也就没有人类文明的发展。太阳的一切微小变化都可能影响地球和地球上的人类，太阳的爆发性活动可以使近地太空环境发生剧烈的变化，从而严重影响航天器安全和人类的生活。

2.3.1　太阳活动

太阳活动是太阳大气层内一切活动现象的总称，包括太阳黑子、太阳活动周、太阳耀斑、日冕物质抛射等。

2.3.1.1　太阳黑子

太阳的肉眼可见部分是光球层。光球并非像肉眼通常看到的那样"光洁无暇"，其表面时常会出现一些深暗色的斑点，称为太阳黑子。太阳黑子是人类最早观测到的太阳活动现象，在我国史书上有着丰富的黑子目视记录，仅正史上就有 100 多次。现在公认的世界上第一次明确的黑子记录是公元前 28 年我国汉朝时期。太阳黑子的观测不仅让我们认识到太阳黑子自身的变化规律，同时也揭示了太阳上的其他现象和规律，如太阳磁场、太阳自转、白光耀斑都是在对太阳黑子的观测中被发现的。太阳黑子观测图像如图 2.10（a）所示。太阳黑子是最重要的太阳活动，常常被作为衡量太阳活跃程度的标志。

一个中等大小的太阳黑子和地球的大小相当。一个发展成熟的太阳黑子是由中心颜色暗黑的部分和其周围淡黑的部分组成的，如图 2.10（b）所示。前者为太阳黑子的本影，后者为太阳黑子的半影。太阳黑子是太阳光球上的低温区，本影区的绝对温度在 4000℃ 左右，半影则为 5400℃。所以，太阳黑子其实并不黑，只是因为它的温度比光球低，才在明亮的光球背景衬托下显得黑。导致太阳黑子温度低的直接原因则是它自身具有强磁场，且强度比地球上的磁场强度高一万倍。强磁场能够抑制太阳内部能量通过对流的方式向外传递。所以，当强磁场浮现到太阳表面时，该区域的背景温度缓慢地从 5700℃ 降低至 4000℃ 左右，使该区域以暗点形式出现，即太阳黑子。

（a）太阳黑子观测图像   （b）太阳黑子结构

图 2.10   太阳黑子

太阳黑子倾向于成群出现。黑子群的演化过程通常由简单变复杂，再变为简单。起初，它是一个小黑点，逐渐发展成由两个极性相反的大黑子构成的双极黑子群。两个大黑子间又有很多小黑子，大黑子在逐渐增大的同时，距离越来越大，然后逐渐分裂，最后消失。寿命短的黑子群只能持续 1 ～ 2 天，长的可达几个月，大部分黑子群可以持续 10 ～ 20 天。

2.3.1.2   太阳活动周

通过长期观测发现，太阳黑子多的时候，其他太阳活动现象也会比较频繁。太阳黑子附近的光球中总会出现光斑，黑子上空的色球中总会出现谱斑，其附近经常有日珥。同时，大多数的太阳爆发活动现象也发生在黑子上空的大气中。因此，从太阳大气低层至高层，以黑子为核心形成一个活动中心，称为太阳活动区。黑子既是活动区的核心，也是活动区最明显的标志。

黑子相对数的年均值的周期性是 11 年左右，最短为 9 年，最长为 13.6 年。黑子相对数年均值的极大年份和极小年份，分别称为太阳活动的极大年（或称为峰年）和极小年（也称为谷年）。通常，也将黑子相对数年均值相对较高的太阳活动极大年和其相邻的几年，称为太阳活动高年；黑子相对数年均值相对较低的太阳活动极小年和其相邻的几年，称为太阳活动低年；两次相邻极小年之间为一个太阳活动周。太阳活动周一般表现为上升期、峰值期和下降期：开始的 4 年左右为上升期，太阳黑子不断产生，越来越多，活动加剧，并达到极大，黑子相对数极大的那一年，称为太阳活动峰年或太阳活动极大年；在随后的 7 年左右时间里，太阳黑子越来越少，活动逐渐减弱，黑子相对数极小的那一年，称为太阳活动谷年或太阳活动极小年。以 1755 年极小年起算的活动周为第 1 周，1999 年开始为第 23 周，2009 年 9 月开始为第 24 周，2019 年年底进入第 25 周，预计将持续到 2030 年。

太阳活动持续的时间有长有短，长的可达几个月，短的只有几十分钟，甚至几分钟。按照尺度变化、运动速度及能量释放的快慢，太阳活动可以分成两种类型，一种是缓变型太阳活动，另一种是爆发型太阳活动。顾名思义，缓变型太阳活动在尺度变化、运动速度及能量释放上都相对缓慢；爆发型太阳活动则是相对更加剧烈和大规模的能量释放过程，通常也称为太阳爆发活动。

太阳爆发活动期间，太阳会突然向外发射增强的电磁辐射，大量的高能带电粒子流及等离子体云，特别是 X 射线、紫外线和射电波段会出现非常强的附加辐射及带电粒子流。太阳耀斑和日冕物质抛射是规模最大、对近地太空环境影响最严重的两种太阳爆发活动现象。

2.3.1.3　太阳耀斑

太阳耀斑（下面简称耀斑）是发生在太阳大气层局部区域的一种最剧烈的爆发现象，表现为在短时间内释放大量能量，引起局部区域瞬时加热，向外发射各种电磁辐射，并伴随粒子辐射突然增强。由于太阳光球的背景辐射太强，因此大多数耀斑不能在白光中观测到，辐射增强主要是在某些谱线上。根据观测手段的不同，太阳耀斑主要分为光学耀斑、X 射线耀斑等。通常，可见光范围内的单色光观测的耀斑称为光学耀斑，X 射线波段观测的耀斑称为 X 射线耀斑，与质子事件相对应的耀斑则称为质子耀斑。

耀斑的持续时间为几分钟到几十分钟，在这短暂的时间里却能释放出 $10^{20} \sim 10^{25}$J 的巨大能量，这相当于上百亿颗巨型氢弹同时爆炸释放的能量，或者相当于十万至百万次强大火山爆发释放的能量总和，可见其威力之大。不过对于太阳这个巨大的能源来讲，它也不过只占太阳辐射总能量的万分之一左右。

耀斑发生的规模不同，释放的能量就会不同，对近地太空环境造成的影响也会有所不同。耀斑的面积是其辐射规模的重要指数，国际上采用耀斑亮度达到极大时的面积作为耀斑级别的主要依据，同时定性地描述耀斑的极大亮度。根据耀斑的 Hα 单色光面积大小，光学耀斑分为 S、1、2、3、4 五个级别，如表 2.6（a）所示。耀斑的极大亮度以 F、N、B 表示，分别代表了弱、普通、强三个等级。最大最亮的耀斑是 4B，最小最暗的耀斑是 SF。

地球电离层对太阳软 X 射线辐射强度变化反应敏感，所以国际上也广泛采用 $0.1 \sim$ 0.8nm 的软 X 射线辐射强度对 X 射线耀斑进行定级。目前，按照美国 GOES 卫星观测的软 X 射线峰值流量的量级将耀斑分成 A、B、C、M 和 X 五级，如表 2.6（b）所示，这五级耀斑所释放的能量依次增大。一般来讲，C 级以下的耀斑均为小耀斑，M 级耀斑为中等耀斑，X 级耀斑则为大耀斑。各等级后面的数值表示软 X 射线峰值流量的具体数值，如 M4 级表示耀斑软 X 射线峰值流量为 4×10^{-5}W/m²。

通过长期观测发现，大多数耀斑都发生在黑子群的上空，且黑子群的结构和磁场极性越复杂，发生大耀斑的概率越高。平均而言，一个正常发展的黑子群几乎几小时就会产生一个耀斑，不过真正对近地太空环境有强烈影响的耀斑则很少。太阳耀斑的发生频次随太阳活动周的变化表现出 11 年左右的周期性，爆发位置也随时间呈现蝴蝶图样的分布。在太阳活动极大年，平均每天都有 M 级以上级别的耀斑发生；而在太阳活动极小年，几乎全年都不发生一个 M 级以上级别的耀斑。

表 2.6   太阳耀斑的等级划分标准

(a) 光学耀斑的分级标准

光学耀斑 级别	耀斑面积 /（10^{-6}太阳半球面积）
S	< 100
1	100 ~ 250
2	250 ~ 600
3	600 ~ 1200
4	> 1200

(b) 软 X 射线耀斑的分级标准

软 X 射线耀斑 级别	软 X 射线的峰值流量 /（W/m^2）
A	< 10^{-7}
B	10^{-7} ~ 10^{-6}
C	10^{-6} ~ 10^{-5}
M	10^{-5} ~ 10^{-4}
X	> 10^{-4}

2.3.1.4   日冕物质抛射

日冕物质抛射（Coronal Mass Ejection，CME）是太阳爆发活动的重要现象，表现为在几分钟至几小时内从太阳大气中向行星际空间抛射出一团日冕物质，使很大范围的日冕受到扰动，从而剧烈地改变日冕的宏观形态和磁场位形。日冕物质抛射的形态多种多样，有环状、泡状、云状、束流状、射线状等，其中环状最多。日冕物质抛射向外抛出的物质本质上是等离子体云，总质量为几十亿吨到几百亿吨，速度一般从每秒几十千米到每秒一千多千米，并携带着强烈的磁场。喷发出的等离子体云若对着地球方向传播，经过 1 ~ 4 天会到达地球空间，与地球磁场相互作用。同时，当快速日冕物质抛射穿过太阳风时，还会加速其中的粒子成为强度高且持续时间长的高能粒子源。大多数在地球附近观测到的强太阳质子事件就源于此。

日冕物质抛射的发生频率取决于太阳活动周的不同阶段。粗略地说，在太阳活动周极小年，发生率为 0.5 个/天；在太阳活动周极大年，发生率为 2 ~ 5 个/天。日冕物质抛射的位置随太阳活动周的变化而变化，在太阳活动周极小年通常出现在赤道附近，而在太阳活动周极大年会分布在较大纬度范围内，有时会出现在南、北纬 60° 附近。日冕物质抛射经常与其他太阳活动联系在一起，如太阳黑子、太阳活动周、耀斑等。在一次强太阳风暴中，这些太阳活动现象通常均能观测到。尽管人们对它们之间具体的联系还未充分地了解，但现在普遍认为日冕物质抛射和耀斑（见图 2.11）具有共同的成因，这些现象都是太阳磁场结构大规模变动的结果。

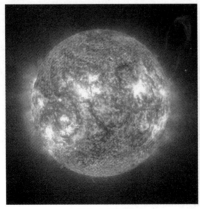

(a) 太阳耀斑   (b) 日冕物质抛射

图 2.11   太阳爆发活动

2.3.2　太阳风暴及其影响

太阳爆发活动喷射的物质和能量到达近地空间后，可引起地球磁层、电离层和中高层大气等剧烈扰动，从而影响航天系统和人类活动，这一过程被称为太阳风暴。

2.3.2.1　太阳风暴的概念

太阳风暴（Solar Storm）是指太阳上的剧烈爆发活动及其在日地空间引发的一系列强烈扰动。太阳爆发活动是太阳大气中发生的持续时间短暂、规模巨大的能量释放现象，主要通过增强的电磁辐射、高能带电粒子流和等离子体云三种形式释放。太阳爆发活动喷射的物质和能量到达近地空间后，对航天装备及电子信息装备会产生巨大的影响，导致设备无法正常工作甚至损毁。

"太阳风暴"并非科技术语，而是对太阳爆发活动及其引起的近地空间扰动的一种形象、通俗的说法。这里把太阳和地球空间看成一个整体，用太阳风暴这一概念综合描述太阳爆发活动和对近地空间太空环境的影响，既具有时代特点，又便于人们的理解。

太阳风暴的第一个方面是指太阳爆发活动。太阳爆发活动是太阳风暴的起源，前面我们已经介绍，太阳爆发活动常常表现为两种现象：一种是人类很早就观测到的耀斑，耀斑是太阳电磁辐射突然增强的一种表现，在太阳观测图片上，耀斑常常表现为某区域的突然增亮；另一种是较晚才能观测到的日冕物质抛射，它是太阳上一团带有磁场的等离子体，脱离太阳束缚向外抛出的现象。耀斑和日冕物质抛射不一定同时出现，它们发生时也可能会喷射出大量的高能带电粒子，这些粒子主要是质子。增强的电磁辐射、高能带电粒子和快速等离子体云是太阳爆发活动喷射的主要能量和物质。

2.3.2.2　太阳风暴攻击地球的过程

太阳风暴另一个重要方面是指太阳爆发活动引发的各类近地空间太空环境扰动。太阳爆发活动向空间抛射大量的物质和能量，通常以增强的电磁辐射、高能带电粒子流和高速等离子体云的形式表现出来。强的太阳爆发活动，三种能量形式会同时出现，但它们到达地球的时间不同，如图 2.12 所示。第一波是增强的电磁辐射，以光速运行，约 8min 到达地

图　2.12　太阳风爆对近地空间太空环境的影响过程

球；第二波是高能带电粒子流，以亚光速运行，几十分钟到达地球；第三波是高速等离子体云，会在爆发后 1~4 天到达地球。三波能量依时间次序，先后对地球空间形成三轮攻击，造成磁层、电离层和高层大气环境的剧烈扰动，引发一系列空间天气灾害事件。

1. 增强的电磁辐射

太阳风暴对地球的第一轮攻击是增强的电磁辐射，在太阳爆发活动后 8min 到达地球。当太阳耀斑爆发时，增强的电磁辐射以光速到达地球空间，磁层无法拦截这些电磁辐射，它们就直接进入电离层和高层大气，引起电离层突然扰动。这将导致短波无线电信号衰减甚至中断，影响短波通信；导致甚低频信号反射高度降低，影响长波导航和对潜通信；引起电波传输的时延增加，导致导航定位误差增大。

2. 高能带电粒子流

太阳风暴对地球的第二轮攻击是高能带电粒子流，在太阳爆发活动后几十分钟到达地球。高能带电粒子流是指由太阳喷发出来的密集的高能带电粒子，它们到达地球空间后轰击磁层，并能突破地球磁场的重重防线，进入卫星轨道，甚至深入电离层、大气层和地表空间。增强的粒子辐射影响在轨卫星的安全，威胁航天员身体健康；引发极盖吸收事件，影响极区无线电通信，威胁极区航线安全。

极盖吸收事件：太阳质子事件期间的高能质子会沿地球磁力线到达地球极区，由于能量很高，粒子能到达电离层底部（主要是 D 层），引起极区电离层的电离增强，电子密度增大，从而引起电波吸收增大，我们称之为极盖吸收事件。极盖吸收事件持续时间为 1h 至几十个小时，对电波的影响与电离层骚扰相似。它会引起甚低频信号相位的改变，产生导航误差；会引起中波广播和短波通信信号的扰动和中断。

3. 高速等离子体云

太阳风暴对地球的第三轮攻击是高速等离子体云，在太阳爆发活动后需要几天时间到达地球。高速等离子体云是太阳日冕抛射出来的、相对背景太阳风速度更高的等离子体团。它携带日冕磁场到达地球后，与地球磁场相互作用引发地磁暴。地磁暴会给相关系统带来严重影响：损害电力设施，破坏输油管道，增大卫星运行阻力，影响短波通信和卫星导航，引起卫星表面充电和深层充电，等等。

（1）地磁暴。太阳喷射出的等离子体云冲击地球磁层，使磁层压缩变形，同时其携带的磁场会造成磁层的扰动，产生地磁暴（简称磁暴）。地磁暴是整个磁层发生的持续十几小时到几十个小时的一种剧烈扰动，这种扰动是全球性的。卫星本身具有的固有磁矩与地磁场相互作用可影响卫星的姿态，当地磁暴发生时，空间磁场的变化会改变它们之间的力矩，使卫星姿态发生变化，导致卫星不能正常工作。

（2）电离层暴。太阳喷发出的高速等离子体云与地球的磁层相互作用，粒子沉降和焦耳加热会使大气层大气膨胀，中性大气成分和风场发生变化，从而引起全球电离层密度异常变化，称为电离层暴。电离层暴常常伴随着磁暴发生，持续时间为几小时至几天。电离层暴时，电子密度可能增大，我们称之为电离层正暴；电子密度也可能减小，我们称之为电离层负暴。

2.3.2.3　太阳风暴的特点

通过对太阳活动和近地空间太空环境的监测和研究,我们逐渐了解到太阳风暴的一些特点和规律,最为突出的是太阳风暴的周期性、突发性和地域性。

1. 周期性

太阳风暴的周期性主要体现在太阳活动水平的周期变化上。太阳活动水平具有 11 年左右的周期变化特征,有太阳活动高年和低年之分。通过黑子数的多寡及太阳 10.7cm 射电流量的变化,人们很容易看出太阳活动的这种周期变化。通常,在太阳活动高年,太阳爆发活动较多,太阳风暴发生频次较高,强度大。相反,在太阳活动低年,太阳爆发活动较少,太阳风暴发生频次较低,强度相对较弱。

2. 突发性

太阳风暴的周期性是一种长期统计规律。虽然人类对太阳活动区黑子和磁场的演化过程有一定的观测和了解,但仍然缺乏全面的太阳磁场监测,对太阳爆发的规律也尚未完全掌握。对于某次太阳爆发活动事件而言,其具体发生时间和爆发强度很难准确预报。相对于人类目前的认识水平,太阳风暴的发生具有很强的随机性和突发性,类似于目前人类虽然知道地球上有一些地震活跃带,但却无法准确预测某次地震发生的时间和强度。

虽然太阳爆发活动具有很强的突发性,但人类对它的影响并不是束手无策。由于近地空间太空环境扰动大部分发生在太阳爆发几十分钟至几十小时之后,因此我们可以通过对太阳活动和近地空间太空环境的监测来分析预测太阳爆发引起的近地空间太空环境扰动的发生和发展。例如,我们可以利用卫星观测到的太阳爆发的发生时间和位置,依据从行星际到近地空间的各种观测资料,结合对太空环境变化统计分析和理论研究总结出的规律,提前 1~3 天预测近地空间太空环境扰动事件的发生时间和强度,从而为卫星和地面技术系统提供预警信息。2003 年 10 月底的太阳风暴就是一个很好的例证。这次太阳风暴造成了当时瑞典 5 万居民用电供应中断,而美国由于得到了及时的太空环境预报信息服务,只有个别城市的电网受到轻微影响。

3. 地域性

太阳爆发引起的某种太空环境扰动,在近地空间中的不同位置响应程度有所不同。这一方面是由近地空间太空环境自身的复杂变化规律决定的,另一方面也与太阳直接照射的区域不同有关。例如,在太阳质子事件期间,由于地磁场的偏转和屏蔽,不同地磁纬度和不同轨道高度上的高能粒子环境存在很大差异。对在同一轨道平面上运行的卫星,低高度上的高能带电粒子数目小于高高度上的高能带电粒子数目。对于在同一高度上运行的卫星,极区的高能带电粒子数目更多。因此,相对来说,运行在高轨道、高纬度的卫星辐射环境更为恶劣。由于极区磁场是开放的,太阳质子事件期间的大部分高能粒子会到达极区,引起极区电离层环境改变,因此太阳质子事件主要影响跨极区的高频短波通信,对中低纬地区的通信影响极小。太阳耀斑爆发时,电离层电子密度增加引起的无线电短波吸收主要发生在地球的向日面。例如,2010 年 11 月 6 日,M2.4 级 X 射线耀斑引起南美洲中部地区的电离层扰动,由于我国当时处于夜间,因此电波传播没有受到影响。

2.3.2.4 太阳风暴的影响

随着科技的进步和信息化水平的不断提高，太阳爆发活动的影响和危害日益凸显，同时人类各种技术系统之间的关系日益错综复杂，太阳爆发活动影响的范围更加广泛，影响程度也不断加剧。太阳爆发活动对地球的三轮攻击会给人类的技术系统带来多种影响和危害。按照技术系统分类，太阳爆发活动的影响主要有以下三个方面。

1．太阳爆发活动影响卫星安全运行

太阳爆发所喷射的高能带电粒子到达地球附近后，使在轨卫星遭遇的高能带电粒子急剧增加。这些高能带电粒子具有极高的能量，能穿透卫星外壳，给卫星平台和携带的有效载荷带来多种辐射效应。可能引起微电子器件逻辑错误，造成程序混乱，严重时可能造成器件内部短路、击穿；也可能引起材料性能衰退，成像系统噪声增加，太阳能电池效率降低。同时，高能带电粒子还可能对宇航员造成辐射伤害。地磁暴期间，可能引起卫星的充/放电现象，放电脉冲可能干扰、破坏电子元器件的正常运行；高层大气密度增加会改变低轨道卫星的运行姿态和轨道高度等。如果不对卫星进行合理的防护设计和科学的在轨管理，太阳风暴可能对卫星造成巨大影响，严重时甚至能导致整星失效。

2．太阳爆发活动影响无线电通信、导航系统

在太阳爆发活动对地球的三轮攻击中，都会引发电离层的分层结构混乱，从而干扰原本正常的无线电通信。因此，只要发生太阳风暴，就会影响到人类的无线电通信。电离层扰动使短波无线电信号被部分或全部吸收，从而导致信号衰减或中断；使卫星导航定位系统的精度下降，严重时甚至造成导航接收机失效，无法提供导航信息，使卫星通信的信噪比下降，误码率上升，通信质量下降，严重时可能造成卫星通信链路中断。

3．太阳爆发活动影响地面技术系统

太阳爆发活动对地球的第三轮攻击会引起地磁暴，地球磁场的剧烈变化在地球表面诱生地磁感应电流，这种附加电流会使电网中的变压器受损或者烧毁，造成停电事故。此外，地磁感应电流还可能对长距离管线系统产生腐蚀，造成泄漏，影响石油、电缆等管线系统的正常运行。

在现代社会，电力已经成为人类生活不可或缺的部分。当太阳风暴来袭时，不仅电力系统本身将可能遭受重创，所有依赖电力的应用系统也都将不堪一击，进而造成更加严重的经济损失。1989年3月的强太阳风暴使加拿大魁北克地区电网主要线路上的一个变压器烧毁，造成整个电网在90s内瘫痪，600万居民在寒冷的冬夜遭遇停电长达9h，引起了国际社会的震惊和对太阳风暴的广泛关注。这次事件被称为"90秒灾难"，是有关太阳风暴危害中引用较多的一次事件。正是由于太阳风暴存在诸多危害，而且威力远远超过人类创造的任何武器，因此有科学家形象地将它称为来自自然界的"太空武器"。

2.4 外空国际规则

太空活动的社会环境主要包括国家政治、经济、人文教育、太空技术发展、太空政策法规、新闻媒体、社会舆论等。随着人类活动区域向太空的拓展、航天技术应用的不断增加，国家对于太空的依赖性也不断增强，太空逐渐成为国家赖以正常发展的命脉。和陆、海、空领域一样，随着人类活动的不断增强和深入，太空领域也出现了越来越多的问题，如损害赔偿问题、航天员营救问题、太空资源的开发和利用问题等。这些问题都需要航天法律制度来协调解决。航天法律制度包括国际法和国内法两个层面。航天活动带来的这些问题涉及的是国与国之间的利益协调，主要是国际法的运用。因此，航天法律制度中外空国际规则在解决太空领域问题时所发挥的作用显得尤为重要。

2.4.1 外空国际规则的基本框架

伴随着苏联第一颗人造卫星的发射，美国和苏联两国展开了利用外层空间的军备竞赛，这需要制定法律规则来解决在外空的角逐中出现或可能出现的问题，于是联合国成立了相应的规则制定机构来应对这种需求。1958 年 12 月，联合国大会通过决议，成立了"和平利用外层空间特设委员会"。1959 年 12 月 12 日，该特设委员会改为常设机构，称为"和平利用外层空间委员会"（简称外空委）。外空委的任务之一就是研究和平利用外空可能产生的法律问题。1962 年 3 月，外空委还专门成立了"法律小组委员会"，负责拟定有关外空活动的条约、协定和其他法律文书草案，提交外空委和联合国大会审议通过。

1963—1976 年是外空国际规则制定的时期。外空委及其法律小组委员会自成立以来一共通过了《外空条约》《营救协定》《责任公约》《登记公约》《月球协定》5 项有关外空活动的国际公约。

2.4.1.1 《外空条约》

1966 年 12 月 19 日，联合国大会通过了《关于各国探索和利用包括月球和其他天体在内外层空间活动的原则条约》（简称《外空条约》），该条约于 1967 年 10 月 10 日生效。截至 2020 年 1 月 1 日，《外空条约》共有 109 个批准国。中国于 1983 年加入该条约。在条约的制定过程中，有能力利用外空的国家希望尽量不受或少受国际规则的约束，而其他还没有能力参与到外空应用的国家，不希望外空成为军备竞赛的场所，希望能够和平利用外空。于是，各国在充分的讨论中，最终协商一致，条约得以制定。《外空条约》第一次以国际条约的形式将从事外空活动的各项基本法律原则确定下来，为人类探索和利用外空提供了一个基本的法律框架和指引，成为各国从事外空活动应遵守的基本原则，被称为"外空宪章"。这些基本原则包括以下几点。

（1）共同利益原则。探索和利用外层空间，包括月球和其他天体，应为所有国家谋福利，而不论国家的经济或科学发展如何，并应为全人类的利益而开发。

（2）自由探索和利用原则。所有国家应在平等基础上，不受任何限制，自由探索和利用外层空间，包括月球和其他天体，并自由进入天体的一切区域。

（3）不得据为己有原则。各国不得通过主权要求、使用或占领方法以及其他任何措施，把外层空间（包括月球和其他天体）据为己有。

（4）限制军事化原则。各国不得在绕地球轨道上放置任何携带核武器或其他任何种类的大规模毁灭性武器的物体，不得在天体配置这种武器；月球和其他天体应当用于和平目的，禁止在月球及天体上建立军事基地、军事设施和军事工事，进行武器试验和军事演习。

（5）保护环境原则。各国从事研究探索外层空间及天体时，应避免使外层空间及天体遭受有害污染，避免因地球以外的物质使地球环境发生不利变化，并应为此采取措施。

（6）国家对本国的外空活动承担国际责任原则。不论外空活动是由政府机构还是非政府机构主持的，缔约国都应对本国的外空活动承担国际责任。这种责任不单单是损害发生时需要承担的赔偿责任，更多的是在从事外空活动的过程中，国家必须对涉及本国的外空活动承担有关监督、控制等责任。

（7）国际合作和互助原则。各国最大限度地提供便利以促进探索和利用活动中的广泛联系和发展。探索与利用外层空间时，应妥善照顾到所有其他国家的有关利益，不能对其他活动造成潜在的有害损害。

（8）遵守国际法原则。国家要保证本国从事外层空间活动遵守包括《联合国宪章》在内的国际法规范。

2.4.1.2　《营救协定》

外层空间探索活动具有极高的风险性。自外空物体发射之时起，宇航员等参加人员就面临着巨大的风险。虽然在制定《营救协定》前，美国和苏联的航天活动并未有外空物体毁损和宇航员伤亡的记录，但随着载人航天活动的持续增多，国际社会普遍认为需要制定一套关于宇航员营救的法律制度。《营救宇宙航行员、送回宇宙航行员和归还发射到外层空间的物体的协定》（简称《营救协定》）于 1967 年 12 月 19 日经联合国大会通过，1968 年 12 月 3 日生效。截至 2020 年 1 月 1 日，《营救协定》共有 98 个批准国。中国在 1988 年加入该协定。

针对宇航员的营救问题，《营救协定》对缔约方设定了三方面的义务：通知义务、营救义务和送还义务。这些义务的设定是基于《外空条约》中关于"宇航员作为人类派往外层空间的使者"的定位。

1. 通知义务

《营救协定》第 1 条规定了缔约国最低限度的通知义务，即"缔约国获悉或发现宇航员在其管辖的区域、在公海、在不属任何国家管辖的其他任何地方，发生意外，处于灾难状态，进行紧急或非预定的降落时，要立即通知发射当局和联合国秘书长"。

2. 营救义务

《营救协定》将营救义务分为以下两种情况。

（1）降落在缔约国领土内时。《营救协定》第 2 条规定，如因意外事故、危难、紧急或非出于本意降落的情况，宇航员在一缔约国管辖领域内降落，该缔约国应立即采取一切可能的措施营救宇航员，并给他们一切必要的帮助，该缔约国应将所采取的步骤及其进展情形通知发射当局及联合国秘书长。如发射当局的协助有助于实现迅速援救，或对搜寻及援救行动的效力大有贡献，发射当局应与该缔约国合作，以求有效进行搜寻及援救行动。此项行动应受该缔约国指挥管制，该缔约国应与发射当局密切且不断地会商行事。

（2）降落在缔约国领土外时。《营救协定》第 3 条规定，如获悉或发现宇航员在公海或在不属于任何国家管辖的其他任何地方降落，必要时凡力所能及的缔约国，均应协助寻找和营救这些人员，保证他们迅速得救。缔约国应将其所采取的措施和所取得的结果通知发射当局及联合国秘书长。上述规定并没有要求缔约国义务开展工作，只是要求在必要时，在力所能及的范围内应协助寻找和营救这些人员，这在很大程度上具有自愿的性质。

3. 送还义务

《营救协定》对在任一缔约国管辖的区域内着陆，或在公海、不属于任何国家管辖的其他任何地方被发现的宇航员，要求缔约国立即将宇航员安全交还给发射当局。

2.4.1.3　《责任公约》

关于航天活动中外空物体致他国人员或财产受损承担赔偿责任的主要国际法依据是1972 年的《责任公约》，全称是《外空物体造成损害的国际责任公约》。该公约于 1971 年 11 月 29 日经联合国大会通过，1972 年 9 月 1 日生效。截至 2020 年 1 月 1 日，《责任公约》共有 96 个批准国。中国在 1988 年加入该公约。

《责任公约》对外空物体造成涉外损害的责任主体、求偿主体、责任范围、赔偿对象、赔偿标准、归责原则问题进行了规定。

1. 外空物体造成涉外损害的责任主体

《责任公约》第 2、3 条明确了一国外空物体对地球表面或飞行中的飞机造成损害和在地球表面以外的地方对他国外空物体和人员造成损害的责任主体是该外空物体的发射国。《责任公约》第 4 条规定了一国外空物体对他国外空物体或人员造成损害从而对第三国或第三国的自然人、法人造成损害时，上述两个外空物体的发射国应对第三国共同承担赔偿责任。《责任公约》第 5 条规定两个或两个以上的国家共同发射外空物体对外造成损害时，所有的发射国应共同承担赔偿责任。《责任公约》第 22 条规定了国际组织发射外空物体造成对外损害时，该国际组织及其成员国是共同的责任主体。

2. 外空物体造成涉外损害的求偿主体

《责任公约》对于外空物体造成涉外损害的求偿主体进行了详细的分类。首先，直接遭受损害的国家具有求偿主体资格。直接遭受损害的国家不仅包括国家财产遭受损害的国家，也包括其国民或法人的人身或财产遭受损害的国家，也就是指国籍国。如果国籍国没有提出赔偿要求，损害的发生地国可以向发射国提出赔偿要求。如果国籍国或损害的发生地国均未提出赔偿要求，自然人或法人的永久居所地国可以向发射国提出赔偿要求。此外，直接遭受损害的自然人或法人也具有求偿主体资格。

3. 外空物体造成涉外损害的责任范围

外空物体造成损害的赔偿范围有明确的限制。《责任公约》第 2、3 条指出，《责任公约》规定的损害具体是指在地球表面造成的人身伤害和财产损害、对飞行中的飞机造成的损害，以及对另一发射国的外空物体或此种外空物体所载之人或财产造成的损害。

4. 外空物体造成涉外损害的赔偿对象

根据《责任公约》第 1 条的规定，外空物体造成损害的赔偿对象是"生命丧失，身体受伤或其他健康损害；国家、自然人、法人的财产，或国际政府间组织的财产受损失或损害"。显然，《责任公约》所规定的赔偿对象仅限于人身伤害和财产损害。

5. 外空物体造成涉外损害的赔偿标准

《责任公约》第 12 条规定："发射国根据本公约负责偿付的赔偿额，应按照国际法公正合理的原则来确定，以使对损害所作的赔偿能保证提出赔偿要求的自然人或法人、国家或国际组织把损害恢复到损害发生前的原有状态。"从上述规定来看，赔偿标准是能把损害恢复到损害发生前的原有状态，即恢复原状。《责任公约》没有关于如何计算损害的具体标准，发射国对外赔偿的金额是根据国际法的一般法律原则来确定的，即公正合理原则。而《责任公约》及现行的相关国际法对"公正合理原则"和"恢复原状"并没有明确界定。因此，法院在判决赔偿金额时需要根据可适用的相关法律来进行裁量。然而，结合"公正合理原则"和"恢复原状"的标准，《责任公约》关于赔偿标准的立法旨意比较明确，也就是等值赔偿。

6. 外空物体造成涉外损害的归责原则

《责任公约》对外空物体造成涉外损害规定了两种归责原则。一是绝对责任原则。只要外空物体在地球表面造成人身伤害、财产损害或对飞行中的飞机造成损害，不论发射国是否具有过错，都应对此承担赔偿责任。除非发射国能够证明，损害的发生是由于赔偿国或其自然人、法人的重大疏忽导致的，或因为其采取行动或不行动蓄意造成损害。发射国对损害的绝对责任，应依证明的程度予以免除。但若因发射国进行不符合国际法的活动而造成损害，发射国的责任绝不能予以免除。二是过失责任原则。外空物体在地球表面以外造成他国外空物体，或其所载人员、财产受损，适用过失责任原则。在过失责任原则下，发射国承担责任的前提是受害国能证明造成损害的发射国是谁，还必须能证明发射国对此损害的产生具有过失。受害国若不能证明发射国存在过失，就不能成功索赔。

2.4.1.4 《登记公约》

为了确保外空活动有序开展，加强各国在外空活动中的协调与合作，有必要就外空物体的发射和运营形成系统和规范的信息情报体系。外空物体的登记制度无疑能够满足这方面的最低需求。《关于登记射入外层外空物体的公约》（简称《登记公约》）于1974年11月12日经联合国大会通过，1976年9月15日生效。截至2020年1月1日，共有69个批准国。中国在1988年加入该公约。

1. 国内登记

《登记公约》规定，各国应建立外空物体国内登记制度。《登记公约》要求发射国在发射一个外空物体进入或越出地球轨道时，应以登入其所须保持的适当登记册的方式登记该外空物体。由此可见，发射国在有关国内登记方面有建立国内外空物体登记册、对本国发射的外空物体进行登记的义务。中国国家航天局是我国负责民用航天管理及国际空间合作的政府机构，履行政府相应的管理职责，对航天活动实施行业管理，使其稳定、有序、健康、协调地发展，代表中国政府组织或领导开展航天领域对外交流与合作等活动。

2. 国际登记

《外空条约》第8条规定，外空物体的登记国应对该物体及其所载人员保有管辖权和控制权。该条约的规定并不具体，不具有可操作性。如何登记，向谁登记，以及需要登记哪些内容等，都不能得到答案。《登记公约》将该条进一步具体化，在强制的基础上设置一个由联合国秘书长保存的进入外空物体总登记册，要求发射国将外空物体的信息录入国内登记册，并通知联合国秘书长。

3. 登记国的确定

发射国是外空物体的登记国。但如果出现两个或两个以上发射国时，这些发射国应共同决定由其中某一发射国登记该外空物体。这并不妨碍各发射国就外空物体及其人员的管辖和控制问题缔结适当协定。由此可见，外空物体的管辖和控制权并没有绝对地与登记国联系在一起，在某些情形下，允许通过协议的形式将两者分离。

4. 登记信息

《登记公约》第 4 条规定，每一登记国都应在切实可行的范围内尽速向联合国秘书长提供外空物体的下列情报：

（1）发射国的国名；

（2）外空物体的适当标志或其登记号码；

（3）发射的日期和地点；

（4）基本的轨道参数；

（5）外空物体的一般功能。

《登记公约》还规定，每一登记国都应随时向联合国秘书长提供有关其登记册内所载外空物体的其他情报；每一登记国都应在切实可行的最大限度内，尽速将其曾提送情报的原在地球轨道内但现已不复在地球轨道内的外空物体通知联合国秘书长。这一规定不仅是为了保证国家登记外空物体，还有其他目的：一是确保各国外空活动的透明度；二是为外空物体造成的损害赔偿明确具体的赔偿国家，便于追责；三是便于确定对外空物体存在管辖和控制权的国家。

2.4.1.5　《月球协定》

《指导各国在月球和其他天体上活动的协定》（简称《月球协定》）于 1979 年 12 月 5 日经联合国大会通过，1984 年 7 月 11 日生效。截至 2020 年 1 月 1 日，《月球协定》共有 18 个批准国。截至目前，中国没有加入该协定，世界上主要航天国家中，除了印度、法国是签署国之外，其他国家也都没有签署或加入该协定，所以该协定的效力范围十分有限。

1. 月球及其他天体的自然资源属于全人类共同财产

《月球协定》重申了《外空条约》明确的，月球的探索和利用应是全体人类的事情并应为一切国家谋福利，而不论其经济或科学发展程度如何，同时进一步明确了外空及天体的自然资源归属问题。《月球协定》第 11 条第 1 款明确规定，月球及其自然资源均为全体人类的共同财产。第 11 条第 3 款进一步指出："月球的表面或表面的下层或其他部分或其中的自然资源均不应成为任何国家、政府间国际组织或非政府间国际组织、国家组织或非政府实体或任何自然人的财产。在月球表面或表面下层，包括与月球表面或表面下层相连接的构造物在内，安置人员、航天器、装备设施、站所和装置，不应视为对月球或其任何领域的表面或表面下层取得所有权。"《月球协定》的上述规定，是对《外空条约》第 2 条的进一步扩展和解释，从总体上解决了月球上既存的自然资源的归属问题，即月球的自然资源属于全人类共同财产。

2. 月球及其他天体资源的开发和利用

从资源开发的目的看，月球资源开发可以分为科研开发与商业开发两大类。《月球协定》第 6 条第 2 款澄清了用于科研目的的月球资源的开发和利用问题，指出缔约国为促进本协定各项规定的实施而进行科学研究时，应有权在月球上采集并移走矿物和其他物质的标本；发动采集此类标本的各缔约国可保留其处置权，并可为科学目的而使用这些标本。针对月球资源的商业开发问题，《月球协定》第 11 条第 5 款做了原则性规定，指出缔约国承诺一旦月球自然资源的开发即将可行时，建立指导此种开发的国际制度。这样，《月球协定》实际上只解决了用于科研目的的月球自然资源开发和利用问题，而把用于商业目的的月球自然资源开发和利用问题留给未来的国际制度去解决。

《月球协定》指出的这种开发制度，要求与所有缔约国分享月球资源开发带来的惠益，而且还应当对发展中国家的利益给予特别的照顾。多数国家认为这种规定难以接受。这也是主要航天国家没有加入《月球协定》的主要原因。

2.4.2 国际电信联盟法律文件

除了上述专门规定外空活动的国际规则之外，国际电信联盟法律文件通过对卫星等航天器轨道和电磁频谱分配管理影响外空活动。国际电信联盟法律文件是国际电信联盟制定的一系列法规。国际电信联盟设有无线电通信部门（ITU-R），负责管理国际无线电频谱和卫星轨道资源。1989 年，尼斯大会同意将当时《国际电信公约》中更为长期性的条款放入《国际电信联盟组织法》，以便于使修正的部分形成《国际电信联盟公约》。《国际电信联盟公约》是对《国际电信联盟组织法》的补充，《无线电规则》附属于《国际电信联盟组织法》和《国际电信联盟公约》。《国际电信联盟组织法》《国际电信联盟公约》《无线电规则》建立了成员国卫星轨道频段使用的框架规章，对无线电频谱和频率进行指配，对卫星轨道位置和其他参数进行分配和登记，同时责成成员国避免无线电有害干扰。军用卫星的无线电业务和通信依照国际电信联盟规定进行登记和运行的，也受此"不受有害干扰"规定的保护。

根据国际电信联盟（ITU）《无线电规则》，卫星频率和轨道资源分配方式主要有两种：一是协调方式，即通过申报与协调手段合法地"先登先占"的抢占方式，对于非规划频段的卫星频率分配，需经过申报、协调和通知三个阶段，以获得所需的卫星频率，并且能得到国际保护；二是规划方式，即通过规划的手段"平等"分配、规划卫星业务资源。规划的实质是为发展中国家预留卫星频率和轨道资源，保障发展中国家在将来有能力时，有最低限度的卫星频率和轨道资源可用。现行的《无线电规则》分别为卫星广播业务（广播卫星）和卫星固定业务（通信卫星）制定了规划，规划内的卫星频率和轨道资源永远有效。当前，协调方式是卫星频率和轨道资源获取的主要方式。

卫星频率和轨道资源的国际协调方式，有学者称为后验的分配方式。该方式主要依据 ITU 的卫星网络或卫星资料的提前公布、协调、频率指配的通知和登记三段式协调程序，进行卫星频率和轨道资源的分配。其实质上是一种"先登先占"或"先来先得"的分配方式，即只要按照《无线电规则》所规定的协调程序进行了协调，并最终在频率登记总表上进行了频率指配的登记，该频率的使用权就得到了国际认可。《无线电规则》规定了 ITU 的卫星业务频率申报协调程序大致要经过以下三个阶段。

1. 卫星网络或卫星系统资料的提前公布

为尽量避免各国拟实施的卫星网络产生相互干扰，ITU 要求各国无线电管理政府主管部门，在卫星网络投入使用前不早于 7 年且不晚于 2 年，向 ITU 申报并公布拟使用的卫星频率资源。各国无线电管理政府主管部门应按照 ITU《无线电规则》中要求的参数和格式，用 ITU 规定的专用软件，向 ITU 申报电子格式的卫星网络提前公布资料（简称 API 资料）。ITU 通过国际频率信息通函（简称 IFIC），将接收到的合格的 API 资料向全世界公布。因此，各国政府主管部门就某一卫星系统频率进行指配之前，应向 ITU-R 送交该卫星网络或系统的一般说明，包括轨道、波束、频段、极化、业务类别、发射类别（带宽、信号强度）、应用类别、要求的保护比 [如载干比（C/I）、信噪比（S/I）] 等。同时，为了避免"纸卫星"的泛滥，ITU 还要求各国政府主管部门提交有关卫星网络的标识信息、运营商、航天器制造商及其合同执行日期、采购的卫星数量、发射业务提供商及其合同执行日期、发射设施的名称和位置等"尽职调查"信息。

2. 卫星频率的协调

对于大多数非地球静止卫星网络和所有地球静止卫星网络来说，在第 1 阶段申报 API 资料后的 2 年内，还需用 ITU 规定的软件，依据拟实施卫星网络的参数，向 ITU 申报电子格式的卫星网络协调资料（简称 C 资料）。ITU 对于不同种类卫星网络的 C 资料，根据《无线电规则》中不同的规则要求，对 C 资料进行技术和规则审查。审查合格后，ITU 将上述 C 资料通过 IFIC 向世界各国公布。各国在规定的时间期限内，正式判断新申报的卫星网络是否可能对自己已经申报了的卫星网络或地面业务产生不可接受的干扰，并在规定的时间期限内将判断的最终结果和技术依据通知 ITU 和相应的主管部门，由此建立正式协调关系。因此，如果某一主管部门认为可能对其现有的或规划的卫星网络或系统产生不可接受的干扰，应在收到该国际频率信息通报日期的 4 个月内向公布资料的主管部门告知关于对其现有的或规划系统预计进行干扰的详细情况的意见，并将此意见寄送给无线电通信局。随后双方展开磋商，直到双方确保彼此网络或系统之间不会产生干扰。这个过程一般涉及多轮磋商及技术调整，往往持续数年。

3. 卫星频率指配的通知和登记

经卫星网络国际频率干扰协调，消除卫星网络之间可能存在的潜在干扰后，使用 ITU 规定的软件，向 ITU 申报卫星网络的通知登记信息（简称 N 资料）。N 资料的送交不应早于频率指配投入使用前 3 年。若对已送交了 N 资料并已投入使用的频率指配进行修改，则应在修改通知起 5 年内投入使用。N 资料投入使用时间不能晚于 API 资料接收起 7 年。如果 ITU 认为有关主管部门提交的卫星网络技术信息和"尽职调查"信息均符合要求，则将有关频率的指配登记在国际频率登记总表（简称 MIFR）上。

这种三段式的卫星网络和系统申报程序是一种后验的分配方式，即只要符合《无线电规则》的程序和条件，就可按"先登先占"的方式，获得国际承认的、对特定频率和轨道位置的使用权。登记在国际频率登记总表内的所有频率指配，均享有国际承认的权利。也就是说，运营商在卫星系统可以运营之时，对该指配的频率资源有法定的使用权。反之，如果该卫星系统未进行登记，或者虽已登记但是在 7 年的年限内未能投入运营，则整个协调过程失效，已登记的频率资源可被其他主管部门重新申请进行新的协调。因此，各国既要适时提前公布卫星网络资料以便开展协调过程，从而才可能获得一定的频率轨道资源；同时又要把握好时限要求，因为一个卫星系统的开发往往需要多年的时间，如果未能在 7 年之内开发成功和投入运行，则之前的技术成本和行政成本均难以收回。

思考题

（1）在航天领域，太空的范畴是如何定义的？可以进行怎样的划分？

（2）地球的运动可分为公转和自转，地球自转有何运动规律？

（3）为什么要建设地月空间经济区？

（4）太阳由哪些分层结构组成？太阳的热能是怎样通过各层向外传递的？

（5）　近地空间主要物理环境有哪些？

（6）　地球引力场有什么特点？其位函数可以划分为哪些部分？

（7）　对航天器安全影响较大的环境是什么？为什么？

（8）　太阳黑子的演化过程是怎样的？它和太阳活动有着怎样的联系？为什么会有这种现象？

（9）　想一想，有没有有效的途径能减缓太空碎片的影响？

（10）　太阳风暴是怎样对地球进行攻击的？可以采取哪些措施预防太阳风暴的攻击？

（11）　为什么主要航天国家都未加入《月球协定》？请谈谈你的看法。

（12）　《无线电规则》规定的向国际电信联盟申报卫星业务频率的程序是怎样的？

第 3 章

航天器运动原理

在研究航天器的运动时，一般可分解为质心的运动和绕质心的转动，前者对应的就是轨道运动，后者对应的则是姿态运动，在大多数情况下这两者之间是可以解耦分别计算的。

3.1 轨道运动的基本原理

航天器被送入轨道后，便在地球或其他天体引力作用下长期进行无动力的飞行，从航天器入轨直到在轨工作结束而离开或返回前的飞行阶段为运行阶段。在运行阶段，航天器质心运动的轨迹称为运行轨道，简称轨道。在太空环境中沿着轨道运动是航天器的基本特征，在轨航天器基本上按天体力学运动规律绕着地球或其他天体做圆锥曲线运动。

3.1.1 开普勒行星运动定律

德国数学家约翰内斯·开普勒（Johannes Kepler，1571—1630 年）在研究了行星运动的观测数据后，于 1609 年、1619 年先后发表了关于行星运动的三大定律。

（1）开普勒第一定律（椭圆定律/轨道定律）。所有行星绕太阳运动的轨道都是椭圆的，太阳位于椭圆轨道的一个焦点上。

（2）开普勒第二定律（面积定律）。对于任意一个行星，它与太阳的连线在相等的时间内扫过的面积相等，如图 3.1 所示。

（3）开普勒第三定律（调和定律）。各行星轨道半长轴的立方与公转周期的二次方比值为常数。

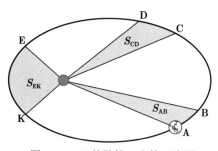

图 3.1 开普勒第二定律示意图

开普勒关于行星运动的三大定律揭示的虽然是行星绕太阳运动的规律，但它对于广义的一类天然或人造小天体绕中心引力体的运动也是适合的，这时在定律中只要将太阳用广义的中心引力体来代替，将行星用广义的绕中心引力体运动的天然或人造小天体来代替即可。

3.1.2　轨道运动的定性分析

我们可以利用离心力的概念定性分析轨道运动的基本原理。根据牛顿万有引力定律，在地球轨道空间运行的任何物体必然受到地心引力的影响，引力的大小与物体的质量及所处的高度有关，如果没有相应的力与之平衡，则物体必然会掉落到地球表面。另外，物体以一定的速度绕地球的运动可等效为一个脱离地球的离心力，这个虚拟的力也与物体的质量和运动速度大小有关。

如图 3.2 所示，假设一航天器围绕地球运动，则航天器运动产生的离心力为

$$F = m\omega^2 r = \frac{mv^2}{r} \tag{3.1}$$

式中，m 为航天器质量；ω 为航天器绕地球运动的角速度；$v = \omega r$ 为航天器的运行速度；r 为航天器的地心矢径长度。当航天器在地球表面运动时，取 r 为地球半径，即 $r = R_e = 6378.137$km，此时航天器所受到的地心引力为 $G = mg$，其中 $g \approx 9.8$m/s^2 为地球表面重力加速度。为了使离心力与地心引力大小相等，即 $F = G$，代入式 (3.1) 可得需要航天器运动的速度为 $v \approx 7.9$km/s。

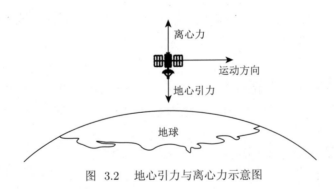

图 3.2　地心引力与离心力示意图

如果航天器运动的速度小于 7.9km/s，则离心力不足以克服地心引力，最终还是会落到地球上；而如果航天器运动的速度过大，产生的离心力甚至能够摆脱地心引力的影响，则航天器就会最终飞离地球，展开星际旅行；而当速度的大小满足一定的条件时，航天器就会始终围绕地球飞行而成为地球的卫星。

可见，要形成轨道运动，航天器必须具有一定的速度，火箭发射航天器的任务是将航天器在太空的适当位置进行释放，并且必须保证适当的初始速度和运动方向，才能使航天器进入预定的轨道。第一宇宙速度为航天器能够在地球表面绕地球圆周运动的最小速度，其大小为 7.9km/s；第二宇宙速度为航天器脱离地球引力绕太阳飞行所需要的速度，也称为脱离速度，其大小为 11.2km/s；第三宇宙速度为从地球发射的航天器能够飞出太阳系所需要的速度，是挣脱太阳引力的唯一要素，其大小为 16.7km/s。

3.1.3　轨道运动的力学解释

航天器在飞行过程中受到的作用力非常复杂，但其中居于首要地位的是地心引力的作用。因此，在研究航天器轨道运动基本规律时，可以做如下假设。

（1）系统中只有地球和航天器两个物体；

（2）地球引力是航天器所受到的唯一作用力；

（3）地球为球体，质量分布为等密度的同心球，其引力指向地球中心；

（4）相对地球来说，航天器的质量可以忽略不计。

在做了这些假设之后，航天器受到的地球引力可看成质点引力，航天器围绕地球的运动问题就是限制性的二体问题。此时根据万有引力定律和加速度定律，可以建立关于轨道运动的动力学方程，即

$$\ddot{\boldsymbol{r}} = -\frac{\mu}{r^3}\boldsymbol{r} \tag{3.2}$$

式中，$\boldsymbol{r}$ 为地心矢径，由地心指向航天器为正；$\mu = GM_e$ 为万有引力常数与地球质量的乘积，称为地心万有引力常数。这是一个典型的二阶常微分方程，进行适当的积分变换可以得到极坐标系下表示的轨道方程为

$$r = \frac{p}{1 + e\cos f} \tag{3.3}$$

该方程代表了一条圆锥曲线，其中 e 为偏心率，p 为半通径，f 为真近地点角，这些参数的具体含义将在后面介绍。圆锥曲线是用一个平面去截一个正圆锥时产生的截面的边界曲线，根据偏心率 e 的不同可以为圆（$e=0$）、椭圆（$0<e<1$）、抛物线（$e=1$）和双曲线（$e>1$）等不同的形状。由此可知，位于某一点的航天器，根据其初始速度的不同，会沿着不同形状的轨道运动，如图 3.3 所示。

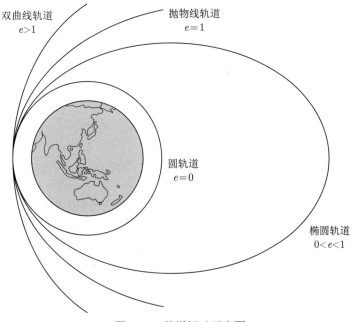

图 3.3　轨道运动示意图

3.1.4 椭圆轨道

实际上，当前人类发射的卫星绝大多数都是环绕地球飞行的，其轨道主要以近圆轨道或椭圆轨道为主，地球位于椭圆轨道的一个焦点上，如图 3.4 所示。

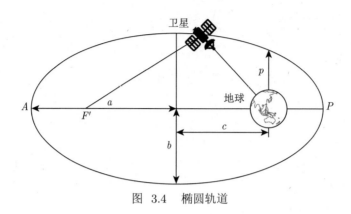

图 3.4   椭圆轨道

与圆不同，椭圆有两个焦点，椭圆上的点到这两个焦点的距离之和为常数；而圆是椭圆的特例，其两个焦点合并成一个点。经过两个焦点的直线是长轴，长度通常记为 $2a$；通过椭圆中心并与长轴垂直的直线称为短轴，长度记为 $2b$；两个焦点之间的长度为焦距，记为 $2c$，它们之间的数量关系为

$$a^2 = b^2 + c^2 \tag{3.4}$$

卫星在椭圆轨道上每个点的高度和速度都不同。在椭圆轨道上，卫星距离地球最近的点称为近地点，近地点到地心之间的距离记为 r_p；距离地球最远的点称为远地点，远地点到地心之间的距离记为 r_a。近地点和远地点分别位于长轴的两个端点。从几何学上可以很清楚地看出：

$$\begin{cases} r_a + r_p = 2a \\ r_a - r_p = 2c \end{cases} \tag{3.5}$$

椭圆偏离圆的程度用偏心率 e 来度量，其值从 0（相当于圆）到 1（相当于无限细的椭圆或抛物线）变化。偏心率与焦距成正比，即

$$e = \frac{c}{a} = \sqrt{1 - \frac{b^2}{a^2}} \tag{3.6}$$

或者

$$e = \frac{r_a - r_p}{r_a + r_p} \tag{3.7}$$

因此，r_a 和 r_p 还可以表示为

$$\begin{cases} r_a = a(1 + e) \\ r_p = a(1 - e) \end{cases} \tag{3.8}$$

过椭圆任一焦点作垂直于两焦点连线的直线，将与椭圆交于一点，该点与最近焦点的距离称为半通径，记为 p，其计算公式为

$$p = a(1 - e^2) \tag{3.9}$$

大多数卫星轨道近似为圆，这样才可能谈论卫星的"高度"。例如，考虑一个近地点 h_p 为 500km、远地点 h_a 为 800km 的轨道，其 $r_p = h_p + R_e$ 和 $r_a = h_a + R_e$ 只相差 4%，偏心率是 0.02。

3.2 轨道运动的特点

3.2.1 轨道运动的速度

根据开普勒第二定律，在相等的时间内，地球和运动中的航天器的连线所扫过的面积都是相等的。这一定律暗示着航天器的速度变化取决于航天器与万有引力源（地心）之间的距离：卫星越靠近地球，速度越大；卫星越远离地球，速度越小。如果一颗卫星运行在圆轨道上，那么卫星运行的速度大小就是恒定的；如果卫星运行在椭圆轨道上，那么卫星在距离地球最远的点上速度最慢，在距离地球最近的点上速度最快。

也可以从机械能守恒的角度来解释航天器轨道运动过程中高度与速度的关系。对于给定的轨道，存在如下的能量转换公式：

$$v^2 = \mu \left(\frac{2}{r} - \frac{1}{a} \right) \tag{3.10}$$

式中，v 为航天器在轨道上某一点的运动速度；r 为这一点的地心矢径长度；a 为椭圆轨道的半长轴，该公式称为活力公式。式 (3.10) 中，等号左侧代表了航天器所具有的动能，等号右侧带矢径长度倒数的项代表了航天器在轨道上所具有的引力势能，与半长轴倒数有关的项则代表了航天器具有的机械能。那么，活力公式的实质表明，轨道运动的动能和势能之和为常数，也就是说，运动过程中的机械能是守恒的。故随着高度的增加，势能也会增加，那么动能相应地减少，则轨道运动速度减小。

对于圆轨道上的卫星，其速度与轨道高度之间有严格的关系，表 3.1 给出了典型轨道高度所对应的轨道速度大小。可见，卫星的运行速度非常高，例如，地球低轨道卫星（高度大约为 1000km）的速度为 7 ~ 8km/s，这个速度大约是大型喷气式客机的 30 倍。

表 3.1　圆轨道卫星轨道高度与轨道速度的对应值

轨道高度/km	轨道速度/（km/s）
200	7.8
500	7.6
1000	7.4
5000	5.9
10000	4.9
地球半同步：20200	3.9
地球同步：35800	3.1

开普勒第二定律同时也说明了太空中物体的轨道与其质量无关。这意味着一旦火箭将卫星加速到轨道速度，就不再需要持续的动力来维持卫星的轨道运行；质量小的残骸或碎片将和质量大的卫星运行在相同的轨道上；具有相同速度的重量级卫星和轻量级卫星（微小卫星）也会在同一轨道上运行。

速度与质量无关这一事实说明了太空碎片问题的实质。由于轨道运动与物体质量无关，那么任何物体一旦进入轨道，都将按照轨道动力学原理无限期地停留在轨道上，除非它们的高度足够低，大气阻力能够降低它们的速度，最终使它们坠落到地球上。因此，太空碎片问题的实质就是，一旦碎片进入轨道，它们将继续长期待在那儿，并且碎片数量将随时间而积累增加。如果不能有效减少碎片的产生，太空的某些区域可能会因容纳了太多的碎片，而导致卫星无法在该区域活动，因为卫星将面临碰撞的危险。在近地轨道，两颗卫星一旦正面发生碰撞，其相对速度最高可达到 15.6km/s，这一速度产生的冲击力是非常巨大的，将直接造成卫星解体甚至升华，而卫星解体将产生更多的碎片，从而有可能发生连锁反应，这种现象称为凯斯特效应。即使在地球同步轨道，相对速度也将达到 6km/s，仍然可以造成卫星解体。

3.2.2 轨道机动

由于卫星在轨道上是无动力飞行的，因此要改变其运行轨道则必须改变其运行速度的大小或方向，这就是轨道机动的根本方法。由于太空没有气动力，因此速度的改变只能通过施加冲量的方式，这也只能通过消耗燃料来实现。由于轨道平面是由速度方向决定的，那么如果只改变轨道速度的大小而不改变速度的方向，显然不能够改变轨道面的方向，但可以改变轨道的形状，也就是改变轨道的高度。比如，通过增加速度，则可以抬高轨道，但新的轨道还是会经过施加冲量的这一点，因为轨道是闭合的，那么要整体改变轨道的高度就要至少两次在不同的地点施加冲量。而为了节省燃料和便于控制，这两个地点一般会选择近地点 P 或远地点 A，这种机动称为霍曼转移（图 3.5），是一种最节省能量的轨道机动方式之一。

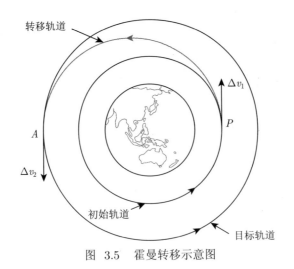

图 3.5　霍曼转移示意图

如果要改变轨道面的朝向，那么必须要改变速度的方向，根据速度叠加法则（也就是平行四边形法则），这将需要更大的速度增量，也就需要消耗更多的燃料。表 3.2 给出了不同轨道机动所需要的速度增量，可见改变轨道面所需的速度增量要远大于改变轨道高度所需的速度增量。另外，速度越大，改变速度方向所需的速度增量也就越大，因此为了节省燃料，改变轨道面的机动一般会放在轨道上速度最小的远地点实施。

表 3.2　不同轨道机动所需的速度增量

卫星机动类型	所需的速度增量/（km/s）
在近地轨道（LEO）范围（400~1000km）内改变轨道高度	0.3
在同步轨道（GEO）上保持 10 年的位置	0.5~1
从 LEO 离轨回到地球	0.5~2
改变 GEO 轨道面倾角 30°	2
改变 GEO 轨道面倾角 90°	4
轨道高度从 LEO 改变到 GEO	4
改变 LEO 轨道面倾角 30°	4
改变 LEO 轨道面倾角 90°	11

3.2.3　轨道运动的周期

卫星的轨道周期是指卫星绕地球一周所需的时间，即完成一次轨道运行的时间。根据开普勒关于行星运动的第二定律（面积定律）及第三定律（调和定律），航天器轨道运动的周期由以下公式给出：

$$T = 2\pi \sqrt{\frac{a^3}{\mu}} \qquad (3.11)$$

式中，a 为椭圆轨道半长轴；$\mu = GM$，为地心万有引力常数。

可见，轨道周期只与轨道的半长轴有关，而与轨道的形状、朝向无关。对于圆轨道，随着高度的增加，卫星运行得越慢，而轨道也会变得越长，因此轨道周期会随着轨道高度的增加而增加。地球低轨道（几百千米高度）的轨道周期大约是 90min，且轨道越高，周期越长。表 3.3 中列出了一些典型轨道高度的轨道周期。对于近地轨道（LED），轨道周期为 90min 左右，那么一天可以绕地球运行 14 圈左右。对于轨道高度为 20200km 的地球半同步轨道卫星，其轨道周期约为 12h，一天可以绕地球运行两圈。对于轨道高度为 35800km 的地球同步轨道卫星，其轨道周期约为 24h，与地球自转周期相同（地球自转一周约 23h56min4s），一天可以绕地球运行一圈。如果该轨道的倾角为 0°，则卫星始终位于固定的地面点上空，我们称之为地球静止轨道。

表 3.3　圆轨道卫星轨道高度和轨道周期对应值

轨道高度/km	轨道周期/min
200	88.3
500	94.4
1000	104.9
5000	201.1
10000	347.4
地球半同步：20200	718.3（约 12h）
地球同步：35800	1436.2（约 24h）

3.2.4 轨道根数

根据常微分方程和线性空间理论，轨道动力学方程需要 6 个初值来唯一确定一组状态。这一组初值可以是任意线性不相关的 6 个参数，例如，可以选择初始时刻的位置与速度作为初值。根据应用的不同，可以采用不同的轨道参数。比如，刚才所说的初始时刻的位置和速度，但这样的参数不利于我们对轨道的认识，从这样的一组参数中我们不能知道轨道的形状和轨道面的指向，无法迅速估计轨道高度和轨道周期等基本特性。而开普勒轨道根数则是最常用的一种参数形式，它很好地回答了以上问题。

3.2.4.1 开普勒轨道根数

开普勒轨道根数所采用的 6 个参数分别是轨道半长轴、轨道偏心率、轨道倾角、升交点赤经、近地点幅角及过近地点时刻或 t_0 时刻的真近地点角，这 6 个参数很好地描述了轨道的形状与轨道面的指向等关键问题，因此是应用最广泛的根数。

1. 轨道半长轴

轨道半长轴（Semi-major Axis）定义为近地点和远地点之间距离的一半，一般用字符 a 表示，如图 3.4 所示。它描述的是轨道的大小，决定了航天器绕地球运动的轨道周期，以及航天器在轨道上所能获得的速度的大小。

$$a = \frac{1}{2}(r_a + r_p) \tag{3.12}$$

式中，r_a 与 r_p 分别为远地点和近地点与地心之间的距离。

2. 轨道偏心率

轨道偏心率（Eccentricity）为椭圆焦距与长轴的比值，一般用字符 e 表示，表示的是椭圆的不圆度，描述了轨道的形状。如图 3.3 所示，当 $e = 0$ 时，为圆轨道；当 $0 < e < 1$ 时，为椭圆轨道，偏心率越大椭圆越扁；当 $e = 1$ 时，为抛物线轨道；当 $e > 1$ 时，为双曲线轨道。

轨道的大小和形状是与轨道几何学相关的根数，描述了轨道的外形。接下来的 4 个轨道根数则是关于轨道相对于空间中某个固定点的方向。

3. 轨道倾角

轨道倾角（Inclination）指轨道平面与地球赤道平面之间的夹角，也可以用地轴北极方向与轨道平面的正法线方向之间的夹角度量，如图 3.6 所示（图中 h 代表动量矩矢量，也就是轨道平面法向量），一般用字符 i 表示，其取值范围为 $0° \sim 180°$。轨道倾角描述了轨道平面和基准平面之间的倾斜度，给出了轨道相对于赤道平面的方位。

4. 升交点赤经

航天器由南向北运行时的轨道弧段称为升弧段，在升弧段，航天器的星下点轨迹与地球赤道的交点称为升交点；航天器由北向南运行时的轨道弧段称为降弧段，在降弧段，航天器的星下点轨迹与地球赤道的交点称为降交点。轨道的升交点赤经（Right Ascension of Ascending Node, RAAN）定义为升交点与平春分点方向 $\hat{I}$ 之间的夹角，通常用字符 Ω 表示，描述了轨道面绕地球自转轴的旋转角度。如图 3.6 所示，N 为轨道升交点，从平春分

点方向自西向东（从北极看逆时针方向）度量为正，取值范围为 $0° \sim 360°$。升交点赤经与
轨道倾角共同决定了航天器的轨道平面在惯性空间中的位置指向。

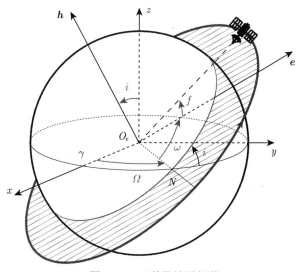

图 3.6　开普勒轨道根数

5. 近地点幅角

近地点幅角（Argument of Perigee）是指沿航天器运动方向测量从升交点到近地点的
角度，即近地点至地心的连线与升交点至地心的连线之间的夹角，通常用字符 ω 表示，它
给出了椭圆轨道在轨道平面中的方位。如图 3.6 所示，近地点幅角在轨道面内从升交点沿卫
星轨道运行方向度量，取值范围为 $0° \sim 360°$。图中矢量 e 为偏心率矢量，指向轨道的近
地点。

6. 真近地点角

开普勒轨道根数的最后一个根数为过近地点时刻，一般用字符 τ 表示，是指航天器经
过近地点的时刻，是运动时间的起算点。而在实际应用中，为了更好地表示卫星的位置，一
般用初始时刻真近地点角或平近地点角作为最后一个根数。

真近地点角（True Anomaly）是近地点到航天器位置矢量 r 的角度，一般用字符 f 或
γ 表示，它描述了航天器在轨道中的位置。如图 3.6 所示，与近地点幅角类似，真近地点
角沿航天器运动方向度量，取值范围为 $0° \sim 360°$。

3.2.4.2　辅助轨道根数

根据开普勒第二运动定律，对于椭圆轨道，由于航天器矢径的长度是随时间变化的，相
等时间内扫过的面积相等，也就意味着航天器运动的线速度是随时间变化的，也就是说真
近地点角 f 随时间不是均匀变化的，这样很难建立时间与真近地点角之间的直接关系式，
也就难以根据轨道根数计算航天器在任意时刻的轨道位置。为此，在轨道计算过程中需要
引入一些辅助轨道根数以建立这种关系，如图 3.7 所示。

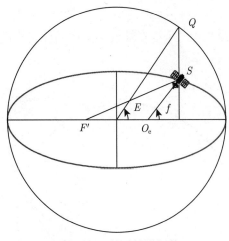

图 3.7　辅助轨道根数

下面为椭圆轨道建立一个辅助圆，圆的半径为椭圆半长轴，则这个辅助圆与椭圆轨道相切于近地点和远地点。引入偏近地点角 E，则它与真近地点角之间存在下面的关系式：

$$\tan \frac{f}{2} = \sqrt{\frac{1+e}{1-e}} \tan \frac{E}{2} \tag{3.13}$$

同时，引入平近地点角 M，即 $M = n(t-\tau)$，其中 n 为航天器的平均角速度，显然这个角度是虚设的，无法在轨道上标出，但这个角度是随时间均匀变化的，因此很容易计算出来。

有了这两个角度，我们就可以建立一个中间方程，即式 (3.14)，这个方程称为开普勒方程。这样，如果我们已知平近地点角 M，就可以根据开普勒方程计算偏近地点角 E，然后计算真近地点角 f，最终就可以计算航天器在任意时刻的轨道位置。

$$E - e\sin E = n(t-\tau) = M \tag{3.14}$$

需要注意的是，开普勒方程实际上是一个超越方程，是不存在解析解的，只能通过数值的方法迭代求解。

3.2.4.3　特殊轨道根数

开普勒轨道根数描述的是典型的椭圆轨道，而对于实际运行的一些特殊轨道，部分轨道根数可能无法定义，如赤道轨道由于位于赤道平面内，因此不存在升交点，这将导致所有与升交点有关的轨道根数无法定义，此时就需要引入一些特殊轨道根数，如图 3.8 所示。

1. 描述圆轨道的根数

对于 $e = 0$ 的圆轨道，由于没有近地点的概念，因此会导致近地点幅角和真近地点角两个角度没有意义，这时候引入一个称为升交角距的辅助根数 u，为升交点到航天器当前位置的夹角，在数值上实际上就是近地点幅角与真近地点角的和，即

$$u = \omega + f \tag{3.15}$$

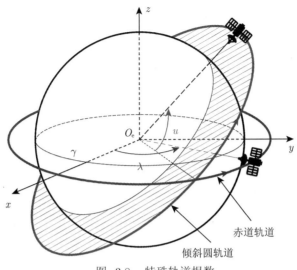

图 3.8　特殊轨道根数

2. 描述赤道轨道的根数

对于 $i = 0°$ 或 $i = 180°$ 的赤道轨道，此时显然不存在升交点，这就导致升交点赤经和近地点幅角都无法定义，此时引入近地点赤经 λ 这个根数，表示近地点与平春分点之间的夹角。

3. 描述赤道圆轨道的根数

对于同时满足以上条件的赤道圆轨道，升交点赤经、近地点幅角、真近地点角均无法定义，这种情况下可直接用卫星当前位置与平春分点之间的夹角 l 作为根数，称为真赤经。

3.3　卫星与地球的关系

很多航天任务的完成都需要我们了解航天器相对地球表面的运动特性，即需要了解航天器能够从地面哪些点的上空飞过，这是建立星地链路、卫星对地面提供服务、卫星实现对地面的侦察探测等任务的关键约束，对于卫星管理、卫星应用、卫星监视及地面部队的行动等任务都具有重要的意义。

3.3.1　星下点轨迹

某时刻航天器至地心的连线与地球表面的交点称为该时刻航天器的星下点，不同时刻星下点的连线就称为星下点轨迹。为研究方便，首先研究航天器在无旋地球上的星下点轨迹。此时，地球被假设是惯性空间的一个不转动的球体；然后在无旋地球上星下点轨迹的基础上，进一步研究地球旋转情况下的实际星下点轨迹。

3.3.1.1　轨道周期与星下点轨迹

在惯性空间，当假设地球为一个不动的球体时，无旋地球上的星下点轨迹只与轨道面在惯性空间中的摆放位置有关，即在同一轨道面内的轨道，无论其形状为圆或椭圆，也无论椭圆轨道的近地点在何位置，它们的星下点轨迹相同。很明显，无旋地球上的星下点轨迹是球面上的一条封闭曲线，每圈都重复相同的路线，因此无旋地球上的星下点轨迹是轨道平面与地球相截而形成的大圆，该大圆在地图上的投影如图 3.9 中虚线所示。

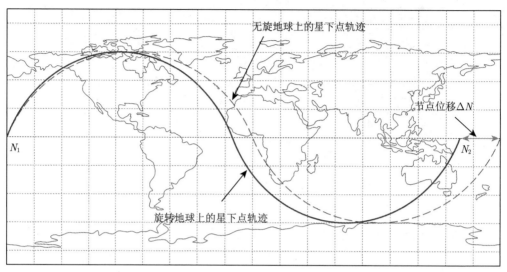

图 3.9   地球自转产生的节点位移

旋转地球上的星下点轨迹考虑了地球旋转，因而与无旋地球上的星下点轨迹有所不同。显然，地球的旋转对星下点的纬度没有影响，仅对星下点的经度产生影响。从地面观测者视点看上去，和无旋地球上星下点的经度相比，由于地球自西向东旋转，所以旋转地球上的星下点的经度向西移动了一定的角度，如图 3.9 中实线所示。移动的距离与航天器的轨道运动速度有关，这样在二维地图上就好像将无旋地球上的星下点轨迹在经度方向上被压扁了，卫星两次经过升交点时的星下点不再重合，此时星下点轨迹也不再是一条封闭的曲线。由于地球自西向东旋转，反映在星下点轨迹上就是升交点的西移。定义两轨之间向西移动的距离为节点位移 ΔN，它等于地球转速乘以轨道周期，可以用星下点轨迹来求解轨道周期。例如，一个航天器运行于顺行轨道，两个轨道周期星下点轨迹节点位移为 30°，地球每小时旋转 15°，则可以用以下公式求解轨道周期：

$$T = \frac{\Delta N}{15} = 2\,(\text{h}) \tag{3.16}$$

随着轨道尺度的增大，轨道半长轴变长，则节点位移也逐渐增大，这是因为地球在转动，所以航天器飞行一周需要更长的时间（半长轴越长，周期越长）。随着节点位移的增加，航天器的星下点轨迹逐渐压缩弯曲在一起。如图 3.10 所示，轨道 A、B、C、D、E 的轨道周期分别为 2.67h、8h、18h、24h、24h。对于周期约为 24h 的地球同步轨道，ΔN 为 360°。由于航天器的周期与地球转动周期相同，因此轨道看起来像自己往返折回形成 "8" 的形状，如图 3.10 中的轨道 D。如果轨道在赤道平面上（倾角为 0°），地面轨迹就是赤道上的一个点，如图 3.10 中的轨道 E。

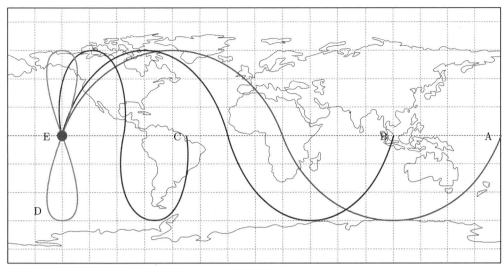

图 3.10　轨道周期与星下点轨迹

3.3.1.2　轨道倾角与星下点轨迹

纬度是指赤道向北或向南到目标点之间的地心角，而轨道平面与赤道平面形成的夹角，就是它的轨道倾角。对于顺行轨道，当航天器到达它的最北点时，星下点所在的纬度就等于轨道倾角。因此，可以利用星下点轨迹得到轨道倾角：对于顺行轨道，显然星下点轨迹最北点的纬度就是轨道倾角；而对于逆行轨道，由于轨道倾角大于 90°，则轨道倾角为星下点轨迹最北点的补角。

如图 3.11 所示，轨道 A、B、C、D 的轨道周期均为 4h，通过判断纬度的最高点，可以求得其轨道倾角分别为 10°、30°、50° 和 85°。其中，由于地面距离在墨卡托投影图的极点处变长，因此轨道 D 有些失真。

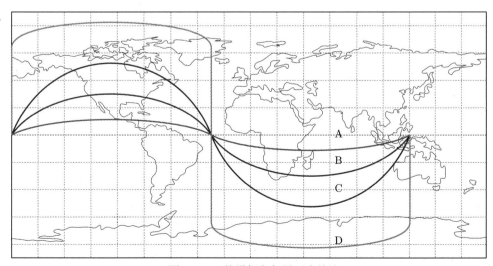

图 3.11　轨道倾角与星下点轨迹

3.3.1.3 近地点位置与星下点轨迹

在此之前，我们研究的都是圆轨道，因此它的星下点轨迹是均匀对称的。如果轨道是椭圆的，那么它的星下点轨迹就是不均匀的，也就是说，在赤道的上方和下方是不对称的。由于航天器在近地点移动最快，所以它在近地点附近的路径上走得最远，使得地面轨迹看起来舒展。相反，在远地点它移动得慢，所以地面轨迹看起来更加弯曲。

如图 3.12 所示，轨道 A、B 的地面轨迹都是来自周期为 9.3h、轨道倾角为 50° 的轨道，两个轨道的偏心率都很大，轨道 A 的近地点在北半球，轨道 B 的近地点在南半球。

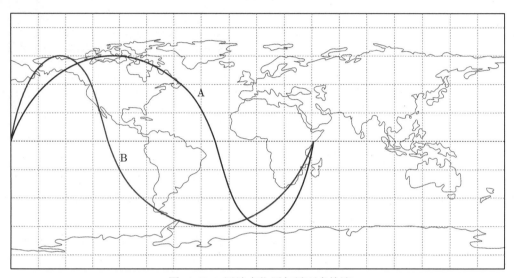

图 3.12　近地点位置与星下点轨迹

3.3.2 卫星的仰角

卫星的仰角（也可称高度角）是观察者和卫星连线与观察者当地地平线之间的夹角，用于测量在给定时间卫星的过顶程度。因为仰角的测量与地面位置有关，所以对于地面上不同位置的观察者来说，卫星的仰角不相同。当卫星在轨运行时，仰角会随时间而变化。给定时间的仰角与描述卫星和地面观察者相对位置的几个参数有关，包括观察者所在的经纬度、卫星高度、轨道倾角、卫星在轨道何处（卫星的经纬度）。

因为地球是旋转的，所以卫星有规律地穿越地球上那些纬度等于或小于卫星轨道倾角的地区。对于地球上高纬度的区域，也能观测到卫星，但卫星不会出现在头顶正上方，这些区域的卫星最大可见仰角小于 90°。因此，对于轨道倾角 45° 的卫星，地球上南纬 45° 和北纬 45° 之间的所有点，最大可见仰角都是 90°；对于极地轨道卫星能过顶穿越地球上所有点，即最大可见仰角都是 90°。

给定位置的卫星可见仰角对卫星的使用影响巨大。例如，地面站接收低可见仰角卫星信号的难度很大，如图 3.13 所示，原因有以下两个：第一，卫星上的信号在稠密大气层中传输的距离要比高可见仰角时传输的距离远，导致信号强度衰减得更厉害；第二，地平线上的物体，如高的建筑物或者高山，可能在地面站和卫星的连线上，这样就会阻碍信号的传输。在建筑物密集的城市里，高大的建筑物会阻碍地面站对低可见仰角卫星信号的发送和接收，最糟糕的情况下，最低可见仰角将达到 70°。所以，在城市里，许多卫星接收器和发射器都安装在建筑物的顶部。然而，对一些应用设备来说，接收器是移动的，如地面上使用全球导航定位系统（GPS）的车辆，55° 轨道倾角的 GPS 卫星可能无法满足所有城市用户的要求。例如，位于北纬 20° ~ 45° 的日本，城市中的高楼大厦和乡下的高山会阻碍 GPS 信号。因此，日本开发了一套系统，它利用远地点在亚洲上空的 3 颗大椭圆轨道卫星（Quazi-Zenith 卫星系统）和美国的 GPS 系统一起工作，以便能够更好地服务于日本民众。

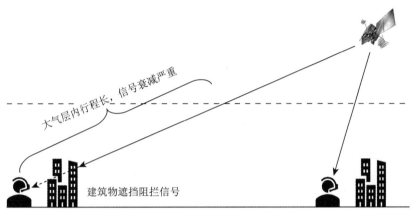

图 3.13　仰角对卫星信号传输的影响

3.3.3　卫星的覆盖区域

卫星能观测到多少地球表面与卫星的高度有关，高度低的卫星，可见地面区域小；高度高的卫星，可见地面区域大。可见，地面区域同样也是地球上能看见卫星的区域，可见区域的外沿是圆，半径只与卫星高度有关。

通常，只有当地面站的可见卫星仰角大于某个最小值（典型的最小值是 5° ~ 10°）时，地面站才能和卫星进行通信。因此，卫星能通信的有效可见地面区域小于卫星所能观测到的整个区域。表 3.4 列出了卫星在不同高度时的最大可见地面区域的半径，以及当最小可见仰角为 10° 时，有效可见地面区域的半径。可见，轨道越高，卫星可见地面区域及能通信的有效可见地面区域越大；地球同步轨道卫星的可见地面区域要比低轨卫星的可见地面区域大得多。注意：低轨卫星的有效可见地面区域大约是最大可见地面区域的一半，而高轨卫星的有效可见地面区域相对于最大可见地面区域并没有缩减多少。

卫星的可见地面区域和它相对地球的运动对卫星的用途影响重大。例如，能获取地面高分辨率图像的卫星最好放在低地球轨道。这样，只需很短时间卫星就能看到地球上任一特定地点。如果要求对某个特殊地区进行连续低轨道监视，那么需要在同一轨道放置多颗卫星，以便一颗卫星离开监视位置后，另一颗卫星会紧跟着进入该位置。为了使任一时间总有一颗卫星在正确的位置，卫星星座（由多颗卫星组成的系统）需要的卫星总数与每颗卫星覆盖的地面区域有关。如果其他条件相同，则卫星轨道越高，卫星覆盖的地面区域越大，需要的卫星数量越少。但有些任务不可能将卫星放入高轨道，例如高分辨率监视或弹道导弹防御，因为弹道导弹防御任务要求天基拦截器与将要拦截的导弹靠得越近越好。

表 3.4   卫星在不同高度下的最大可见地面区域及有效可见地面区域

卫星高度/km	最大可见地面区域		有效可见地面区域（$\varepsilon_{\min} = 10°$）	
	半径/km	占地球表面的比例	半径/km	占地球表面的比例
500	2440	3.6%	1560	1.5%
1000	3360	6.8%	2440	3.6%
20200（地球半同步）	8450	38%	7360	30%
36000（地球同步）	9040	42%	7950	34%

3.4 轨道的类型与特征

3.4.1 真实的轨道运动

航天器在轨道上除了受地心引力作用，还会受到很多作用力的影响，这些作用力相对于地心引力来说都是小量，但是它们长期作用会导致航天器的运动逐渐偏离理论轨道，表现为轨道根数随时间的变化而变化。我们通常称这些作用力为摄动力，卫星的实际运动相对于理想轨道的偏差，称为轨道摄动。在地球轨道空间的摄动力主要包括地球非球形摄动、大气阻尼摄动、三体引力摄动及太阳光压摄动。我们在前面已经介绍过大气阻尼摄动，它是一种耗散力，会使卫星轨道逐渐圆化，轨道高度不断降低，最终导致航天器陨落；三体引力摄动是太阳、月球及其他天体的引力对航天器轨道产生的长周期的影响，不会导致卫星陨落；太阳光压摄动是太阳光照射在太阳能帆板上产生电能的同时产生的冲击力对轨道的长期影响。表 3.5 列出了主要摄动力及其对轨道的影响。

表 3.5   主要摄动力及其对轨道的影响

摄动力	说明	对轨道的影响
地球非球形摄动	由于地球形状不规则和密度分布不均匀而产生的附加摄动，是一种保守力	导致航天器轨道面绕地球极轴缓慢旋转，同时近地点在轨道面内旋转
大气阻尼摄动	由于高层大气对航天器轨道运动的阻尼作用而产生的摄动，是一种耗散力	会导致航天器轨道能量的耗散，从而使轨道高度不断降低、轨道圆化，最终将导致航天器陨落
三体引力摄动	由于太阳和月球及其他星体对航天器的引力而对航天器轨道产生的影响	对轨道的影响呈长周期变化，且与卫星轨道对太阳和月球的定向有关
太阳光压摄动	在太阳光辐射及反射过程中对航天器产生的摄动力	影响非常复杂，与航天器反射特性、轨道与太阳的定向关系及太阳活动等因素都有关

这里重点介绍地球非球形摄动的影响。地球形状不规则，地球质量分布不均匀，地球自转速度也不均匀，这些因素都导致地球引力场分布复杂，使得航天器在轨道上受到的引力可能不指向地心，大小也不再只与高度有关。为了描述地心引力，一般将其分解为中心引

力部分及摄动部分，其中的摄动部分称为地球非球形摄动，可以认为它们是附加在中心引力场上的小的摄动力。在所有这些摄动力中，地球非球形摄动对轨道的影响最为明显，同时合理地利用非球形摄动也会产生一些特殊的轨道。地球非球形摄动对卫星轨道的影响主要表现为航天器轨道面的旋转及轨道的拱线在轨道面内的旋转。

轨道面的旋转表现为升交点赤经的变化，如式 (3.17) 所示：

$$\dot{\Omega} = -\frac{3}{2}\frac{nJ_2\cos i}{(1-e^2)^2}\left(\frac{R_e}{a}\right)^2 \tag{3.17}$$

式中，J_2 为摄动系数，是一个常数；n 为卫星轨道运动的平均角速度。可见，轨道面绕地球极轴缓慢旋转，因为现实中的轨道一般为近圆轨道，所以对于特定轨道高度的卫星，在设计轨道时可以通过轨道倾角和轨道高度来控制轨道面旋转的速度和方向。对于顺行轨道，升交点赤经的变化率为负，也就意味着从北极看轨道面顺时针旋转，升交点在赤道上西退；对于逆行轨道，升交点赤经的变化率为正，此时升交点在赤道上向东进。

轨道拱线的旋转也就是远地点和近地点在轨道面内的移动，表现为近地点幅角的时间变化：

$$\dot{\omega} = -\frac{3nJ_2\left[1-5\cos^2 i\right]}{4\left(1-e^2\right)^2}\left(\frac{R_e}{a}\right)^2 \tag{3.18}$$

式 (3.8) 显然存在零点，也就是当 $\cos^2 i$ 为 1/5 时，近地点幅角的变化率为零，此时轨道倾角 i 约为 63.4°，这种轨道称为冻结轨道，也就是说，近地点和远地点冻结在轨道面内。对于大椭圆轨道，远地点的位置是重点考虑的因素，因此这时候必须使用冻结轨道以保证远地点位置不发生移动。

3.4.2　轨道的分类

按照不同的分类标准，航天器的轨道有不同的类型。按照轨道形状划分，可以将轨道分为圆轨道、椭圆轨道、抛物线轨道和双曲线轨道；按照轨道高度划分，可以将轨道分为地球低轨道（LEO）、地球中间轨道（MEO）、地球静止轨道（GEO）和大椭圆轨道（HEO），如图 3.14 所示；按照轨道倾角划分，可以将轨道分为赤道轨道、极轨道和倾斜轨道（顺行轨道和逆行轨道）；按轨道星下点轨迹的回归特征，可以将轨道分为非回归轨道、准回归轨道和回归轨道；按卫星轨道面进动角速度与平太阳视运动角速度的关系，可以将轨道分为太阳同步轨道和非太阳同步轨道。

航天器选择的特定轨道主要与航天器的任务有关。例如，搜集地球表面高分辨率图像的遥感卫星应该尽可能靠近地球，因此这类卫星位于低轨道；而商业广播或通信卫星则需要在更大的地理区域内发射或接收信号，并且最好是在固定的位置，这样地面站就不需要昂贵的卫星跟踪设备了，所以大多数通信卫星选择地球静止轨道。以此类推，其他卫星的轨道也是基于它们的任务进行选择的。任务与轨道是紧密相关的，尤其是一些特殊的轨道对于某些特定任务具有独一无二的优势。所以，通过观测卫星的轨道，可以推测出一些未知的卫星功能。

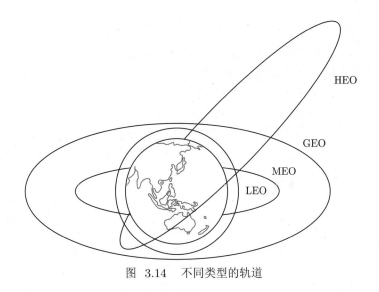

图 3.14   不同类型的轨道

3.4.3   典型轨道及其应用

3.4.3.1   地球低轨道

地球低轨道（Low Earth Orbit，LEO）也称近地轨道，一般是指远地点高度小于 2000km 的轨道，轨道周期为 90～120min。由于地球辐射带的最内层也高于这个高度，因此航天器远离高能辐射和带电粒子。但由于大气阻力的存在使得轨道衰减不能够被忽略，因此，必须定期抬升轨道高度，以维持任务的正常运行。因此近地轨道卫星往往需要携带足够的燃料以进行生命周期内的轨道维持，此时航天器的使用寿命主要基于航天器携带的可用燃料的多少。假如不进行轨道维持，则高度为 320km 的轨道，卫星的可用寿命大概只有一年；高度为 800km 的轨道，卫星的可用寿命大概为 10 年。

处于近地轨道上的航天器，由于距离地球较近，所以在对地通信与数据传输时，消耗的功率较小，且能够为航天器获取高分辨率图像提供最大的可能。近地轨道的不足之处在于，一个周期内，单个航天器与地面站／用户的单次通信／传输的时间很短，且在任一时刻都只能看见地球表面较小的范围。为了克服这个难题，通常在某些应用中，将几颗同类卫星组成星座，以提供连续的对地服务。但要实现全球覆盖，卫星数量的需求也是十分巨大的。近地轨道也适用于不需要实时通信的任务，这类任务可能只需要一颗或几颗卫星。例如，当数据不需要立刻发回地面用户时，可以先存储起来，等到卫星经过地面站上空时再转发，这种方式又称为"存储转发"。

需要拍摄地球高分辨率图像的观测和侦察任务必须靠近地球才能实现。例如，美国的锁眼卫星是用于情报侦察的光学成像卫星，通常部署在近地椭圆轨道，其远地点和近地点分别为 1000km 和 300km。由于这些卫星相对地球移动，因此不能持续覆盖特定地区。几乎所有的载人航天飞行都是在近地轨道上进行的，部分原因是将大型结构送入更高轨道比较困难，另一部分原因是为了避免长时间的有害辐射暴露。

3.4.3.2　地球中间轨道

地球中间轨道（Medium Earth Orbit，MEO）也称中轨道，一般是指轨道高度位于地球低轨道（LEO）和地球同步轨道之间的轨道。与 LEO 相比，MEO 航天器在任何时刻都能看见地球表面的大部分区域，因此需要较少的卫星就能够实现全球覆盖。且在 MEO，大气阻力可以忽略不计，轨道保持的代价会小得多。但是由于轨道高度较高，因此需要较大的能量才能将航天器送入该类轨道。另外，由于存在范·艾伦辐射带，MEO 对卫星来说环境较为严酷，为了保证卫星的运行，必须增强辐射防护。

典型的 MEO 是半同步轨道，轨道周期约 12h，高度约 20200km。美国的全球导航定位系统（GPS）和俄罗斯的 GLONASS 导航卫星及我国的"北斗"卫星导航系统都采用这种轨道。导航系统要求任一时刻用户视线范围内必须至少有 4 颗卫星，而连续通信系统只需要 1 颗。因此，导航系统在相同高度需要比通信系统部署更多的卫星。例如，GPS 和 GLONASS 在部署时都使用了 24 颗卫星，GPS 卫星位于轨道倾角为 55° 的 6 个轨道平面内，GLONASS 卫星位于轨道倾角为 65° 的 3 个轨道平面内。

3.4.3.3　地球同步轨道

地球同步轨道（Geosynchronous Orbit）是指轨道周期与地球自转周期相同的轨道，地球的自转周期大约是 23 小时 56 分 4 秒，根据轨道周期公式可以得到圆轨道的轨道高度大约是 35800km。根据轨道倾角的不同，地球同步轨道可分为地球静止轨道和倾斜地球同步轨道两种。

1. 地球静止轨道

地球静止轨道（Geostationary Orbit，GEO）是轨道倾角为 0°、偏心率也为 0 的地球同步轨道，由于卫星在赤道上空与地球同步转动，因此在地球静止轨道上的卫星与地面的相对位置保持不变，星下点轨迹为地面赤道上的一个点，卫星所在的经度称为定点位置。

从 GEO 卫星上看，地球是固定的，且视野较大，这种特性对于侦察监视十分有利，其缺点是卫星高度过高，观测细节受到了距离的影响。相比于 LEO 和 MEO，GEO 卫星的覆盖区域要大很多，每颗 GEO 卫星能覆盖地球表面的 42%，利用经度间隔 120° 的 3 颗地球静止轨道卫星就可以覆盖全球中低纬度地区。因此，GEO 卫星的主要用途包括卫星通信、卫星广播、导弹预警及侦察监视、气象监测等。

理论上，GEO 只有一条，如果按照每 2° 部署 1 颗卫星，则只能容纳 180 颗卫星，因此 GEO 的点位是重要的轨道资源。GEO 的定点精度要求很高，稍有偏差，航天器就会漂移。由于航天器严格对地静止几乎是不可能的，因此，人们只能将漂移控制在某一个允许的范围内，如经、纬度方向漂移不超过 0.1°，这样就要求卫星具备修正轨道误差和位置保持的能力。

2. 倾斜地球同步轨道

倾斜地球同步轨道（Inclined Geosynchronous Orbit，IGSO）的轨道倾角不为 0°，由于轨道周期与地球自转周期相同，使得其星下点轨迹近似为一条封闭曲线，其图案像一个数字"8"，且每天在纬度方向摆动一次。对地面观测者来说，每天相同时刻卫星大致出现在相同方位。我国"北斗"卫星导航系统星座部分采用了倾斜地球同步轨道。

3.4.3.4　大椭圆轨道

大椭圆轨道（High Elliptical Orbit, HEO）是大偏心率的轨道，轨道形状是椭圆。HEO 航天器的有利特征是航天器靠近远地点时运行相对较慢，能够有一个较长的停留时间，同时还能看到地球表面的大部分区域。这种特殊的 HEO 对于覆盖北半球高纬度地区（地球同步轨道卫星几乎很少覆盖到该地区）来说非常有用。为了保证远地点能够长期保持在特定高纬度地区，HEO 卫星一般采用轨道倾角为 63.4° 的冻结轨道，此时其远地点总保持在同一半球（南半球或北半球）的相同纬度，而不会发生进动，同时由于在远地点附近运动得慢，卫星轨道周期的大部分过境时间位于这一纬度上空。典型的大椭圆轨道主要是闪电（Molniya）轨道和苔原（Tundra）轨道，主要应用于通信和导弹预警任务。

1. 闪电轨道

闪电轨道的轨道倾角为 63.4°，远地点高度约 40000km，近地点高度约 1000km，即偏心率为 0.75，周期为 12h。苏联首先在闪电（Molniya）卫星系统中使用了这个类型的轨道，所以这种大椭圆轨道又称为 Molniya 轨道、闪电轨道。俄罗斯 Molniya 卫星轨道在 12h 的轨道周期中有 8h，在远地点覆盖区域内可见，且地面仰角超过 70°。因此，只需要 3 颗主轴彼此相交 120° 的卫星组成卫星星座就能确保对该地区的连续覆盖。美国的情报卫星就采用 HEO 卫星来监视俄罗斯，而俄罗斯的预警卫星也用这种轨道监视美国的导弹发射。

2. 苔原轨道

苔原（Tundra）轨道的轨道倾角同样为 63.4°，但轨道周期设计为 24h。Tundra 轨道卫星的轨道周期中有一半时间在远地点覆盖区域内可见。因此，只需要彼此做 180° 旋转的两颗卫星就能实现对该地区的连续覆盖（升交点赤经与相位角均相差 180°）。俄罗斯的 Tundra 卫星系统就采用了两颗卫星的方案，其轨道的远地点和近地点分别为约 54000km 和 18000km。

3.4.3.5　太阳同步轨道

地球非球形摄动使得航天器轨道面在惯性空间中旋转，太阳同步轨道（Sun-Synchronous Orbit, SSO）是指轨道平面绕地球自转轴（极轴）旋转的，方向与地球公转方向相同的，且旋转角速度等于地球公转的平均角速度的卫星轨道。根据式 (3.17) 可知，轨道面绕地球极轴旋转的方向和旋转速度与轨道高度和轨道倾角有关，由于地球公转周期为 365.25 天，即地球公转角速度为 0.9856°/天，所以太阳同步轨道的半长轴、偏心率和轨道倾角之间必须满足以下关系：

$$\cos i = -K\left(1 - e^2\right)^2 a^{\frac{7}{2}} \tag{3.19}$$

式中，K 为大于 0 的常数。由式 (3.19) 可知，太阳同步轨道的轨道倾角都大于 90°，即太阳同步轨道为逆行轨道，因此，在卫星发射时需要逆着地球自转方向发射，这就要求发射运载火箭的推力较大。通常，太阳同步轨道的轨道倾角为 90° ~ 100°，轨道高度为 500 ~ 1000km，且太阳同步轨道的最大轨道高度不会超过 6000km。对于圆轨道而言，轨道倾角越大，卫星轨道高度越高。

如图 3.15 所示，由于轨道面旋转速度与地球公转速度一致，因此，在 SSO 轨道上运行的卫星，每次从具有相同纬度的地面目标上空经过时，都基本保持相同的位置、相同的运

行方向，且具有相同的光照条件。因此太阳同步轨道对于那些对光照条件有要求的星载有
效载荷非常有用，如可见光成像侦察卫星。另外，由于太阳同步轨道卫星与太阳保持固定
的相对取向，因此有利于以太阳能为能源的卫星长期稳定地工作。由于运行于近地的太阳
同步轨道都接近极地轨道，因此卫星轨道运行和地球自转运动使卫星能够飞越除很小极区
以外的全球各处。太阳同步轨道的这两个特性使它十分适合于对地观测，在气象观测、资
源观测、海洋观测及军事侦察等领域有广泛的应用。例如，卫星由南向北（升段）穿过北
纬 40° 上空时为当地地方时早晨 4 时整，以后凡是升段经过北纬 40° 上空时都是当地地方
时早晨 4 时。根据这一特点，选择适当的发射时刻，可以使卫星经过特定地区时，其光照
条件始终很好，有利于获取高质量地面目标的图像。

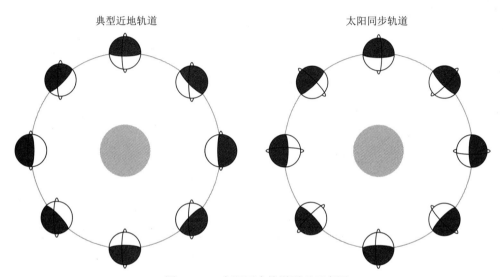

图　3.15　太阳同步轨道原理示意图

3.4.3.6　回归轨道

回归轨道的定义为星下点轨迹周期性重复的航天器轨道。相同回归周期的轨道有很多
条，例如，回归周期为一天的回归轨道，它的运行周期可以为 24h、12h、8h 等。在回归轨
道上运行的卫星，每经过一个回归周期，卫星重新依次经过各地上空，重复的时间间隔称为回归
周期。这样可以对覆盖区域进行动态监视，借以发现这段时间内目标的变化。回归轨道对轨道周
期的精度要求甚高，且轨道周期需在长时间内保持不变，必须具备轨道修正能力。

如果航天器的轨道周期为 T（h/圈），地球的自转周期为 24h/日，在不考虑摄动因素
的影响时，回归轨道或准回归轨道需要满足如下条件：

$$\frac{24\ (\text{h/日})}{T\ (\text{h/圈})} = \frac{N\ (\text{圈})}{D\ (\text{日})} \tag{3.20}$$

式中，D 和 N 均为正整数。满足式 (3.20) 的轨道周期与地球自转周期均可表示为某一时
间的整倍数，因而旋转地球上的星下点轨迹将以一定规律进行重复。按航天器运行的顺序
给各圈标号，依次为 0、1、2、$\cdots$，将 $t=0$ 的升交点记为第 1 日第 0 圈的升交点。由于

地球旋转使升交点在旋转地球上逐圈西移一固定值 $T \cdot 15°$/圈，若 T 满足式 (3.20)，则有

$$360°D = 15°TN \tag{3.21}$$

由式 (3.21) 可知，第（$D+1$）日的第 N 圈升交点与第 1 日第 0 圈的升交点重合，故第 N 圈星下点轨迹与第 0 圈星下点轨迹重合，第（$N+K$）圈星下点轨迹与第 K 圈星下点轨迹重合，其中 $K=1,2,3,\cdots$。由于 N 和 D 互为质数，故 N 和 D 分别为实现星下点轨迹重复所需的最小圈数和日数。

若 $D-1$ 日，则第 2 日重复第 1 日的轨迹，星下点轨迹逐日重复就是回归轨道。例如 $T=6$h/圈，则有 $24/6=4/1$。即 $N=4$ 圈，$D=1$ 日，这是重复周期为 4 圈、重复日期为 1 日的回归轨道，如图 3.16（a）所示。

若 $D>1$ 日，则星下点轨迹不逐日重复而是间隔 D 日后进行重复，这种轨道称为准回归轨道。例如，$T=9$h/圈，则有 $24/9=8/3$。即 $N=8$ 圈，$D=3$ 日，这是重复周期为 8 圈、重复日期为 3 日的准回归轨道，第 4 日重复第 1 日的星下点轨迹，如图 3.16（b）所示。

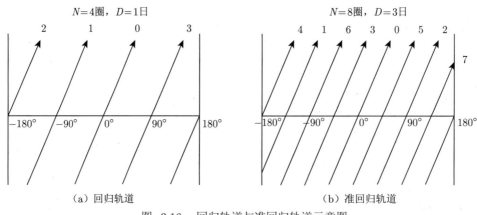

图 3.16　回归轨道与准回归轨道示意图

回归轨道上运行的卫星按一定的时间间隔重复飞过地面某一地区上空，能对同一地区做周期性重复观测，实现对目标区域的动态监视。因此，以获取地面图像为目的的卫星，如侦察卫星、气象卫星、地球资源卫星等，多选择太阳同步型的回归轨道。这样可以对地面同一地区以同样的地方时和观测条件进行有规律的动态观测。

3.4.3.7　卫星星座

虽然大多数航天任务都是由单颗卫星完成的，但由于单颗卫星对地球的瞬时覆盖区域有限，无法对地面提供连续的无缝隙的覆盖，因此要完成通信、导航等任务，需要多颗卫星按照一定的规律分布，从而形成卫星星座，实现对地面大部分区域持续的覆盖。共同完成某一特定任务的卫星群体可称为卫星星座。

设计一种各颗卫星所有轨道根数都不同的卫星星座是非常复杂的，同时由于地球的自转及卫星的轨道运动，这样的星座时空关系难以预测，因此星座设计的一个合理方法是所

有卫星的轨道半长轴、偏心率和轨道倾角相同,轨道升交点赤经、近地点幅角及平近地点
角可以根据飞行任务要求进行优化设计。一种最常用的卫星星座为 Walker 星座,这种星
座具有如下特征。

　　(1) 所有卫星都采用相同轨道高度的圆轨道;

　　(2) 每个轨道平面所包含的卫星数目都相同;

　　(3) 如果有多颗卫星处于同一个轨道面内,那么这些卫星在轨道面内均匀分布;

　　(4) 相邻轨道间卫星的相对相位为常数;

　　(5) 各个轨道面的升交点沿赤道均匀分布;

　　(6) 所有轨道面对某一参考面(通常是赤道面)的角度都相同。

　　可以用 T、P、F 三个参数来描述 Walker 星座,其中 T 是航天器总数,P 是轨道面
数量,F 是表示相邻轨道面间卫星相对相位的衡量参数。各轨道面间卫星的相对相位可表
示为 $F \times 360°/T$,$F = 0, 1, \cdots, P-1$。如图 3.17 所示为参数为 24/6/1 的典型 Walker 星
座。该星座由 24 颗轨道倾角均为 $60°$ 的卫星构成,共 6 个轨道面,每个轨道面上都有 4
颗卫星,各轨道面间卫星的相对相位都为 $15°$。

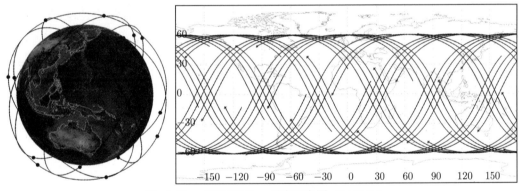

图　3.17　典型 Walker 星座示意图(24/6/1)

　　任何一个星座首先必须满足特定的覆盖要求,因此通常用覆盖性能来作为优化星座设
计的一个通用标准。最常用的性能评价指标主要有覆盖百分比、最大覆盖间隙、平均覆盖
间隙、时间平均间隙和平均响应时间等。

　　(1) 地面上某点的覆盖百分比,就是该点被覆盖的累计时间在进行统计的总时间中所
占的百分比;

　　(2) 地面上某点的最大覆盖间隙等于该点所遇到的最长的覆盖间隙;

　　(3) 地面上某点的平均覆盖间隙是该点上所有覆盖间隙的均值;

　　(4) 地面上某点的时间平均间隙是按时间平均的覆盖间隙持续时间;

　　(5) 地面上某点的平均响应时间是从该点发出随机覆盖请求开始到该点被覆盖为止的
平均等待时间。

3.4.3.8　卫星编队飞行

卫星编队飞行是指利用多颗卫星形成一定形状的系统，各颗卫星之间通过星间链路相互联系、协同工作，共同承担特定的任务，从而构成一个满足任务需要的、规模较大的虚拟传感器或探测器。与卫星星座不同，编队飞行的卫星必须保持邻近运动，强调"编队"与"协同"，需要保持"构形"的稳定，不能远离或漂移，卫星之间能够进行不间断的通信和信息交换。编队飞行的卫星系统类似于一个巨大的虚拟传感器，各个卫星的有效载荷可以是相同的，也可以是不同的，但要求协同工作，完成复杂的任务，并具有更高的性能、更高的可靠性、更低的成本。

编队飞行的卫星之间不存在相互作用力，编队飞行的构形是由卫星之间的相对运动形成的。为了形成编队飞行，要求编队的各颗卫星的运行轨道周期相同，也就是需要具有相同的轨道半长轴。为了形成相对运动，各卫星轨道倾角和偏心率有微小的差异，从而确保编队飞行的各卫星适当分离。

如图 3.18 所示，设两颗卫星位于同一轨道面内，其中卫星轨道①为圆轨道，卫星轨道②为偏心率 $e = 0.125$ 的椭圆轨道。由于两轨道具有相同的半长轴，因此轨道周期相同。现在简单分析一下卫星②相对于卫星①的运动轨迹。取卫星①的轨道坐标系作为相对运动坐标系，其原点位于卫星①质心并随其沿轨道运动，x 轴与卫星①地心矢径方向重合，由地心指向卫星，y 轴在轨道平面内垂直于 x 轴并指向运动方向，z 轴由右手法则确定。在一个轨道周期内均匀地取如图 3.18 所示的 8 个点（I，II，III，…，VIII），其中 I 时刻和 V 时刻两卫星位于相同的相位角，且在 I 时刻卫星②位于近地点，而在 V 时刻卫星②位于远地点。则在 I 时刻至 V 时刻期间，卫星②运行于卫星①前方，而在 V 时刻至 I 时刻期间，卫星②运行于卫星①前方。图 3.18 右图显示了在轨道坐标系内卫星②相对于卫星①的运动轨迹，由于地球的作用，两颗卫星之间的距离不会太远，卫星②相对于卫星①做周期运动。需要强调的是，以上的分析是在不考虑摄动力影响的前提下进行的。实际上，摄动力的影响会导致轨道面的旋转及近地点在轨道面内旋转，特别是轨道面的旋转会严重影响卫星编队构形的保持。这是因为轨道面旋转速度会受到轨道倾角和轨道面的影响，当两颗卫星的轨道倾角和偏心率存在差别时，轨道面会因旋转而逐渐远离，从而使得构形发生变化。

卫星编队飞行应用优势主要体现在如下几个方面。

（1）提升应用系统整体性能。编队飞行使单航天器不易实现的空间探测任务变得简单，可以极大地增加干涉测量的雷达孔径，可以在较大的离散空间同时对任务目标进行观测，这对于对地观测而言是非常重要的。

（2）提高应用系统可靠性。编队飞行系统一般由许多航天器组成，在系统设计阶段考虑冗余度可以使系统在遭受破坏时更具鲁棒性。如果系统中有一颗航天器损坏，只会有与之相关的链路受影响，而整个系统不会消亡。可以及时地将损坏的个体清除出系统，通过重构或者补充新航天器即可使系统复原。

（3）增强系统适应性。航天器编队构形大小与编队中航天器数目甚至航天器所携带的载荷都可以根据任务要求而进行变化，在原航天器基础上只要进行适当调整就可以使航天器编队系统具有新功能或更高性能，从而以较短周期、较低成本和较高可靠性来完成新旧任务更替。

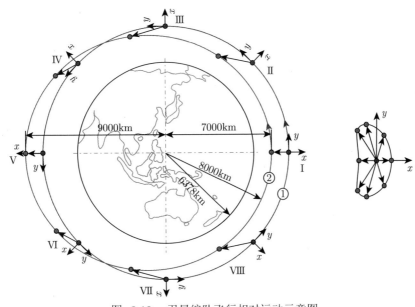

图　3.18　卫星编队飞行相对运动示意图

　　（4）降低单生命周期成本消耗。编队飞行采用多航天器来完成任务，这必将促使航天器的设计制造采用标准化工艺流程，单航天器成本自然就可以降低，从而使整个系统成本降低。随着航天器模块化技术与天基平台理论的发展，执行任务次数的增加及生命周期的相对延长，可使单生命周期内航天器编队的成本得到很大的降低。

3.4.4　拉格朗日点

　　拉格朗日点又称平动点，是平面圆型限制性三体问题的五个特解。在这五个点上的小天体在两个大天体的引力作用下能够基本保持相对静止。瑞士数学家欧拉于 1767 年推算出前三个，法国数学家拉格朗日于 1772 年推导证明出剩余的两个。如图 3.19 所示，L_1 点、L_2 点和 L_3 点位于两个大天体 M_1 和 M_2 的连线上，其中 L_1 点位于两个天体之间，L_2 点位于较小天体的一侧，L_3 点位于较大天体的一侧，这三个点是不稳定的。L_4 点和 L_5 点在以两天体连线为底的等边三角形的第三个顶点上，分别位于较小天体围绕两个天体系统运行轨道的前方和后方，又称"特洛伊点"，这两个点是有条件稳定的点。

　　所谓限制性三体问题是指三个天体中有一个小天体的质量远小于另外两个天体，从而使这个小天体的存在不会影响两个大天体的运动。如图 3.20 所示，拉格朗日点的基本原理是，两个大天体的引力之和刚好能够维持该点处小天体轨道运动的向心力，从而使小天体伴随大天体一起运动，形成相对静止的状态。以日地系统的 L_1 点为例，原本在 L_1 点位置的小天体围绕太阳转动的周期会更短，角速度会更快，但由于地球引力的存在，小天体运动所受的向心力是太阳引力和地球引力的合力，两个力方向相反，导致小天体的向心力比单纯受到的太阳引力更小。L_2 点则是由于地球引力使得小天体受到向心力增大导致转速加快。同理可以解释其他点的运动。

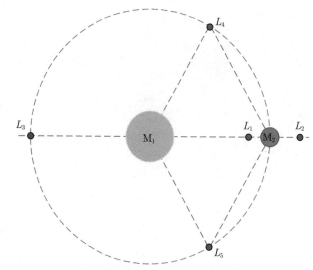

图 3.19   拉格朗日点位置示意图

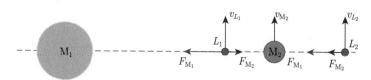

图 3.20   拉格朗日点的基本原理

拉格朗日点主要应用于天文观测和地球外太空探测等任务。其中,日地系统的 L_1 点是放置太阳观测站的最佳位置,在这里的航天器永远不会被地球或者月球遮挡,可以不间断地观测太阳或者地球的日照面;地月系统的 L_1 点可以作为月球中转站。日地系统的 L_2 点是放置太空望远镜的最佳位置,在这里可以消耗最少的推进剂,以最小的干扰(永远背对着太阳、地球和月球)观察整个宇宙;我国“嫦娥四号”任务利用的就是地月 L_2 点作为中继星“鹊桥”的位置。由于 L_4 点、L_5 点是有条件稳定的点,因此一些小行星会长期运行于这两个点之间,如在日地系统 L_4 点、L_5 点及地月系统 L_4 点、L_5 点都存在一些小行星,称为“特洛伊”小行星。当前人类还没有航天器到达过 L_4 点、L_5 点,未来将发射立方体卫星进入这些点开展对“特洛伊”小行星的探测任务。

3.5   航天器姿态运动

航天器的姿态运动是指航天器绕质心的转动。航天器的姿态运动非常复杂,特别是当航天器存在柔性结构(如比较大的太阳能电池帆板),或者航天器内部液体燃料晃动时,都会对姿态运动产生影响。在进行航天任务初步设计或分析时,一般将航天器视为刚体,此时可以建立简单的姿态运动方程。

3.5.1　姿态运动动力学方程

设图 3.21 所示的刚体相对于质心 O 的角速度为 $\boldsymbol{\omega} = [\omega_x, \omega_y, \omega_z]^{\mathrm{T}}$，刚体内任一质量为 m_i 的质点相对于质心的矢径为 $\boldsymbol{r}_i = [x, y, z]^{\mathrm{T}}$，则刚体相对于质心 O 的动量矩 $\boldsymbol{h}$ 为

$$
\begin{aligned}
\boldsymbol{h} &= \int [\boldsymbol{r} \times (\boldsymbol{\omega} \times \boldsymbol{r})] \mathrm{d}m \\
&= \int [(\boldsymbol{r} \cdot \boldsymbol{r})\boldsymbol{\omega} - (\boldsymbol{\omega} \cdot \boldsymbol{r})\boldsymbol{r}] \mathrm{d}m \\
&= \int (\boldsymbol{r}^{\mathrm{T}}\boldsymbol{r}\boldsymbol{E} - \boldsymbol{r}\boldsymbol{r}^{\mathrm{T}})\boldsymbol{\omega} \\
&= \boldsymbol{I}\boldsymbol{\omega}
\end{aligned}
\tag{3.22}
$$

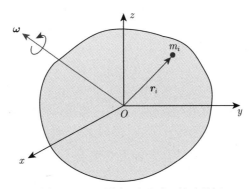

图 3.21　刚体相对于质心的动量矩

其中，$\boldsymbol{E}$ 为单位矩阵，$\boldsymbol{I}$ 为刚体对质心 O 的转动张量，且有

$$
\begin{aligned}
\boldsymbol{I} &= \int (\boldsymbol{r}^{\mathrm{T}}\boldsymbol{r}\boldsymbol{E} - \boldsymbol{r}\boldsymbol{r}^{\mathrm{T}}) \mathrm{d}m \\
&= \begin{bmatrix}
\int (y^2 + z^2) \mathrm{d}m & -\int xy \mathrm{d}m & -\int xz \mathrm{d}m \\
-\int xy \mathrm{d}m & \int (x^2 + z^2) \mathrm{d}m & -\int yz \mathrm{d}m \\
-\int xz \mathrm{d}m & -\int yz \mathrm{d}m & \int (x^2 + y^2) \mathrm{d}m
\end{bmatrix} \\
&= \begin{bmatrix}
I_x & -I_{xy} & -I_{xz} \\
-I_{xy} & I_y & -I_{yz} \\
-I_{xz} & -I_{yz} & I_z
\end{bmatrix}
\end{aligned}
\tag{3.23}
$$

式中，I_x、I_y、I_z 为转动惯量；I_{xy}、I_{yz}、I_{xz} 为惯量积。将式 (3.23) 代入式 (3.22) 可得 $\boldsymbol{h}$ 在体坐标系 $O-xyz$ 上的三个分量为

$$\begin{cases} h_x = I_x\omega_x - I_{xy}\omega_y - I_{xz}\omega_z \\ h_y = -I_{xy}\omega_x + I_y\omega_y - I_{yz}\omega_z \\ h_z = -I_{xz}\omega_x + I_{yz}\omega_y + I_z\omega_z \end{cases} \tag{3.24}$$

如果体坐标系 $O-xyz$ 的三个坐标轴是刚体对 O 点的三惯量主轴，即有 $I_{xy} = I_{yz} = I_{xz} = 0$，则有

$$I = \begin{bmatrix} I_x & 0 & 0 \\ 0 & I_y & 0 \\ 0 & 0 & I_z \end{bmatrix} \tag{3.25}$$

$$h = \begin{bmatrix} h_x \\ h_y \\ h_z \end{bmatrix} = \begin{bmatrix} I_x\omega_x \\ I_y\omega_y \\ I_z\omega_z \end{bmatrix} \tag{3.26}$$

式中，I_x、I_y、I_z 分别为刚体对 x、y、z 轴的主惯量。由于任一刚体对任一点 O 总是存在三个互相垂直的惯量主轴，因此刚体对 O 点的动量矩总是可以表示成式 (3.26) 的形式。

根据质点系相对于质点的动量矩定理可知：

$$\frac{\mathrm{d}h}{\mathrm{d}t} = L$$

式中，L 为作用于质点系的外力系对质心的主矩。如果以体坐标系为计算坐标系，则由矢量相对导数公式可得：

$$\frac{\delta h}{\delta t} + \omega \times h = L$$

或写成分量形式：

$$\begin{cases} \dot{h}_x + \omega_y h_z - \omega_z h_y = L_x \\ \dot{h}_y + \omega_z h_x - \omega_x h_z = L_y \\ \dot{h}_z + \omega_x h_y - \omega_y h_x = L_z \end{cases} \tag{3.27}$$

再假设三体轴均为惯量主轴，则式 (3.27) 可简化为

$$\begin{cases} I_x\dot{\omega}_x + (I_z - I_y)\omega_y\omega_z = L_x \\ I_y\dot{\omega}_y + (I_x - I_z)\omega_x\omega_z = L_y \\ I_z\dot{\omega}_z + (I_y - I_x)\omega_x\omega_y = L_z \end{cases} \tag{3.28}$$

式 (3.28) 即常用的欧拉动力学方程。

3.5.2 欧拉运动学方程

在式 (3.28) 中，L_x、L_y、L_z 可能是刚体角速度和角位置的函数，因此为了求解此方程还应补充角速度和角位置之间的几何关系式。

例如，图 3.22 所示的欧拉角，是按照 313（先绕 z 轴，再绕 x 轴，再绕 z 轴）的顺序旋转得到的进动角 ψ、章动角 θ 和自转角 φ。则角速度 ω 可表示为

$$\omega = \dot{\psi} + \dot{\theta} + \dot{\varphi}$$

式中，$\dot{\psi}$、$\dot{\theta}$、$\dot{\varphi}$ 的方向如图 3.22 所示。上式也可以表示为分量形式，即

$$\begin{cases} \omega_x = \dot{\theta}\cos\varphi + \dot{\psi}\sin\theta\sin\varphi \\ \omega_y = -\dot{\theta}\sin\varphi + \dot{\psi}\sin\theta\cos\varphi \\ \omega_z = \dot{\varphi} + \dot{\psi}\cos\theta \end{cases} \tag{3.29}$$

式 (3.29) 即以 313 顺序定义的欧拉角表示的角速度与欧拉角之间的关系式，也就是欧拉运动学方程。其他欧拉角定义的欧拉运动学方程可以类似得到。

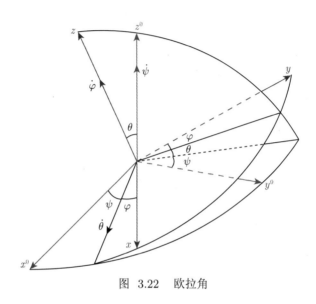

图 3.22　欧拉角

3.5.3　常质量刚性航天器动力学方程

如果刚性航天器的质量变化很小，则可近似为常质量刚性航天器。由于自由刚体的运动可分解为随同质心平动和绕质心转动两部分运动来研究，因此刚性航天器的常质量动力学方程可由质心运动方程和绕质心的转动方程来表示。

设外力系对质心 O 的主矢为 $\boldsymbol{F}$，主矩为 $\boldsymbol{L}$，则质心运动方程和绕质心转动方程分别为

$$m\frac{\mathrm{d}\boldsymbol{v}_0}{\mathrm{d}t} = \boldsymbol{F}$$

$$\frac{\mathrm{d}\boldsymbol{h}}{\mathrm{d}t} = \boldsymbol{L}$$

如果以体坐标系 $O-xyz$ 为计算坐标系，且三坐标轴均为惯量主轴，则上式可表示为

$$m\frac{\delta\boldsymbol{v}_0}{\delta t} + m\boldsymbol{\omega} \times \boldsymbol{v}_0 = \boldsymbol{F}$$

$$\frac{\delta\boldsymbol{h}}{\delta t} + \boldsymbol{\omega} \times \boldsymbol{h} = \boldsymbol{L}$$

或者改写成分量形式：

$$\begin{cases} m(\dot{v}_{0x} + \omega_y v_{0z} - \omega_z v_{0y}) = F_x \\ m(\dot{v}_{0y} + \omega_z v_{0x} - \omega_x v_{0z}) = F_y \\ m(\dot{v}_{0z} + \omega_x v_{0y} - \omega_y v_{0x}) = F_z \end{cases} \tag{3.30}$$

$$\begin{cases} I_x \dot{\omega}_x + (I_z - I_y)\omega_y \omega_z = L_x \\ I_y \dot{\omega}_y + (I_x - I_z)\omega_x \omega_z = L_y \\ I_z \dot{\omega}_z + (I_y - I_x)\omega_x \omega_y = L_z \end{cases} \tag{3.31}$$

上述两组方程是相互耦合的，通常还要联立相应的欧拉运动学方程才能求解。方程的维数高、变量多，一般无法讨论其解析解，而需要用数字方法求解。当研究航天器姿态运动时，通常把姿态运动对轨道运动的影响略去不计，且在分析姿态运动参数时，把轨道运动参数当成已知量。做这种简化后，姿态运动方程式 (3.31) 便可单独进行积分计算。

3.5.4 自由刚体自旋稳定

自由刚体自旋稳定包括定向性和稳定性两层含义：定向性是指自旋刚体没有外力矩作用时，其转轴方向在惯性空间将保持不变；稳定性是指自旋刚体受扰动后转轴仍能保持在原来方向的近旁运动，或渐趋于原来的方向。

3.5.4.1 定向性

设坐标系 $O-xyz$ 的三轴为刚体对质心的惯量主轴，I_x、I_y、I_z 为相应的主惯量。设 $\boldsymbol{L} = 0$，则得欧拉动力学方程为

$$\begin{cases} I_x \dot{\omega}_x + (I_z - I_y)\omega_y \omega_z = 0 \\ I_y \dot{\omega}_y + (I_x - I_z)\omega_x \omega_z = 0 \\ I_z \dot{\omega}_z + (I_y - I_x)\omega_x \omega_y = 0 \end{cases} \tag{3.32}$$

设刚体初始角速度为 $\boldsymbol{\omega}_0$，三分量为 ω_{x0}、ω_{y0}、ω_{z0}，由于外力矩等于零，则刚体动量矩 $\boldsymbol{h}$ 守恒，即

$$\begin{aligned} \boldsymbol{h} &= I_x \omega_x \hat{i} + I_y \omega_y \hat{j} + I_z \omega_z \hat{k} \\ &= I_x \omega_{x0} \hat{i} + I_y \omega_{y0} \hat{j} + I_z \omega_{z0} \hat{k} \\ &= 常矢量 \end{aligned}$$

可见，在刚体的转动过程中，只有 $\boldsymbol{h}$ 的方向在惯性空间保持不变，而角速度 $\boldsymbol{\omega}$ 的方向，除了惯量椭球为正球体（$I_x = I_y = I_z$）外，一般不与 $\boldsymbol{h}$ 重合。因此 $\boldsymbol{\omega}$ 的方向在惯性空间内一般是变化的，而不具有定向性。

但是，当初始角速度 $\boldsymbol{\omega}_0$ 与某一惯量主轴重合时，不妨假设与 z 轴重合，即 $\boldsymbol{\omega}_0 = \omega_0 \hat{k}$，则有

$$\begin{aligned} \hat{h} &= I_x \omega_x \hat{i} + I_y \omega_y \hat{j} + I_z \omega_z \hat{k} \\ &= I_z \omega_0 \hat{k} = 常矢量 \end{aligned}$$

上式表明，z 轴方向 $\hat{k}$ 在惯性空间保持不变，且恒有

$$\omega_x = \omega_y = 0, \quad \omega_z = \omega_0$$

因此，当且仅当惯量主轴为转轴时，此转轴才具有定向性。显然以下三种情形成立：

（1）当 $I_x \neq I_y \neq I_z$ 时，具有定向性的转轴只有三惯量主轴；

（2）当 $I_x = I_y \neq I_z$ 时，除了对称轴 z 具有定向性外，在平面 $O-xy$ 内过 O 点的任一轴都具有定向性；

（3）当 $I_x = I_y = I_z$ 时，过 O 点的任一轴都具有定向性。

3.5.4.2 稳定性

对于自旋稳定的航天器来说，除了希望转轴具有定向性外，还必须具有稳定性。因为干扰总是存在的，希望转轴受到扰动后仍能保持在原来方向的近旁。

设航天器以初始角速度 $\boldsymbol{\omega}_0$ 绕惯量主轴 z 旋转，受扰动 $\delta\boldsymbol{\omega}$ 后，角速度 $\boldsymbol{\omega}$ 变为

$$\boldsymbol{\omega} = \boldsymbol{\omega}_0 + \delta\boldsymbol{\omega}$$

或

$$\omega_x = \delta\omega_x, \ \omega_y = \delta\omega_y, \ \omega_z = \omega_0 + \delta\omega_z$$

将上式代入式 (3.32) 可得

$$\begin{cases} I_x\dot{\omega}_x + (I_z - I_y)\omega_y(\omega_0 + \delta\omega_z) = 0 \\ I_y\dot{\omega}_y + (I_x - I_z)\omega_x(\omega_0 + \delta\omega_z) = 0 \\ I_z\dot{\omega}_z + (I_y - I_x)\omega_x\omega_y = 0 \end{cases}$$

设 ω_x、ω_y、ω_z 均为小量，上式略去二阶小量得

$$\begin{cases} I_x\dot{\omega}_x + (I_z - I_y)\omega_0\omega_y = 0 \\ I_y\dot{\omega}_y + (I_x - I_z)\omega_0\omega_x = 0 \\ I_z\delta\dot{\omega}_z = 0 \end{cases}$$

由第三式可知 $\delta\omega_z$ 是常量，即保持为小量。由前两式得

$$\begin{cases} \ddot{\omega}_x + \lambda^2\omega_x = 0 \\ \ddot{\omega}_y + \lambda^2\omega_y = 0 \end{cases} \tag{3.33}$$

式中

$$\lambda = \sqrt{\frac{(I_z - I_y)(I_z - I_x)}{I_xI_y}}\omega_0$$

要求转轴稳定，即受扰动后 ω_x 与 ω_y 仍保持为小量，由式 (3.33) 知，其必要条件是 λ 为非零实数，即要求

$$(I_z - I_y)(I_z - I_x) > 0 \tag{3.34}$$

满足此条件的转轴应为：

（1）$I_z > I_x$, $I_z > I_y$，即转轴 z 为最大惯量主轴；

（2）$I_z < I_x$, $I_z < I_y$，即转轴 z 为最小惯量主轴。

显然，当 z 轴为中间惯量主轴，即满足 $I_x < I_z < I_y$ 或 $I_y < I_z < I_x$ 时，条件式 (3.34) 不成立，因此绕中间惯量主轴的自旋是不稳定的。

当惯量椭球是一个回旋椭球，即 $I_x = I_y \neq I_z$ 时，则满足式 (3.34) 的转轴只有 z 轴，此轴可以是最大惯量主轴或最小惯量主轴，而赤道面内的转轴就不具有稳定性。

由上面的分析可知，刚体的自旋稳定不是渐进稳定的，其定向精度与扰动有关，且随着扰动增大，精度也就会降低。特别是当刚体上作用有长期的干扰力矩时，动量矩 h 便不再守恒，其方向将发生漂移。

思考题

（1）航天器的轨道运动可以分解为哪两种运动？

（2）在对航天器轨道进行初步分析时，往往认为其是一个二体问题，那什么是二体问题？

（3）轨道高度和轨道速度有何关系？为什么？

（4）卫星的星下点轨迹与轨道周期、轨道倾角及轨道形状之间有何关系？

（5）卫星的覆盖区域和哪些因素有关？

（6）航天器在轨运行受到的主要摄动力有哪些？对航天器会造成哪些影响？

（7）通信卫星一般在什么轨道上？为什么？

（8）什么是太阳同步轨道？有何特点？

（9）回归轨道有什么特点？在不考虑摄动因素的影响时，需要满足什么条件？

（10）什么是拉格朗日点？其物理原理是怎样的？

（11）刚体自旋稳定的原理是什么？自旋稳定的刚体具备什么性质？

第 2 部分

航 天 系 统

第4章

航天器系统概述

1957 年 10 月，世界上第一颗人造地球卫星发射升空，开辟了人类进入太空的新纪元。人类的活动区域从此便从陆地、海洋和大气层空间迈向了外层空间，并实现了对月球近旁飞跃、环绕乃至登月的创举，取得了对近地空间的探索、开发和利用等划时代的成果。今天，航天通信、导航、遥感以及空间科学、新技术实验等，已广泛应用于经济、政治、军事等各个领域，渗透到人们日常生活的方方面面，这其中完成各种服务或任务的航天器扮演着重要的角色。

4.1　航天器的概念与分类

航天系统是由多系统组成的完成特定航天任务的工程系统，主要由航天器系统、运载火箭系统、发射场系统、航天测控系统、地面运控与应用系统五大部分组成，而载人航天等工程还包括着陆场、航天员等系统。目前各国一般由国家统一建立发射场系统和航天测控系统，航天工程系统的重点是以航天器系统、运载火箭系统及地面运控与应用系统的建造和应用为核心开展工作。

航天器是为执行一定任务，在地球大气层以外的宇宙空间（太空）基本按照天体力学规律运行的各类飞行器，又称空间飞行器或航天飞行器。航天器的出现使人类的活动范围从地球大气层扩展到广阔无垠的宇宙空间，引起了人类认识自然和改造自然能力的飞跃，对社会经济和社会生活产生了重大影响。

航天器有多种分类方式，如按照是否绕地球运行，可分为人造地球卫星、深空探测器等；按照轨道高度，可分为低轨道航天器、中轨道航天器、高轨道航天器等；按照功能，可分为侦察（遥感）卫星、通信卫星、导航卫星、气象卫星等；按是否载人，一般可分为无人航天器和载人航天器两大类，如图 4.1 所示。

无人航天器包括人造地球卫星、深空探测器、货运飞船等。人造地球卫星简称卫星，是指围绕地球运行的航天器，它是在地球引力场作用下，在大气层以上的空间沿着一定的轨道环绕地球做无动力飞行的航天器，是进行对地观测、通信、导航的强有力工具。人造地球卫星是发射和使用数量最多的一类航天器，世界各国发射的人造卫星占航天器发射总数的 90% 以上。探测器是进入其他天体引力范围，对其他天体和地球以外空间进行探测的航天器。货运飞船则是用于携带货物并将其送到在轨航天器或其他天体的航天器。深空探测器中，着陆到其他天体表面的称为着陆器，进入其他天体大气层进行探测的称为大气探测器，围绕其他天体运行的称为轨道器，又称该天体的人造卫星。深空探测器主要包括月球探测器、太阳探测器、行星及行星际探测器等。

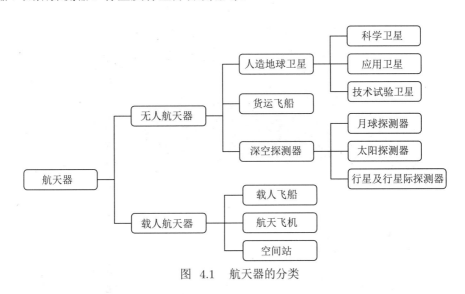

图 4.1　航天器的分类

载人航天器是人类在太空进行各种探测、实验、研究、军事和生产活动所乘坐的航天器，与无人航天器的主要不同是载人航天器具有生命保障系统。载人航天器主要包括载人飞船、空间站和航天飞机。载人飞船是能保障航天员在太空生活与工作以执行航天任务并返回地面的航天器。空间站是一种不具备返回能力的在轨运行的可供多名航天员巡访、长期工作和居住的大型航天器，通常由中心架构、对接舱、气闸舱、生活舱、服务舱、专用设备舱和太阳能电池阵列板等组成。航天飞机是目前世界上出现过的唯一可重复使用的载人航天运载器，由一个轨道器、两个固体火箭助推器和一个大型外挂储箱组成，可以把质量达 23000kg 的有效载荷送入低地球轨道。

4.1.1　科学卫星

科学卫星是用于科学探测和研究的人造卫星，主要包括空间物理探测卫星、天文卫星、微重力科学实验卫星等。

4.1.1.1　空间物理探测卫星

空间物理探测卫星是对空间物理现象和过程进行探测研究的人造卫星。空间物理探测卫星在距离地面数百千米或更高的轨道上长期运行，卫星携带的探测仪器不受大气层的影响，可直接对空间环境进行探测，已成为当今空间物理探测的最重要手段。空间物理探测卫星的出现极大地推动了空间物理探测的发展，并且促进形成了一门新的分支科学——空间物理学。早期的空间物理探测卫星比较简单，往往进行单项或有限几项空间物理探测；后来探测区域逐步扩大，从单个卫星孤立探测发展到多个卫星联合探测。

暗物质粒子探测卫星（Dark Matter Particle Explorer，DAMPE，简称"悟空号"，见图 4.2）是中国科学院空间科学战略性先导科技专项中首批立项研制的 4 颗科学实验卫星之一。"悟空号"是目前世界上观测能段范围最宽、能量分辨率最优的暗物质粒子探测卫星,它将在太空中开展高能电子及高能 γ 射线探测任务,探寻暗物质存在的证据,研究暗物质特性与空间分布规律。

图 4.2   我国暗物质粒子探测卫星——"悟空号"

4.1.1.2   天文卫星

天文卫星是对宇宙天体和其他空间物质进行观测研究的人造卫星。天文卫星在距离地面数百千米或更高的轨道上观测宇宙天体,不受地球大气层的影响,可以接收宇宙天体辐射出来的各种波段的电磁波。天文卫星的出现极大地推动了天文学的发展,并且形成了一门新的分支学科——空间天文学。

前面提到的"哈勃"太空望远镜是人类历史上最成功的天文卫星。该卫星运行于地球稠密大气层之上的近地轨道,成像过程不会受到大气湍流的扰动,并且没有大气散射造成的背景光,能够观测到超过 120 亿光年之外的星体。"哈勃"太空望远镜在在轨运行的 30 多年时间里完成了近万次观测,拍摄了三万多个宇宙天体的照片,进一步确定了宇宙年龄,证实了宇宙在加速膨胀,观测到了暗物质的存在。

4.1.1.3   微重力科学实验卫星

微重力科学实验卫星是对各种物质(有生命的或无生命的)在空间微重力条件下的行为和特征等进行实验研究的人造卫星。空间微重力条件下的科学实验主要包括空间材料科学实验、空间生命科学实验和空间基本物理化学实验。利用一种微重力科学实验卫星可以进行多种科学实验,而专门用于空间生命科学实验的卫星又称为生物卫星。

空间材料科学实验主要是对各种半导体材料、合金材料、复合材料及超导材料,在空间微重力条件下进行熔化、凝固、结晶等性能的实验研究,以期得到优质或新型材料。空间生命科学实验主要是对各种生物(如植物种子、细菌、微生物和哺乳动物等)在空间环境(包括微重力、空间辐射等环境)条件下的效应进行实验研究。空间基本物理化学实验主要用于研究在空间微重力条件下的基本物理、化学现象,如流体力学、传热和燃烧等。各种空间微重力科学实验的发展,开拓了一门新科学——空间微重力科学,并且为在空间站上的科学实验及未来空间生产提供了重要基础。

"实践十号"卫星(图 4.3)是中国科学院空间科学战略性先导科技专项首批确定的科学卫星项目中唯一的返回式卫星,也是中国第一个专用的微重力实验卫星。该项目包含 19 项科学实验,涉及微重力流体物理、微重力燃烧、空间材料科学、空间辐射效应、重力生物效应、空间生物技术共六大领域。"实践十号"旨在利用中国成熟的返回式卫星技术，紧密围绕有关能源、农业和健康等领域国家科技战略目标，促进地面生物工程、新材料等高技术发展和生命科学等基础研究取得突破，获得一批具有国际先进水平的、具有自主知识产权的创新性重大科技成果。

图　4.3　我国微重力科学实验卫星——"实践十号"

4.1.2　技术试验卫星

技术试验卫星是用于空间技术和空间应用技术的原理性或工程性试验的人造卫星。空间技术中的新原理、新技术、新方案、新仪器设备和新材料往往需要在轨道上进行试验，试验成功后才能投入实际使用。特别是对一些关键新技术和新仪器设备进行必要的飞行演示和试验，是卫星和其他航天器研制工作降低采用新技术、新产品风险的一个重要手段。技术试验卫星就是专门用于这些试验的人造卫星，其他各类卫星也可以搭载进行一些有关试验。技术试验卫星数量较少，但试验内容广泛，如电火箭试验、交会对接试验、新型遥感器的飞行试验、生命保障系统试验、返回系统的验证试验等。

4.1.3　应用卫星

应用卫星是直接为国民经济、军事活动和文化教育服务的人造卫星。在各类人造卫星中，应用卫星发射数量最多，种类也最多。各种应用卫星按其工作基本特性，大致可以分为三大类，即对地观测类、无线电中继类（见图 4.4）和导航定位基准类。应用卫星按其是否专门用于军事，可分为民用卫星和军用卫星；也有许多应用卫星是军民两用的。应用卫星按用途可分为通信卫星、导航卫星（见图 4.5）、遥感卫星等。

4.1.3.1　通信卫星

通信卫星也称信息传输类卫星，是指利用星载无线电转发器和天线，将信源信息传递到信宿的一类卫星，主要包括固定通信卫星、移动通信卫星、跟踪与数据中继卫星、电视广播卫星、直播卫星等。卫星通信已广泛用于国际、国内或区域通信，军事通信，海事通信，电视广播及航天器的跟踪和数据中继等方面。传统通信卫星轨道多采用地球静止轨道、大椭圆轨道，但新型通信卫星星座如"星链"等正大规模部署在近地轨道上。

4.1.3.2　导航卫星

导航卫星是重要的时空基准类卫星，这类卫星装有专用的无线电导航设备，直接向地面、海洋、空中和空间用户提供精确的位置、速度和时间等导航定位信息。用户接收卫星发来的导航定位信息，通过时间测距或多普勒测速分别获得用户相对于卫星的距离或距离变化率等导航参数，并根据卫星发送的时间、轨道参数等可定出用户的地理位置坐标（二维坐标或三维坐标）和速度矢量，以实现导航定位。一般由多颗卫星组成导航卫星网（也称导航卫星星座），可提高全球和近地空间的立体覆盖能力。卫星导航定位广泛用于船舶导航、交通管理、飞机导航、大地测量、搜索营救、精确授时、武器制导等领域。

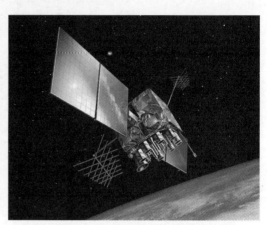

图 4.4 美国 TDRS 数据中继卫星   图 4.5 美国 GPS 导航卫星

4.1.3.3 遥感卫星

遥感卫星也称信息获取类卫星，是指利用星载遥感器或探测仪，对地表目标进行探测，获取目标信息的一类卫星。遥感卫星可分为民用、军用两大类，其中民用遥感卫星主要包括气象卫星、地球资源卫星、海洋卫星 3 类，军用遥感卫星也称侦察卫星，主要包括成像侦察卫星（见图 4.6）、电子侦察卫星、海洋监视卫星、导弹预警卫星（图 4.7）四类。

图 4.6 美国 KH-12 成像侦察卫星   图 4.7 美国天基红外导弹预警卫星

4.2 航天器的构成

与人体由肌肉、骨骼、神经系统等组成类似，航天器也是由许多不同功能的分系统组成的。通常而言，航天器可划分为有效载荷和航天器平台两大部分。

4.2.1　有效载荷

有效载荷是指航天器上装载的能直接完成特定航天任务的仪器、设备、人员、试验生物及试件等。航天器的有效载荷是航天器的"任务"系统，其作用是直接实现航天器承担的特定任务，不同用途航天器的主要区别就在于安装有不同的有效载荷。表 4.1 给出了不同类型航天器的典型有效载荷。另外，对于载人航天器而言，也可以将航天员看作一种特殊的有效载荷。

表 4.1　典型航天器有效载荷

航天器类型	典型有效载荷
通信卫星	通信天线、转发器
导航卫星	原子钟、发射天线
地球资源卫星	多光谱/超光谱相机
气象卫星	多通道扫描辐射计（获取可见光和红外云图）、红外分光计/微波辐射计（获取大气垂直温度和水汽分布）
海洋卫星	多光谱扫描辐射计（获取海洋水色要素，如叶绿素和泥沙）、雷达高度计/微波辐射计（探测海平面高度分布）
成像侦察卫星	光学望远镜及相机、SAR 雷达
电子侦察卫星	信号接收天线、侦察接收机、快速通信设备
海洋监视卫星	信号接收天线、滤波器、检波器
导弹预警卫星	多波段红外探测器

通信卫星有效载荷一般包括天线和转发器两部分。天线接收上行信号后，送到转发器对信号进行加工，再由天线将加工后的信号发回地球，完成通信信号的中继转发。在实际系统中，转发器和天线都可以有多个，以期提供所需的通信容量。各转发器与各天线之间可以进行切换，以调整、控制通信传输需求的流向及容量。

导航卫星种类很多，以典型的美国 GPS 卫星为例，其有效载荷包括注入信号接收机和高稳定时钟及下行信号产生器和发射机等。注入信号接收机接收由地面注入站发出的 S 频段上行注入数据信号，包括各卫星的轨道参数和修正量、卫星钟差修正量等，解调后处理成导航电文，用于调制后下发给用户。高稳定时钟作为时空基准，要求时钟精度非常高，通常是高精度的原子钟，如铷钟、铯钟、氢钟等，保证高可靠性。下行信号产生器和发射机由星上时钟进行频率综合，形成系统的测距码、电文数据码和下行载波，由 L 频段双频发射机发送到地面。

遥感卫星种类繁多，有效载荷类型多样。遥感卫星有效载荷一般有以下几种分类：按谱段划分，可分为紫外遥感器、可见光遥感器、红外遥感器、微波遥感器等；按遥感机制划分，可分为无源遥感器和有源遥感器，也称为被动式遥感器和主动式遥感器，其中无源主要是指光学成像、电子侦察等，有源主要是指雷达成像；按遥感器功能类型划分，可分为成像仪、探测仪、光谱仪、辐射仪、高度仪、雷达遥感器等；按遥感器的应用划分，可分为地球资源遥感器、气象遥感器、海洋遥感器、灾害监测遥感器、测绘遥感器、军事侦察遥感器等。

4.2.2　航天器平台

航天器平台是由卫星服务（或称为保障）系统组成的，可以支持一种或几种有效载荷的组合体。航天器平台可以为有效载荷正常工作提供机械支持、工作电源、姿态轨道控制、状态监测、热环境保障及管理控制等服务。航天器平台一般包含结构与机构分系统、热控分系统、姿态与轨道控制分系统、推进分系统、电源分系统、测控分系统和数据管理分系统等，载人航天器还必须包含生命保障专用分系统等。

4.2.2.1 结构与机构分系统

结构与机构分系统是航天器的主要分系统之一。航天器结构是支撑航天器上有效载荷及其他各分系统的骨架，用来支撑和固定航天器上的各种仪器设备，使它们构成一个整体，好比人体的骨骼；航天器机构是航天器上产生动作的部件，它是随着航天器技术的不断进步而逐步形成的，特别是航天器上展开组件（如可展开的太阳电池阵和天线等）的出现，为了使这些组件在航天器入轨后达到预定的位置或形状，需要采取不同的机构来实现上述动作。

根据航天器结构本身在承载中的作用，可把整个航天器的结构分为主结构和次结构：主结构与运载火箭对接，把力学载荷从运载火箭传递到航天器，构成主要的传力路径；次结构是与主结构连接的各种结构，用于支撑航天器上的设备和保持航天器的外形。根据航天器结构部件的外形，可分为杆系结构、板式结构和壳体结构。

1. 杆系结构

杆系结构可分为桁架和刚架，桁架是由杆和接头组成的杆系结构，载荷作用在结构的节点上，各构件只承受轴向的载荷；刚架又称为框架，是可通过其节点和构件承受剪切和弯曲的结构。这种结构的主要优势是结构质量相对较轻，传力直接，易于实现较大跨度的结构主体，具有较好的太空环境稳定性，结构开敞性好，利于集中载荷的传递；其缺点是接头受力和安装较复杂，动力学特性较差。

2. 板式结构

板式结构以结构板搭建成某一空间形状的箱体，作为航天器的主承力结构，最主要的作用是提高抗弯刚度和稳定性。这种结构的优点在于能为星上设备提供较好的安装面，易于实现模块化；其缺点是承载集中力的能力差。为了同时保证航天器具有最小的质量，目前在航天器结构中广泛采用铝蜂窝芯子的夹层板结构。

3. 壳体结构

壳体结构大多采用与板式结构类似的组成和制造工艺，圆柱壳体结构是最常用的壳体结构，典型的壳体结构是作为航天器主承载结构部件的中心承力筒。另外，卫星或其他航天器的密封舱体也可做成不同形状的旋转壳体结构。

航天器机构至少由一个运动部件和一个动力源组成。运动部件用于实现特定的动作，其形式根据机构的具体功能来确定；动力源用于使上述运动部件产生运动，如电机、火工装置、压力气源、弹簧或自旋转卫星的离心力等。多数机构还包括某种形式的反馈装置，用于提供位置、速度、力或力矩等反馈信息。

4.2.2.2 热控分系统

航天器热控分系统通过合理组织、控制航天器内部和外部环境的热交换过程，维持航天器的热平衡，使航天器各部位的温度处于要求的范围内，保证各仪器设备能够正常工作。热控分系统是航天器各分系统中十分重要的保障系统之一，该分系统性能的优劣、可靠性的高低直接影响其他系统的工作状态和工作寿命。

在近真空环境下，航天器在太空中与外部的热交换几乎完全以辐射的形式进行。如图 4.8 所示，在太空中，航天器受到的热流辐射主要包括太阳辐射直接加热量 Q_1、地球及其大气对太阳的反照加热量 Q_2、地球红外辐射加热量 Q_3、空间背景加热量 Q_4、卫星的内热源热量 Q_5。单位时间内这 5 个部分加热量之和应等于卫星向宇宙辐射的热量 Q_6 和卫星内能的变化 Q_7。航天器热控技术一般可分为被动热控技术和主动热控技术两大类。

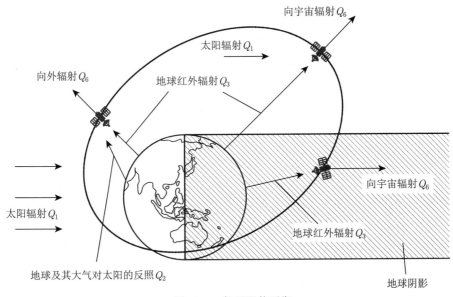

图 4.8　航天器热平衡

1. 被动热控技术

被动热控技术是指根据太空和航天器内部的热状况合理组织航天器内外的热交换过程，合理选择辐射、导热参数，并对航天器内设备进行合理布局，通过自然热平衡将航天器各部分的温度控制在规定的范围。其中包括利用不同热物理性能的材料和各种传热器件，如热控涂层、多层隔热材料、热管、导热填料、相变材料和热辐射器等。被动热控技术的优点是技术较简单，运行可靠（没有运动部件），使用寿命长，但本身没有自动调节温度的能力，不能克服航天器内、外热流变化对仪器设备温度的影响。

2. 主动热控技术

主动热控技术是指在变化的内、外热环境下，利用某种自动控制方法，自动调节相关传热参数，使航天器的仪器设备工作温度保持在规定的范围内。当设备要求的温度范围狭窄且精确，或者任务期间设备能量消耗和太阳辐射流的变化很大，被动热控无法满足要求时，需要使用主动热控系统。主动热控系统包括传感器、控制器和执行器三部分，传感器通常紧挨关键设备放置，当系统达到临界温度时，启动机械装置，以改变表面的光热特性，或者打开或关闭电加热器来补偿设备热量消耗的变化。常用的主动热控方法包括电加热主动热控方法、辐射式主动热控方法、导热式主动热控方法和对流式主动热控方法等。主动热控技术的优点是具有较强的温度调节能力，可大大减少由热源变化引起的仪器设备温度的波动；缺点是带机械运动器件、需要消耗能量、技术复杂、可靠性和使用寿命受限。

4.2.2.3　姿态与轨道控制分系统

航天器在轨运行期间，由于受到各种摄动力和环境干扰力矩的作用，航天器将偏离标称轨道与期望的姿态，因此需要进行轨道和姿态修正。轨道控制和姿态控制密不可分，例如，轨道控制需要开启变轨发动机，此前必须首先建立正确的点火姿态，否则推力方向有误将导致变轨失败，为此航天器系统中将姿态控制系统和轨道控制系统合称为一个分系统，称为姿态与轨道控制分系统（简称姿轨控分系统），国外也称为导航、制导与控制分系统（Guidance，Navigation and Control，GNC）。

姿态与轨道控制分系统通常由敏感器（测量部件）、控制器（控制电路或计算机）、执行机构三大部分组成（见图 4.9），连同控制对象，共同组成一个闭环控制系统。测量部件获取关于对象运动状态的信息；控制电路或计算机对测量数据进行处理，确定对象全部或部分运动状态并利用事先设计的控制规律计算出控制量；执行机构依据控制量产生对控制对象的控制作用，以消除偏差。

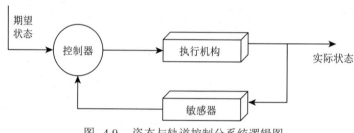

图　4.9　姿态与轨道控制分系统逻辑图

姿轨控有自主控制和星地大回路控制两种方式。轨道控制通常采用星地大回路控制，即由地面测控系统和星上敏感器共同测量和确定卫星的轨道（测轨、定轨），并由地面按导引律要求的控制方式通过遥控指令控制航天器轨道控制执行机构的工作。轨道控制采用星地大回路主要是因为目前航天器普遍不具备自主定轨能力，且轨道控制对时效性要求不高，而改变轨道一般需要消耗宝贵的航天器燃料，如果轨道改变不当可能引起空间碰撞风险，因此通常由地面控制进行。姿态控制通常采用自主控制，航天器姿态测量、姿态确定、姿态控制计算和控制指令生成和执行完全由航天器仪器来完成而不依赖地面设备，在航天器上形成闭路系统，这种控制方式称为自主姿态控制。自主姿态控制要求卫星不但具备足够的姿态敏感器和执行机构，而且具备星载控制线路或计算机，在计算机中输入各模式下姿控任务所需要的程序，包括姿态确定和控制算法，计算机与敏感器、执行机构通过相应的接口装置连接起来协同工作。姿态控制采用自主控制，在地面无法测控时也要进行姿态保持，因此必须具备自主控制能力。

1. 轨道控制

对航天器施加外力，改变其质心运动轨迹并使之满足要求的技术称为轨道控制，其实质是按一定的轨道控制规律改变航天器飞行速度的大小和方向，使其沿要求的轨道飞行。轨道控制包括轨道机动、轨道维持、交会对接等类型。其中，轨道机动是指较大范围地调整轨道参数，它的一般要求是在规定的时间内以最小的燃料消耗把航天器从初始轨道转移到工作轨道上，此外航天器执行特定任务也要求轨道机动。例如，据报道，2019 年以来，俄罗斯多颗卫星变轨追踪美国卫星，这种任务对轨道控制要求较高。轨道维持一般是指长时间高精度地维持在工作轨道上，常见的是地球静止轨道卫星位置保持、太阳同步轨道卫星轨道保持等。交会对接典型的例子是宇宙飞船与空间站交会并连接在一起的轨道控制。目前，大多数航天器的轨道控制力是由航天器上固定安装的变轨发动机产生的，因此在变轨前需要先把姿态调整到预定的点火方向上。

2. 姿态控制

姿态控制主要通过姿态控制机构产生控制力矩以纠正航天器姿态误差，使航天器达到期望的姿态，根据产生力矩的方式不同可分为被动控制、主动控制两种，具体包括重力梯度稳定、自旋稳定和三轴稳定三种方案。

（1）重力梯度稳定。重力梯度稳定的工作原理是：位于重力场中的细长体，其各部分质量受到的引力各不相等而产生的合力矩，使绕圆轨道运行的刚体航天器最小惯量轴趋向于稳定在当地垂线方向。由于重力梯度力矩的大小与航天器到地心的距离的立方成反比，所以重力梯度稳定方式通常只适用于近地轨道。为了尽可能获得大的惯量差，通常在最小惯量轴方向伸出一根长杆，称重力梯度杆，在杆端设置配重或某些部件。重力梯度稳定方式简单、可靠、成本低，适用于对地定向的长寿命卫星，曾得到广泛应用，但指向精度不高，在 1° 左右，已较少单独使用。

（2）自旋稳定。自旋稳定的工作原理是：整个航天器旋转，由于陀螺定轴性，其角动量矢量在惯性空间中几乎固定不变，从而使航天器一个轴（自旋轴）在空间定向。由于航天器都存在能量耗散（非刚形体），因而只有绕最大惯量轴旋转才能稳定。具体地，自旋稳定又包括单自旋（卫星整体自旋）、双自旋（卫星部分自旋，部分消旋，消旋部分用于安装有特定指向要求的部件）两种形式。自旋稳定的优点是简单并具有一定精度，抗干扰能力强；缺点是只有一个轴可以稳定，航天器自旋方向受限且姿态指向精度低，在 0.1° 左右。

（3）三轴稳定。三轴稳定的工作原理是：通过各种执行机构使航天器的三个轴在轨道上保持一定的指向。三轴稳定方案一般利用地球红外敏感器、太阳敏感器、星敏感器及各种陀螺或磁强计等来测量航天器的姿态，使用小推力发动机、动量轮、飞轮、磁力矩器、力矩陀螺等执行机构调整姿态。小推力发动机进行姿态控制通常用于航天器入轨后姿态捕获、速率阻尼、消除初始姿态偏差、姿态机动、变轨发动机工作期间姿态稳定、航天器返回控制和交会对接等姿态改变较大的场合。飞轮等轮系控制系统由于存在饱和现象，因此主要用于姿态稳定。三轴稳定方案的姿态控制精度较高，可远优于 0.1°，现代大多数航天器都采用三轴稳定方案。

4.2.2.4　推进分系统

推进分系统的任务是为整星提供冲量，整个推进分系统作为姿轨控分系统的执行机构共同完成卫星的姿态与轨道控制。航天器周围没有空气和其他介质，改变或调整轨道所需要的力主要靠卫星自己喷气所产生的反作用力。

推进分系统在航天上扮演重要角色，其性能的好坏直接影响航天器轨道控制的精度、航天器的寿命与可靠性。另外，推进分系统加上所装载的推进剂，占据了航天器相当一部分质量，例如，地球静止轨道卫星的推进剂质量占了整个卫星质量的一半左右。减少航天器携带的推进剂质量，可以提高航天器有效载荷比，增加航天器的经济效益。目前，在航天器上应用的推进分系统分为冷气推进、化学推进和电推进等。

1. 冷气推进

早期的航天器，由于液体推进技术尚未成熟，因此较多采用冷气推进。冷气推进系统由高压气瓶、冷气喷管和各种阀门组成，其主要特点是无污染、控制冲量小、成本低、性能差，目前仅在小卫星及航天员太空行走装置上使用。此外，在需要避免热气作用和担心液体和固体推进系统安全性的地方也采用这种推进方式。

2. 化学推进

化学推进系统又称热气推进系统，分为单组元推进（采用一种推进剂，通过催化分解引起化学反应）、双组元推进（采用燃烧剂和氧化剂两种推进剂）及双模式推进（结合了单组元推进和双组元推进的优点）。迄今为止，航天器轨道控制应用最广泛的是单组元肼推进系统。双组元推进也是一项比较成熟的技术，具有比冲（比冲是指消耗单位质量的推进剂所能产生的冲量）高的特点，因而在大型卫星、飞船和航天飞机上得到广泛的应用。双模式推进系统的轨道控制采用双组元推进，而姿态控制采用单组元推进，这样就可把单组元所具有的高可靠的推力的优点和双组元所具有的高比冲的优点有机结合起来，是一种先进的推进系统。

3. 电推进

电推进是利用电能加热、离解和加速工质，使其形成高速射流而产生推力的技术。传统的化学推进系统，由于推进剂的化学反应能源有限，因此性能受到限制。电推进可以利用独立的能源（如太阳能）克服化学推进剂的能源限制，这些能源可以提供整个飞行任务期间所需要的能量。电推进的比冲比化学推进高出几倍甚至几十倍，可以减少推进剂的携带量，从而提高推进系统的有效载荷比，或者延长航天器的飞行寿命。1980 年以后，很多地球静止轨道卫星采用电推进系统来完成南北位置保持功能，有些卫星如"星链"小卫星也采用电推进系统来提升轨道。

4.2.2.5 电源分系统

电源分系统是航天器的关键分系统，为航天器上各种仪器设备提供电力，如果航天器电源分系统出现故障，往往会直接威胁航天器安全。电源分系统通常由发电装置（能量产生装置）、电能存储装置、电源控制装置等硬件和软件组成，它负责在航天器各个飞行阶段为航天器上的仪器设备提供电能，直至航天器寿命结束。电源分系统可分为化学电源、太阳能电池阵–蓄电池电源、核电源三类。

1. 化学电源

化学电源将储存的化学能通过化学反应转变为电能，如锌银电池、锂电池及载人航天器使用的氢氧燃料电池等。氢氧燃料电池是一种将氢燃料和氧化剂的化学能直接转换为电能的电化学装置，其负极为氢电极，正极为氧电极，电解液为氢氧化钾溶液。这种电池的工作方式类似于汽油发电机，燃料被放置在电池外的储罐/槽里，只要将存在两个容器中的燃料和氧化剂源源不断地输送到电池中，并将反应生成的水不断地排出，就可持续地发电。

发电过程中产生的水可以供航天员使用，氧气可作为生命保障系统备份，因此适合作为载人飞船的电池使用。

2. 太阳能电池阵–蓄电池电源

目前，最常见的电源系统是太阳能电池阵–蓄电池电源。在轨运行的航天器大部分时间处于光照期，尤其是地球静止轨道，每年 99% 的时间都处于光照区，因此太阳能是最直接可利用的能源。太阳能电池阵就是用太阳能电池作为光电转换器件，利用物理变化将光能直接转换为电能的发电系统。航天器运行在轨道的阴影区时，太阳能电池阵因为没有光照而不能产生电能，必须用电能存储装置给航天器的仪器设备供电。储能装置的功能就是在光照期间将太阳能电池阵产生的部分电能存储起来，在没有光照时将能量释放出来给航天器供电。航天器电源分系统常用的储能装置是可重复充电的蓄电池（二次电池）。二次电池充电时将电能转换为化学能，放电时将化学能转换为电能，是航天器的首选储能装置。电源控制装置将太阳能电池阵和蓄电池组连接成电源系统，为航天器仪器设备供电，并对太阳能电池阵输出功率进行分流调节，对蓄电池组进行充放电控制或功率调节。

采用太阳能电池阵–蓄电池电源有以下优点。太空中太阳光强是地面的 1.3 ～ 1.7 倍，没有因气象条件带来的无日照问题；真空的高洁净环境不会造成电池单体表面污染；轨道运行时的失重状态有助于使用大面积轻型电池阵；以空间太阳能作为电源系统能源的来源，系统自身不携带能源而只起到转换作用，适宜于长寿命卫星使用。

3. 核电源

核能发电装置是利用放射性同位素和核反应堆的裂变反应所释放的热能，通过热电转换器件转换为电能。它具有工作寿命长、全天候（不需要光照）供电、可靠性高等特点，但也具有高风险，近地轨道较少使用。

4.2.2.6　测控分系统

测控分系统通过发送和接收测控信息，来保持地面和在轨航天器之间的联系，使地面控制站能测量出航天器的飞行轨道，知道航天器飞到了什么地方，还将飞过哪些地方，了解航天器及各种仪器设备的健康状况，以及向航天器发送指令执行各种任务。航天器测控分系统是跟踪测轨、遥测和遥控三个系统的总称，简称 TT&C（Track, Telemetry and Command）分系统。

1. 跟踪测轨

跟踪测轨是指地面站跟踪航天器并测出其飞行轨道。地面测控中心需要随时掌握与控制航天器的运行轨道，该任务是由星上跟踪测轨系统与地面测控网共同完成的。跟踪方法有合作式跟踪、非合作式跟踪，也可借助卫星导航系统进行轨道测量。

2. 遥测

遥测是将航天器上的各种信息（被测物理量）变成电信号，并以无线电波的形式传到地面站或数据中继卫星，经地面站接收、解调处理后还原成各种信息，提供航天器的各种状况和数据。狭义来讲，遥测是指测量和传输航天器各分系统本身的工程参数，如温度、压力、振动、电压、电流、工作状态等；但随着航天器技术的进步，遥测目前已成为数据采集和处理的主要技术手段，测量和传输的参数类型包括航天器各分系统的工作状态参数，太空环境测量参数，航天器控制、导航和回收等任务操作有关的数据，如姿态测量数据等。

3. 遥控

遥控为远距离控制，是将地面上的各种信息（其中相当一部分为对航天器的各种控制命令）以电信号的形式调制为无线电载波，向航天器发射。航天器接受解调后，按地面要求对航天器有关分系统进行控制，或者将信息提供给有关分系统进行处理比对。从信息传输原理来看，遥控与遥测区别不大，但它们在信息传输方向上正好相反。地面要求完成的遥控动作主要有航天器某些分系统或设备的启动与停止，备份设备的切换使用，调整航天器姿态、轨道与返回的控制指令，以及安全控制等。为了航天器的自身安全，遥控系统对可靠性、抗干扰性及保密性的要求特别严格。

随着航天电子技术的发展，遥测、遥控、跟踪测轨系统，甚至通信、数据传输等系统越来越向综合系统发展，它们共用发射机、接收机和天线等设备，可降低星上电子系统的体积、质量和功耗，并降低航天器成本。目前，采用 S 频段测控通信设备即可达到此指标，世界各航天大国普遍采用此类测控通信系统。

4.2.2.7 数据管理分系统

数据管理分系统利用星上计算机对星上数据进行综合管理，目前航天器数据管理分系统的主要功能包括以下几方面。

（1）遥控数据接收分发。接收、解调和处理来自射频信道中遥控副载波的上行遥控指令和数据，完成解调、解码及指令验证等功能，并将指令和数据分配到星上各分系统。

（2）遥测数据采集下传。采集卫星平台和有效载荷各分系统的遥测数据，进行处理、存储并汇集所有需经遥测下行信道传送的信息，实施格式化包装处理；在完成信道编码和副载波调制后送至遥测下行射频信道传送。

（3）星上自主管理控制。提供星载有关分系统信息处理和测控功能，如发送整星预置（或注入）程序的程控指令、延时指令，主动温度控制，设备参数（被测）报警，主备份切换等星内系统的自主控制和管理；使航天器在外部干预及自主方式下运行（例如，美国载人龙飞船宣传要全自主飞行，不需要航天员控制）。

（4）时间基准同步。产生星上时间基准信号和时钟，向各分系统分配时间信息和定时信号，为分系统提供事件计时，可按地面标准时间进行星上时间的校时。

（5）星内联网交互。实施星内各计算机之间信息联网；为星上有关分系统提供专用的数据处理和数据格式，支持各分系统间的信息交换和信息共享，例如，将与遥感信息有关的数据（轨道、姿态等）插入到遥感信息数据中。

（6）星上信息处理。完成星上有关的信息处理任务，例如，进行轨道计算，按任务要求计算有效载荷、开关机时间等。

4.3 新概念航天器

目前学术界对于新概念航天器还没有形成统一的认识，随着需求和技术的快速发展，一些具有特别应用背景的新型航天器如雨后春笋般涌现，美国、俄罗斯、欧洲、日本，当然也包括我国都在陆续开展研制和在轨试验，限于篇幅，不能一一列举。按照航天器的未来发展方向，本节把新概念航天器划分为整星新机理航天器、性能新要求航天器、功能新特性航天器、工作新模式航天器四类。

4.3.1　整星新机理航天器

整星新机理航天器是指打破传统航天器八大分系统架构，采取新的卫星构成方式的一类航天器。该类航天器属于新概念航天器的一种，创新难度大，迄今为止没有成功的先例，唯一有代表性的方案是 2007 年美国国防部高级研究计划局（DAPRA）推出的模块化分离航天器（F6）。

DAPRA 的 F6 计划，是将其作为"作战响应计划的一个核心组成部分"。F6 是验证模块化分离航天器概念的重大项目，分别代表"Future、Fast、Flexible、Fractionated、Free-Flying Spacecraft United by Information Exchange"，直译为"利用信息交换链接手段的未来、快速、机动灵活、分离模块、自由飞行的卫星"。模块化分离航天器（F6）的构想（见图 4.10）是围绕任务使命，把一颗卫星的任务载荷、能源、通信、导航、计算处理等功能单元优化分解为多个模块，而不是机械地拆分卫星的分系统。每个分离模块从本质上说仍然是一颗卫星，携带与航天任务相关的不同功能和资源，采用物理分离、星群自由飞行、无线信息交换和无线能量交换方式，功能协同，资源共享，构成一颗虚拟大卫星来完成特定的任务，甚至发展成为支持多样化空间任务的天基基础保障设施。

图　4.10　F6 系统构想图

模块化分离航天器存在以下优点：一是每个模块都可以单独升级或替换，卫星功能容易升级或者改变；二是发生故障的模块可以进行替换，整个卫星可靠性高；三是星群各模块可在太空散开或聚合，躲避碎片撞击，在轨生存能力强；四是模块定制化，便于快速生产迭代，成本可能较低；五是可逐步分阶段搭建，逐次形成能力。然而，它还存在很多难点：一是每个模块都是单独的小卫星，而小卫星的基本功能都必须具备，比如每个模块都必须有姿控、数传、能量传输功能；二是卫星之间协作要求高，比如指向都要跟踪才能确保彼此的电能和信号传输；三是每个模块都独立按各自轨道飞行，相对位置始终在变化，轨道导航控制难度大；四是模块之间的相互搜索识别、添加/删除、功能刷新、无线能量传输、指令控制等都是挑战。

美国轨道科学公司曾提出了一个典型的 F6 基本方案，即"昴宿星"计划。该计划包括 5 颗 255kg 级模块卫星和 2 颗 75kg 级模块卫星。"昴宿星"任务重在演示对有效载荷功能和相关资源的分离模块化，而不是将卫星平台各功能分系统"分离模块化"。每个模块星还是一颗典型卫星，包括热控、姿轨控、推进、电源、测控和数据管理等平台分系统；演示验证系统方案采用三次发射、分步部署。

4.3.2 性能新要求航天器

性能新要求航天器是指航天器性能跨度较大，超越了现有技术水平，必须采用新技术才能满足要求。该类航天器往往有特殊的应用场景和需求，它们代表着未来大型或特种航天器发展的新方向，如行星探测器、高轨成像侦察等。

4.3.2.1 行星探测器

行星探测是指对太阳系内的行星及星际空间进行的探测活动，包括金星探测、水星探测、火星探测、木星及其卫星探测、土星及其卫星探测以及天王星探测和海王星探测。其中，金星是太阳系八大行星中离地球最近的行星，作为太阳系中有大气天体的代表，金星是行星探测的重要目标。首次金星探测始于 1961 年，仅比月球探测晚了 3 年。美国和苏联等航天大国在其后不到 30 年的时间内，发射了多颗金星探测器，其探测频度之高仅次于月球探测器。

金星与地球最远距离约为 2.6 亿千米，直径比地球小 653km，质量约为地球的 81%，引力是地球的 90%。绕太阳公转的周期为 224.7 天，与地球到达某一特定相位的间隔是 584 天，逆向自转，周期为 243 天，自转轴相对其绕日公转的轨道平面的倾角仅为 3°。由于金星比地球离太阳更近，太阳辐射强度为 2586W/m^2，约是地球附近的 1.9 倍。金星表面 100% 被云层覆盖，平均反照率为 0.65～0.7，远高于地球（平均 0.3），表面平均温度高达 464℃，顶层大气温度为 −55℃。因此，使用单航天器实现对金星的探测存在以下难点：一是远距离测控方面，与金星最远距离为 2.6 亿千米；二是自主导航方面，金星探测不能完全依赖地面，需要航天器的自主导航功能；三是航天器的自主管理方面，航天器的通信延迟达 30min，日凌时间长达 20 天；四是航天器数据传输速率低；五是航天器热控难度大。

由于存在以上难点，实现金星探测是非常困难的，未来金星探测的可选方案有：一是搭载式探测，即利用星际之间飞行的小行星，当其近距离飞越地球时发射探测器着陆，由小行星搭载进行星际探测，当该小行星再次近距离飞越地球时返回；二是气球探测，金星探测器用气球悬浮在大气中进行探测；三是太阳翼挡住阳光，使用太阳翼对航天器进行遮挡，有效对探测器进行降温；四是阴影区探测，利用金星自转速度慢的特点，选择阴影区进入金星进行探测；五是热能转换，创新思维，采用新技术把热能转换为其他能量，不能让航天器设备做抗热加固。

4.3.2.2 高轨成像侦察

地球静止轨道（Geostationary Orbit, GEO）高分辨率成像航天器监视范围广、时间分辨率高，具备极高的响应能力。在白天无云的理想情况下，可对拍摄区域内目标进行持续观测，甚至视频观测，具备动态目标探测能力和动态目标指示的潜力，卫星响应能力在某种程度上甚至超过低轨快响卫星。目前，国外航天强国及我国在静止轨道对地观测领域均开展了相关研究。

1. 美国

自 21 世纪初期，美军开始积极谋划升级成像侦察卫星装备，美国国家侦察局（NRO）通过开展分块反射镜空间望远镜（SMT）技术研究，为未来成像体系光学卫星（FIA-O）替代 KH-12 光学成像卫星开展关键技术研究。目前，美国已完成该技术空间应用实验室演示验证，具备立项条件和初始在轨应用能力，预计 2030 年具备成熟应用能力。与此同时，美国还通过空间科学计划提升相应的高轨成像侦察能力。"詹姆斯·韦伯"太空望远镜就得到美国军方的大力支持，被用于开展高轨高分辨率成像技术研究。

DARPA 于 2010 年启动了旨在突破大口径薄膜衍射光学成像技术的"莫尔纹"（MOIRE）项目，如图 4.11 所示。其目标是突破衍射薄膜、大型可展开支撑结构、星上处理和压缩等关键技术，为未来开发地球静止轨道高分辨率衍射成像卫星提供技术准备。第一阶段目标是开发满足空间飞行要求的薄膜材料，研制一个米级口径的衍射薄膜主镜，并开展光学薄膜成像系统的方案设计。第二阶段计划研制 5m 口径光学薄膜成像系统的地面原理样机。DARPA 计划在"莫尔纹"项目取得成功后，研制一颗 10m 口径的静止轨道衍射成像技术演示验证卫星，对大系统进行全面的演示验证。业务型实用系统的光学系统口径将达到 20m，在发射时处于折叠状态，入轨后展开。系统能够在 GEO 实现 1m 的高分辨率，视场为 10km×10km，成像帧频可高达 1 幅/s，实现对地面目标的连续监视。

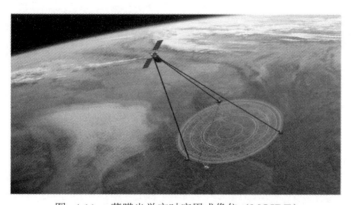

图 4.11　薄膜光学实时应用成像仪（MOIRE）

2. 欧洲

阿斯特里姆（Astrium）公司[①]开展了名为 GEO-Oculus 的地球静止轨道高分辨率光学成像卫星研制，该项目旨在预研如何在 GEO 实现对全球环境与安全进行高空间分辨率和高时间分辨率的监视。GEO-Oculus 相机主镜口径 1.5m，由碳化硅制造而成，其工作谱段覆盖紫外、可见、近红外、短波红外和远红外区域，最高空间分辨率可以达到 10.5m。GEO-3S 卫星是 GEO-Oculus 的后续型号，2013 年 4 月完成需求论证，目前已完成方案设计，其单体主反射镜口径为 4m，整个光学系统的体积已经达到现有运载器的极限，星下点空间分

---

① 阿斯特里姆公司是欧洲宇航防务集团（EADS）下属的子公司，致力于军工系统与航天系统研发业务。

辨率达到 3m, 幅宽 100km。"GEO 轨道 1m 分辨率"是泰雷兹–阿莱尼亚宇航公司开展的研究项目, 其主要目标是分析和确定 GEO 卫星在提升空间分辨率方面所存在的技术短板。总体考虑体积、质量等方面的限制, 该项目计划放弃传统的单体反射镜成像系统, 转而采用可展开的稀疏孔径成像系统。

3. 中国

"高分四号"(GF-4)卫星是当今世界上地球静止轨道分辨率最高的对地观测卫星, 于 2015 年 12 月 29 日在西昌卫星发射中心成功发射升空, 于 2016 年 6 月 13 日正式投入使用。GF-4 卫星具有凝视、区域、机动巡查三种工作模式, 可见光红外通道分辨率优于 50m, 单景成像幅宽优于 500km×500km; 中波红外通道分辨率优于 400m, 单景成像幅宽优于 400km×400km。卫星数据可满足灾害监测与评估、气象天气监测、林业调查与监测、地震监测与应急等领域对高时间分辨率遥感数据的需求, 为民政部、中国气象局、国家林业局、中国地震局等行业部门和其他用户单位开展业务工作提供有力支撑。

4.3.3 功能新特性航天器

功能新特性航天器具备新的功能特点, 与传统航天器有明显的区别, 不是简单的性能提升, 也不是颠覆现有航天器架构原理, 而是代表着未来新型航天器(尤其是小型航天器)发展的新方向。在轨服务航天器和快速响应航天器是其典型代表。

4.3.3.1 在轨服务航天器

在轨服务是指在太空以有人或无人的方式对在轨航天器开展维护、更换、推进剂补加、故障维修、在轨组装、辅助轨道维护等操作技术的统称。其应用包括以下几方面。

（1）在轨航天器延寿。在轨航天器如果出现故障, 通过在轨服务技术, 如模块更换、轨道位置调整、推进剂补加等使在轨航天器寿命延续。

（2）在轨航天器功能升级。有些在轨航天器在轨时间久了, 模块需要进行更新和升级。

（3）在轨组建大型和超大型航天器。

（4）其他航天应用等。

目前, 成功完成在轨实验的在轨服务项目主要包括美国的轨道快车项目和在轨延寿项目、欧盟空间碎片清理项目等。

轨道快车是在轨服务技术具有代表性的验证项目, 主要验证了在轨服务技术的主要途径和相应的技术上的可行性, 包括在轨自主交会、接近和捕获, 推进剂补加, 在轨模块更换。2007 年 3 月, 轨道快车项目完成在轨演示, 实现了多项"首次"演示, 例如, 对非合作目标自主捕获、对接, 利用具有闭环视觉伺服系统的柔性机械臂完成在轨模块更换, 实现在轨推进剂补加, 等等。

欧盟的空间碎片清理项目通过飞网捕获和鱼叉捕获等方式清理空间碎片, 如图 4.12 所示。2018 年 9 月, 欧盟"碎片清理卫星"释放一颗小型立方星, 再利用一张特殊的网捕获该小型立方星, 然后该小型立方星与网一起脱离轨道再入大气层; 2019 年 2 月, 该卫星平台在距离飞船约 5 英尺(1524mm)的一个悬臂上部署其假想空间垃圾目标, 然后用鱼叉以超过 44 英里/h(约 19.67m/s)的速度命中目标。

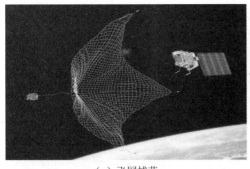 

（a）飞网捕获　　　　　　　　　　　　　　（b）鱼叉捕获

图 4.12　欧盟的空间碎片清理项目

2020 年 2 月 25 日，诺思罗普·格鲁曼公司的 MEV-1（Mission Extension Vehicle-1）航天器成功实现了与 Intelsat-901 的对接（见图 4.13），使这颗本来应宣告寿命到期的卫星可以继续工作五年。对接前一周，MEV-1 到达 Intelsat-901 到 5 英里（约 8km）范围内，缓慢接近 Intelsat-901，使用视觉成像仪、红外摄像机和侧扫描激光雷达来感知 Intelsat-901 所处位置。对接过程中，两星接近到 80m 的距离时，MEV-1 自主停止，地面控制系统确认所有系统就绪后，继续前进到 20m 距离处再次停下，再次等待地面指令后，前进到两星相距 1m 的对接位置。此后，MEV-1 启动位置保持操作，将对接探针插入 Intelsat-901 的远地点发动机，反复拉拽三次，使得 MEV-1 能够通过机械臂在 Intelsat-901 上获得刚性支撑。对接成功的两个航天器进行系统检查后，MEV-1 将接管 Intelsat-901 的姿态和轨道维护工作，从目前所处的偏离位置（1.5° 倾斜轨道）回到 0° 赤道轨道，此后 MEV-1 将一直负责姿轨控。五年后，MEV-1 还要负责将 Intelsat-901 送入坟墓轨道，然后奔向下一个任务目标。MEV-1 携带的燃料足够执行三次五年延寿任务。

 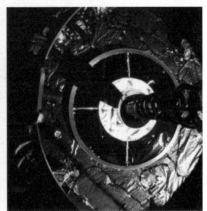

图 4.13　MEV-1 对接 Intelsat-901 示意图（左）和实景图（右）

4.3.3.2　快速响应航天器

快速响应（快响）航天器是指能够在太空或者通过太空迅速部署，以及在太空快速响应用户服务的航天器。快速响应航天器的主要特点：一是快速设计研制和生产；二是快速发射及应用，地面快速测试后发射入轨，快速投入使用，能够响应地震等高时效性应用，理想情况下是像常规导弹一样经过几分钟测试就可发射；三是快速响应地面需求，如快速成像侦察。

然而，快速响应航天器存在以下难点：一是对于以天计量的快速设计研制和生产，按目前的技术水平很难实现，也无成功先例；二是对于快速测试发射，可行方式是航天器预先存储在地面上，甚至就存储在轨道上（轨道存储），需要时简单测试一下就可发射入轨或者启动工作，需要突破地面长时间存储保持，或者在轨存储技术；三是航天器上所有部件产品和接口都要标准化、模块化，这是进行快速响应的重要基础。快速响应航天器的主要类别是低成本快速响应卫星、任务快速响应卫星和功能快速响应卫星等。

1. 低成本快速响应卫星（立方星）

立方星（见图 4.14）是美国斯坦福大学的肯尼教授于 1999 年提出的概念，是国际上广泛用于大学开展航天科学研究与教育的一种小卫星，具有成本低、功能密度大、研制周期短、入轨快的特点，通过组网形成星座，可实现对海洋、大气环境、船舶、航空飞行器等的监测，可应用于空间成像、通信、大气研究、生物学研究、新技术试验平台等方面。自 2003 年第一批立方星升空以来，全世界至今已经发射了超过 1000 颗立方星。作为低成本进入空间的一种优质选择，立方星已成为微小卫星发展的主流，开启了一个新的卫星时代。

图 4.14 立方星效果图

立方星以 U（Unit）为基本单位，1U 的体积是 10cm×10cm×10cm，质量小于 1.33kg。它的主要特点：一是可靠性要求不高，此类卫星不追求传统的航天高可靠性，而是为节省成本广泛应用工业级器件（成本可降低 1～2 个数量级）；二是产品数量多、销售范围广，生产商实现了标准化、批量化部件生产，成本进一步下降；三是大幅简化系统和流程，追求"最简单的就是最可靠的"，从系统设计层面放弃备份，且摒弃传统的模装星、初样星、正样星三阶段，研制流程只做一套产品，在牺牲部分可靠性的情况下大幅降低成本，提高了研制生产响应速度。

2. 任务快速响应卫星（在轨快速侦察卫星）

"红隼眼 2M"侦察卫星是美国陆军于 2017 年部署的低成本战术侦察小卫星，如图 4.15

所示。该卫星质量为 50kg，搭载光学遥感载荷，分辨率为 1.5m，地面幅宽为 3km×5km，成本仅为 200 万美元。

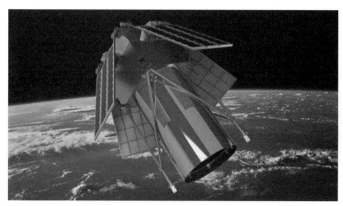

图 4.15 "红隼眼 2M" 侦察卫星

"红隼眼 2M" 侦察卫星的主要特点：一是支持旅及旅以下级全流程战术应用，单兵可以通过手持终端进行卫星任务规划、数据接收和图像分发；二是当圈全流程执行，单兵可在过顶当圈发送任务指令并在数分钟内接收图像数据，实现近实时前沿侦察。

3. 功能快速响应卫星（软件定义卫星）

功能快速响应卫星典型的例子是软件定义卫星，是指以天基计算平台为核心，采用开放系统架构，支持有效载荷即插即用、应用软件按需加载，能够方便地通过开发、更新软件重新定义软件的功能，从而灵活适应多种任务、多种用户。软件定义卫星主要通过对功能模块、载荷、数据处理、网络通信等软件进行更新或重设，使卫星上各类传感器和计算单元之间兼容互通。目前，欧美国家和地区发展了很多软件定义卫星，包括欧洲的 Quantum、OneSat 卫星，美国的 SmartSat、GSky 卫星等。2018 年 11 月 20 日，我国首枚专门用于验证软件定义卫星关键技术的试验卫星"天智一号"发射升空。这枚主要载荷为小型云计算平台、超分相机和大视场相机的开放型卫星，可提供集成各类卫星应用的方案解决平台。与其他卫星不同的是，"天智一号"有一个"航天应用商店"，人们可以通过手机应用程序直接访问查询卫星，甚至还能指挥卫星在轨"自拍"。

4.3.4　工作新模式航天器

工作新模式航天器是指单颗卫星的功能和性能没有发生本质变化，但具备新的工作模式，通常指采用非传统手段的卫星，或多星组成的星群或星座。此类航天器代表了卫星应用方式的创新，有可能颠覆现有航天形态，主要包括单星新模式、星群/星座新模式等。

4.3.4.1　单星新模式

单星新模式是指单星采用了不同于传统的新工作模式：一类是通过单颗卫星实现多个功能，从而有效解决矛盾问题，即在同一卫星平台上，通过结构共用、组件共用等方式，实现遥感、通信、导航等若干功能的集成，实现一星多用，典型代表为高分辨率天基复合雷达；另一类是采用新型的功能设计实现以往传统任务，典型代表是美国 SpaceX 公司的"星链"卫星采用离子发动机进行从过渡轨道到目标轨道的转移和避撞。

1. 高分辨率天基复合雷达

高分辨率天基复合雷达是我国提出的一种新型卫星方案，把搜索跟踪和逆合成孔径雷达（ISAR）结合起来，一方面搜索跟踪雷达为 ISAR 提供合适的成像时段和成像视角，另一方面 ISAR 可以根据地面搜索跟踪雷达测量目标信息进行补偿、处理，得到高分辨率的结果。这样协同起来以后，完成功能上的衔接，对空间目标主动地去搜索发现，然后跟踪，并进行成像和识别。根据现有的功能和目前可以实现的技术，基本上可以达到 0.2m 的分辨率，因此天基复合雷达系统是一个高分辨率系统。

高分辨率天基复合雷达的工作分为搜索阶段、跟踪阶段和成像阶段。一是搜索阶段。它将充分利用目标星的星历信息，仅在可能的交会区域进行方位俯仰两维搜索，有效增大搜索阶段对被探测目标的搜索距离。二是跟踪阶段。利用和/差波束实现目标的方位和俯仰跟踪；利用重频参差技术并结合目标的星历数据获得无模糊的目标径向速度和距离测量；结合轨道外推技术估计目标运动轨迹，为宽带雷达高分辨率成像提供合适的成像时机和成像视角选择。三是成像阶段。宽带雷达依据窄带雷达提供的被探测目标运行轨迹先验信息，在最佳成像时段，以最佳的成像视角发射大时宽带宽积信号，通过距离和方向两维压缩处理对目标精细成像。

2. 离子推进升轨和避撞

美国 SpaceX 公司的"星链"卫星采用高度集成的平板设计，卫星质量为 227kg，搭载了 1 副太阳能电池阵列、4 副高通量天线、霍尔推力器、星敏感器和自主避撞系统。该卫星的推力器、自主避撞和部署方式均采取了独特设计。一是霍尔推力器利用氪为工质，成本更低。"星链"试验卫星是人类历史上首次使用氪作为霍尔推力器工质的卫星。相比传统的氙，氪的价格更便宜，可以降低卫星的生产成本，但比冲较小，在执行轨道提升、姿态保持和任务末期的大气再入等任务时需要的时间更长。二是搭载自主避撞系统，降低撞击风险。"星链"试验卫星可以获取美国国防部的太空物体跟踪数据，在需要时可利用动量轮和霍尔推力器进行姿态和轨道调整，实现自主避撞，降低卫星在轨运行的风险。

4.3.4.2　星群/星座新模式

新概念航天器的星群/星座新模式是指采用多星协同的方式解决单星难以处理的问题。通过卫星集群、编队、星座等方式，将同构或异构（不同功能、不同载荷）的多个航天器组织在一起，构建自组织、自适应、多用途的航天器应用系统。典型代表是美国提出的 TechSat-21 计划及美国 SpaceX 公司的"星链"低轨卫星互联网星座。

1. TechSat-21 计划

1998 年，美国空军研究实验室开展了名为 TechSat-21 的低成本小卫星编队飞行计划，如图 4.16 所示。该计划探索利用多颗 X 波段雷达卫星组成编队飞行在空间形成稀疏孔径雷达阵列，可以实现全天候、全天时的 GMTI 地面动目标指示和对地高分辨率成像。其途径是把传统大卫星的功能用一组编队飞行的微小卫星协同分散工作来实现，从而降低成本、提高系统可靠性。TechSat-21 不同于 F6 计划，后者是把航天器各分系统的功能分散到各模块中，而 TechSat-21 则是通过编队小卫星实现大卫星有效载荷的任务能力。TechSat-21

计划中的微小卫星为细长的六边棱柱体，高 7m、直径约 1.3m、质量约 99kg。按照原计划，TechSat-21 将发射 3 颗微小卫星进入 600km 高度近圆轨道，进行各种编队构形飞行试验，卫星间的相对距离从 100m 变化到 5km。卫星编队系统采用了许多新技术，如开放卫星架构、先进 T/R 模块、脉冲等离子推进系统等，尤其是基于 MEMS 的卫星姿态敏感器及基于差分式 GPS 的编队星间状态测量。由于难度太大、预算超支等原因，美国空军研究实验室已经将该计划并入天基多孔径技术研究计划（SMART）下继续发展。

图　4.16　TechSat-21 计划

2. "星链"低轨卫星互联网星座

"星链"低轨卫星互联网星座是 SpaceX 公司正在研发的"卫星星座"工程，致力于形成一个低成本、高覆盖的天基全球通信系统。SpaceX 公司还计划向军方和科研机构售卖卫星服务。星链网络需要 10 多年才能构建完成，预估耗资 100 亿美元。2015 年，"星链"计划启动。2018 年 2 月，两颗原型测试卫星进入太空。2019 年 5 月 24 日，发射了第二批测试卫星，也是首次大规模投放试验，总共 60 颗卫星。作为试验卫星，它们之间并没有激光链路相连，但有与地面通信的能力，随着后续新卫星的持续发射，早期的这些卫星会被逐渐取代。截至 2021 年 6 月，"星链"已经有超过 1600 颗卫星在轨运行。

"星链"低轨卫星互联网星座的新模式体现在：一是规模巨大，计划数量为 41927 颗卫星；二是集群发射，每次发射 60 颗星；三是数量制胜，不追求每颗星绝对可靠，少数星坏了没有关系，目前首批卫星已有 3 颗失联、2 颗进入离轨过程；四是功能强大，可对世界任何地方提供网络服务，网络速度比现有光缆快 50%，每颗卫星名义带宽可达 17Gbit/s，目前实测对美空军 C-12 运输机下行速度达 610Mbit/s（设计速度 1440Mbit/s）；五是主动离轨，卫星将在寿命末期主动离轨再入，95% 的材料可在再入时烧毁；六是自主测控，海量卫星的测控颠覆了现有的测控模式。

思考题

（1）　试描述航天器的基本概念，并列举至少三类典型的航天器。

（2）　请从民用和军用的角度，简述遥感卫星的分类情况。

（3） 什么是航天器有效载荷分系统？试以 GPS 卫星为例，描述有效载荷包括哪些部分。

（4） 请比较航天器杆系结构、板式结构和壳体结构的优缺点。

（5） 在航天器结构与机构分系统中，试描述结构与机构的主要区别，并举例说明。

（6） 国际空间站（ISS）的结构属于哪种类型？试分析为什么要采用这种结构？

（7） 通常情况下，航天器姿态控制和轨道控制分别采用哪种控制方式？并简要阐述原因。

（8） 航天器主动姿态控制的典型姿态敏感器有哪些？其执行机构的分类情况如何？

（9） 航天器的推进方式主要包括哪几种？并举例其分别适用于哪些场合。

（10） 查资料分析影响太阳能电池阵–蓄电池电源寿命的因素有哪些。

（11） 选择一种典型的新概念航天器，通过搜集资料分析其特性，并给出其最新的发展动态。

第 5 章

航天发射原理

为了使航天器离开地球并准确地进入预设的轨道飞行，或者直接登陆太空中的某个地外星体，通常需要使用运载器来完成。而将航天器及其运载器送入太空的活动统称为航天发射。具体来讲，航天发射是指利用航天运载工具，将卫星、飞船、探测器等各类人造航天器送入太空的活动。航天发射能力是一个国家综合国力的集中展现和科技水平的发展标志，也是开发太空资源的前提。

5.1　航天发射概述

航天发射技术与战略弹道导弹技术的发展有着很深的渊源。弹道导弹之所以能成为远距离作战武器，是因为其具有强大的运载工具——火箭，能将弹头送入太空，然后重返大气层，从而投送到远离发射点的目标区域。战略弹道导弹技术的不断提高和成熟随之带来了运载火箭能力的不断提高升级，并达到了能够运载人造地球卫星发射升空的水平，从而将火箭单一的进行弹道导弹发射的功能转变为具有发射各用途航天器的运载工具。随着运载技术的发展和航天器的多样化，用于发射航天器的运载火箭逐渐从发射导弹的型号中独立出来，形成了成熟、固定、成系统的运载火箭系列，与之相配套的专业化发射场也随之产生，形成了世界各国各具特色的现代航天发射体系，并在人类航天史上创造了诸多奇迹。

5.1.1　航天发射的特点

航天发射的目的、性质、发射对象、发射设施和发射过程决定了航天发射是一项高投入、高风险和高要求的大型综合工程。欧洲"阿丽亚娜 5 号"（Ariane-5）运载火箭（见图 5.1）每次发射费用约为 1.65 亿美元，每千克有效载荷发射费用约为 10313 美元。美国"德尔塔-4"中型运载火箭每次平均发射费用为 1.64 亿美元，"德尔塔-4"重型运载火箭（Delta IV Heavy）（见图 5.2）平均每次发射费用达到 3.5 亿美元。俄罗斯主力运载火箭——联盟 FG 运载火箭每次发射费用大约为 5000 万美元，每千克有效载荷发射费用为 7246 美元；俄罗斯的"联盟号"宇宙飞船将各国宇航员送往国际空间站，每个座位的价格高达 8000 万美元，大约相当于每千克体重 100 万美元，可见航天发射成本之高。

近年来，随着运载火箭、发射技术的进步及商业发射的兴起，航天发射成本大幅降低。

美国 SpaceX 公司的"重型猎鹰"运载火箭是目前现役最强的运载火箭，每千克有效载荷发射费用只有 1400 美元，而 SpaceX 公司主要运载火箭——"猎鹰 9 号"复用火箭的每千克有效载荷发射费用约为 2700 美元。我国"长征三号乙"运载火箭每次发射费用为 7000 万美元，地球转移轨道每千克有效载荷发射费用为 14000 美元；而中国航天科工集团旗下的"快舟"小型固体运载火箭，每次发射费用不超过 600 万美元，每千克有效载荷发射费用不到 1 万美元。虽然商业发射成本大幅降低，但这种低成本也是相对于其他发射任务来说的，而且发射能力也有诸多限制。

图 5.1　欧洲"阿丽亚娜 5 号"运载火箭　　　　图 5.2　美国"德尔塔-4"重型运载火箭

　　另外，航天发射也是探索太空及不断尝试和进步的过程，因此风险无处不在。纵观世界各国发射的 13000 余颗航天器[①]，发射失败或出现发射事故的超过 200 颗，航天发射的风险可见一斑。1960 年，苏联"R16"洲际导弹发射台爆炸事故导致导弹部队司令员涅杰林元帅和 160 名宇航科学家当即丧命。1986 年，美国"挑战者号"航天飞机发射失利造成机上 7 名宇航员遇难，航天飞机飞行计划被冻结了长达 32 个月之久，间接导致航天飞机最终全部退役。1996 年，我国"长征三号"运载火箭发射失败（撞山爆炸），造成西昌发射场厂区 6 死 57 伤，是中国航天史上最惨痛的一次发射事故。2018 年，SpaceX 公司 70m 高的"猎鹰 9 号"火箭在佛罗里达州肯尼迪航天中心 40 号工位上执行静态点火测试（Static Fire Test，也称系留点火测试）任务时发生爆炸，导致以色列"AMOS 6"通信卫星与"猎鹰 9029"火箭损坏，星箭俱毁，损失惨重。

　　综上所述，因为航天发射的高成本和高风险，就对航天发射活动提出了很高的要求，这种高要求主要体现在符合性、可靠性和安全性三个方面。

1. 符合性要求

　　符合性即发射场能够满足航天器及运载器的技术准备、发射准备和发射功能要求。为此，发射场必须建设用于航天器与运载器总装、测试、发射及运输、储存的设施，为总装测试提供电力、特种用气、空调、吊装、平台、转运和消防等基础保障条件，能够完成火

---

① 根据 Space-Track 网站数据统计，截至 2021 年 7 月，包含已经陨落和仍然在轨运行的卫星。

箭和航天器发射前的各项测试准备、燃料加注、过程监控，以及发射后的回收、撤场等具体工作项目。

2. 可靠性要求

可靠性即确保发射成功的能力。要确保发射成功，要求发射场具备良好的试验条件和较强的试验能力，具体包括：

（1）具有良好的自然条件，有利于航天发射、测量控制；

（2）具有完善的设施设备，确保测试发射的高安全性和高可靠性；

（3）具有先进的组织指挥系统，确保测试、发射顺利进行，严格控制质量，降低各种风险；

（4）具有先进的测试发射技术，确保发射工作高效、有序、协调地进行；

（5）具有稳定成熟的发射保障队伍，确保发射前的准备工作有序进行。

3. 安全性要求

安全性包括两个方面：一是正常情况下能够确保不出现灾难性事故；二是出现事故的情况下能够确保人员、产品和设施设备安全。这就要求发射场在选址上要远离人口密集区域，火箭飞行航落区要避开人口密集区和重要设施；在设计上要区分危险操作和非危险操作，对存在危险操作的设施要确保安全距离，建筑和设备要符合安全规范，并有相应的防范风险和应急补救措施；在测试发射的计划安排和节点设置上，要尽量缩短航天器和运载火箭加注燃料后的停放时间，降低意外事件的影响。对于载人航天，还要重点关注航天员在发射台上的逃逸救生问题。

5.1.2　航天发射方式

目前世界上主流的航天发射方式是依托固定发射场进行陆基发射，其原因是运载火箭发射保障要素多、要求高，其他发射方式不易满足条件。但随着技术进步，目前空基甚至天基发射正在快速发展，预计在不久的将来航天发射方式也将迎来新的革命。

5.1.2.1　陆基发射

目前，塔架发射是航天陆基发射的主流方式。塔架发射是指运载火箭依托地面固定或活动的发射塔架进行发射，由发射塔架提供相应的地面组装、测试、加注和箭体支撑等功能。运载火箭分段或者整体运输至发射塔架，通过组装或者起竖，以及进行必要的测试、瞄准、推进剂加注等准备工作，做好发射的准备后按照预定发射时间进行发射。

车载机动发射是依托定位、定向设备，由发射车发射运载火箭的一种发射方式。这种发射系统由惯性测量、数据处理与数据存储、控制、显示和电源设备及相应的软件组成。目前，车载机动发射多采用发射筒冷发射的方式进行，发射筒可以为运载火箭提供较好的运输环境，如俄罗斯的"起跑"火箭的发射平台就保留了原洲际导弹的发射车和发射筒。

陆基发射受到气象、安全性、交通运输、纬度等限制条件的制约，难以满足日益多样化的发射需求，于是海上发射、空基发射的方式应运而生。

5.1.2.2　海上发射

发射运载火箭，特别是商业发射运载火箭，始终需要面对怎么把更重的东西以更便宜的方式送上天的问题。由于高纬度地区自转的线速度比低纬度地区低，所以发射场纬度越低，直接自西向东发射，火箭就越能最大限度地获得初始的惯性速度。纬度低还会影响轨道倾角，从赤道发射可使同步地球轨道卫星的飞行轨道与最终轨道处于或靠近同一平面，以减少航天器因改变轨道倾角所消耗的燃料，也可以延长卫星运行寿命。海上发射不受发射场限制，可满足在低纬度地区发射的需求。

就世界范围而言，火箭海上发射技术已有很长历史。早在 1962 年，美国海军就在海面浮动发射装置上进行过液体火箭发射。1998 年，俄罗斯一艘潜艇在巴伦支海域附近发射火箭，将两颗通信卫星送入轨道。在商业发射服务领域，1995 年，美国波音商业航天公司、乌克兰南方生产联合体、俄罗斯能源公司和挪威的克韦尔纳公司组成了海上发射联合公司，采用移动式海上发射设施。发射设施主要由组装指挥船、发射平台组成（见图 5.3），其中发射平台由石油勘探和钻井平台改造而成，名为"奥德赛号"，使用乌克兰生产的"天顶3SL"运载火箭发射。在离开母港前，卫星与运载火箭在组装指挥船进行水平组装对接的总装厂房；组装指挥船到达海上赤道附近发射点时，通过专用坡道将星箭组合体转移到发射平台上，水平送进发射平台火箭库内；发射时将火箭整体起竖到发射台发射。在赤道附近发射时，"天顶3SL"运载火箭 GEO 轨道运载能力可达 6t（近似于俄罗斯"质子M"运载火箭的能力）。从 1999 年开始，"奥德赛号"已执行 36 次火箭发射任务，其中 3 次发射失败和 1 次发射异常。

图 5.3   海上发射联合公司的组装指挥船和发射平台

海上发射的优点除低纬度发射外，还包括：一是更安全，海上发射能够远离人口稠密地区，有助于减少火箭发射对人的不利影响；二是空域要求更低，与民航飞机的航线和其他船舶航线的冲突较少；三是发射方位角更广，避免了为躲避居民区而限制其发射方位角的情况。其缺点是保障能力有限，且航行耗时较长，海上定位、晃动等对火箭发射要求较高。

2019 年 6 月 5 日 12 时 06 分，我国"长征十一号"运载火箭在黄海海域成功实施首次海上发射，以"一箭七星"方式，将 7 颗卫星送入预定轨道，填补了我国运载火箭海上发射的空白。但严格来讲，我国的这次海上发射还是试验性质的，并没有在赤道附近充分利用地球自转进行 GEO 轨道发射。随着技术的进步，预期我国也将会开展类似海上发射联合公司的商业发射服务。

5.1.2.3   空基发射

空基发射适用于用小型运载火箭发射小载荷。空基发射有以下几个实用优势。发射不需要专门的发射设备（如发射塔架），能够降低成本，提高发射速度。由于运载火箭可移动，因此用户可选择发射的位置和高度，减少了发射方向上的限制，从而提高了入轨效率。由于大气层也随地球旋转，所以从飞机上向东发射，运载火箭也能利用地球自转速度。

　　美国现有的空基发射运载火箭是"半人马座"（Pegasus），如图 5.4（a）所示，军用载荷可由 B52 轰炸机带入空中，民用载荷可由 L1011 飞机携带。"半人马座"XL 火箭质量为 23t，能将 450kg 的载荷送入轨道倾角 28°、高度 200km 的轨道；能将 330kg 的载荷送入轨道倾角 90°、200km 的极地轨道；能将 190kg 的载荷送入 800km 的太阳同步轨道。飞机可以在 12km 的高空以 0.25km/s 的速度释放火箭。1990 年，"半人马座"运载火箭实施了首次空中发射，截至 2012 年年底已成功发射 35 次。

（a）美国空基发射的"半人马座"运载火箭　　　　（b）国际空间站释放立方体卫星

图 5.4　空基发射与天基发射

　　美国商业企业平流层发射系统公司正在研制以大型飞机作为空中发射平台，携带运载火箭在高空发射的系统。按照其设想，飞机起飞后经过 20min 爬升到达 10000m 左右高空，随即进入巡航状态。当接到地面指令后，飞机迅速调整飞行姿态，以合适的仰角释放机上搭载的运载火箭，运载火箭发射后将卫星送入预定轨道。2019 年 4 月 13 日，该公司大型飞机 ROC 成功完成首飞，机长 73m，高 15m，翼展 117m，净重约为 227t，在飞机的两机身中间、机翼的下方共可携带合计重达 110t 的 3 枚运载火箭以实施发射。

5.1.2.4　天基发射

　　天基发射的发射基点在航天飞机或空间站上，主要优点是载荷适配性好，航天器释放冲击小，且释放前可由航天员进行检查。美国航天飞行曾执行过大量卫星发射任务。美国航天飞机中段机身主要是大型货舱，货舱长 18m，直径 4.57m，容积约 300m²，舱内备有有效载荷固定装置、环境保护装置、遥控机械操作手、电子显示控制装置、数据处理设备、电源转换装置等。货舱本身不密封，可以把 29.55t 有效载荷送入倾角 28.5° 的低轨道，把 18.05t 有效载荷送入极轨道，可以携带 14.55t 有效载荷返回地球。货舱中的遥控机械操作手用于在轨道部署和回收有效载荷及在轨服务操作。"哈勃"太空望远镜就是由航天飞机释放进入太空预定轨道的。后来该望远镜出现故障后，也是由航天飞机多次进行维修才得以正常工作的。

此外，国际空间站可以释放小卫星，如图 5.4（b）所示。例如，日本从国际空间站释放的超小型卫星（质量在 100kg 以下）已达到 28 颗；美国则释放了约 200 余颗。日本释放的超小型卫星是利用为运输物资而定期发射的"鹳号"无人货运飞船等运往国际空间站的，然后由航天员利用日本的太空实验室"希望号"的装置释放。我国航天员也曾在"天宫"空间站上释放过微小卫星。

5.2 航天发射要素

通常，将发射时刻、发射方位角及发射点位置称为航天发射的三要素。

5.2.1 航天发射的三要素

1. 发射时刻

发射时刻是指在确定的发射地点将航天器直接送入预定轨道的时间，即运载火箭发动机点火的时间。发射时刻是一个时间点，需要在考虑多方面客观因素的前提下进行计算设计。由于航天器预定的轨道平面在惯性参考系中是固定不动的，因此地球上的发射点将在地球自转过程中与轨道平面周期性相交（如果不相交，则该发射点无法直接将航天器送入预定轨道）。要使航天器抵达预定轨道，需等到发射点位于预定轨道平面下方，如图 5.5 所示。

发射时刻主要与发射点位置及预设轨道的倾角和升交点赤经有关。设发射场的纬度为 L_0，预设轨道的倾角为 i，定义用时角表示的平春分点到发射地点穿过轨道面下方的角度为发射时刻恒星时 t_L，如图 5.6 所示，Ω 为预设轨道升交点赤经，则发射场纬度与预设轨道倾角对发射时刻存在以下约束关系。

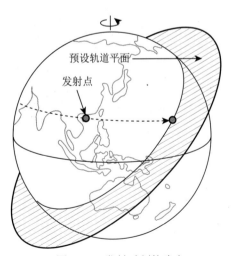

图 5.5 发射时刻的确定

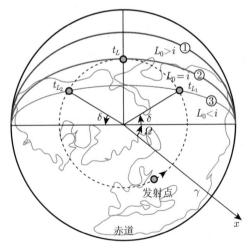

图 5.6 发射时刻与预设轨道倾角和预设轨道升交点赤经的关系（顺行轨道）

（1）当预设轨道为顺行轨道且 $L_0 > i$（如图 5.6 中轨道①所示），或预设轨道为逆行轨道且 $L_0 > 180° - i$ 时，则不存在发射时刻。

（2）当预设轨道为顺行轨道且 $L_0 = i$（如图 5.6 中轨道②所示），或预设轨道为逆行轨道且 $L_0 = 180° - i$ 时，则每天只存在一个发射时刻，此时有

$$t_L = \Omega + 90°$$

（3）当预设轨道为顺行轨道且 $L_0 < i$（如图 5.6 中轨道③所示），或预设轨道为逆行轨道且 $L_0 < 180° - i$ 时，则每天存在两个发射时刻，其中一个靠近升交点，另一个靠近降交点，且

$$t_{L1} = \Omega + \delta$$
$$t_{L2} = \Omega + 180° - \delta$$

2. 发射方位角

发射方位角是指发射点天文正北方向与运载火箭发射方向的顺时针夹角。航天器轨道平面相对于惯性参考系是固定不动的，其在空间的位置取决于发射场的地理纬度 L_0 和发射方位角 β，同时还取决于航天器脱离地球表面的时刻。

如图 5.7 所示，对于给定的某发射点，轨道倾角与发射方位角的关系为

$$\cos i = \sin \beta \cos L_0 \tag{5.1}$$

式中，i 是航天器轨道平面的轨道倾角；β 是发射方位角；L_0 是发射场的地理纬度。

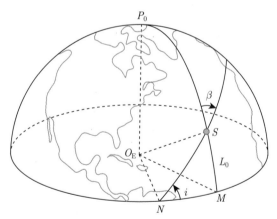

图 5.7　发射方位角、轨道倾角和发射点位置

由式（5.1）可知，当运载火箭向正东发射，即 $\beta = 90°$ 时，航天器轨道倾角等于当地地理纬度，这也是该发射场发射航天器轨道最小的轨道倾角。理论上，运载火箭可以向任何方向发射，但实际发射场的发射方向往往受到多种因素的影响，如测控支持、一级残骸落区安全性、火箭运载能力等。另外，发射顺行轨道的卫星可以充分利用地球自转的速度；而发射逆行轨道的卫星则正相反，首先需要克服地球自转速度，然后需要火箭提供更大的推力，因此无特殊需要一般不会发射逆行轨道航天器。

式（5.1）还说明，轨道倾角 i 必然大于发射点的地理纬度 L_0，因此在我国酒泉卫星发射中心采用直接方式发射的航天器轨道倾角一定大于 40°。若要求轨道倾角大于 90°，则 $\beta < 0°$，发射方向为西北；或 $\beta > 180°$，发射方向为西南。由于酒泉卫星发射中心和太原卫星发射中心在我国的西北部，发射太阳同步轨道卫星时（轨道倾角大于 90°），如果发射方向为西北，则运载火箭一级残骸将落入国外，而向西南方向发射时，则可以落入我国境内，并可充分利用国内的陆上地面测控站。因此，一般均选择西南方向发射太阳同步轨道卫星。

综上所述，在某一个发射场发射不同轨道的航天器时，需要不同的发射方位角。在运载火箭起飞后无法进行横向机动调整发射平面的情况下，需要在发射场同一发射塔架后面建设很多不同射向的地面瞄准点。

3. 发射点位置

如前所述，由于运载火箭发射后大致在一个包含发射点在内的发射平面内运动，所以航天器轨道平面和发射平面相差不大。在任何发射位置向正南或正北发射时，都可以发射大轨道倾角的卫星。但如果要发射小轨道倾角的卫星，就受到发射点纬度的限制。如果不考虑消耗相当能量的横向机动，发射点纬度值就是从该发射场能直接发射的最小轨道倾角值。也就是说，发射点纬度限制了该发射场所能直接发射的最小轨道倾角。如果要发射更小轨道倾角的卫星就需要采取横向机动，同时要消耗较多的能量。由此可见，在选择发射场址时应尽量靠近低纬度地区，最好选择在赤道附近，这样才不会影响小轨道倾角卫星的发射。

选择低纬度地区建设发射场对发射地球静止轨道（GEO）卫星还有一个好处，即卫星能够充分利用地球自转来获得一定的初速度。航天器进入轨道的速度包括运载火箭关机时的速度和发射地点由于地球自转引起的切向速度。在向东发射时，地球自转赋予的初速度较大，使得运载火箭所应提供的速度增量可适当减小。如果发射位置纬度越低，这个切向初速度就越大，需要火箭提供的速度增量就越小。对于太阳同步轨道卫星，由于是逆行轨道，发射方位角总要大于 180°，运载火箭飞行时不但得不到地球自转速度的帮助，还要消耗能量用来抵消地球自转的影响，对部分型号运载火箭来说可能影响到接近一半的运载能力。

目前，大多数商用卫星如通信、广播和气象卫星都在赤道轨道运行，因而发射场越接近赤道则发射运载火箭和航天器的效率就越高，这种效率可转换成卫星在轨附加寿命或火箭增加的运载能力。目前，国际公认理想的航天发射场是南美洲的圭亚那航天中心，其地理纬度为北纬 5°，欧洲"阿丽亚娜"系列运载火箭均在此发射，这也成为"阿丽亚娜"系列运载火箭在国际商业发射市场上一个重要的竞争优势。

5.2.2 发射窗口

适合运载火箭发射航天器的时间范围称为发射窗口。发射窗口其实就是允许火箭和航天器发射的时间范围，这个范围的大小也叫作发射窗口的宽度。发射窗口有宽有窄，宽的以小时计，甚至以天计，窄的只有几十秒钟，甚至为零。对于航天器而言，发射窗口的选择至关重要。如果未能在此"窗口"发射，则必须等待下一个发射窗口。

航天器的发射窗口一般有三种类型，分别是年计窗口、月计窗口、日计窗口。年计窗口即某年中连续允许发射的月份，适用于行星际探测任务，如发射哈雷彗星探测器。月计窗口即某个月内可以连续发射的天数，适用于执行行星和月球探测任务，如发射月球探测器、载人火星探测等。日计窗口即某天内可以发射的时刻范围，适用于卫星、飞船和空间站等航天器的发射。

选择年计窗口和月计窗口，主要考虑星体与地球的运行规律，目的是节省发射能量；选择日计窗口需要考虑的因素比较多，通常有：航天器与运载火箭对发射环境条件的要求，测量控制系统中各种测控设备对发射时段的要求，技术服务系统（如通信、时间统一等）对最佳发射时段和最不利发射时段的制约，运载火箭的飞行航区对气象的要求，航天器入轨后必须最大限度地吸收大阳的能量等。对发射窗口的要求可归纳为以下几类。

1. 对地面观察的要求

早期卫星发射多采用光学望远镜进行跟踪观测，因此需要有很好的观测条件。另外，人造卫星绕地球轨道运行，由于观测站不可能遍布全球，因此各发射国只能利用自己的少量观测站对卫星实施测控，这就要求卫星在经过观测站附近时便于观测。

2. 对地面目标光照条件的要求

发射照相侦察卫星、地球资源卫星和中轨道气象卫星时，为了便于卫星上可见光遥感器能很好地遥感地面的图像，卫星运行轨道下方的地面目标必须有很好的光照条件，因此，这类航天器的发射窗口都选在白天。

3. 对航天器上太阳能电池光照条件的要求

目前，卫星及载人飞船等航天器大多采用太阳能电池供电。当航天器进入轨道时，需要太阳能电池板受到最佳阳光照射，以便立即发电供航天器使用。

4. 对航天器上姿态测量设备的要求

航天器进入轨道后，需要利用航天器上的姿态测量设备（如红外地平仪、太阳敏感器等）测量航天器的飞行姿态，以便调姿并进入稳定的飞行姿态。航天器上的姿态测量设备工作时，需要航天器、地球和太阳处在一个较好的相对位置，这时测量航天器的飞行姿态精度较高。所以，这也是选择发射窗口时要考虑的一个因素。

5. 对航天器返回地面时的要求

返回式卫星、航天飞机、载人飞船返回地面时，需要及时搜索到返回的卫星、航天飞机或载人飞船，这对发射窗口的选择是一个极为重要的因素。一般发射部门都希望在白天返回，同时要求气象条件较好，没有大风等恶劣天气，以便于打开降落伞，因此在选择发射窗口时需要考虑返回地面时的情况。

6. 对空间交会的要求

一些特定用途的卫星和深空探测器专门用于对天体的观测，如空间交会的航天器、彗星探测卫星、太阳观测卫星、火星探测器、木星探测器等都需要以最短时间、最高精度与其他航天器或被观测天体会合，这也需要选择合适的发射窗口。另外，地球静止轨道卫星准确定点，尽可能少地消耗推进剂也需要选择发射窗口。由于太阳、地球和其他星体的相对位置在不断变化，即使发射同一类型、同一轨道的航天器，其发射窗口也是不固定的。

选择发射窗口，是一个复杂系统的综合决策问题。某一次发射总有一些较主要的制约条件，它们在发射窗口的确定中起决定性作用。发射窗口是由保证运载火箭发射成功所需技术要求决定的。从理论上讲，为确保发射顺利进行，应使参与发射的各项设备均处于最佳技术状态。但由于参与发射的设备很多，实际上是很难做到这一点的，因此，通常都先由发射控制系统、地面测控系统、通信与时间统一系统，以及气象保证系统等几个与发射关系较大的系统根据自己的情况分别确定，然后由发射部门进行综合分析，根据不同发射时段对实现发射目的的影响和程度，排出综合的最佳发射窗口、较好发射窗口和允许发射窗口。最后，由发射场指挥员决策确定。

5.3 航天发射飞行

航天发射飞行是指运载火箭从点火起飞，直到将航天器送入预定轨道、星箭分离时的飞行过程。一般航天发射飞行时间只有十几分钟，在如此短的时间内要把航天器加速到足够的高度和速度，对飞行轨道选择和飞行程序设计提出了极高要求。

5.3.1 飞行轨道选择

在航天领域中，弹道和轨道的区别在于弹道轨迹是非闭合的，而轨道轨迹是闭合的。运载火箭发射入轨后轨迹是闭合的，因此多数场合称其为飞行轨道。理论上存在最优飞行轨道，但实际受各种因素影响，往往并非采用最优飞行轨道。

运载火箭的发射轨道有两种基本形式：一种是连续推力发射轨道；另一种是具有中间轨道的发射轨道。连续推力发射轨道如图 5.8所示，发动机连续工作，把航天器送入轨道。这种发射形式从能量角度来说不是最佳的，对发动机推力大小有一定的限制，且由于要求连续推力，使得运载火箭连续动力飞行时间较长，但对于发射低轨道卫星（包括太阳同步轨道卫星），合理选择推力，能实现较好的运载性能。

具有中间轨道（滑行段或称自由段）的发射轨道也是发射卫星的常用形式，适用于发射中、高轨道卫星，如图 5.9所示。这种形式是先用一段主动段，把大部分推进剂在较低的高度上消耗掉，让运载火箭获得足够大的速度，而后运载火箭进入一段自由飞行段，抬高

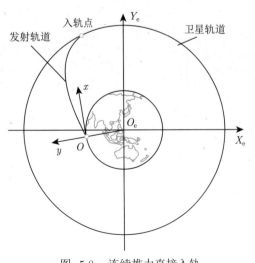

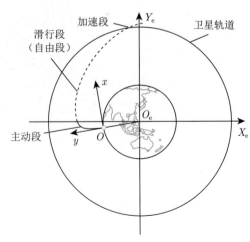

图 5.8　连续推力直接入轨　　　　　图 5.9　主动–滑行–加速发射入轨

高度。当运载火箭飞行到预定轨道高度时，再加一小段主动段（加速段），让运载火箭加速后进入预定轨道。

对于发射轨道的第二种形式，还存在一种特殊情况，即最优轨道，或称能量最省轨道，如图 5.10所示。这种轨道要求自由飞行段（中间轨道）要绕地球半圈，即自由飞行段起点和终点正好在地心的连线上，此时加速段能量最省。这种形式适用于高轨道航天器同轨道面发射。当然，对于一般的航天发射，受到发射场区位置、测控台站布局、航区和落点的安全等因素的限制，很多情况下不可能采用自由飞行段很长的理想发射方案，而采用多消耗一些能量，甚至经常采用一次主动段就把卫星送入轨道的发射方案。

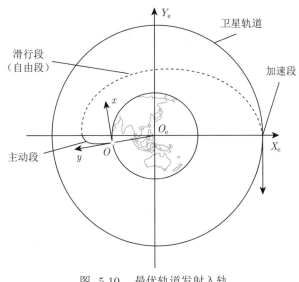

图 5.10　最优轨道发射入轨

地球同步轨道卫星发射飞行轨道常采用最优轨道。对这种发射任务可考虑两种情况：一种是理想的同轨道面发射，也就是发射点在赤道上；另一种是实际情况，即在不同轨道面发射，发射点不在赤道上。对于同轨道面发射，可采用如图 5.11所示的一个或两个中间轨道进

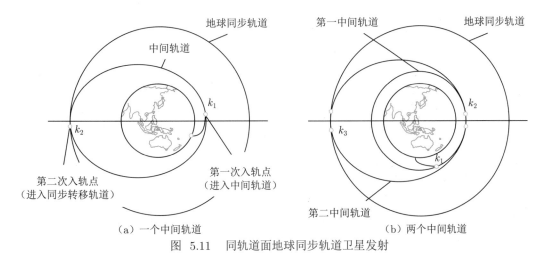

（a）一个中间轨道　　　　　　　　（b）两个中间轨道

图 5.11　同轨道面地球同步轨道卫星发射

行发射，两个中间轨道分别称为停泊轨道、转移轨道，其中停泊轨道可用于精密测定轨。

对于不同轨道面的地球同步轨道卫星发射，通常采用两个中间轨道，在转移轨道远地点综合进行轨道面改变和速度调整，进入地球同步轨道，如图 5.12 所示。火箭从发射点 O 起飞，经主动段 Ok_1，在轨道的 k_1 点进入停泊轨道 k_1k_2 段，在停泊轨道上滑行到 k_2 点时发动机第二次点火加速，达到满足大椭圆转移轨道近地点速度的 k_3 点时关机，星箭分离，此后卫星进入大椭圆转移轨道独自飞行。k_3 点通常选在赤道附近，以便远地点高度为地球同步轨道高度、椭圆轨道半长轴 a 在赤道面内。在 k_4 点（卫星远地点）发动机点火，调整轨道倾角并加速，直到 k_5 点满足轨道倾角和地球同步轨道速度要求时关机，此时卫星进入了工作轨道。

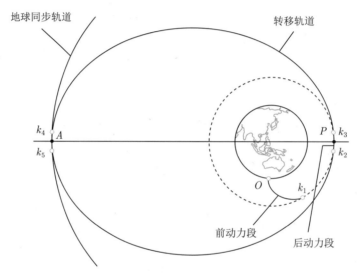

图 5.12   不同轨道面地球同步轨道卫星发射

5.3.2 飞行程序设计

运载火箭飞行要经历稠密大气到真空，亚声速、跨声速到超声速，空气动力特性变化大，且发动机工作消耗燃料使得火箭质量、惯量、推力等始终变化，还有地球引力场等也会变化，运载火箭上的弹载计算机难以承担如此复杂的计算任务，因此通常采取地面精密计算、箭上装订诸元参数的方式，使运载火箭按预定程序飞行。以某型运载火箭为例，其飞行程序过程为：

（1）垂直飞行 20s（缩短穿过大气层的时间，减少速度的损失）；

（2）程序转弯，一级工作段程序角（火箭纵轴与发射坐标系 x 轴的夹角）从 90° 变为 24°；

（3）二级工作段，程序角从 24° 变为 12°；

（4）三级第一次飞行段，程序角从 12° 变为 −36°，此时主动段结束，火箭进入停泊轨道；

（5）三级滑行段，程序角从 −36° 变为 −68°，保持推进剂沉底；

（6）三级第二次飞行段，程序角从 $-68°$ 变为 $-71°$，星箭分离，卫星（含上面级）进入大椭圆轨道。

纵观上述飞行过程，运载火箭点火起飞后，首先在稠密的大气层内飞行，跨过声速，经过最大动压区，然后飞出大气层外，最终将航天器送入预定轨道。运载火箭的飞行轨道经历了垂直起飞段、程序转弯段和入轨段。

当运载火箭飞离地面一段时间后，火箭开始按预定的程序角转弯，对准发射方向飞行。为了减小空气阻力，顺利跨过声速，火箭在大气层内采用零攻角飞行，以减少气动载荷和气动干扰。当火箭飞出稠密的大气层时，一级火箭一般已经分离，改由二级火箭加速。飞离大气层后，整流罩被抛掉，火箭按照最小能量的飞行程序继续转弯，以等角速度飞行。

运载火箭在飞行轨道上任一点的速度都可以分解成垂直方向和水平方向的分速。火箭在轨道的每一段都尽量利用其运动所产生的惯性离心力去抵消重力，而火箭的水平分速越大，它所产生的惯性离心力也越大，对重力的抵消就越有效。如果火箭的水平分速小于环绕地球所需的速度，则惯性离心力不足以抵消重力，所以整个火箭的质量还必须借助火箭的推力来抵消。在火箭飞行的垂直段，火箭尚未获得任何水平分速，所以此时全靠发动机的推力来克服重力。当火箭的水平分速到达环绕速度时，克服重力就只需要惯性离心力了，此时火箭的推力主要用来提高轨道远地点高度。

5.4　航天发射场

航天发射场是为航天器和运载器的装配、测试、运输等做的发射前的准备，以及为航天器发射、弹道测量、发送控制指令、接收和处理遥测信息而专门建造的一整套地面设施、设备。航天发射场的主要任务是为运载火箭、航天器（如卫星、飞船等）及有效载荷提供在发射场工作阶段的转运、吊装、推进剂加注、装配测试等技术准备和实施发射，以及通信、气象、计量、水暖电、消防等各种地面勤务保障和后勤支持。

更广义的航天发射场可按照飞行区域划分为首区、航区和落区三个区域。其中首区即狭义的航天发射场；航区包括火箭弹道飞行的空域和火箭各子级、整流罩分离后的坠落场区，根据需要在航区一般配有跟踪测量站；落区又称返回着陆场，如返回式卫星和载人飞船返回舱回收着陆的区域，配置观测与跟踪设备、可供回收过程使用的一些地面系统。

航天发射场作为航天系统工程的重要组成部分，是完成航天系统工程任务的基础要素和前提条件，是各类航天器踏上太空征程的起点。系统功能完善、能够发射各类航天器的航天发射场，是国家航天事业发展的重要标志，也是展示国家军事、经济、外交实力的重要窗口，在国家建设，特别是国防和军队建设中占有十分重要的地位。

5.4.1　航天发射场的测试发射模式

航天产品进入发射场后，其工作内容一般分为技术准备、发射准备和实施发射三个阶段。测试发射模式就是航天产品在技术准备（总装、测试）、转运和发射等具体工作中，各种标准样式的组合。到目前为止，世界各国的航天发射场先后出现和采用过四种测试发射模式：水平测试分级运输模式、固定准备模式、"三水平"模式及"三垂"模式。

5.4.1.1 水平测试分级运输模式

水平测试分级运输模式是 20 世纪 50 年代美国和苏联在陆基导弹研制初期普遍采用的一种技术准备模式，又称为"平行准备法"。该模式的主要特征是火箭在技术区水平测试、水平运输，在发射区垂直对接和重直测试，因此在我国有时也称之为"两平两垂"模式。

采用这种模式时，运载火箭在技术区火箭准备厂房内完成水平测试后，分级（包括助推器）运往发射区，使用勤务塔上的吊车，在发射台上进行垂直组装、测试，然后与航天器对接，再进行联合测试和加注发射。我国的酒泉发射场、太原发射场和西昌发射场在 20 世纪 90 年代前都采用这种模式。这种模式对航天器的结构设计没有特殊要求，测试操作和产品出厂前基本一致。

这种模式的主要缺点包括以下两方面。

（1）火箭和航天器由技术区到发射区，产品状态发生了变化，需要重新在垂直状态下对火箭进行测试，导致发射工位占用时间较长，增加了发射的运行费用，限制了发射能力的提高。

（2）由于发射工位工作环境受限，操作空间与安全性受到影响，影响了操作和测试的质量，发射安全性和可靠性相应降低。

5.4.1.2 固定准备模式

固定准备模式是指运载火箭水平分级转运、发射区垂直组装、垂直测试发射的方式，有时也称为"一平两垂"模式。这种模式是由水平测试分级运输模式发展而来的。由于水平测试分级运输模式在技术区与发射区的许多测试项目重复，经过优化后，简化了技术区的工作，取消了火箭在技术区的包括分系统测试、总检查测试等在内的大部分测试项目。火箭进入发射场后只在技术区进行转场前的一般性检查、部分单元测试和设备安装。目前，国外的航天发射场，如法国库鲁发射场的"织女星"运载火箭、美国肯尼迪航天中心和范登堡发射场的多型火箭均采用该模式。我国的太原发射场和西昌发射场也都采用了该模式。

固定准备模式的主要优点是：

（1）发射场无须建造昂贵的垂直总装厂房和活动发射平台，建设投资少。

（2）技术区设施简单，发射区测试过程连贯，测试效率高。

（3）技术区到发射区的转运设施设备简单，运载火箭/有效载荷转运气象条件要求容易满足，对星、箭结构强度及状态没有特殊要求。

固定准备模式的缺点是：

（1）火箭占用发射工位时间长，不利于提高发射能力。

（2）发射工位环境条件较差，影响操作和测试的质量，发射安全性和可靠性降低。

5.4.1.3 "三水平"模式

20 世纪 60 年代初，苏联率先改变了陆基导弹发射的模式，采用了水平整体组装、水平整体测试、水平整体运输和起竖的新模式，使连续两发导弹的发射时间由原来的 10 天左右缩短至 2～3 天。后来将这种模式应用到航天器和运载火箭的发射上，称为"三水平"模式。

这种模式的特征是航天器、运载火箭在技术区进行技术准备时，先进行水平整体装配和水平整体综合测试，然后水平整体运往发射区，在发射区整体起竖，再次进行综合测试后加注发射。目前，俄罗斯运载火箭（如图 5.13 所示的"联盟号"火箭）多采用这种模式，包括由俄罗斯、乌克兰、挪威和美国的波音公司共同投资运营的海上发射公司的"天顶号"火箭。

图 5.13　俄罗斯"联盟号"火箭采用"三水平"模式

采用这种测试发射模式时，要求航天器、运载火箭连接后的整体具有足够的强度，其结构和部件、仪器允许水平整体运输。

该模式主要包括以下几方面优点。

（1）在室内进行装配和测试，既提供了良好的工作环境，又有利于提高操作质量。

（2）不必建造高大的装配测试厂房和大型复杂的垂直运输设备及专用运输道路，可减少发射场建设费用。

（3）不需要在发射台上装配，缩短了发射台占用时间，提高了发射阵地的周转能力。

该模式的缺点主要表现在以下几方面。

（1）由于运载火箭和航天器是处于非工作状态进行组装、测试和运往发射区的，因此，在发射场必须重新进行综合测试，因为运载火箭从水平状态转为垂直状态起竖到发射台上，有可能成为发生故障的诱因。

（2）需要在发射场将加注管路、压缩空气管路和各种电缆线与运载火箭相连接，操作上存在一定的不便和困难，尤其是在不利的气象条件下更为明显。

5.4.1.4　"三垂"模式

美国于 1962 年在肯尼迪航天中心建造"阿波罗"飞船 39 号发射场时，首先提出并实施垂直整体组装测发工艺流程的模式，并在航天飞机发射中沿用。这种模式的特征是：在技术区，航天器、运载火箭首先在垂直状态下进行装配，各子级、各舱段的组装对接及总装对接也在垂直状态下进行，然后进行垂直整体测试，最后垂直整体运输到发射区加注发射。目前，国外采用"三垂"模式的有美国的"战神"和"宇宙神"系列运载火箭，日本的"H-2"火箭，欧洲航天局的"阿丽亚娜 5 号"运载火箭，印度的"PSLV""GSLV"运载火箭。我国新型"长征五号"运载火箭也采用"三垂"模式，如图 5.14 所示。

"三垂"测试发射模式的主要优点包括以下几方面。

（1）为室内操作提供了良好的工作环境。

（2）按工作状态组装，测试过程完善，使发射准备过程更加可靠。

（3）可以事先在室内将与运载火箭连接的管路、电缆准备好，并通过脐带塔引至便于操作的部位，简化了与发射区地面系统的连接操作；可适应发射计划的灵活性，不会因运载火箭发射推迟而影响随后的发射。

（4）天气情况不好时，可将运载火箭撤回技术阵地，因此不必在发射阵地对运载火箭采取预防恶劣天气的特殊措施。

（5）可用于发射同一类型、不同结构的火箭。

图 5.14 我国新型"长征五号"运载火箭采用"三垂"模式

"三垂"模式的缺点是：必须建造高大的垂直装配测试厂房、结构复杂的专用运输设备，铺设从技术区到发射区的专用道路，费用及技术难度均较高，适用于重型运载火箭和超重型运载火箭的发射。

5.4.1.5 测试发射模式的选择

发射场在具体采用上述四种测试发射模式之一时，会根据具体情况做出相应的调整，但总的发展趋势是"强化技术区、简化发射区、简洁顺畅"。根据这一发展趋势，目前水平测试分级运输模式已基本不再采用。最典型的是欧洲航天局的库鲁发射场，同时使用三种测发模式，现役的"阿丽亚娜5号"火箭采用的是"三垂"模式、"织女星"火箭采用的是固定准备模式、"联盟号"火箭采用的是"三水平"模式。

上述各种测试发射模式各有优缺点，选择时主要考虑以下几个因素。

1. 运载火箭的结构形式和运载能力

运载能力较大，或者捆绑大型固体或液体助推火箭的运载火箭，其总装和测试工作较为复杂，出于简化发射区操作的考虑，一般不选用固定准备模式。

2. 是否载人

载人航天对脐带塔有登舱和紧急撤离的要求，脐带塔的结构相对复杂。而且载人飞行对发射窗口有特殊要求，可靠性、安全性要求较高，需要具备在技术区充分检查、测试和待命、择机发射的能力，发射区占位时间过长，会影响发射窗口的选择和航天员的安全。因此，载人航天工程一般不选用固定准备模式。

3. 测试发射周期

发射周期是指航天器和运载火箭从进场到完成发射的时间。发射周期与降低发射费用直接相关。一般情况下,"三垂"模式周期最长,"三水平"模式周期适中,固定准备模式周期最短,可根据航天工程要求进行选择。

4. 发射频率与发射工位占位时间

发射频率一般按年度计算,即通常所说的年可发射次数。发射频率决定了发射场的发射能力,在高密度、常态化发射或商业发射竞争激烈的情况下,较高的发射频率意味着具有竞争上的优势。如果发射工位占位时间短,两次发射之间的间隔时间就能够相应缩短,同样时间内的发射频率就会提高。因此,一般情况下,如果单方面强调发射频率,宜采用固定准备模式;如果强调占位时间,宜采用"三垂"模式和"三水平"模式,其中"三垂"模式由于技术准备与发射状态接近,占位时间最短。

5. 测试和发射的状态一致性

保持火箭和航天器在测试和发射时的状态一致,是提高发射可靠性的有效措施。固定准备模式的最大优势是运载火箭一直以接近发射状态的箭地连接关系进行测试,有效保持了测试状态与发射状态的一致性,从节省测试时间和确保发射可靠性两方面考虑都具有较大的优势。"三垂"模式如果要保持上述状态,则必须将火箭和航天器的前置测试设备及加注供气管路放置于发射台上,通过脐带杆与火箭连接。火箭、航天器从技术区到发射区的转运过程中,产品与测试设备的接口状态不变,只需要转换发射台和地面的接口即可,基本保持了测试状态和发射状态的一致。当然,其代价是发射台极为庞大,火箭支撑面的转运也比较困难。为适应不同的射向,需要运载火箭起飞后对飞行姿态进行滚转调整。美国肯尼迪航天中心用于航天飞机转运的 Major 履带火箭运输车如图 5.15 所示,长 39.92m,宽 34.44m,高 6.09 ~ 7.92m,重达 2750t,负责将火箭从航天器装配车间运送至 39 号航天发射复合体的发射塔。

图 5.15　美国肯尼迪航天中心的 Major 履带火箭运输车

5.4.2 航天发射场的功能分区

根据功能划分，发射场一般由技术区，转运区，发射区，指挥区，协作区，办公区、生活区及航天员区等组成。

5.4.2.1 技术区

技术区是对航天器及其运载器进行验收、存放和技术准备的专门区域。航天发射场技术区因测发模式不同，其功能任务有所差别。在"三垂"模式和远距离测发控模式下，技术区是发射场的主要工作区，是运载火箭、航天器转载、总装、系统测试、联合总检查及测发指挥监控、地面勤务监控的主要工作场所。

在"一平两垂"和远距离测发控模式下，运载火箭在技术区的功能简化，主要完成运载火箭水平转载、外观检查、单元测试任务，而火箭的起竖翻转、总装、系统测试、综合测试，以及与航天器的对接、联合总检查等移到发射区完成。航天器在技术区的主要功能与"三垂"模式基本相同，主要区别是航天器与运载火箭的对接在发射区完成，航天器与运载火箭对接之后的工作也都移到发射区，故在"一平两垂"和远距离测发控模式下，技术区仍然是测发指挥监控、地面勤务监控的主要工作场所。

酒泉卫星发射中心的技术区厂房如图 5.16 所示。

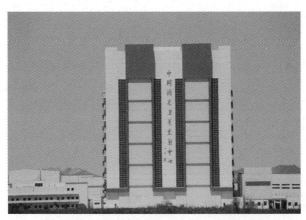

图 5.16 酒泉卫星发射中心的技术区厂房

技术区从功能上主要分为火箭厂房、航天器厂房和辅助设施三部分。其中：火箭厂房包括火箭转载和测试准备厂房、固体火箭总装测试厂房、火箭总装测试厂房，用于火箭转载、测试、总装工作；航天器厂房包括航天器总装测试厂房、航天器加注厂房，供航天器及有效载荷测试、总装和加注推进剂燃料使用；辅助设施包括气源站、氧化剂库房、燃烧剂库房、火工品检测间、火工品储存间、动力站及其他各种生活勤务保障等，用于星箭技术测试过程中的气源、动力、环境等相关保障。

5.4.2.2 转运区

转运区是将航天器及其运载器从技术区转运至发射区的专门区域。转运区的组成与特点取决于航天器及其运载器的类型和工艺流程技术方案，一般由转运道路和转运设备组成。

转运道路分为公路和铁路两种，相应的转运设备为公路运输车和铁路轨道运输车。运输状态一般分为产品水平分段运输、产品水平整体运输和产品垂直整体运输三种方式。

在先进的产品垂直整体运输方式中，铁路轨道运输车常常兼具发射台的功能，因而这种轨道运输车也称为活动发射台。当技术区和发射区之间只有一条转运铁路轨道时，对于多工位产品的转运，一般设有专门的转轨设施。在"三垂"模式的转运区中，地下还设有电缆通廊，供布设光缆、电缆和人员通行用。

我国文昌卫星发射中心的垂直转运区如图 5.17 所示。

图　5.17　我国文昌卫星发射中心的垂直转运区

5.4.2.3　发射区

发射区是用来进行航天器及其运载器的发射直接准备和发射的专门区域，与专用的铁路、公路与技术区相连接。在载人航天发射场的发射区还有用于待发段航天员应急救生的专门区域。发射区的主要功能是将技术区测试合格的运载火箭和航天器进行检查测试、加注、瞄准和实施发射。具体功能与功能测发模式相关，在我国现行的"一平两垂"和"三垂"测发模式下，运载火箭在发射区的工作和工作周期存在明显的差别。

在"一平两垂"测发模式下，运载火箭在发射场的主要测试准备工作在发射区完成，准备周期大约占运载火箭在发射场整个任务周期的 2/3。在发射区主要完成火箭分级组装、仪器安装、粗瞄、分系统测试、系统匹配检查、火箭总检查、星箭对接、星箭联合测试检查、加注、精瞄和发射、射后状态恢复处理等。上述工作的具体流程根据不同航天器和火箭型号而存在差异。例如，在星箭对接的时机方面，有的卫星型号在完成火箭组装后即进行星箭对接；有的卫星型号在火箭对接成功并直至完成第二次总检查后，才转往发射区与火箭进行对接。在星箭对接操作方式方面，主要有整体吊装和分体吊装两种：整体吊装是指航天器和整流罩在技术区加注及整流罩装配厂房完成组装后，整体垂直转运至发射区与火箭对接；分体吊装则是指将航天器、整流罩分别运输至发射塔上，首先完成航天器与火箭的吊装对接，然后在发射塔上完成最后的合整流罩操作。

在"三垂"测发模式下，火箭组装、分系统测试、系统匹配测试、火箭总检查、火箭和航天器对接、联合检查等工作均在技术区垂直总装测试厂房内完成，测试合格后的火箭-航天器组合体以垂直状态转运至发射区，进行功能状态检查、推进剂加注、瞄准和发射，以及发射后状态恢复处理等工作。

发射区主要包括脐带塔、勤务塔、导流槽、前置设备间、阵地试验用房、动力站、瞄准间、高速摄影设施、电视摄像设施、避雷塔、推进剂加注储存设施、电缆通廊、气瓶库、给排水及消防设施、污水处理设施、变配电站等。勤务塔（见图5.18）用于临发射前为火箭和航天器提供检查维护和测试工作条件。脐带塔（见图5.19）为地面设备通往待发火箭的电、气、液管线提供通道或支撑，发射时撤收脱落的电、气、液连接器及软管线，发射后进行消防、清洗。发射台用于支撑和固定运载火箭，进行垂直度调整、方位瞄准、消防管路安装、点火线路及点火发射等。

图 5.18　矗立于勤务塔旁的"长征五号"运载火箭　　图 5.19　脐带塔与"长征五号"运载火箭

导流槽用于排导火箭点火发射时火箭发动机产生的高温高速燃气流。导流槽的结构形式并不是固定的，通常有斜槽形单面导流槽、双面不对称的楔形导流槽、锥形双面导流槽和锥形三面导流槽。发射场选用何种结构形式的导流槽是由多种因素决定的。例如，我国酒泉卫星发射中心早期使用的是斜槽形单面导流槽，后来随着火箭运载能力的提高以及出于地质情况、施工周期和经费等因素的考虑，在建设载人发射场时采用了双面不对称的楔形导流槽。文昌卫星发射中心"长征五号"火箭发射导流槽（见图5.20）采用锥形双面多通道结构形式，用于排导火箭点火时产生的巨大热能，是我国目前最大的导流槽。

5.4.2.4　指挥区

指挥区又称试验指挥区，是对航天器及其运载器的测试发射、首区测量控制及整个发射场的勤务保障实施统一指挥、协调的区域。指挥区是发射场执行发射任务时的信息中心和指挥中枢，基本职能是：接收发射场指挥员的指令，组织测试发射工作，并根据发射指挥协同程序向全区发布"15分钟准备"至"起飞"阶段的指挥调度口令；完成测控通信系统的联试、校飞、全航区合练和实施任务的指挥调度工作；完成上级指挥控制中心的命令，指挥和监视中心所属参试单位的工作；视不同火箭的安全控制需要，负责规定时间段的安全控制任务；向上级航天指控中心和卫星测控中心提供显示信息和数据；向发射场各测量站和航区提供引导信息；向上级航天指控中心提供任务综合信息。指挥区主要由指挥控制中心、气象机房、技术工作用房、指控站用房、辅助用房等组成。

图　5.20　文昌卫星发射中心"长征五号"火箭发射导流槽

5.4.2.5　协作区

协作区又称试验协作区，是对航天器及其运载器和独立的有效载荷进行工作协调，对航天员等各参试系统人员提供食宿、召开会议的场所，有的也称为协作楼、试验宾馆。协作区为参与发射任务的试验场、协作单位和后勤人员提供条件保障。协作区主要由参加发射任务的工作人员的试验工作用房、生活用房等组成。

5.4.2.6　办公区、生活区

办公区、生活区主要为驻发射场区的测试发射人员、地面设施设备管理维护人员等提供办公和生活场所。办公区、生活区主要由发射场工作人员办公用房、宿舍、食堂、仓库库房、生活服务中心、污水处理设施、车库及修理间、水泵房等组成。

5.4.2.7　航天员区

航天员区用于航天员医监医保、体能训练和简单的技术训练，同时监测航天员每天的身体状况。航天员区主要由航天员生活区、航天员工作训练区、服务人员工作区及场区保障设施等组成。

5.4.3　航天发射场选址

虽然发射位置的纬度对运载能力的充分利用有着重要影响，但实际发射场的选址是一项多目标、多因素的系统工程，除了考虑纬度，还需要综合考虑国家战略、自然条件、发射通道安全、交通运输条件、测控支持条件和社会依托等因素。

1. 国家战略

在国家战略方面，航天发射场的选址要综合考虑国家政治环境、经济建设、技术发展、军事需求等因素，在考虑发射成本的同时，能够提升民族自豪感，促进周边经济发展；在建设规划上也要留有充分的发展余地，适应航天任务后续发展，满足军事任务需要，实现社会、经济、军事发展效益最大化。

法国圭亚那航天中心可谓是具有得天独厚条件的发射场址。1975 年，随着欧洲航天局的成立，"阿丽亚娜"运载火箭开始研制，经过论证，圭亚那航天中心被认为是发射"阿丽亚娜"运载火箭的最理想场所。为了满足该火箭后续型号的发射需要，欧洲航天局对该中心进行了改扩建，先后建成了第一发射场、第二发射场和第三发射场。此外，欧洲航天局还与俄罗斯联邦航天局合作，在距"阿丽亚娜"发射场 20km 处联合建造了新的"联盟号"火箭发射场，其目的是弥补"阿丽亚娜 5 号"火箭和"织女星"火箭在发射中型卫星方面的不足，同时为圭亚那航天中心开展未来载人飞行任务以及欧洲和俄罗斯之间进行更多的航天合作奠定基础。从圭亚那航天中心的历史可以看出，由于在建造之初考虑得比较长远、规划得比较周全，因此给法国和欧洲航天局在该地区投资建设发射场留有充分的发展余地。迄今为止，圭亚那航天中心的发射服务占据了国际商业发射市场的主要份额，获得了巨大的经济效益。

2. 自然条件

航天器发射是一项高风险的活动，火箭推进剂多为易燃、易爆物质，易发生泄漏、火灾、爆炸等事故。苏联、美国等国家都曾在发射台上或发射井内发生过重大事故，严重者伤亡百人以上。因此，发射场的选址要保证人员安全，远离人口稠密区、中心城市或重要工业基地。例如，俄罗斯的拜科努尔发射场位于人烟稀少的沙漠地区；美国肯尼迪航天中心濒临大海，人迹罕至；法国圭亚那航天中心位于人口稀少的南美洲。

另外，航天发射场的地质水文条件要能够符合大型地面或地下建筑物的建设要求，且没有潜在的地震活动；气候条件最好具有湿度低、晴天多、大风和雷暴天气少等特点，地面风速和高空风速较低，风场较为稳定；地形地貌能够有利于工程建设和各种设施设备的布局，对跟踪测量的限制小；等等。

3. 发射通道安全

发射通道的安全需要考虑首区安全以及射向和航落区安全。火箭正常发射的噪声及意外事故的冲击波、热辐射、火球、碎片和有毒气体等都是重要的危险源。因此，从首区安全方面考虑，以发射点为中心，以射向为基准，一定夹角内的地面设施应避开发射场区外的重点保护区及人员密集区，有利于降低正常发射与意外事故对人员安全和社会经济的影响，发射场区也应与场外周边的重点保护区、人口密集区和重要的公共基础设施之间设置合理的安全距离。圭亚那航天中心的主要射向从北向东形成一个 $-10.5°\sim95.5°$ 的扇形，首区主要为大西洋，在进行发射时无须采取专门的安全保障措施。

发射场的射向是指允许运载火箭发射的方向范围，而航落区是指导弹、运载火箭飞行过程中的地面投影轨迹，以及分离体在地面的落点。发射场一般要求射向范围尽量大，以满足不同任务的航天器的发射需要。同时在确定射向时又必须考虑航落区应避开重点保护区和重要设施，避免穿越他国领空；火箭残骸避免陨落于他国领土和领海。例如，范登堡空军基地位于美国西海岸，为了保证发射安全而无法向东发射，从能量利用角度来说不如位于美国东海岸的卡纳维拉尔角空军基地，可以向东发射，充分利用地球自转初速度。但同时，由于从卡纳维拉尔角空军基地向南发射时初始段会经过人口密集区，因此不能发射极轨或太阳同步轨道卫星，这一缺陷正好可以由范登堡空军基地来弥补。

4.交通运输条件

发射场选址时应考虑发射场的交通条件，包括公路、铁路、水路和航空运输等条件。发射场应尽可能建在交通便利的运输干线和机场附近，以利于发射场建设及运载火箭、航天器、推进剂、各种器材设备和物资以及生活用品等能够安全可靠地运输。采用公路或铁路运输时，需要考虑坡度、宽度、转弯半径及通过高度等参数应满足产品最大构件运输要求，采用海运或空运时，发射场周边应有满足运输机起降的机场或运输船进出的港口。

美国卡纳维拉尔角空军基地、肯尼迪航天中心位于美国南部重要城市迈阿密和奥兰多之间，交通十分便利，有铁路、公路、机场，关键是有自备泊位，超大型运载器可以通过驳船直接运往发射场的总装测试厂房附近。法国圭亚那航天中心的卫星、用户地面支撑设备和推进剂等都可以通过飞机运往发射中心，在卡宴–罗尚博国际机场降落，适用于波音 747客机、空中客车和"安-124"等各种大型飞机。机场与有效载荷处理设施之间通有公路，运输十分便利。其水路运输同样十分便利。我国的"长征五号"运载火箭由于其直径要求，只能通过海运的方式运往文昌卫星发射中心，如图 5.21 所示。

5.测控支持条件

火箭发射与飞行过程中始终需要测控网络的支持，以实时跟踪火箭飞行状态。在发射场选址时，首先考虑尽量利用现有的测控网络，否则就需要考虑有利于新测控网点的建设。

美国卡纳维拉尔角空军基地是在岛屿上布站的，可使航区延伸到 10000km 以上，而且不存在航区安全问题。范登堡空军基地的观测站、跟踪站设在加利福尼亚州海岸、夏威夷及太平洋诸岛上，测量和监控环境好。

图 5.21　我国"长征五号"运载火箭由"远望 21 号"火箭运输船海运至文昌卫星发射中心

6.社会依托

社会依托是保证发射场工作人员生活、工作等物质和精神文化生产的社会保障体系，包括生活供应、提供上学和就业机会等。社会依托对航天发射场来说也是一个必须考虑的基础性问题，影响着发射场的吸引力和人员稳定性。航天发射场建设是一项大型工程，必然会与周边的社会经济、文化相互影响。同时，对一个拥有数千或上万名操作维护人员的航天发射场来说，良好的社会依托不仅可降低工程建设投入，提供稳定、充沛的资源，也将为发射场工作人员的生活、发射场与当地的协调发展创造有利条件。

在实际的发射场选址时，使其满足以上全部选址条件是不可能的，应根据实际情况对各种因素进行综合分析，解决主要矛盾，采取一些补救措施，解决和缓和其他次要矛盾，建成技术性好、适用范围广的综合性发射场。

5.5 世界主要航天发射场

世界航天技术领域发展前沿的几个国家都拥有数个成熟、先进的航天发射场。

5.5.1 国内典型航天发射场

我国航天发射场经过 60 多年的建设和发展，根据不同轨道卫星发射任务的综合试验能力和分工格局，建成了布局相对合理、设施基本完善、功能比较齐全的四个发射场，其中我国新一代运载火箭发射场在海南省建设完成并投入使用，综合来说，已具备了一定的航天发射规模、能力和水平。

5.5.1.1 酒泉卫星发射中心

酒泉卫星发射中心又称"东风航天城"，是我国建设最早、规模最大的航天器发射场和导弹武器试验基地，也是我国唯一的载人航天发射场。酒泉卫星发射中心位于甘肃省酒泉市与内蒙古阿拉善盟之间，地域辽阔，以戈壁、沙漠地形为主，地势平坦，人烟稀少。

该发射场由南区和北区组成，其中南区现有两个发射工位，具备使用"CZ-2F"火箭发射载人飞船和"CZ-2C""CZ-2D"火箭发射中低轨道卫星的能力，年发射能力 6～8 发。北区原用于"长征二号"非捆绑常规推进剂系列运载火箭发射大倾角、中低轨道的科学探测和返回式卫星。卫星与火箭测试厂房始建于 1977 年，先后完成了 15 次运载火箭、卫星和多发战略战术导弹的发射任务。2 号发射阵地具备水平测试、水平运输、近距离测试发射控制能力，但自 1996 年后不再执行任务，现已进入退役期。

5.5.1.2 太原卫星发射中心

太原卫星发射中心地处我国晋西北黄土高原中部、北同蒲铁路以西，距山西省省会太原约 284km。场区地表大部分由黄土覆盖，自然植被稀疏，水土流失严重，地形破碎，沟壑纵横，山岭与谷地交错。

经过多年的建设，该发射场已具备航天发射和多种导弹武器试验能力。其中，在航天发射方面，具备"CZ-2C/SM""CZ-4B"等非捆绑常规推进剂火箭发射极轨和太阳同步轨道卫星发射能力；在测发控模式方面，"CZ-4B"运载火箭为远距离测发控模式，"CZ-2C/SM"运载火箭为近距离测发控模式。2008 年，新建 9 号液体火箭发射工位，以满足现有常规推进剂火箭型号的要求。

太原发射场主要由指挥系统、测试发射系统、测控系统、通信系统、气象系统和技术勤务保障系统组成，各系统设施主要包括技术区设施、发射区设施、北海指挥控制中心、154

雷达站、157 雷达站、遥测站、光学测量站、计量站、发信台、收信台、指挥调度和数据收集传输处理设施、气象探测和预报设施等。

5.5.1.3 西昌卫星发射中心

西昌卫星发射中心位于我国西南部四川省凉山彝族自治州冕宁县沙坝镇附近，属于青藏高原东南部横断山脉腹地的安宁河谷地，所处地区三面环山，一面向东南方向开口，呈半封闭小盆地状，具有较低纬度和中高海拔。该发射场始建于 1970 年，1982 年建成第一发射工位，1984 年 1 月首次执行发射任务；1990 年年初建成第二发射工位。

经过多年的建设，西昌发射场已成为具备"CZ-3A"系列火箭发射能力、与国际接轨的现代化航天发射场。此外，发射场的建设也带动了所在地西昌市的基础设施建设，促进了当地旅游业的发展，提升了对外开放和招商引资的能力，为驻地区域的经济发展做出了重要贡献。

西昌发射场由指挥系统、测试发射系统、测控通信系统、气象系统以及勤务保障系统等组成，其设施设备主要分为技术区设施设备和发射区设施设备，二者处于同一地区相隔 3km 的两条山沟内。

5.5.1.4 文昌卫星发射中心

为满足我国新一代运载火箭的发射要求，2007 年 8 月，国家批准新一代运载火箭发射场建设立项，明确在海南省文昌市龙楼镇建设，如图 5.22 所示。该发射场由发射区、技术区、发测站营区和试验协作区等组成，建设有一个直径 5m 的火箭发射工位和一个直径 3.35m 的火箭发射工位。

图 5.22 文昌卫星发射中心

发射区主要包括固定勤务塔、导流槽、瞄准间、阵地试验用房、火箭推进剂加注系统、供气系统、消防系统，以及垂直转运轨道、电缆通廊等辅助设施。技术区主要包括火箭水平转载准备厂房、垂直总装测试厂房、航天器总装测试厂房、航天器加注及整流罩装配厂房、测发指挥与飞行控制中心和测发指挥监控系统，以及氮氧站、航天器氧化剂库房、燃烧剂库房、火工品检测间和储存间等辅助设施。发测站营区主要包括发测站和气象站等办公、生活设施，以及水电保障、仓库和公用工程等设施。试验协作区包括试验工作用房，在执行发射任务时供各驻场部门使用。技术勤务保障系统主要包括气象系统、液氧液氮保障系统、煤油保障系统、供气系统、推进剂分析化验系统、废水废液处理系统、供水系统、供电系统及机动消防系统等。

文昌卫星发射中心是我国首个低纬度海滨发射基地，主要承担地球同步轨道卫星、大质量极轨卫星、大吨位空间站和深空探测卫星等的发射任务。

5.5.2 美国典型航天发射场

美国主要的航天发射场有 6 个，其基本信息如表 5.1所示。

表 5.1　美国主要航天发射场的基本信息

航天发射场	位置	首次发射日期	发射次数/次（1957—2018 年）	特点
卡纳维拉尔角空军基地	28°N 80°W	1958.02.01	858	可发射射程超过 10000km 的导弹和火箭，负责 NASA 所有的载人航天任务
范登堡空军基地	34°N 120°W	1957.02.28	615	主要服务于美国军事任务，发射了大量极轨通信卫星和侦察卫星
瓦勒普斯发射场	37°N 75°W	1961.02.16	34	火箭发射基地，为 NASA 及其他联邦机构的科学和探索任务提供支持
火箭实验室发射综合设施	39°S 177°E	2018.01.21	3	作为目前世界上最新的在用航天发射场，只支持火箭实验室"电子"火箭发射
太平洋航天港发射场	57°N 152°W	2010.11.20	2	适用于发射小型固体推进剂火箭，包括源自洲际弹道导弹的火箭
罗纳德里根弹道导弹防御试验场	34°N 127°E	2008.09.29	2	美国唯一的赤道发射设施所在地

5.5.2.1　卡纳维拉尔角空军基地/肯尼迪航天中心

卡纳维拉尔角空军基地，位于美国最南端佛罗里达州，又称东靶场，是美国航天发射的绝对主力、美国最重要的航天港之一，位于北纬 28°28′，西经 80°34′。该地区人烟稀少，自然条件好，年平均气温 22.5℃，全年大部分月份湿度大，场区最高海拔 3.048 m。由于该发射场纬度较低，因此可充分利用地球自转附加速度，有助于卫星入轨。从这里向东南方向 124° 方位角发射，在岛上布站使航区延伸到 10000 km 以上，不存在航区安全问题。进行航天发射时，允许发射方位角在 35° ~ 120° 内，一般只发射倾角不超过 60° 的航天器。

场区占地面积 60km²，沿卡纳维拉尔角海岸先后建造了 40 多个发射台，但目前仍在使用的不到 10 个，大部分归属美国国家航空航天局（NASA），用来发射各种航天器。2002 年，对原发射"大力神"火箭的 41 号发射工位进行改建，发射由洛克希德·马丁公司研制的新型大推力运载火箭"宇宙神 5"系列。2001 年，对发射"土星 IB"运载火箭的 37 号发射工位进行改造，发射由波音公司研制的新型大推力运载火箭"德尔塔-IV"系列。37 号、41 号发射工位的管理权属于美国空军，波音公司和洛克希德·马丁公司只是租用这两个发射工位，用于发射各自研制的火箭。

在卡纳维拉尔角空军基地附近就是肯尼迪航天中心（见图 5.23），其以美国前总统肯尼迪的名字命名，是美国最大的载人航天基地及 NASA 进行航天器测试发射最重要的场所。该中心位于卡纳维拉尔角西北的梅里特岛，南北长约 55 km、东西宽约 10 km，占地面积约 567 km²。整个航天中心有 23 个发射阵地，其中著名的 39 号发射阵地有 A、B 两座发射台，作为美国最大的载人航天基地，包括航天飞机在内的许多大型航天器都从这里飞出地球。

图　5.23　肯尼迪航天中心

20 世纪 60 年代中期，美国为执行"阿波罗"登月计划，在肯尼迪航天中心建造了 39 号发射阵地。1969 年 7 月 21 日，人类实现首次登月的载人飞船就是从这里发射的。后经改造，又将这里建成航天飞机发射中心，并于 1981 年 9 月 4 日进行了首次发射。

5.5.2.2　范登堡空军基地

美国第二繁忙的航天发射中心范登堡空军基地（VAFB）又称西靶场，位于美国加利福尼亚州南部海边，阿圭洛角的正北部，北纬 34°37′，西经 120°35′，气候干燥，是一片人烟稀少的丘陵地区，由于地理偏僻，首先被选中作为中程和洲际弹道导弹测试场地，同时由于向南或东南方向发射的有效载荷可以达到轨道高度，而无须飞越美国和墨西哥的人口稠密地区，因此 VAFB 适合将卫星发射到高倾角的轨道上，是发射侦察卫星的最佳地点。

范登堡空军基地是美国战略导弹和军用航天器发射试验基地之一，也是美国国家靶场和美国国防部重点靶场之一。美国国防部为统一航天发射活动和支援 NASA，于 1964 年 5 月成立西靶场，将范登堡空军基地的发射设施与阿圭洛角地区的发射设施合并，分别称为北范登堡空军基地、南范登堡空军基地，1991 年归第 30 航天联队（原西部航天与导弹中心）管理，主要用于战略导弹使用性试验和武器系统作战试验，是美国唯一用于向极地轨道发射政府和商业卫星，以及向夸贾林环礁发射洲际导弹、进行武器系统性能试验的军事发射场。

1959 年，该靶场开始用于卫星发射，主要发射倾角为 70°~115° 的各种军用和极轨道卫星。场区占地面积 400 km²，先后建有发射台和地下井 50 多个（大部分已停止使用）。

1979 年开始将 6 号发射工位改建成航天飞机发射场，并建造了跑道等航天飞机着陆设施，于 1985 年建成，但一直没有投入使用。1994 年，由洛克希德·马丁公司投资将其改建成发射小型商用火箭的商用发射场。1996 年，美国联邦航空局向哈里斯公司颁发了场地运营权许可证，允许该公司租用位于范登堡的商业发射台设施，这些设施统称为加利福尼亚航天港。自 2005 年 4 月 27 日开始，波音公司正式启用已经改造好的该发射场，进行新型大推力运载火箭"德尔塔-IV"的发射任务。除此之外，该基地还将发射台设施租给 SpaceX 公司（SLC-4E）。

由于范登堡位于美国西南角，严重限制了太空发射的轨道，VAFB 发射的极地轨道卫星比世界上其他任何太空港都要多，从 VAFB 发射的有效载荷中三分之二最终倾角在 80°～100°。由于不能向东发射，VAFB 的太空港也不能利用地球自转来有效地追求高能量的地球同步轨道。根据 CSPoC（联合太空作战中心）的目录，VAFB 从未向 GEO 发射过卫星。

5.5.3 俄罗斯典型航天发射场

按照近十年的航天发射统计，俄罗斯目前有四个在用航天中心，三个在俄罗斯境内，一个在哈萨克斯坦境内。依据发射次数从多到少依次是：普列谢茨克航天发射场、拜科努尔航天发射场（哈萨克斯坦）、亚斯内发射场、东方港航天发射场。另外还有两个发射场：卡普斯京亚尔发射场（哈萨克斯坦）、斯沃博德内发射场，因近十年没有发射任务，已宣布停用。

当前，俄罗斯最大的发射场是拜科努尔航天发射场，但由于该发射场位于哈萨克斯坦境内，俄罗斯若继续使用该发射场就需要支付高昂的租赁费用。迫于这一压力，俄罗斯于 1993 年起开始将一些民用卫星转移到普列谢茨克航天发射场，同时又新建了东方港发射场。

5.5.3.1 普列谢茨克航天发射场

普列谢茨克航天发射场位于俄罗斯欧洲部分的北部，白海以南、奥涅加湖以东，在莫斯科通向阿尔汉格尔斯克的铁路干线上，北纬 62°8′，东经 40°1′。该地区平均海拔约 100m，是一片辽阔的平原和沼泽地，周围还有茂密的森林，发射场占地面积较大，约 10000 km²，整个场区南北伸展约 120km、东西约 80km。

普列谢茨克航天发射场成立日期可以追溯到 1957 年，最初发展为 R-7 导弹的洲际弹道导弹基地，它也为许多使用 R-7 和其他火箭的卫星发射提供服务。该发射场是世界上发射卫星最多的发射场，鼎盛时期其发射量约占世界航天器发射总量的 40%，占俄罗斯卫星发射总量的 60%，其中民用发射仅占 15%。该发射场的作用与美国范登堡空军基地相当。

作为世界上最北的航天港，由于处于较高纬度的地理位置，普列谢茨克航天发射场不适合用来发射小倾角卫星和地球同步轨道卫星。此外，较高的纬度也影响了火箭的运载能力。该发射场主要用于发射具有大倾角的极轨卫星。

5.5.3.2 拜科努尔航天发射场

拜科努尔航天发射场位于中亚哈萨克斯坦境内的克孜勒奥尔达地区，靠近丘拉坦姆，距莫斯科 2100 km，在咸海以东约 150 km，拜科努尔镇西南 288 km。地理坐标为北纬 45°6′，东经 63°4′，总面积约为 7360 km²。当地平均海拔为 90m 左右，属于人烟稀少的半沙漠半草原地区。这里属大陆性气候，气温变化较大，全年气温在 −20℃~45℃ 变化，年平均降雨量仅 60mm 左右。冬季相对湿度达 81%，平均气温为 −12.2℃，有时达 −39℃。一般吹东北风，常有暴风雪侵袭。夏季气温可达 40℃，地面温度有时达 80℃。吹西北风时，相对湿度平均为 24%，降雨量很小。

拜科努尔发射场建于 1955 年，当时是为了支持 R-7 火箭的发展，于 1957 年发射了世界上第一颗人造卫星"斯普特尼克 1 号"（Sputnik 1），并于 1961 年将加加林送入太空。是苏联最大的导弹、航天器发射场，同时也是苏联唯一的载人航天器发射场，隶属于苏联武装力量——航天部队。建有发射台和地下井约 90 个，主要发射轨道倾角为 52°~65° 的各种不同用途的卫星、载人飞船和不载人飞船、星际探测器和空间站。苏联解体后，俄罗斯与哈萨克斯坦曾因使用、管理发射场的问题产生分歧，直到 1994 年，两国就拜科努尔发射场达成长期租赁协议。按照协议，俄罗斯将租用 20 年，并可延长 10 年，每年租金为 1.15 亿美元，直到 2050 年。

拜科努尔发射场由俄罗斯国家公司和俄罗斯航空航天部队共同管理，每年都会发射大量的商业卫星、军事卫星，并完成相关科学任务，拥有发射载人航天器和无人航天器的全套设施，并且俄罗斯所有载人航天器都是从这里发射的。它支持了几代俄罗斯运载火箭："联盟号""质子号""Tsyklon 号""第聂伯号""泽尼特号"和"布兰号"，发射的有效载荷轨道倾角跨度从 0° 到 134°。2013 年，俄罗斯总统普京指出，俄罗斯联邦航天局打算未来几年建设东方港航天发射场，以减少对俄罗斯境外发射场的依赖。

5.5.3.3　亚斯内发射场

亚斯内发射场位于俄罗斯南部的多姆巴罗夫斯基（Dombarovsky）空军基地，该基地靠近俄罗斯奥伦堡州的亚斯内，位于 Dombarovsky（村）西北 5km 处，它拥有战斗机拦截机中队和一个洲际弹道导弹基地，随着 R-36M 洲际弹道导弹改型为卫星运载火箭"第聂伯号"，该基地已经发射了一些商业有效载荷。2000 年，亚斯内发射场进行了升级，以支持使用"第聂伯号"运载火箭发射。自 2006 年首次发射以来，亚斯内发射场一直被专门用于将卫星送入近地轨道。

这些民用发射设施由俄罗斯/乌克兰财团国际空间公司 Kosmotras 运营。Kosmotras 称该设施为亚斯内发射基地。但是近几年由于俄罗斯和乌克兰关系紧张，2015 年 2 月，俄罗斯宣布终止"与乌克兰发射'第聂伯号'火箭的联合项目"，2016 年，国际空间公司 Kosmotras 似乎不再拥有客户。

从亚斯内发射场发射的大多数火箭需要向北或南方向发射时，都将进入极地轨道。使用"第聂伯号"火箭向南发射的结果是火箭第一级落在土库曼斯坦境内，第二级落在印度洋。

5.5.3.4　东方港航天发射场

东方港航天发射场是俄罗斯正在建设的一个新的发射基地，北纬 51°，位于俄罗斯远东阿穆尔河，毗邻已经关闭的斯沃博德内发射场，目的是减少俄罗斯对哈萨克斯坦拜科努尔航天发射场的依赖。东方港航天发射场主要用于民用发射。

俄罗斯联邦航天局于 2020 年将俄罗斯 45% 的太空发射任务转移到东方港航天发射场，拜科努尔航天发射场的份额将从 65% 下降到 11%，普列谢茨克航天发射场将占 44%。

该发射场第一次发射发生在 2016 年 4 月，截至 2019 年 7 月，五次发射尝试中，四次成功。

5.5.4 其他国家典型航天发射场

5.5.4.1 法国圭亚那航天中心

圭亚那航天中心位于南美洲北部，法属圭亚那大西洋海岸的库鲁地区，北纬 5°14′，西经 52°46′，占地面积约 1000km²，沿大西洋海岸向西北和东南延伸，长约 60km，宽约 20km。该航天中心处于非地震区，虽然靠近赤道，但气候比较温和，年平均气温 27℃，晴天较多，年平均降水量 3000~4000 mm，全年分旱季、雨季，风力不大，处于飓风区之外。

由于圭亚那位置靠近赤道，而且可以向东发射，其地理位置非常理想，因此可以利用地球自转的优势，将卫星直接发射到地球同步轨道上，而且一旦进入轨道，倾角变化极小。从该发射场发射的卫星有四分之三以上被安置在 GEO 轨道上。

圭亚那航天中心是法国和欧洲航天局（ESA）从事航天发射活动的重要基地，由法国国家航天研究中心领导。1966 年开始动工兴建，1968 年 4 月部分投入使用。1975 年，新成立的欧洲航天局抓紧研制新的"阿丽亚娜"火箭，将原来的"欧罗巴 Ⅱ"发射场改建为"阿丽亚娜"火箭发射场，并于 1979 年年底成功发射了一枚"阿丽亚娜"火箭。1981 年开始兴建"阿丽亚娜"第二发射场，1985 年投入使用。为了适应"阿丽亚娜 5 号"火箭的发射需要，1988 年开始动工兴建"阿丽亚娜"第三发射场。但是，该航天中心迄今还没有承担过载人航天发射任务。

根据欧洲航天局与俄罗斯政府签署的一项加强航天领域合作的协议，俄罗斯萨马拉航天中心于 2008 年开始在法属圭亚那航天中心发射"联盟 2 号"运载火箭，为此，欧洲航天局与俄罗斯航联邦航天局携手建造了新的"联盟号"发射场。该发射场占地面积 1.2 km²，距库鲁市 27 km，其行政管辖隶属于 18 km 外的西纳马里镇。"联盟号"发射场的首次发射任务于 2008 年 11 月进行。建造该发射场主要有以下三方面的发展目标。

（1）弥补"阿丽亚娜 5 号"火箭（大型）和"织女星"火箭（轻型）在发射中型卫星方面的不足（如将 3t 重的有效载荷送入地球同步轨道）。

（2）为未来欧洲和俄罗斯独联体之间进行更多的航天合作奠定基础。

（3）有助于圭亚那航天中心开展载人飞行任务。

5.5.4.2 日本内之浦航天中心

内之浦航天中心也称鹿儿岛航天中心，位于日本南部鹿儿岛县大隅半岛内之浦，地理坐标为北纬 30°14′，东经 130°04′，1962 年开始兴建，前身是东京大学的鹿儿岛太空中心，1963 年 12 月投入使用，以后又陆续加以改进。2003 年日本宇宙航空研究开发机构（JAXA）成立，整编后改为内之浦航天中心。

在此发射的火箭主要用于科学探测，以相对小型的固体燃料火箭为主。主要发射工位——"缪"火箭发射工位，工位较大，海拔 220m，是世界上独一无二的采用"轨道倾斜发射方式"的斜向发射台（见图 5.24），即在勤务塔内完成射前检查的火箭被垂直安装在发射架悬臂上，然后把发射架和火箭从塔内移出，按照发射控制中心的指令调整到合适的方位仰角，最后发射。这是为了在火箭发生意外的时候，靠海的这个发射台发射的火箭能直接落海，从而将影响地面造成伤亡的程度降到最低。

5.5.4.3　日本种子岛航天中心

种子岛航天中心（TNSC）是日本最大的火箭发射场，位于日本种子岛的东南端，在内之浦航天中心以南约 100km 处，占地面积约 8.65km²，最高海拔 282m，属亚热带气候，年平均气温 19.5℃，平均湿度 68%。

种子岛航天中心始建于 1966 年，当时由日本国家空间发展机构（NASDA）成立，现在由日本宇宙航空研究开发机构（JAXA）运营。1975 年 9 月第一次实现了轨道发射，成功发射了第一次尝试的 N-1 火箭。目前，种子岛航天中心已被用于发射各种轨道系统的初级有效载荷，包括低轨道、静止轨道和月球任务。日本的 H-2 火箭发射系统支持向国际空间站运送货物补给任务，使之成为世界上仅有的五个向国际空间站发射太空舱的发射场之一。

图 5.24　SS-520 火箭在内之浦航天中心测试

种子岛航天中心由竹崎发射场和大崎发射场组成，此外还包括增田跟踪站和数据接收站、野木与宇宙丘雷达站和三个光学跟踪站，以及液体火箭和固体火箭发动机地面试车台。竹崎发射场位于北纬 30°22′，东经 130°57′，占地面积 0.79km²，主要用于发射以技术开发为目的的小型火箭。大崎发射场的地理位置为北纬 30°23′，东经 130°58′，发射倾角为东北 105°，占地面积 7.6km²。该发射场主要用于发射大型液体火箭，包括大崎和吉信两个发射区。

5.5.4.4　印度萨迪什·达万航天中心

印度是世界上第七个用本国研制的运载火箭将本国研制的人造卫星送入轨道的国家，印度唯一的航天发射场萨迪什·达万航天中心位于印度安得拉邦的斯里赫里戈达岛，距南印大城市钦奈约 80km，在马德拉斯市以北 120 km 处，北纬 13°47′，东经 80°15′。这里的气候受西南季风和东北季风影响，10 月、11 月是大雨季节，但一年内多数月份阳光充足，天气晴朗。该航天中心占地面积 145 km²，海岸线长度达 27 km。该发射场最初名为斯里赫里戈达靶场（SHAR），主要用于发射探空火箭。2002 年，印度空间研究组织 ISRO 的前主席萨迪什·达万去世，为了纪念他而将该发射场更名。

萨迪什·达万航天中心由 ISRO 运营，于 20 世纪 70 年代初首次用于亚轨道飞行测试。目前，萨迪什·达万航天中心设有探空火箭、固体火箭和液氢液氧火箭 3 个发射区，液氢液氧火箭发射区建有两个发射工位，支持极地卫星运载火箭（PSLV）和地球同步卫星运载火箭（GSLV）发射，主要用于发射 "SLV-1" "SLV-2" "SLV-3" 等运载器，ISRO 还在此扩建了固体助推器厂，可为多级火箭发动机生产大尺寸推进剂药柱，印度航天研究组织的靶场设施总部和印度最大的固体推进剂航天助推器厂均建于该中心。

2017 年，PSLV 发射了 104 颗卫星，创造了一箭多星最大数量的有效载荷纪录。萨迪什·达万航天中心已被用于向所有主要轨道区域发射卫星，包括 LEO、MEO、GEO，围绕月球和火星运行轨道。

5.5.5　未来航天发射场的发展趋势

随着先进的运载火箭技术和载人航天技术的跨越式发展成熟，未来航天发射场将不仅是具有发射能力的设施设备集合，还将发展形成具有综合停泊、载人发射、科普旅游、商业经营的大型航天运输综合体。此外，随着航天系统的发展，以及非传统推进设备（如用于发射小型航天器的"电磁炮"）的出现，未来航天发射场可能与现有发射场存在很大区别。

5.5.5.1　陆基航天发射场

新建的陆基航天发射场的分布地点会更加趋向于海洋沿岸，这样能够减少征地面积，同时保证航区的安全。此外，这种分布方式还可以通过海路运输，减少火箭各单元甚至是火箭总体的搬运。总的来看，未来陆基航天发射场的发展呈现出以下趋势。

（1）相对于现有发射场，新建发射场的布局将更紧凑。如韩国的罗老航天发射场，面积仅有 5 km^2。这主要是因为征用大面积土地的费用过于昂贵，这种趋势可进一步缩减运载火箭残骸坠落场地的面积和数量。

（2）发射准备成本将进一步降低。在大幅提高发射频率的情况下，发射准备过程的自动化程度会越来越高，直到转换到"无人化发射"。这种准备过程的完全自动化，更适用于带有核或者热核动力装置的航天火箭系统和航空航天系统。此方面，日本的"艾普西龙"火箭和美国 SpaceX 公司的"猎鹰"火箭已经走在前列。其中"艾普西龙"火箭射前的测控人员仅需 8 人，发射准备时间缩短为 6 天；SpaceX 公司的"猎鹰 1 号"的测试发射人员不足 20 人，"猎鹰 9 号"的测试发射工作也仅需 33 人。

（3）通用型发射综合体将得到更加广泛的应用。此类发射综合体既能够发射轻型运载火箭，也能够发射中型运载火箭和重型运载火箭。比如，拜科努尔航天发射场的"能源号"运载火箭发射综合体被认为可以实现同一族系所有火箭的发射，主要是因为其采用了可转接的发射对接装置及统一的火箭支撑底座。

（4）推进剂污染进一步降低。目前，常用的推进剂大多有毒，因此发射场的地面操作、加注等环节都需要严格注意操作环节和安全，采用复杂的防护措施。未来，将大力发展更为环保、无毒化的航天器推进技术，尝试采用如液氧煤油、液氢液氧、ADN 等低毒或无毒的推进剂。

（5）航天发射场旅游产业将会进一步发展。为了安置游客，并为游客提供全方位的生活服务，航天发射场内要建造含饭店、商业娱乐中心和文化中心在内的较发达的基础设施。目前，卡纳维拉尔角航天发射场已建有这样的设施。

5.5.5.2　海基航天发射场

海上发射公司运营的十多年来，在国际协作领域内所取得的成功经验，必然会推动未来海基航天发射场的出现。海基航天发射场的优点表现在以下几方面。

（1）能够实现运载火箭的动力最大化。使用同样质量的运载火箭，在向地球静止轨道及地球同步转移轨道发射航天器时，从赤道地区发射，比从拜科努尔发射场发射，可以使送入地球静止轨道的有效荷载总量增加一倍。

（2）可以选择必要的发射点向任意倾角的轨道进行发射。火箭的飞行航线完全可以横贯中立海域。此外，从中立海域发射还可以避免出现火箭技术输出纠纷，无论是火箭还是卫星都不会进入任何一个项目参与国的领土内。

（3）具有较高的安全性。一是因为海基航天发射场的发射地点与居民区相距遥远，能够保证航区相对安全；二是它的设计结构及在海上应用的特点，使它能够保证发射相对安全。"海上发射"一般只需要两艘船作为它的基地：一艘是指挥船，另一艘是浮动发射平台。所有人员应位于指挥船上，包括在发射前几小时才离开发射平台的负责发射诸元计算的人员。正是这样的组织结构才能确保将负面影响降到最低。2007 年 1 月 30 日，"天顶-3SL"运载火箭发射事故，由于失火和第一级火箭发动机发生短路，火箭坠落，撞击水面后发生爆炸。包括负责发射诸元计算的人员在内的全体人员无一人受难，因为他们当时位于距离发射平台几千米以外的指挥船上。

当然，海基航天发射场也有一些不足，主要体现在造价过高上，并且，随着所使用的运载火箭规格加大以及航天发射场续航能力的增强，造价还会增长（海基航天发射场在远洋停留的时间越长，它所需要的储备就越多）。

目前，造船业已经掌握了建造百万吨级排水量船舶的生产技术，将来随着结构更紧凑、更安全的核动力装置的出现，所有与海基航天发射场规模相关的限制条件都将被解除，建造面积可达几平方千米的"浮岛式"航天发射场也成为可能。它可以一年四季在海上漂浮，连续漂浮 10 年。所有必需的物资储备和火箭将通过海运，也可通过空运得到补给（在海上同样可以建造一个浮动机场）。此外，火箭燃料组分的生产将直接在航天发射场完成。例如，用电解水的方式就可以获得氢和氧，液化低温组分也将变得非常轻松，因为海洋本身就是一种取之不尽用之不竭的冷却剂。未来的海基航天发射场可以发射所有级别的运载火箭，在有机场的情况下，还可以发射航空航天系统。未来的"海上发射"会成为使用核及热核能发动机航天系统发射的理想场所。

到 21 世纪末，将会有几个大型的"浮岛"式海基航天发射场投入运营，同时包括几十个规模相对不大的发射平台。它们对那些远离赤道的国家，或者对那些没有合适的领土用于建造地面发射设施的国家极具吸引力，比如日本和韩国。这些国家的地面航天发射场的使用受到两方面因素的限制，首先必须考虑捕鱼季节，其次要与多家组织就附近的空中及海上交通进行协商才能确定发射期限。考虑到日本和韩国在生产大吨位排水量船舶方面居世界领先地位，建造海上发射平台并非是一个难题。

5.5.5.3　空基航天发射场

航空航天系统的出现使得将机场作为航天发射场来使用成为可能。高技术水平的军用航天器将从专门建造的或者改建的空军基地发射升空。未来，当高超声速飞行器（马赫数小于 5）出现之后，航天器也会像旅行客车一样"按公共次序"从机场起飞。

使用液态燃料的空基运载火箭，鉴于其采用易燃易爆或者是含有毒成分燃料组分的特质，仍然需要独特的驻泊方式，一般是在机场为其划出专门的区域。而使用固体燃料的运载火箭在完全准备好发射的状态下（可能的话甚至可以带有装配完毕的卫星）可从武器库或者是制造厂运往机场，如有必要并具备相应条件的情况下，可直接存放在机场附近。从接到发射命令到起飞运载火箭将只需要几个小时甚至几十分钟，这时，发射准备时间将取决于运载飞机起飞前的准备时间。选择航空航天系统的飞行航线将考虑到以下条件：发生故障情况下的安全性，减少冲击波的影响及任务与动力的最佳结合。因此可以认为，常规的使用超声速或者高超声速的助推飞机的航空航天系统很可能驻泊在大洋沿岸的各个机场。

5.5.5.4　天基航天发射场

未来，为有效降低部分类型卫星发射成本并针对快速响应需求，将有一定数量的卫星采用在轨发射模式，即多个航天器一同搭乘运载火箭进入轨道，并与运载火箭及上面级分离后，在适当的时机由其中一个在太空运行的航天器再次释放，使另一个或另外多个航天器进入轨道的方式。这种方式的优势是费用更低、机会更多，并可以选择发射时间，在需要的时候将微纳卫星送入预定轨道。在轨发射技术现已进入高速发展阶段，目前主流的天基航天发射场包括空间站、货运飞船、母子卫星、寄宿卫星等实现载体。

1. 空间站

空间站起步晚，但发展较快，近年来的发射数量从每年数颗迅速升为每年数十颗。空间站的柔性结构大大降低了发射时的振动和卫星所承受的力学载荷，可在微纳卫星释放前检查状况，并可进行简单测试和维修，对于出现故障的微纳卫星可返回地面，避免损失。同时，空间站有利于应对突发状况，对空间环境事件或灾难事件可以实现及时观测。空间站操作较为简单，可重复进入同一轨道，有利于最大限度提高载荷比。未来，空间站可能成为脱离 LEO 轨道的跳板。但是，空间站的不足在于其轨道单一（400～415km）、释放卫星的尺寸受限。

2. 货运飞船

货运飞船可以解决空间站释放方式中轨道单一、寿命较短、尺寸受限的问题，可实现星座发射，也有利于对释放卫星进行观测。但是，货运飞船对安全释放策略的要求较高，仅可实现 LEO 发射。

3. 母子卫星

母子卫星已进行了数次尝试，母子卫星单次发射的数量极多，可大大降低成本。母子卫星适于完成空间环境的多点原位测量科学任务，可实现星座发射、集群飞行。但是，母子卫星处于同一 LEO 轨道，寿命较短。

4. 寄宿卫星

利用商业 GEO 平台的寄宿卫星发射可以保证发射日期，能够选择较好的发射窗口进行发射，可实现 GEO、GTO、大椭圆轨道（HEO）等非 LEO 轨道发射。同时，寄宿卫星可利用主卫星的遥测遥控功能，降低对微卫星的射频发射需求。但是，寄宿卫星存在质量和质心方面的任务限制，会降低主卫星平台抗力学环境性能，其日程安排也不具有较强的灵活性。

5.5.5.5　行星航天发射场

星际飞船应避免直来直往，因为起飞时的加速和降落时的减速，都需要消耗大量能源。月球和火星基地建成后，在地球、月球和火星周围将建起一些航天港，作为航天运输飞行器的停靠和转运中心。

现今的航天站可以发展成未来的近地轨道航天港，作为保障空间运输作业的永久性中心。飞往月球航天港的转运飞船，将在这里补充燃料和其他供应品，进行维护修理，也可作为其他在轨机动飞行航天器的存放和发射基地。在近地轨道航天港上，有动力设施、服务车间、机库、推进剂存放、加注和其他服务设施，还有供人员居住和工作的设施等。

1. 火星航天港

火星航天港除了是对火星表面进行科学研究的基地，还必须是接待来往飞船的交通枢纽。火星的两颗卫星"火卫一"和"火卫二"靠近火星，引力又小，因此飞往火星的航天器不需要着陆，只需与它们对接，可节省能量。在"火卫一"和"火卫二"表面和附近的大气层中，可能有水、氮和碳氢化合物，可用作生命保障和火箭燃料，是两个天然的火星轨道航天港。

2. 月球航天港

月球航天港将是个繁忙的运输枢纽，它通过系缆，将从地球运来的居住舱、升降设备、科研设备、月球车、材料加工和制造设备等送到月球表面，将提取金属、氧和氢的原料从月球表面提升到月球航天港上，用作扩建和补给之用。

3. 地月平衡点上的航天港

它是地球与火星之间最低能量的转运站，是建设火星基地的重要跳板。其上设有旅馆、加油站、仓库、餐厅和机库，与其他航天港一样，有封闭循环的生命保障系统和人工重力。

思考题

（1）　历史上，国内外都发生了一些损失惨重的航天发射事故，你能从中得到什么启示？

（2）　为什么空基发射每天都会有很多发射窗口？

（3）　天基发射有何优势？能否举一些天基发射的例子？

（4）　发射时刻和发射窗口有什么区别和联系？

（5）　有哪些原因可以造成一次发射任务的推迟？

（6）　以我国西昌发射场为例，试设计一条能够将卫星送入地球静止轨道的发射轨道。

（7）　为什么火箭发射的程序角有时会变成负数？

（8）　哪种测试发射模式更适合载人航天？为什么？

（9）　我国的航天发射场有哪些？分别采用了什么测试发射模式？

（10）　根据你的理解，从各个角度分析我国文昌发射场的主要优势，面临的不利因素又有哪些？

（11）　非共面轨道机动过程中，调整轨道面一般在远地点还是近地点进行？为什么？

第 6 章

航天运输系统

航天运输系统是指在天体表面和空间轨道之间，或在轨道与轨道之间运输各种有效载荷的运输工具系统的统称。对于天体表面和空间轨道之间的运输，最常见的航天运输系统用于将航天器从地球送入太空，主力是各种型号的运载火箭。但在人类探索太空的历程中，航天运输系统还承担过从月球发射航天器进入太空的任务，如美国在进行"阿波罗登月"任务时，就需要从月球上实施航天发射，把宇航员从月球表面送入环月轨道，这种月球发射系统也属于航天运输系统。在不远的将来，人类还要登陆火星，从火星返回地球时同样需要航天运输系统从火星上实施发射。对于轨道与轨道之间的运输，主要是为航天器提供轨道间转移能力。从已经退役的美国航天飞机，到各种火箭上面级以及正在发展中的轨道转移飞行器，都具有轨道之间运输的能力。

6.1 航天运输系统的分类

航天运输系统有多种分类方式，按照能源不同可分为化学火箭、核火箭、电推进火箭等，按照运输任务不同则可分为进入太空的运输飞行器、空间轨道转移运输飞行器、天地往返运输飞行器等，如图 6.1 所示。

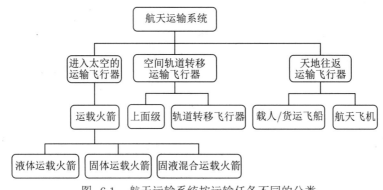

图 6.1 航天运输系统按运输任务不同的分类

6.1.1 运载火箭

运载火箭是指靠火箭发动机喷射工质（通常是高温高压气体）产生反作用力向前推进

的飞行器。其特点是：自身携带全部推进剂（通常为燃料和氧化剂），不依赖外界工质（如空气）产生推力，可在大气层内及大气层外飞行。运载火箭是实现航天飞行的运载工具，也是进入航天时代的"入场券"，早期通常由弹道导弹改进而成，后期为适应不同航天任务需要，专门研制了系列运载火箭。运载火箭系统庞大而复杂，涉及成千上万个部件、组件、零件，且为高危爆炸品，需要严格进行设计和多人多系统协同操作，即所谓"万人一杆枪"，稍有疏忽即可能失败。

火箭按照其用途分为运载火箭和探空火箭；按照有无控制进行分类，可分为有控火箭、无控火箭。其中，运载火箭又有多种分类方式，如图 6.2 所示。例如，按其动力来源，运载火箭可分为化学能火箭、电火箭、太阳能火箭等，其中化学能火箭又可分为固体火箭、液体火箭和固液混合型火箭三种类型。按级数来分，运载火箭可以分为单级火箭、多级火箭。其中多级火箭按级与级之间的连接形式来分，分为串联型、并联型、串并联混合型三种。串联型火箭级与级之间的连接分离机构简单，其上面级的火箭发动机在高空点火。

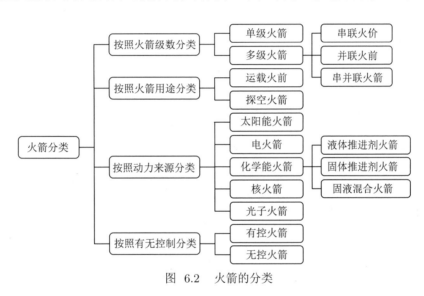

图 6.2　火箭的分类

6.1.2　空间轨道转移运输飞行器

空间轨道转移运输飞行器用于将有效载荷由初始地球停泊轨道向其最终工作轨道或目标天体转移，包括上面级、轨道转移飞行器两类。

6.1.2.1　上面级

上面级由运载火箭发射进入停泊（待机）轨道后，依靠所携带的发动机将载荷送入工作轨道。上面级工作起点和终点都在太空中，且在轨时间可多达数天，因此要求具有热控等类似航天器的分系统，故兼具运载器和航天器的技术特性。先进的上面级具有多次启动点火能力，可以将一个或多个载荷送往预定轨道，可大大节省航天器所携带燃料，常被称为"太空摆渡车""太空巴士"。典型的上面级包括美国的"阿金纳"上面级、俄罗斯的"微风 M"上面级、欧洲的 EPS 上面级、我国的"远征一号"上面级等。

"阿金纳"上面级是世界上第一种具有三轴稳定和具备多次启动能力的上面级。"阿金纳"三轴稳定系统有三个陀螺仪、两个地平仪，使用氮气进行姿态修正，使得"阿金纳"上面级具备轨道飞行稳定性，满足载荷精确指向要求。"阿金纳"上面级能够和"雷神""宇宙神"及"大力神"多种火箭基础级配合，将各种军事和民用有效载荷发射到轨道上。美国共制造了 380 个"阿金纳"上面级，一直延续使用至 1987 年。20 世纪 80 年代以后，美国又研制出了多种新型上面级，如"轨道转移级/远地点机动级"（TOS/AMS）、"有效载荷助推舱"（PAM）、"惯性上面级"（IUS）、"先进上面级"(AUS)、"宽机身半人马座"等。

"微风 M"上面级是俄罗斯赫鲁尼切夫国家科研生产航天中心设计的一种先进上面级，可以执行地球静止轨道（GEO）发射任务，能够长时间在轨飞行，具有先进的姿态控制和热控系统，采用了模块化结构设计，环形外挂贮箱可以分离，可与"安加拉"火箭、"质子–M"火箭配合使用。该上面级高 2.61m，最大直径 4.1m，由中央舱（CPT）、环形外挂推进剂贮箱（APT）、下转接框三部分构成，加外挂贮箱后最多可携带 19.8t 燃料。其推进系统由 1 台泵压式主发动机、4 台游动发动机和 12 台姿控发动机组成，主机推力 19.62kN，可摇摆，能够重复启动 8 次，并且带有备份点火系统，能够在主点火程序失败的情况下启动。

EPS 上面级改进型在 2001 年投入使用。EPS 上面级为截锥形结构，包括主结构件、推进系统、热防护系统、电气系统等，最大直径 5.4m，高 3.355m，总质量 8144kg，加注量 7.2t。其主动力装置采用一甲基肼和四氧化二氮作为推进剂，推进剂供给模式为挤压式，发动机额定推力 27.5kN，具有多次启动能力，可双向摆动 8°。姿控系统有两组肼推力器，每组 3 台，推力均为 400N，在上面级工作期间提供滚动控制，发动机关机后提供三轴姿态控制，并可使上面级在完成任务后脱离轨道。

"远征一号"上面级是我国自主研制的先进上面级，目前已发展了"远征一号"基本型上面级和"远征一号"甲型上面级。"远征一号"甲型上面级具有独立自主飞行、多次启动、长时间在轨等特点，在轨飞行时间达 48h，主发动机可启动 9 次，分离次数达 7 次，可将多种载荷直接送入各自不同的工作轨道，具备了异面轨道星座部署能力。

6.1.2.2 轨道转移飞行器

轨道转移飞行器是由运载器发射入轨，携带、对接可分离或者不可分离有效载荷，为完成多种空间任务，在不同空间轨道之间进行机动转移飞行的航天器，本质上是一种无人、多功能空间运输和服务机动承载平台。目前，世界上尚无专门的轨道转移飞行器，但美国开展的 GEO 轨道卫星延寿项目具有轨道转移飞行器的功能。2020 年 2 月 25 日，美国航空航天巨头诺斯罗普•格鲁曼（Northrop Grumman）公司的任务延寿飞行器 MEV-1（Mission Extension Vehicle-1），在距地球静止轨道 300km 高的坟墓轨道上，首次实现与一颗卫星成功对接，延寿目标是 Intelsat 公司的 IS-901 通信卫星。对接后，MEV-1 将利用自身携带的燃料和推进器，把 IS-901 通信卫星推送到 GEO 轨道，为其增加长达 5 年的寿命。这种轨道改变具备了轨道转移飞行器的特征。

6.1.3 天地往返运输飞行器

天地往返运输飞行器是指进入空间完成任务后返回地面的飞行器，包括载人飞船、货运飞船、航天飞机等。

载人/货运飞船一般和运载火箭配合一次性使用，运载火箭将飞船和有效载荷送入轨道，飞船用于将完成任务的航天员和有效载荷从轨道带回地面。典型的载人/货运飞船包括俄罗斯的"联盟"飞船，美国的"龙""天鹅座"飞船，以及我国的"神舟""天舟"飞船等。

"联盟"飞船由苏联第一特殊设计局研制的载人飞船，可通过"联盟号"或"质子-M"运载火箭发射。该系列飞船自 20 世纪 60 年代首飞，目前仍在使用。"联盟"飞船是继"东方"飞船与"上升"飞船之后自行研制的第三款载人飞船，是目前世界上服役时间最长、发射频率最高，同时也是可靠性最好的载人飞船之一。1991 年苏联解体后，"联盟"飞船的制造与发射转由俄罗斯联邦航天局掌握，主要负责空间站人员运输、物资补给。2011 年，隶属美国 NASA 的航天飞机退役后，"联盟"飞船成为宇航员往返国际空间站的唯一运输工具。

"龙"飞船由美国 SpaceX 牵头研发，是世界上第一艘由私人公司研发的航天飞船。第一代货运"龙"飞船于 2012 年 10 月 7 日首次向国际空间站运送重达 455kg 的货物，载人"龙"飞船则于 2020 年 5 月 30 日成功完成了首次载人发射。

"天鹅座"飞船是美国轨道科学公司响应美国 NASA 商业轨道运输服务发展的无人货运飞船，由"安塔瑞斯"火箭发射，为国际空间站提供物资补给。"天鹅座"飞船采用低风险设计，一次最多能向国际空间站运送 2.7t 货物，并从国际空间站带回最多 1.2t 的货物再入大气焚毁。2014 年 1 月 9 日，"天鹅座"飞船首次成功发射。

"神舟"飞船是我国自行研制的载人飞船。"神舟"飞船由返回舱、轨道舱、推进舱和附加段构成。轨道舱总长度 2.8m，最大直径 2.27m，一端与返回舱相通，另一端与空间对接机构连接，集工作、吃饭、睡觉和清洁等诸多功能于一体，被称为"多功能厅"，航天员除了升空和返回时要进入返回舱，其他时间都在轨道舱里。"神舟"飞船由"长征二号 F"火箭发射升空。

"天舟一号"货运飞船是我国首型货运飞船，具有与"天宫二号"空间站交会对接、实施推进剂补加、开展空间实验等功能。"天舟一号"为全密封货运飞船，由货物舱和推进舱组成，全长 10.6m，最大直径 3.35m，起飞质量 12.91t，太阳帆板展开后最大宽度 14.9m，物资运输能力约 6.5t，推进剂补加能力约 2t，具备独立飞行 3 个月的能力。

6.2　火箭飞行的基本原理

1903 年，俄国科学家齐奥尔科夫斯基发表了一篇重要论文《利用喷气工具研究宇宙空间》，他在这篇论文中详细阐述了火箭飞行的基本原理，提出了著名的"齐奥尔科夫斯基公式"，为火箭发射奠定了理论基础。进入 20 世纪，火箭技术由理论探索阶段向工程化迈进，并由德国、苏联、美国等国为先驱，发展形成了庞大的弹道导弹家族和运载火箭家族，但其基本物理原理仍然是建立在齐奥尔科夫斯基公式基础上的。

6.2.1　弹道导弹的"1/2"准则

弹道导弹的"1/2"准则是指携带给定载荷的弹道导弹，如果地面最大射程为 R，则只能把相同质量的载荷垂直推高 $R/2$。该准则揭示了远程弹道飞行的直观规律。

为了验证"1/2"准则，可首先假设导弹射程很短，可近似把飞行弹道区域视为平面。

例如，射程为 1000 ～ 2000km 的导弹，其射程与地球半径 6378km 相比较小，可以将这个距离范围内的地球表面看成平面。忽略大气作用力，重力加速度取常量。考虑质量 m、点火速度为 v 的弹道导弹，当其垂直向上发射时，利用机械能守恒定律，可以求出导弹最大射高 h，即

$$\frac{1}{2}mv^2 = mgh \Rightarrow h = \frac{v^2}{2g}$$

要使导弹的射程（range）最大，则导弹发射弹道倾角为 45°，速度垂直分量 v_v 和水平分量 v_h 大小相等，均等于 $v/\sqrt{2}$。导弹的最大射程为 v_h 乘以导弹爬升到最高点然后落回地面的时间，经推导得

$$\text{range} = 2\left(\frac{v_v}{g}\right)v_h = \frac{v^2}{g}$$

当导弹射程较远时，假设地球是均质圆球，重力加速度随高度变化。已知 v_K、r_K 分别为导弹飞行段起点 K 的速度和地心矢径，弹道倾角（发射速度与当地地平线夹角）为 Θ_K，定义能量参数 V_K 为

$$V_K = \frac{v_K^2}{\mu/r_K}$$

式中，μ 为地心引力常数。导弹飞行轨迹为穿越地球表面的椭圆轨道，可求得椭圆轨道偏心率 e 为

$$e = \sqrt{1 + V_K(V_K - 2)\cos^2\Theta_K}$$

此时，导弹飞行起点到落点弧段的地心角 β（射程角）为

$$\sin\frac{\beta}{2} \approx \frac{V_K}{2e}\sin 2\Theta_K$$

由上式可知，当 v_K、r_K 一定时，总可找到特定 Θ_K 使得 $\sin\frac{\beta}{2}$ 最大，此时的弹道倾角通常不再是 45°。典型地，当 $v_K = 3$km/s 时，最大射程约 1000km，最大射高 495km；当 $v_K = 7.2$km/s 时，最大射程约 10000km，最大射高 4525km，仍近似满足"1/2"准则。

6.2.2　齐奥尔科夫斯基公式

齐奥尔科夫斯基公式也称火箭公式，是在不考虑空气动力和地球引力的理想情况下，运载火箭在发动机工作期间获得速度增量的公式。该公式是火箭飞行的理论基础。

火箭发动机能量转换过程如图 6.3 所示，送入发动机的推进剂包括氧化剂和燃料，它们在燃烧室内燃烧，将化学能转变为燃气的热能，然后从喷管喷出。根据反作用力原理，工质施加给发动机一个反作用力，这个反作用力就是推动火箭向前运动的推力。火箭的飞行不需要外部介质，不依赖外界空气，而是利用火箭自身携带的推进剂燃烧，因此可以在真空中工作。设火箭喷射物质排出速度（也称排气速度）为 u_e，喷射物质质量流速（单位时间内喷出的工质质量）为 $\dot{m}$，则喷射物质产生的动量变化率就是 $\dot{m}u_e$。根据动量守恒定律，喷射物质的动量变化等于火箭自身的动量变化，去掉矢量标号，仅考虑大小，有如下方程式：

$$\dot{P}_{\text{火箭}} = \dot{P}_{\text{燃料}} = \dot{m}u_e$$

式中，$\dot{P}_{\text{火箭}}$ 为单位时间内火箭动量变化；$\dot{P}_{\text{燃料}}$ 为单位时间内燃耗物质动量变化。由动量定律，动量变化等于冲量变化，可得由火箭动量变化使火箭获得的推力 F_{g} 为

$$F_{\text{g}} = \dot{m}u_{\text{e}}$$

图 6.3　火箭发动机能量转换过程

设喷管出口端面处的燃气压强为 p_{e}，外部大气压强为 p_{a}，显然燃气压强产生的是推进火箭向前的力，而外部大气压强产生阻碍火箭向前的力，可得喷管出口端面处压力差形成的推力为

$$F_{\text{r}} = (p_{\text{e}} - p_{\text{a}})\,A_{\text{e}}$$

可得火箭发动机推力公式为

$$F = \dot{m}u_{\text{e}} + (p_{\text{e}} - p_{\text{a}})\,A_{\text{e}}$$

推力公式第一项是由排气动量产生的推力，称为动推力，它与燃气排出速度和单位时间内排气的质量成正比，是总推力的主要部分，在总推力中占 90% 左右。推力公式第二项是由压力产生的推力，称为静推力，它与发动机喷口面积有关，并随发动机周围大气压力的降低而增大。在真空环境中静推力达到其最大值，静推力占总推力的 10% 左右。

为了方便，在工程上将静推力折算成动推力，引入等效排气速度 u_{ef} 替代实际的排气速度 u_{e}。令

$$F = \dot{m}u_{\text{e}} + (p_{\text{e}} - p_{\text{a}})\,A_{\text{e}} = \dot{m}u_{\text{ef}}$$

可得等效排气速度 u_{ef} 为

$$u_{\text{ef}} = u_{\text{e}} + \frac{(p_{\text{e}} - p_{\text{a}})A_{\text{e}}}{\dot{m}}$$

用等效排气速度 u_{ef} 来表示火箭发动机的推力，则

$$F = \dot{m}u_{\text{ef}} \tag{6.1}$$

在上述理论的支撑下，可得到理想火箭方程——齐奥尔科夫斯基公式。齐奥尔科夫斯基公式是在不考虑空气动力和地球引力的理想情况下计算火箭在发动机工作期间获得速度增量的方程。令 v 为火箭运动速度，在推力作用下火箭的加速度由牛顿定律得

$$\frac{\mathrm{d}v}{\mathrm{d}t} = \frac{F}{m}$$

式中，m 为某一时刻火箭的总质量。代入推力公式，有

$$\frac{\mathrm{d}v}{\mathrm{d}t} = u_{\text{ef}}\left(\frac{-\mathrm{d}m}{\mathrm{d}t}\right)\frac{1}{m}$$

$$\mathrm{d}v = -u_{\mathrm{ef}} \frac{\mathrm{d}m}{m}$$

对应火箭质量从初始值 m_0 变化到 m_{f}，对应速度从初始值 v_0 到 v_{f} 进行积分，可得

$$\int_{v_0}^{v_{\mathrm{f}}} \mathrm{d}v = \int_{m_0}^{m_{\mathrm{f}}} \left(-u_{\mathrm{ef}} \frac{\mathrm{d}m}{m}\right)$$

等效排气速度可近似为常值，即

$$\int_{v_0}^{v_{\mathrm{f}}} \mathrm{d}v = u_{\mathrm{ef}} \int_{m_0}^{m_{\mathrm{f}}} \left(-\frac{\mathrm{d}m}{m}\right)$$

对上式进行积分可得

$$\Delta v = v_{\mathrm{f}} - v_0 = u_{\mathrm{ef}} \ln\left(\frac{m_0}{m_{\mathrm{f}}}\right) \tag{6.2}$$

式 (6.2) 即齐奥尔科夫斯基公式。式中，Δv 为火箭从初始时刻到工作结束时的速度增量；v_0 为火箭的初始速度；m_0 为火箭的初始质量，包括火箭本身、有效载荷及推进剂的质量；m_{f} 和 v_{f} 分别为火箭工作结束时的质量和速度，$m_0 - m_{\mathrm{f}}$ 为工作期间推进剂消耗的质量。在航天领域，称火箭初始质量 m_0 为湿重，意为含推进剂的火箭总质量；称 m_{f} 为干重，意为火箭不含推进剂的自身质量。定义 m_0/m_{f} 为质量比，$(m_0 - m_{\mathrm{f}})/m_0$ 为推进剂质量分数。显然，质量比越大，等价于推进剂质量分数越大，意味着火箭推进剂占比越多则性能越好。

借助这一公式，几乎可以确定各种情况下推进剂的需要量。由前文可知，第一宇宙速度大约为 7.91km/s，只有超过这一速度，运载火箭才能克服地球引力进入环绕地球飞行的轨道。而决定排气速度的重要因素是火箭推进剂燃烧的性质。目前，已知的推进剂燃烧排气速度最大的燃料是液氢和液氧，真空喷气速度可达 4.4km/s，但在海平面只能达到 3.66km/s。设想一个采用液氢和液氧作为推进剂的火箭，按照目前火箭技术所能达到的水平，其质量比可达到 13，取海平面排气速度为 3.66km/s，按照齐奥尔科夫斯基公式计算，则火箭速度可达 9.2km/s，如果再算上静推力提供的约 10% 的速度增量，即便去掉阻力和引力等损失（$1.7 \sim 3.1$km/s），单级仍有可能直接入轨。实际上，SpaceX 公司总裁马斯克就说过"猎鹰"火箭可以单级入轨。但这种入轨能够携带的载荷太轻，意义不大。一般需要采用多级火箭才能有效进行航天发射。

6.2.3 多级火箭

定义火箭各级质量比 m_0/m 均为 u_i，i 是级数，对于三级火箭，根据齐奥尔科夫斯基公式可求得

$$v_i = u_{\mathrm{ef}} (\ln u_i), \qquad i = 1, 2, 3$$

总的火箭理想速度为

$$v_{\mathrm{all}} = v_1 + v_2 + v_3$$

假设三级均采用氢氧发动机，排气速度均为 3.6km/s，质量比仍为 13，则三级火箭的速度就是单级火箭的 3 倍，即惊人的 27.6km/s！实际上，由于一级要承担二级、三级的质量，

因此一级的质量比不可能达到 13。即便把质量比降低到 8，三级火箭的速度仍然能够达到 19.35km/s，足以把载荷送入太空。

采用多级火箭在工程上还有其他需求。随着火箭升高，外部大气压力 p_a 逐渐从 1 个大气压减小到 0，导致火箭静推力发生变化。为获得最佳推力，高空和低空所需火箭发动机特性不同（主要是喷管膨胀比不同，高空要求膨胀比大），很难以单一的发动机满足两类不同的要求。多级火箭可设计不同的喷管膨胀比，形成最佳推力。

采用多级火箭对载人航天十分重要。运载火箭起飞推力很大，随着推进剂消耗、质量减轻且推力增大，其加速度会不断增加，通常，一级熄火时加速度可达 $(5 \sim 6)g$。载人航天时宇航员通常只能接受 $(5 \sim 6)g$ 加速度。采用多级火箭，每级都可以调整加速度，通常二级开始时加速度可降到 $1g$，而后逐渐增大，整个过程随着各级抛落，加速度呈现锯齿状变化。

火箭的级数也不是越多越好。多级火箭的每级都会包括贮箱、发动机以及两级之间的连接分离结构等，级数越多，这些多余的质量就会越大；级数越多，火箭的控制系统就越复杂，工程设计、工艺制造也越有难度，所以常用的运载火箭多为 $2 \sim 4$ 级；对于发射载人航天器的运载火箭，可靠性要求极高，一般不超过两级。

6.3　运载火箭的构成与工作原理

航天技术是探索、开发和利用宇宙空间的综合性工程技术，运载火箭则是航天探索的"入场券"。没有运载火箭，航天探索也就无从谈起。当前运载火箭主要是化学火箭，包括液体运载火箭、固体运载火箭等，但新型的火箭推进技术，如核火箭、激光推进火箭等也在概念论证之中，其投入使用还有漫长的路要走。

6.3.1　运载火箭的构成

无论是固体运载火箭还是液体运载火箭，其主要的组成部分均包括结构系统（又称箭体结构）、推进系统（又称动力装置系统）和控制系统，这三大系统统称为运载火箭的主系统。主系统的可靠与否，将直接影响运载火箭飞行的成败。此外，运载火箭上还有一些不直接影响飞行成败的系统，如遥测系统、外测安全系统、故障检测与逃逸救生系统等。

6.3.1.1　结构系统

运载火箭的结构系统是运载火箭的基体，用来安装、防护、支撑各分系统和箭载设备。该系统将有效载荷、火箭动力装置、控制系统等集成为完整的整体，也是在运输、发射和飞行过程中作为承受各种静力和动力载荷的总构件。典型的运载火箭结构分系统如图 6.4 所示。

火箭箭体外表为流线型的光滑表面，具有良好的气动外形，以减小火箭飞行的大气阻力。一般运载火箭体积庞大，长度数十米，质量数百吨，火箭结构需承受地面操作和地面运输过程中的各种静载荷，同时还要承受飞行时各种动载荷：主动段加速度飞行时的加速度过载；超声速飞行时气动升力和阻力对结构造成的动载荷；气动影响造成的噪声；发动机工作时产生的振动；助推器和级间分离的冲击载荷；等等。

火箭结构既要求有很高的强度，又要求很轻。为了获得高质量比，在保持有效载荷质量的前提下，只有减轻火箭的结构质量。因此，火箭结构设计、工艺和材料都需满足质量轻、强度高的要求。为了降低火箭结构质量，在设计上常将推进剂贮箱兼用作箭体结构，工艺上除一般机械加工件外，广泛采用焊接和铆接工艺，选用的材料多为铝合金，也可用铝合金蜂窝夹层结构。碳纤维复合材料有更优的性能，已经用作火箭结构材料，进一步减轻了火箭的结构质量。

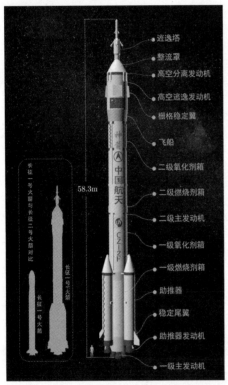

左侧标注（从上到下）：
逃逸塔
整流罩
高空分离发动机
高空逃逸发动机
栅格稳定翼
飞船
二级氧化剂箱
二级燃烧剂箱
二级主发动机
一级氧化剂箱
一级燃烧剂箱
助推器
稳定尾翼
助推器发动机
一级主发动机

图中文字：神、中国航天、CZ-2F、58.3m、长征一号火箭与长征二号火箭对比、长征二号火箭、长征一号火箭

图 6.4　典型的运载火箭结构分系统

设置在有效载荷舱外部的整流罩可保护航天器免受气动力和气动热的影响。整流罩需具有良好的气动外形，以减小气动阻力。整流罩需具有必要的电磁波通透性，以便在发射阶段保持航天器与地面测控站之间的测控通信。整流罩需具有较好的隔热性能和结构刚度，一般用铝合金或复合材料制作，用蜂窝夹层结构减轻质量和提高刚度。整流罩通常使用沿纵向有分离面的两瓣或多瓣式结构，当火箭飞出稠密大气层后，在 40 ~ 90km 高度气动力和气动加热不再影响航天器时，由分离机构解锁后将其抛弃。

每级火箭都有各自的推进剂贮箱，它们占火箭体积的大部分。贮箱形状大多是椭圆的，顶部和底部之间有一段柱形的箱体。为了减轻运载火箭质量，大型运载火箭的贮箱常兼用作火箭的主要承力构件，用铝合金或不锈钢材料制作成薄壁结构件。有的贮箱内需有一定的压力，以提高贮箱结构的稳定性和便于推进剂的输运。燃料与氧化剂分别贮存在各自的贮箱内，两个贮箱间用箱间段连接，其间可设置推进剂加注用的舱口。共底贮箱是将一个整体贮箱中间用共用的箱底隔开，两边分别贮存燃料和氧化剂。低温推进剂贮箱外表需有隔热层，低温共底贮箱中的共用箱底需有良好的隔热措施，防止低温液氢将液氧冻结。

级间段是多级火箭各级之间的连接结构，它既是承力结构又是分离结构，在下面一级火箭工作结束后顺利地与上面一级火箭分离。分离方式有热分离和冷分离两种，前者是在分离之前上面一级火箭先点火，达到一定推力时，两级火箭解锁，用上面一级火箭喷出的燃气使两级火箭分离，级间段多用杆系结构，以提供燃气排出通道，这种分离方式的可靠性高，但分离干扰较大。冷分离方式是两级火箭先解锁分离，而后上面一级火箭才点火启动，分离干扰小，但需要用辅助火箭实现两级火箭的分离。

关于运载火箭结构，有一个著名的现象——POGO 效应。1962 年 3 月 16 日，"大力神 II"导弹首飞中，出现了 10 ~ 13Hz、30s 左右的振动，振幅达到 2.5g，因为振动形态很像玩具弹簧高跷（POGO，玩具发明人 Max Pohlig 和 Ernst Gottschall 两个字母的缩写），因此被命名为 POGO。POGO 表现为全箭的纵向低频振动，它是液路系统和结构系统的

"耦合"。结构本身沿纵向振动,可将推进剂挤入发动机,推力更大,这种效果在一定条件下会使结构振动更大,一旦形成正反馈,系统就会强烈激振。由于飞行中随着贮箱内推进剂的消耗,结构特性时刻在变化,因此这种振动可能在飞行一段时间后出现。

POGO 效应的特征包括:振动发生在箭体纵向;振动发生在一个或多个不稳定时段;在 5～60Hz 范围内发生振动时,这些频率与火箭结构一些振动的频率接近;峰值振动幅值从零点几个 g 到几十个 g(曾测量出 34g),不稳定持续时间可达 30s;在大型液体火箭上几乎都存在。"土星 5"火箭曾因为出现 POGO 效应被迫关闭了中央发动机。为了防止这种效应的发生,部分运载火箭通过加固来抵抗这种振动,如"德尔塔"火箭很多有效载荷增加了结构载荷的要求。对于载人航天,POGO 效应有可能造成内脏的共振,影响航天员决策,使航天员手和胳膊运动困难、语言受阻,甚至造成生命危险。我国"神舟"飞船首次载人发射时,杨利伟就曾经出现过这种由 POGO 效应引起的内脏振动,后来火箭经过优化设计消除了这种低频振动。

6.3.1.2　推进系统

推进系统即火箭发动机,是产生推力和控制力的装置,也是火箭最重要的分系统。火箭发动机推进剂在燃烧室里燃烧,产生大量高压气体从发动机喷管高速喷出,对火箭产生反作用力,使火箭沿气体喷射的反方向前进。火箭发动机主要包括液体火箭发动机、固体火箭发动机两种类型。与航天器上的推进子系统相比,运载火箭上的推进子系统有以下特殊要求。

1. 推力与火箭质量比(推重比)必须大于 1 才能从地面起飞

为了火箭能够离开地面,火箭产生的总推力必须大于其自身质量。例如,"阿特拉斯"运载火箭的推重比大约为 1.2,而航天飞机大约为 1.6。

2. 火箭程序拐弯、速度控制等需要改变推力的大小和方向

航天器上的推力器或是打开或是关闭,很少需要减速控制。然而,运载火箭经常需要减速控制。运载火箭在穿越大气层时必须克服很大的空气阻力,在发射后的第一分钟左右,运载火箭仍处于较低高度,大气稠密,此时火箭速度增加得非常快,穿越浓密大气层时会产生强大的气动压力,如果不予考虑,运载火箭可能在气动压力作用下四分五裂。因此,科研人员设定了火箭能够承受气动压力的最大极限值。在很多情况下,必须为运载火箭设计特殊的外形,在气动压力达到峰值时通过减速控制给予保护。使用减速控制的另一个原因是对于载人航天而言,需要保持宇航员承受的过载加速度不至于太大(通常不超过 $(5～6)g$)。例如,航天飞机最大加速度不超过 3g,为此其主发动机需要减速大约 6min。最后,运载火箭还有一个特殊的要求,就是改变推力方向以便进行程序转弯。先进的运载火箭可以控制发动机喷管指向从而改变推力方向。

3. 火箭喷管从地面到太空膨胀比要求不同

火箭喷管的一个关键指标是膨胀比,也就是喷管出口与喉部的截面积之比。喷管过膨胀和欠膨胀效果都不好。相对而言,航天器上的推力器总是工作在真空状态下,因此只需选择最大膨胀比即可,但对于运载火箭发动机喷管,选择膨胀比时需要考虑不同外部大气压力。其中,第一级火箭发动机的外部大气压力在几分钟之内从当地海拔的标准大气压达到接近于零(真空)。理想情况下,希望喷管的膨胀比能够随外部大气压力改变而改变,但运用目前的技术很难制造出这种喷管。实际情况是，在发动机从点火到关机这个高度的三分之二处，喷管才达到理想膨胀状态。为了解决这个问题，目前科研人员也在探索新的喷管方案，如直塞形喷管等。

6.3.1.3　控制系统

与航天器的姿轨控系统类似，运载火箭的控制系统主要包括导航、制导、姿态控制和电源配电四个分系统。

（1）导航分系统的功能，是由测量元件测出火箭运动参数，计算火箭在规定坐标系中的角速度、速度和位置等参数，给出火箭初始状态和飞行状态。运载火箭的导航分系统通常采用惯性系统和无线电导航等手段。其中，把加速度计、陀螺等安装在三轴稳定惯性平台上，以惯性坐标系为参考系的，称为"平台方案"；加速度计、陀螺等直接固定在箭体上，以箭体坐标系为参考系的，称为"捷联方案"。此时，通常需要把箭体坐标转换到惯性坐标进行导航。

（2）制导分系统也就是轨控，其功能是利用导航参数，按给定的制导规律，操纵火箭推力来控制其质心运动，以达到期望的终止条件，准确关机，保证入轨精度。制导的目标是实现航天器高精度入轨，通常对入轨时的轨道周期、近地点高度、轨道倾角、近地点幅角、升交点赤经等都提出要求。制导分系统主要设备是弹载计算机，通过控制关机点时间，修正俯仰和偏航角偏差来实现制导。

（3）姿态控制分系统也就是姿控，其功能是控制和稳定导弹或运载火箭绕质心运动，实现飞行程序、制导导引要求，克服各种干扰影响，使姿态稳定在允许范围内。主要控制活动包括两类：一是姿态稳定，即运载火箭受干扰偏离预定状态时，控制伺服机构（如舵机、游动发动机等）产生控制力，修正姿态误差；二是实现制导导引，即按照飞行程序角信号和导引信号调整姿态角，从而达到控制质心运动轨迹的目的。

（4）电源配电分系统的功能，是提供控制系统工作所需电源，同时在测试发射过程中完成地面和箭上电源转换，主要包括电池、二次电源、配电器、电缆网等。有时还包括时序控制系统，按顺序和时间接通或断开响应电路，用于控制各级发动机开关机、火箭级间分离、星箭分离等。

6.3.2　液体火箭发动机的工作原理

液体火箭发动机是指燃料和氧化剂均为液体的火箭发动机，具有排气速度快、能多次启动、便于推力调节等优点。目前，大型运载火箭均采用液体火箭发动机。液体火箭发动机结构示意图如图 6.5 所示。

液体火箭发动机推力室由喷注器、燃烧室、超声速喷管和安装结构组成。发动机工作时，推进剂从贮箱中被输送到燃烧室，通过推力室头部喷注器混合雾化，形成细小液滴，混合并燃烧形成高温气体反应产物，随后加速并高速喷出，产生作用在发动机上的推力，推动火箭前进。推进剂的大流量稳定雾化燃烧一直是液体火箭发动机的难题，如"土星–5 号"火箭所使用的 F–1 发动机每秒消耗 1789kg 液氧和 788kg 煤油，需保证其有效均匀喷射和雾化，为此美国发动机制造商曾尝试实验过多种喷注器方案。

按照推进剂输送进入燃烧室的方式不同，液体火箭发动机可分为两种类型，即挤压式液体火箭发动机、泵压式液体火箭发动机。

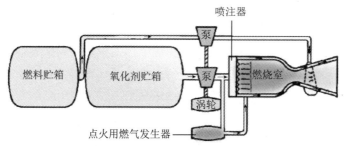

图 6.5　液体火箭发动机结构示意图

挤压式输送系统用高压气瓶中的高压气体，通过减压器降到所需的压强进入贮箱。只要阀门一打开，推进剂即进入发动机推力室。该输送法一般用于小型液体火箭，只有推进剂贮箱内压强高于推力室内燃气压强时，才起挤压作用。如果发动机推力大，推力室压强大，反过来也要求贮箱压力更大，贮箱结构、材料及壁厚都要增强增大，而贮箱壁与贮箱直径成正比，直径越大，壁也越厚，贮箱质量剧增，降低了运载能力，所以大推力火箭不宜用挤压式输送系统。

泵压式输送系统在发动机开始工作时，首先要启动涡轮泵，通过泵把管路的推进剂增压送入推力室。启动泵的能源可以用高压气体，也可以用固体火药的高压燃气，通常启动能源工作时间都很短。涡轮转动后，通过齿轮带动泵工作，将推进剂送入燃烧室燃烧产生推力。涡轮泵要持续工作需要动力，根据动力产生的方式又可以把泵压式液体火箭发动机分为三种类型：燃气发生器方式、膨胀循环方式和分级循环方式，如图6.6所示。

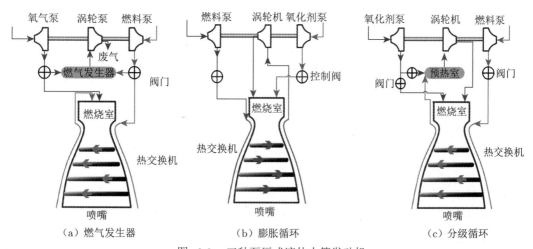

图 6.6　三种泵压式液体火箭发动机

燃气发生器属于开式循环，也即涡轮燃气做功后直接排出到外部环境。涡轮转动后，通过齿轮带动泵工作，将推进剂送入主系统阀门和副系统阀门。当主系统阀门开启时，推进剂进入推力室，产生推力。当副系统阀门开启时，推进剂进入燃气发生器，燃烧后形成燃气接替已耗尽的启动能源，吹动涡轮，保持推进剂源源不断地进入推力室和燃气发生器。图6.6中的热交换机是利用高温的涡轮废气加热从泵后送来的氧化剂和（或）燃料，并使之各自汽化。该气体被送入相应的推进剂贮箱，进行增压，这种增压方式称为"自生增压"。需要指出的是，该种输送系统的推进剂贮箱也需要气体增压。因为推进剂不断流出，箱内空间（称为"气枕"）随之增大，如不补充气压，贮箱内气压会降低，可能会使推进剂停止流出。当需要关闭发动机的时候，箭上计算机送来指令信号关闭主系统和副系统的阀门，即可使发动机停止工作。

膨胀循环方式和分级循环方式都属于闭式循环，涡轮燃气经涡轮做功后引入燃烧室补燃，然后通过喷管排出的动力循环。其中，膨胀循环是从推力室冷却套中把加热汽化的气态推进剂组元引出来驱动涡轮的，从涡轮排出后再导入燃烧室与主推进剂组元燃烧，然后通过喷管排出，适用于氢氧发动机。分级循环是将一种推进剂组元的全流量和另一组元的部分流量送到预燃室中燃烧，产生低温燃气来驱动涡轮的；从涡轮排出的燃气再喷入燃烧室中进行补燃，先进火箭发动机多使用此种方式。目前，SpaceX 公司正在研制的"猛禽"发动机采用双组元全流量分级循环，也就是两种推进剂组元分两个预燃室进行全流量预燃，驱动涡轮工作。

液体火箭发动机通常采用"冷却套"方式对高温的喷管进行冷却。所谓"冷却套"是指围绕喷管布置推进剂流动管道，当发动机工作时推进剂不断流经喷管，给喷管降温后再进入燃烧室燃烧。这种方式充分利用推进剂进行制冷，保证了发动机能够长时间工作。图 6.6 中，三种泵压式液体火箭发动机的推进剂循环都充分反映了这种冷却方法。

6.3.3 固体火箭发动机的工作原理

固体火箭可以追溯到几千年前的中国古代，那时古人在战斗中用焰火迷惑并吓跑敌人。在现代，这些火箭为洲际导弹及发射装置提供推力。现代固体火箭发动机的所有推进剂全都装填在燃烧室中，没有挤压式或泵压式供应系统。与液体火箭发动机相比，固体火箭发动机的突出特点是结构形状简单、所需的零部件少，且一般没有运动件，因而具有可靠性高、维护和操作使用简便的特点。其不足是：不能多次启动，推力不能随意调节，排气速度相对较低，发动机工作时间较短，通常无法回收利用，环境温度对工作性能影响较大，等等。

典型的固体火箭发动机结构示意图如图 6.7 所示，主要由燃烧室壳体、固体推进剂药柱、喷管和点火装置等几部分组成。燃烧用的推进剂通常浇注制成所需形状的药柱，直接装于燃烧室中。发动机工作时，由点火装置点燃点火药。点火药的燃烧产物流经药柱表面，将药柱迅速加热点燃，将推进剂的化学能转变成燃烧产物的热能，继而膨胀加速后高速排出，产生推力。

就像液体双组元推进剂火箭利用燃料和氧化剂产生燃烧一样，固体火箭含有燃料、氧化剂及黏合剂的混合物，按照一定的比例混合，被固化在发动机的单独密封装置里。固体火箭发动机推进剂包括两种类型。一种是均质推进剂，其特点是微观结构均匀，在同一分子内既包含燃料又包含氧化剂，典型的为双基火药固体硝化纤维素吸收液体硝化甘油，再加少量添加剂组成，适合批量生产，常用于小型固体发动机。另一种是异质推进剂，其特征是微观结构不均匀，典型的如由晶体氧化剂（高氯酸铵/高氯酸钾/硝酸铵/硝酸钾等，质量分数 60%～80%)、黏合剂(如聚丁二烯)和金属燃烧剂(铝粉、镁粉,质量分数 14%～18%)黏合成型的复合推进剂,广泛用于各型发动机。黏合剂一般是硬的、像橡胶一样的化合物。燃烧期间,黏合剂也起着附加燃料的作用。

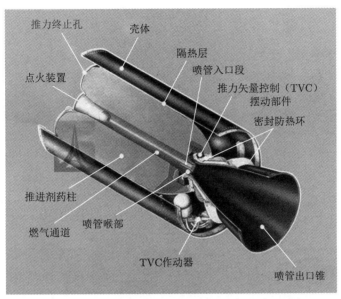

图 6.7　典型的固体火箭发动机结构示意图

对于固体火箭发动机,质量流速取决于推进剂燃烧速率和燃烧表面积。推进剂燃烧越快,燃烧表面积越大,则质量流速越高,产生的推力越大。推进剂燃烧速率依赖于燃料与氧化剂种类、它们的混合比率,以及黏合剂的材料。总的燃烧面积主要与固体推进剂形状有关。浇注期间,设计人员可以定制固体推进剂的内核空腔(腔体设计),调整可燃烧的表面积,控制燃烧速率和推力。航天飞机的固体火箭发动机有一个呈星形的腔体,经过精心的设计,其在飞行过程中,比冲减少 55s 以降低加速度和空气动力的影响。因为固体火箭发动机的燃烧取决于推进剂暴露的表面积,所以必须十分小心地浇注推进剂混合物,以防止爆炸。美国航天飞机"挑战者号"事故调查人员称,事故起因为固体发动机两部分连接处因橡胶密封圈受冷失效导致密封不严,引起燃烧发生了事故。

"挑战者号"事故也暴露了固体发动机的另外一个缺点——它一旦启动,就很难停下来。对于液体火箭,可以关闭阀门,停止推进剂流动,从而关闭发动机。而固体火箭一直会燃烧到所有的推进剂都烧光为止。要想提前停止燃烧,必须采用特殊的推力终止装置。常见的推力终止方式有三种:一是抛弃法,即炸掉喷管、燃烧室顶盖等,使发动机失去产生推力的功能。二是降压法,在燃烧室上开口,使燃烧室压力猛降、燃烧终止。三是反推力法,当需要推力终止时,设法使发动机获得一个与正推力方向相反的力——反推力,来抵消正推力,典型的是反向喷管推力终止,具体来说就是在发动机壳体上,对称地开若干个孔,在孔的位置上安装与发动机轴线成某一角度并向前倾斜的反向喷管;当推力终止时,由打开机构打开反向喷管,燃气从反向喷管中排出,产生反推力,与主推力相抵消,达到推力终止的目的。

固体火箭发动机通常采用烧蚀绝热结构进行喷管热防护。通常，用高强度金属或纤维增强材料作为喷管的壳体，用高熔点金属（如钨）或优质碳素材料作为耐热组件，用烧蚀型增强材料作为绝热隔热材料，组成具有复合结构的喷管。

6.4　运载火箭的主要性能指标

要将物体发射到轨道上，运载火箭必须做两件事：将载荷携带到适当高度，且使载荷在这个高度上有恰当的速度。即使一枚短程导弹也能将载荷发射到几百千米高，但是却达不到需要的速度，所以载荷会从这个高度落回地球。因此，将载荷发射到地球轨道需要更强力的火箭。开发具备发射卫星进入轨道的大推力火箭是一个艰巨的技术挑战，目前，世界上只有少数几个国家或地区具备这种能力。

衡量运载火箭的主要性能指标来自发动机，包括推力、总冲、比冲、推重比等，类似衡量汽车的主要指标很大一部分是其发动机的性能。此外，运载火箭总体的性能指标则包括不同轨道运载能力、整流罩空间大小、发射准备时间等，类似汽车的载重、空间和起步时间。

6.4.1　总冲和比冲

总冲 I_t 为火箭在工作时间内产生的总冲量，等于发动机推力 F 对发动机工作时间 t 的积分

$$I_t = \int F \mathrm{d}t$$

总冲的大小与发动机的推力和推进剂的容量有关，它综合反映了火箭发动机的推进能力。在一定的排气速度下，总冲与推进剂的消耗量成正比，因此提高总冲需要更多的推进剂。对于液体火箭发动机，需要增大推进剂贮箱的容量；对于固体推进剂则需要加大发动机的体积。

虽然通过总冲可以了解火箭推力总的影响，但是无法了解火箭的效率。为了对不同类型火箭的性能进行比较，需要定义一个新的参数——比冲 I_{sp}。它是总冲量和产生这个冲量所需要的推进剂质量的比率。比冲 I_{sp} 是单位质量推进剂产生的冲量，即

$$I_{sp} = \frac{\mathrm{d}I_t}{\mathrm{d}m}$$

式中，I_{sp} 为比冲；m 为推进剂消耗的质量，此时比冲的单位为 m/s。比冲也可以表示为单位质量推进剂产生的冲量，此时有

$$I_{sp} = \frac{\mathrm{d}I_t}{\mathrm{d}G} = \frac{\mathrm{d}I_t}{\mathrm{d}mg_0}$$

式中，G 为推进剂消耗的质量；g_0 为水平面重力加速度，此时比冲的单位为 s。

比冲是火箭发动机重要性能参数之一，在很大程度上取决于使用推进剂的种类。对于选定的推进剂，比冲则取决于发动机的设计，因此实际比冲综合反映了推进剂的内能及其在发动机内转换成推力的效率。比冲越大，产生同样推力所消耗推进剂的量越少，可以使火箭推进系统结构尺寸减小，进而降低了火箭的体积和质量。

比冲与燃烧室内温度的平方根成正比，而与燃气平均分子量的平方根成反比，因此燃烧室温度越高或燃气分子量越低，比冲越高。液体发动机具有较高的比冲，液氢液氧发动机的真空比冲可达到 420s。

固体火箭的比冲与选用的燃料和氧化剂有关。一旦推进剂配好，发动机浇注结束，就无法改变它的比冲或者推力。通常，固体火箭发动机比冲为 200～300s，要比典型的液体双组元推进剂火箭发动机比冲低，但其优势在容积比冲上（单位容积推进剂产生的总冲），因此固体火箭发动机非常适合于完成体积受限并且只需要一次大的 Δv 的航天任务。

6.4.2　总体性能指标

表 6.1 给出了几种典型运载火箭把航天器送入三种不同轨道的运载能力。这三种轨道分别是：轨道高度几百千米的近地圆轨道 LEO；近地点几百千米、远地点约 36000km 的地球同步转移轨道 GTO；高度低于 1000km、轨道倾角接近 90° 的太阳同步轨道 SSO。

表 6.1　几种典型运载火箭在不同轨道的运载能力

运载火箭	M_{LEO} /t	M_{GTO} /t	M_{SSO} /t	M_{LO} /t	M_{LEO} /M_{LO}	M_{GTO} /M_{LO}	M_{SSO} /M_{LO}
Ariane 4（欧洲）	10.2（200km，5.2°） 8.2（200km，90°）	4.8（185km，7°）	6.5	470	2.6% 1.7%	1.0%	1.4%
Ariane 5（欧洲）	18（550km，28.5°）	6.8（580km，7°）	12	737	2.4%	0.92%	1.6%
Atlas IIA（美国）	7.3（185km，28.5°） 6.2（185km，90°）	3.1（167km，27°）		188	3.9% 3.3%	1.6%	
Atlas V550（美国）	20（185km，28.5°） 17（185km，90°）	8.2（167km，27°）		540	3.7% 3.1%	1.5%	
Delta III（美国）	8.3（185km，28.7°） 6.8（200km，90°）	8.3（200km，28.7°）	6.1	302	2.8% 2.2%	1.3%	2.0%
GSLV（印度）	5（200km，45°）	2.5（185km，18°）	2.2	402	1.2%	0.62%	0.55%
H-2（日本）	10.6（200km，30.4°）	3.9（250km，28.5°）	4.2	260	3.9%	1.5%	1.6%
H-2 A2024（日本）	11.7（300km，30.4°）	5.0（250km，28.5°）	5.3	289	4.1%	1.7%	1.8%
LM-3B（中国）	11.2（200km，28.5°）	5.1（180km，28.5°）	6.0	426	2.6%	1.2%	1.4%
Proton K（俄罗斯）	19.8（186km，51.6°）	4.9（4200km，23.4°）	3.6	692	2.9%	0.71%	0.52%
PSLV（印度）	3.7（200km，49.5°）	0.8（185km，18°）	1.3	294	1.3%	0.3%	0.4%

表 6.1 中，M_{LEO}、M_{GTO}、M_{SSO} 分别代表三类轨道的载荷发射能力。第二列圆括号内的数字分别为轨道高度 h 和轨道倾角 i。第三列圆括号内的数字分别为椭圆轨道的近地点高度和轨道倾角 i，所有轨道的远地点高度为 36000km。第五列是运载火箭的发射质量 M_{LO}。最后三列是三种轨道的载荷质量与发射质量比。从表 6.1 中可知，发射质量 200～700t 的现代运载火箭只能将发射质量的 2.5%～4% 发射到地球低轨道。表 6.1 中还显示，给定的运载火箭只能将地球低轨道质量的 50% 发射到同步转移轨道；这个质量与能发射到太阳同步轨道的质量相当。影响运载火箭发射能力的因素有很多，下面介绍一些主要因素。

1. 发射位置

由于地球自转，火箭发射前就已具有一个向东的速度，而地球表面上赤道的速度最大（0.456km/s），所以在低纬度（靠近赤道）位置发射能增加火箭的速度，从而提高发射能力。另外，如果是要发射到地球静止轨道，从靠近赤道处发射可以将卫星直接发射到赤道平面；而从高纬度发射，就需要运载火箭消耗推进剂将轨道平面改变到赤道平面。例如，选用相同的运载火箭，假设从纬度 46° 的拜科努尔发射场发射，能将质量为 m 的物体送入 GTO 轨道；那么从北纬 5.23° 的欧洲航天发射中心发射，能将质量 $1.2m$ 的物体送入 GTO 轨道；若发射场纬度为 70°，则只能将质量 $0.6m$ 的物体送入 GTO 轨道。

2. 发射方向

如果火箭不能向东发射，就不能充分利用地球自转速度的优势，进而降低了发射能力。例如，发射卫星到极地轨道，火箭应向北或向南发射。另一种发射方向受限制的情况是希望火箭及早飞过指定区域。这个约束增加了轨道机动，因此也会降低发射能力，印度和以色列都属于这种情况。表 6.1 中最后三列印度 GSLV 火箭和 PSLV 火箭相对较低的质量比就表示印度的发射技术还不太成熟，再加上发射方向的地理限制，使其不能充分利用地球自转。

3. 入轨参数

入轨的轨道高度、形状和倾角都能影响轨道发射能力。例如，将航天器送入高度为 h 的圆轨道，需要的轨道速度为 v_h，投送到近地点高度为 h、偏心率为 e 的椭圆轨道，需要的轨道速度就要大于或等于 $\sqrt{1+e}v_h$。

从上面的讨论可知，如果航天器轨道倾角很大，那么发射方向没必要充分利用地球的自转速度。此外，航天器轨道倾角应大于或等于发射场的纬度，这时就可以把发射场作为航天器的一个星下点，从而避免发射时的轨道面改变。如果从中纬度地点发射轨道倾角为 0° 的航天器，那么必须机动改变轨道平面，需要携带额外的推进剂。

思考题

（1）试描述航天运输系统的概念，并列举几类典型航天运输系统的例子。

（2）为什么航天发射场被称为"万人一杆枪"？

（3）试推导齐奥尔科夫斯基公式，并说明其物理量的含义。

（4）火箭的动推力和静推力分别指的是什么？

（5）航天发射可否采用单级入轨火箭？如果不能，是否火箭级数越多越好？

（6）随着火箭级数的增加，每级的膨胀比是怎么变化的？为什么？

（7）火箭发射过程中的 POGO 效应具有哪些特征？其对载人航天有什么影响？

（8）在长征系列火箭中，你能快速找到哪个是载人火箭 CZ-2F 吗？

（9）液体火箭发动机按照推进剂送入燃烧室的方式不同，可划分为哪几种类型？其各有什么优缺点？

（10）固体火箭发动机喷管冷却采用哪种方式？能否采用液体火箭发动机的"冷却套"技术？为什么？

（11）请简述运载火箭的主要性能指标，并给出其物理含义。

第 7 章

航天测控系统原理

航天测控系统是指对运载火箭、航天器等飞行器的飞行轨道、姿态和各分系统工作状态进行跟踪测量、监视和控制的系统。航天测控系统常年连续运行，管理和控制着国家民用和军用太空资源，是直接为航天器发射和运行服务的重要设施。只有借助航天测控系统的支持，才能使地面人员随时掌握航天器的工作情况和宇航员的身体状况，做出科学判断和决策，保证航天器和宇航员在轨安全，达到完成航天任务的目的。

7.1 航天测控系统的功能与组成

航天测控是在导弹测控基础上发展起来的，在发展初期，跟踪、遥测和遥控三项功能都是由各自独立的系统完成的。20 世纪 60 年代中期，航天器跟踪、遥测和遥控共用载波的思想被提出，并在设备上实现了用一个载波和多个副载波同时完成测距、测速、测角、角跟踪、遥测和遥控功能，载波频率根据测控对象不同可工作在不同频段，其中工作在 S 频段的称为"统一 S 波段"（USB）系统。在载人航天任务中，又增加了天地双向话音通信、航天员生理参数实时下传、电视信息传输等能力，同样采用 USB 系统进行信号传输。USB 中"统一"的含义是指用一副天线、同一载波信道，来调制、传输、解调跟踪测量、遥测、遥控、话音、视频等各种信号。20 世纪 80 年代后出现了数据中继卫星系统和导航卫星系统，极大地扩展了对卫星的测控覆盖率，测控模式由地基测控向天地测控相结合模式转变。数据传输逐步采用了分包传输形式，按照空间数据咨询委员会建议的标准协议在统一的射频信道上传输数据。

航天测控中的航天测量包括外弹道测量和内弹道测量两类，外弹道测量是指精密测量各类飞行器的飞行弹（轨）道参数，如坐标速度、加速度等，简称外测；内弹道测量是指测量飞行器内部的工作姿态，如飞行器工作参数、有效载荷参数等，简称遥测或内测。航天测控的控制类型也可分为两大类：一次性控制指令，如对故障运载火箭实施"自毁"的安全指令控制；对飞行器运行状态进行调整和控制的指令，如载荷工作、姿态调整等。

根据航天测控任务类型的不同，通常将其分为工程测控和业务测控。工程测控是指对航天器自身除有效载荷分系统外其他分系统的测控管理，也称平台测控，主要任务包括遥测监视、轨道测量、轨道预报、姿态测量与调整、分系统数据注入与指令控制、轨道位置保持、能量管理等。业务测控是指对航天器有效载荷的运行状态进行监视和控制，主要任务是确保用户所需的有效载荷工作状态、完成用户所赋予的任务，如通信卫星增益的调整，转发器的切换控制，遥感卫星载荷工作模式切换和通断控制、数传控制等。业务测控一般由地面应用与运控系统完成，而通常所说的测控主要是指对航天器平台的测控，即工程测控。

航天测控系统的主要功能包括跟踪测量、遥测和遥控，习惯上简称为 TT&C（Tracking, Telemetry and Command）。跟踪测量是指使地面收、发设备始终对准航天器，建立有上、下行交换信息的链路，利用无线电或光学设备，测量航天器的位置，并对后续轨道做出预报。遥测利用各种传感器将航天器上各分系统的工作状况测量出来并传送到地面，以便地面工作人员诊断航天器工作状态是否正常，遥测内容中也包括航天器附近的空间环境参数如各种高能粒子数量、空间磁场强度等，用于查询、分析设备损坏的原因。遥控根据遥测参数，将航天器工况和预定工况进行对比，当出现偏差超过警戒线时，生成相应命令调整航天器运行参数；当需要改变航天器工作状态（含有效载荷或分系统工作状态）时，也使用遥控功能。航天测控的这三项功能密切协同、互相配合，共同完成对航天器或运载火箭的控制。

航天测控对象的类型可分为四大类：运载火箭测控、卫星及货运飞船测控、载人航天测控、深空探测器测控。运载火箭测控主要设备通常布置在发射场，并在适当地点分设测控站点，执行运载火箭发射的测量与控制任务，既要保障任务成功，又要收集火箭飞行过程中的全部资料数据，辅助进行故障诊断。卫星及货运飞船测控在卫星及货运飞船的发射、运行及回收过程中完成各种测量、控制任务。由于卫星、货运飞船担负的任务比运载火箭复杂，太空停留时间长，行为动作多，因而控制功能比运载火箭要复杂得多。载人航天测控增加了宇航员的生物学参数测量、空间和地面通信对话等，任务更复杂、行为动作更多。深空探测器测控为月球、行星和行星际等空间探测任务提供测控服务，突出特点是测控通信作用距离十分遥远。

从系统组成上，航天测控系统分为飞行器部分（航天器或运载火箭上的测控分系统）和地面部分。

飞行器部分配合地面部分协调工作，共同完成测控任务，包括天线和应答机两部分，有的还有卫星导航接收装置。天线负责发送下行信号、接收上行信号。应答机由发射机和接收机组成。应答机既完成测距、测速和测频差任务，也与星上其他分系统配合完成遥测、遥控、时差测量等任务。发射机接收来自数据管理分系统的遥测信号，调制成反向信号向地面直接发送或经由中继卫星向地面发送。接收机收到来自地面测控站的上行信号或中继卫星的前向信号后，解调出遥控信号发送给数据管理分系统。卫星导航装置一般兼容北斗卫星导航系统和全球定位系统（GPS），实现飞行器的精确位置定位和时间同步。

地面部分通常由跟踪测量系统、遥测系统、遥控系统、通信系统、实时计算机处理系统、监视显示系统、时间统一系统等组成。

7.2 航天器跟踪测量

跟踪测量是指对飞行状态下的航天器及运载火箭进行跟踪并测量其运动轨迹的活动。跟踪测量系统主要用于跟踪、测距、测速和测角，与运载火箭飞行弹道数据处理和航天器定轨数据处理系统配合，能够获得运载火箭和航天器的运动轨迹。跟踪测量系统也可用于太空目标（如太空碎片、他国航天器等）的特征测量。

7.2.1　跟踪测量系统的分类

跟踪测量系统按测量所使用的信号可分为光学跟踪测量系统与无线电跟踪测量系统两大类。

光学跟踪测量系统是对运动目标采集信息以完成轨迹参数测量、状态图像记录和物理特性测量的专用系统，简称光测系统，是航天器发射、导弹和常规兵器试验靶场广泛应用的测量手段。现代光学跟踪测量系统由信息采集记录设备、信息传输设备、信息处理设备三大部分组成。信息采集记录设备需要时间统一系统和引导系统协同配合。光测设备主要指信息采集记录设备和部分信息处理设备。图 7.1是一种典型的光学跟踪测量系统——光电经纬仪的原理框图。这种系统具有测量精度高、可获得直观目标图像等优点，但作用距离较近，易受天气影响。

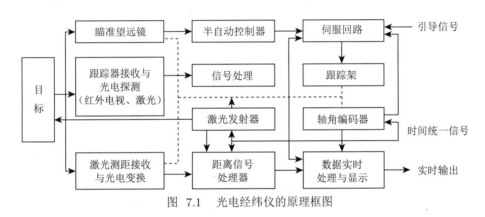

图　7.1　光电经纬仪的原理框图

无线电跟踪测量系统是利用无线电波跟踪并测量飞行器运动轨迹和目标特性的无线电系统。无线电跟踪测量系统一般由航天器上的设备和地面设备组成，如图7.2所示。其工作

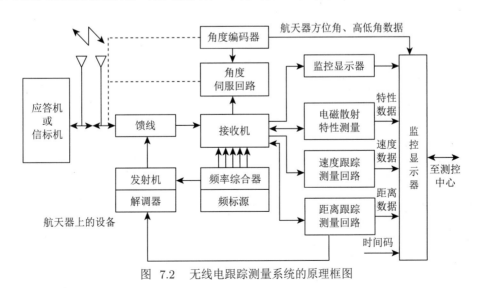

图　7.2　无线电跟踪测量系统的原理框图

原理是地面发射系统向航天器发射射频载波脉冲或调制有上行信息的连续波射频信号，通过天线辐射到空间，被航天器上的应答机接收、转发，或被航天器直接反射，返回地面；也可由航天器上的信标机直接发送无线电信号到地面。地面天线接收到无线电信号后，经接收机检测处理，把解调出来的角度误差信号以及由角度编码器测得的航天器方位角、高低角数据发送到角度伺服回路，在角度上对航天器进行跟踪；把带有多普勒频移的载波信号发送到速度跟踪测量回路，跟踪并提取接收载波信号中的多普勒频移，测出航天器的径向速度；把解调出来的测距信号发送到距离跟踪测量回路，跟踪航天器的距离，并测出接收信号相对于发射信号的时间延迟或相位差，以获得航天器的距离。根据需要还可提取航天器的其他信息，如目标电磁散射特性等。所有测量数据都可由计算机进行采集、记录、显示、处理，同时发送到测控中心。无线电跟踪测量系统可实现测角、测距和测速，具有不受天气影响，作用距离远，测速精度高，易于与遥测、遥控信号综合的优点，是航天测控的主要方式。

7.2.2　航天器测量原理

航天器测量原理主要包括位置测量原理、距离测量原理、角度测量原理及速度测量原理等。

7.2.2.1　位置测量原理

要确定航天器在空间的位置，需要三个相互独立的测量参量。根据测量原理不同，常用的测量参量包括距离 R、方位角 A、俯仰角 E、距离和 S、距离差 r、方向余弦 l 等。以下内容均采用观测坐标系，也就是坐标原点在测控站上，xy 平面为当地水平面，x 轴指向当地指北方向，z 轴指向天顶方向，x、y、z 轴成右手系。基本测量参量所对应的航天器必须在图 7.3所示的图形上。

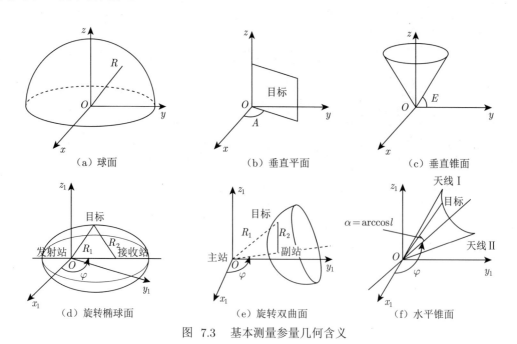

图 7.3　基本测量参量几何含义

如果测得航天器到测控站的距离为 R，则航天器位于以测控站为圆心、半径为 R 的球面上，如图 7.3（a）所示。航天器的位置公式为

$$x^2 + y^2 + z^2 = R^2$$

如果测得的是测控站观测到的目标方位角 A，如图 7.3（b）所示，则航天器的位置公式为

$$y = x \cdot \tan A$$

如果测得的是俯仰角 E，如图 7.3（c）所示，则航天器的位置公式为

$$x^2 + y^2 = z^2 \cdot \cos^2 E$$

如果采用地面发射站、接收站分置，则发射站信号到达航天器，再由航天器发射或转发到接收站后，即可测得距离和 S，如图 7.3（d）所示，则航天器的位置公式为

$$S = R_1 + R_2$$

式中，R_1 为发射站到航天器的距离；R_2 为航天器到接收站的距离。如果航天器发射的信号分别由两个测控站来接收，则根据接收时间的不同就可以求出航天器到两个测控站的距离差 r，如图 7.3（e）所示，则航天器的位置公式为

$$r = R_1 - R_2$$

如果测得了目标到测控站测量方向的夹角，即可得到方向余弦 l，如图 7.3（f）所示，此时航天器的位置公式为

$$l = \cos \alpha$$

航天器在张角为 α 的水平锥面上。

以上六个参量中，有任意三个就可确定航天器的位置。在实际测控过程中，可选择三个不同的参量，从而构成相应的轨道测量体制。常见的轨道测量体制有 RAE、Rlm、Rr_i、$KR\dot{R}$、$KS\dot{S}$ 等。

RAE 体制，就是用距离 R、方位角 A、俯仰角 E 作测量元素，测得航天器的位置，进而将其微分，就可以求出速度，完成航天器轨道测量。这种体制常受测角精度限制而影响测量精度。常见的 RAE 体制测量手段是雷达。雷达既可以测距，也可以测角，所以用一部雷达即可同时测得 R、A、E 三个参量，称为单站测距。

Rlm 体制，即测量航天器到测控站基线的距离差 r，航天器到测控站两个方向的余弦 l、m，从而获得三个参量、求解出航天器位置，进而再通过微分求得速度。常见的 Rlm 体制测量手段是短基线干涉仪，其原理示意图如图 7.4所示。

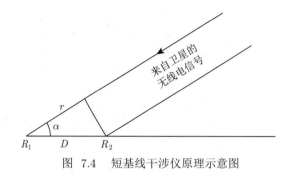

图 7.4　短基线干涉仪原理示意图

　　所谓基线，是指两点之间的距离，该距离是被精确测量标定过的，可以作为其他测量的已知基准，故称为基线。短基线干涉仪由两个测量设备近距离配置，通过基线距离造成的测量频率相位差值来获得测量参数。实际工作中，需两对（四个）正交的基线组成测量阵，之所以正交是为了获得两个方向的余弦测量值。短基线干涉仪利用比相（比对信号相位）进行距离差的测量，即由相距一定距离 D 的两个接收天线构成长度为 n（为载波波长，n 一般为整数）的基线，接收来自航天器的信号，测得信号到达这两个天线的相位差或时间差，由此计算出航天器方向与基线之间的夹角或夹角的余弦（称为方向余弦），该方向余弦与航天器天线的路径长度之差成比例。以其中一个方向余弦 l 为例，其计算过程为：

$$\Delta\varphi = \varphi_1 - \varphi_2 = \frac{2\pi}{\lambda}\left(R_1 - R_2\right) = \frac{2\pi}{\lambda}r$$

$$r = R_1 - R_2$$

$$l = \cos\alpha \approx \frac{r}{D}$$

　　Rlm 体制的特点是可利用载波信号比相测出距离差，精度高，但存在角度模糊问题，对天线对的列阵要求很高。

　　Rr_i 体制采用中基线干涉仪进行测量，增大了短基线干涉仪中两天线之间的距离，通过基线增大提高测量精度。在这种情况下如果基线过长，则无法再通过测相位差获得方向余弦，为此改为测量航天器信号到达两天线的距离，两距离相减得到距离差，如图 7.5所示，

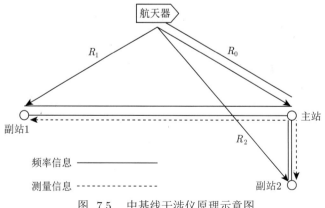

图 7.5　中基线干涉仪原理示意图

通常由一个主站和两个副站布成直角三角形，为了保证主、副站信号的相干性，主站通过基线传输塔向副站发送微波信号，作为副站频率源（从而保证测得 R 的时间基准一致性）；副站接收来自航天器的信号后也通过基线传输塔转发至主站，在主站完成距离和速度数据的测量与记录。这种体制又称空间三角测量法。

$KR\dot{R}$ 体制属非基线制，每个站各自完成 R 测量，多台测距雷达交会即可构成这种体制。

$KS\dot{S}$ 体制中，要求每站完成距离和 S 及其变化率的测量。整个测量系统一般包括一个主站和多个副站，主站向航天器发射信号，副站只接收航天器反射或转发的该信号。该体制测量元素 S 的精度较高，主、副站之间无须往返传递测量信号，站间距离可达数百千米，属于长基线测量，如图 7.6 所示。

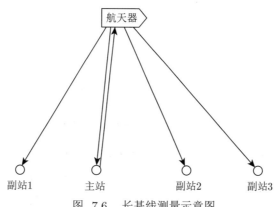

图　7.6　长基线测量示意图

无线电 RAE 测量系统属非基线测量体制（单站制），靠天线的方向性测角，设备简单，但精度低。其余几种体制属于基线制（或多站制），利用基线长度拉开天线之间的距离，相当于增大了单站制的雷达天线口径，使测角精度大为提高，但整个系统的设备和数据处理十分复杂。由于各种测量体制的局限性，在实际应用中通常由两种不同的测量体制组成一个协同工作的测量系统。

7.2.2.2　距离测量原理

距离测量即测量航天器与测控站之间的径向距离。距离测量是位置测量的前提和基础。对于无线电测距而言，其原理是：测控站向航天器发射无线电信号，这些信号由航天器信号接收机接收后，经转发器转送回地面（或直接由航天器表面反射回地面），地面接收机接收发回的信号实现测距。由于无线电信号是以光速传播的，因此，通过测量无线电信号往返传送的时间或相移，就可以推算出航天器与测控站之间的径向距离，其计算公式为

$$R = C \frac{t}{2}$$

式中，C 为光速；t 为无线电信号的往返时间；R 为航天器与测控站之间的径向距离。设无线电频率为 f，波长为 λ，相移为 $\Delta\varphi$，则有

$$\Delta\varphi = 2\pi f t = 2\pi f \frac{2R}{C} = \frac{4\pi}{\lambda}R$$

据此即可求得 R。

根据无线电测距信号类型不同，可以把测距分为两种类型，即脉冲测距和连续波测距。

1. 脉冲测距

脉冲测距是通过测量回波脉冲对于发射脉冲的时延 τ 而获得目标距离的。可通过对收、发信号时间间隔进行计数而得到时延 τ，其原理示意图如图 7.7所示。

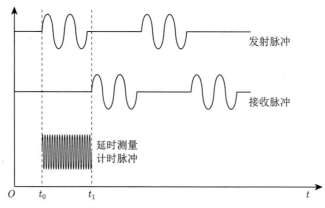

图 7.7　脉冲测距原理示意图

脉冲测距是根据测控站向航天器发出脉冲电磁波，然后再测量回波脉冲，计算回波脉冲对于发射脉冲的时延而获得目标距离的。这种测距方式中测量的最大距离对应为发射脉冲的周期，超过这个距离则无法求出真实的距离，这种现象称为距离模糊，其原因是分不清回波对应哪个脉冲。模糊距离 $R_{\max}$ 为

$$R_{\max} = C\frac{T_n}{2}$$

式中，T_n 为脉冲重复周期。对于距离模糊问题，可以用伪随机码方式来辅助确定脉冲序列，也就是赋予每个脉冲一个编码，这样就可以确定接收的回波对应于哪个脉冲，获得正确的总时延。

2. 连续波测距

雷达的作用距离主要取决于雷达发射的平均功率，而脉冲雷达发射机因受峰值功率和发射脉冲宽度的限制而难以提高平均功率，这样就限制了脉冲测距的作用距离。因此，远距离、深空、高精度的测距多采用连续波雷达。其原理是：发射一段连续的高频无线电波，并用较长周期的电信号调制，同时在接收端接收后把较长周期的电信号解调出来，与发射调制信号相比较，通过比较接收测距信号与发射测距信号的相位差计算距离 R。其计算公式为

$$\Delta\varphi = \varphi_r - \varphi_s$$
$$R = \frac{1}{4\pi}\lambda\Delta\varphi$$

式中，φ_r、φ_s 分别为接收信号的相位、发送信号的相位，其他参数含义同前。图 7.8给出了正弦型低频调制信号的连续波测距原理图。

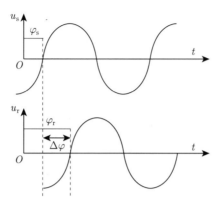

图　7.8　正弦型低频调制信号的连续波测距原理图

连续波测距是通过将一定形式的测距信号调制在连续发射的载频上来实现的，所谓一定形式的测距信号，可以是带有特殊时刻标志或相位标志的信号。采用正弦型信号调制载波测距，称为"侧音测距"。采用周期性的伪随机码调制载波测距，称为"伪码测距"。可以把二者结合起来进行测距。

7.2.2.3　角度测量原理

对于无线电测量，其测角主要是瞬时地测出航天器的角坐标位置，用它和测得的距离数据综合求解，就可确定航天器的瞬时位置。多数无线电测角设备利用无线波束的方向性，取出角度误差信号，以此驱动天线波对准目标，再从角度跟踪系统输出角度数据。从角度误差信号获取的方式分类，角度测量跟踪系统可分为相位法测角和振幅法测角。

1. 相位法测角

相位法测角也称比相测角，就是利用两接收天线测量航天器反射信号或信标信号的相位差来进行角度测量，其原理图如图 7.9所示。设目标在 θ 方向，当目标距离两个接收天线很远时，目标信号可视作平行射线，且信号强度近似相等，因而两接收天线所接收的目标信号由于波程差而产生的相位差 $\Delta\varphi$ 为

$$\Delta\varphi = \frac{2\pi}{\lambda}\left(R_1 - R_2\right) = \frac{2\pi}{\lambda}D\sin\theta$$

式中，D 为两接收天线间的距离；θ 为目标方向与基线垂线的夹角。根据此式可以求出 θ 角。

2. 振幅法测角

振幅法测角也称天线定向测角，可分为最大信号法测角、等信号法测角。

最大信号法测角的原理是：采用单一波束天线，当天线波束对准目标时，接收到的回波信号幅度最大，在其他时候，波幅随波束轴偏离目标的角度增大而减小。根据回波信号这一特点，以波束轴对准目标接收到最大回波时的角度作为航天器的坐标角。这种方法的优

点是测角过程简单，测得目标角坐标时，天线接收到的信号噪声功率比为最大。其缺点是测角准确度不高，这是因为天线波束方向图在最大值附近一般比较平坦，变化率较小，因此当目标偏离天线轴很小时回波强度变化不大。所以，最大信号法不适用于精密测量，但可用于搜索、引导和步进跟踪。采用这种方法进行测角时，通常无线电波馈源机械轴要进行转动，此时波束扫描形成一个圆锥体，通过扫描形成的目标回波信号发现并跟踪目标，这种雷达称为圆锥扫描雷达。

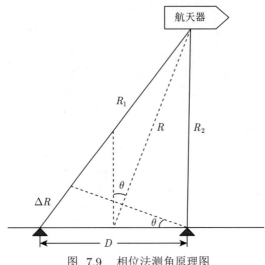

图 7.9   相位法测角原理图

等信号法测角的原理图如图 7.10所示。采用四个相同但彼此部分重叠的波束方向图，四个波束中心点连线 *HD*、*BC* 交点与测控站的连线称为等信号轴。若目标处在等信号轴上，则四个波束接收到的回波信号相等。当目标偏离等信号轴时，不同波束所收到的回波信号强度就会不相等，根据四个波束接收到的回波信号强弱，就可以判断目标偏离等信号轴的方向和大小，然后进行调整，使目标重新指向等信号轴方向，从而测得目标在观测坐

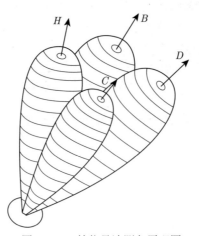

图 7.10   等信号法测角原理图

标系中的角度。等信号法测角的优点是测角精度高，缺点是天线设备比较复杂。该方法常用于自动跟踪测角，所使用的设备常为单脉冲雷达。

7.2.2.4　速度测量原理

通过位置测量，对测得的位置进行微分可以求得速度，但也可以直接通过多普勒效应原理直接测得速度。多普勒效应，就是当一个物体发出某一稳定频率的波动，如声波或无线电波时，如果该物体与观测者有径向相对运动，则观测者观测到的频率不再是稳定的，而是变化的。当该物体向观测者方向运动时（径向距离缩小），它所发出波动的波长缩短，也就是频率变高。当物体离开观察者时（径向距离变大），波长增大，频率变低。

多普勒效应可用公式进行描述。设 f_0 为物体发出的频率，Δf 为频率变化量，即频移，v 为物体与观察者的径向速度，接近时为正，离开时为负，则有

$$\Delta f = \frac{v}{C} f_0$$

通过测量频移 Δf，即可测出物体相对于测控站的相对速度 v。运用多普勒效应进行速度测量通常采用两种方式：单向多普勒测速、双向多普勒测速。

单向多普勒测速的原理是：由航天器上的信标机产生固定频率的信号向地面发射，地面接收站接收该信号；由于航天器相对地面站有相对运动，接收到的信号与发射信号间产生多普勒频移，测量出该频移，即可确定航天器相对地面站的径向速度。

双向多普勒测速的原理是：地面发射机发射某一频率的信号，航天器上的接收机接收后，由应答机按一定的比例关系转接为另一种频率重新向地面转发，再由地面接收站接收，从中提取多普勒频移，得出航天器相对测控站的径向速度。航天器采用不同频率转发的理由是：多普勒频移值很小，若直接转发，容易引起应答机输入与输出之间的干扰；用不同的频率转发，就能从频率上分隔开，防止应答机本身的同频干扰，地面接收站也便于在频率上区分上行信号与下行信号。双向多普勒测速可用如下一组公式推导。首先是航天器接收机处的频移，可表示为

$$f_1 - f_2 = \frac{v_\mathrm{T}}{C} f_1$$

式中，f_1 为地面发射频率；f_2 为航天器应答机接收频率；v_T 为航天器相对地面发射站的径向速度。应答机接收到地面信号后，采用新的频率 f_3 向地面接收机发射（通常该频率与 f_2 较为接近），设地面接收到的频率为 f_4，则有

$$f_3 - f_4 = \frac{v_\mathrm{R}}{C} f_3$$

式中，v_R 为航天器相对地面接收站的径向速度。整理上述两式，设 $f_3 = n \times f_2$，可得到地面发射频率 f_1 与地面接收频率 f_4 之差为

$$f_1 - f_4 = f_1 \left[1 - n \left(1 - \frac{v_\mathrm{T}}{C} \right) \left(1 - \frac{v_\mathrm{R}}{C} \right) \right]$$

若地面站既是发射站也是接收站，则有

$$v_\mathrm{T} = v_\mathrm{R} = v$$

$$\Delta f = f_1 - f_4 = f_1 \left[1 - n \left(1 - \frac{2v}{C} + \frac{v^2}{C^2} \right) \right]$$

由于

$$\frac{v^2}{C^2} \ll 1$$

可得

$$\Delta f = f_1 \left[1 - n \left(1 - \frac{2v}{C} \right) \right]$$

采用上述方法只是求出了航天器相对地面测控站的径向速度的大小。由于速度是矢量，要求得该矢量的大小和方向，至少要用三个地面测控站，才能组成一个完整的多普勒测量系统。

7.2.3　航天器跟踪引导原理

要进行航天器的测量、遥测和遥控，首先需要把无线电测控设备天线波束或者光学设备视场对准航天器，并实现自动跟踪。由于作用距离较远的无线电测控设备天线波束和光学设备视场都比较窄，且航天器相对地面测控站在高速运动，为使测控设备能够及时发现并截获航天器，必须通过一定的手段进行引导，使航天器落入天线波束，此后测控设备就开始角度捕获、自动跟踪。目标引导一般可分为理论轨迹引导、指挥系统引导、测控设备互引导等方式。

（1）理论轨迹引导，是指测控设备计算机按照所设计的理论轨迹数据对测控设备进行引导，以使测控设备捕捉到目标。理论轨迹引导仅利用设计数据，不需要任何处理，方案简单，但由于航天器飞行受各种摄动力影响，往往偏离设计轨迹，因此对于窄视场设备可能导致引导失败。这种方式通常适用于宽视场测控设备，可用于导弹、卫星发射阶段测控设备引导。

（2）指挥系统引导，是指在任务期间，指挥系统利用理论轨迹或利用各测控设备的测控数据通过计算得到的预报轨迹对测控设备进行引导。利用预报轨迹实施导引时，需要使用目标运动的状态方程或滤波方法，根据上一时刻的位置信息推算下一时刻或者连续几个时刻的位置，利用该推算值作为测量系统的引导信号。

（3）测控设备互引导，是指利用宽视场的测控设备先跟踪到目标，然后根据其提供的目标参数调整窄视场的测控设备捕获目标；或利用目标前一轨迹段测控设备获取的目标参数引导下一轨迹段测控设备，以保证后续轨迹段测控设备尽快捕获目标。地基测控设备中经常会采用该引导方式。

7.2.4　发展趋势

从技术发展角度看，光学跟踪测量系统将进一步与自适应技术、自动标校技术、光增强技术、信息处理技术相结合，向全自动、智能化、高帧频、大作用距离和提高测量精度方向发展。在应用领域中，随着光学口径加大和高性能 CCD、红外焦平面等探测器件的应用，光学跟踪测量系统正在向空间目标观测、空间目标成像、远距离实况记录、光度特性测量、红外辐射特性测量和光谱特性测量方向拓展。为避免大气层影响，已有多种光学跟踪测量设备从地基转移到地球轨道。无线电跟踪测量系统已从陆基向天基发展。利用两颗相隔一定经度的地球同步轨道卫星和一个地面控制接收站，能对多个低轨道飞行器进行连续跟踪测控。在航天领域中，将进一步发展信息的综合利用和多种功能的统一体制。设备将进一步采用固态器件、集成电路，实现数字化、功能软件化和模块化；采用开放式系统体系结构将进一步提升设备可扩展性和通用性。

7.3　航天遥测、遥控

7.3.1　航天遥测

遥测就是对飞行中的航天器及运载火箭进行内部参数测量的技术。航天遥测面临的主要问题是如何用最简单的方式实现大量数据的测量、采集、合并，以及在强干扰条件下的无差错传输、接收、分路和处理，如图 7.11 所示。

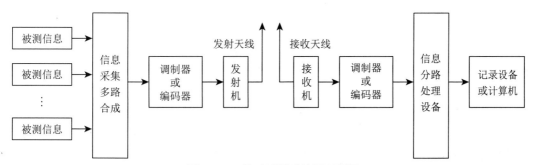

图　7.11　航天遥测系统原理框图

遥测信息的主要特点是：数量多，小型卫星的遥测参数一般都有几百路，而大的卫星和载人航天器的遥测参数多达几千路；每路参数频率响应特性都不同，大多数频率都在几赫兹或零点几赫兹之内，少量达到几十赫兹或上百赫兹，有时为了测量振动和噪声（如运载火箭），频响可高达数千赫兹。遥测遇到的技术困难，即在于如何将频响相差 4～5 个数量级、数千路的信号用最经济、最简便的办法传到地面。

7.3.2　航天遥控

遥控信号是一种上行信号，有时也称为前向链路信号，是根据下行（或返回链路）中的遥测信号分析、判断、决策后做出的一种响应，响应变为命令后，发送给过境的航天器，航天器上有相应的遥控接收机、解调器和译码器，译码器恢复出来的命令，用来启动执行机构干预航天器的轨道、姿态，调整内部分系统的工作状态、运动参数或更换备份分机。其基本原理框图如图 7.12 所示。

遥控系统主要由指令发送端（含监控台、指令产生器、指令调制和发射设备）、传递介质和指令接收端（含指令接收机、指令译码器和执行机构）组成。其基本原理是：在地面发送端，由计算机或操纵员根据预定方案和被控对象的实际状态发出指令信号。为了区分不同指令、提高抗干扰能力和增强保密性，常把指令信号编成码组。经副载波调制，再经载波调制和功率放大，由天线将信号发送至接收端（航天器）。在接收端，信号由天线接收，送入指令接收机，经解调、译码后，通过执行机构控制被控对象。

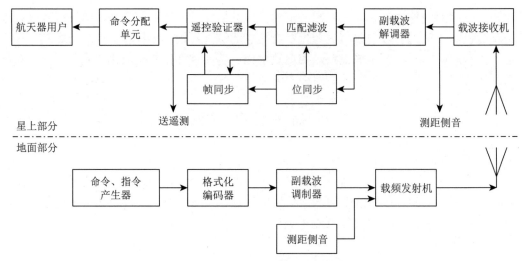

图 7.12   航天遥控系统原理框图

航天器遥控数据有指令控制和上行数据注入两种类型。遥控指令是地面控制系统用以对航天器上的设备进行远距离控制操作的一种手段。遥控指令的长度一般都比较短，它可以单条指令向上发送，也可以多条指令组成一个指令序列向上发送。一条遥控指令一般完成一个指定的操作，有时也用多条指令完成一个指定的操作。遥控指令操作实施的时间有立即实施、定时实施和延迟实施三种方式。立即指令是航天器安全控制常用的一种遥控指令。通过遥控信道向航天器发送数据块，称为注入数据。数据块的长度一般都比指令长，它由延迟指令、程序和数据组成（也可能是其中的一部分或两部分）。延迟指令是延时操作的指令。程序是地面用注入数据的形式发送给航天器上计算机的新程序，用以替代原来的应用程序，以改变下一阶段航天器的工作状态。数据用于给航天器上的设备提供新的工作参数，以改变有关设备原来的参数。

7.3.3   信号调制原理

在无线电技术中，调制的意义就是使高频振荡的某些内在要素（幅度、频率或相位）随着预传送的信号进行有规律的变动，以期达到传递信号的目的。这种载送信号的高频振荡就是载波，要传递的信号称为调制信号，经过调制后的高频振荡称为已调振荡或已调波，它可以用电磁波的形式向空间辐射出去。利用信号来控制或改变高频振荡的过程称为调制过程或简称调制。信号调制方式有很多种，大致可分为三类：连续波调制、脉冲调制、数字信号调制，如图 7.13 所示。

进行调制有两个主要的原因。第一个原因是使不能直接远播的信号，借助高频振荡的辐射特性载送到远方。当天线的长度可以和振荡波长相比时，才能获得有效的辐射。例如，直接辐射频率等于 10000Hz 的正弦振荡是不可能的，因为与该振荡相对应的波长为 30km，如要辐射这样低的频率就需要制造几十千米长的辐射体，这是不可想象的。若将信号附于 30MHz 的载波上，这时振荡波长仅为 10m，天线长度不过几米，这是很容易实现的。第二个原因是便于信道的划分。同频率的信号同时在空间传播，必将相互干扰，而导致无法接收。因此，将不同信号附着于不同频率的载波上，借以避免它们之间的相互干扰。

在遥测信息传输中，为了有效地利用信道，往往使用一个载波传输多路信息。为此首先把多路信息进行第一次调制，然后把已经第一次调制的各路信号相加起来，再进行第二次调制。将信息的第一次调制称为副载波调制，将信息的第二次调制称为载波调制。调制是为了信号的有效发射和实现信息传输的多路化。

7.3.3.1　连续波调制

连续波调制，就是作为载波的高频简谐振荡的幅度、相位或频率随着传送信号不同而连续不断地改变，达到调制的目的。在连续波调制中，载波是一个正弦波，可表示为

$$S(t) = A\cos\varphi(t) = A\cos(\omega_0 t + \varphi_0)$$

它有三个参数：幅度 A、角频率 ω_0 和相位 φ_0。这三个参数中任何一个受调制信号控制而变化时，就实现了调制。当载波的幅度 A 受调制信号的控制而改变时，这种调制称为幅度调制，简称调幅（AM）；当载波的频率受调制信号的控制而变化时，这种调制称为频率调制，简称调频（FM）；当载波的相位受调制信号的控制而变化时，称为相位调制，简称调相（PM）。在连续波调制系统中，仅经过一次调制过程就得到已调的高频振荡，所以这种调制属于单重调制。

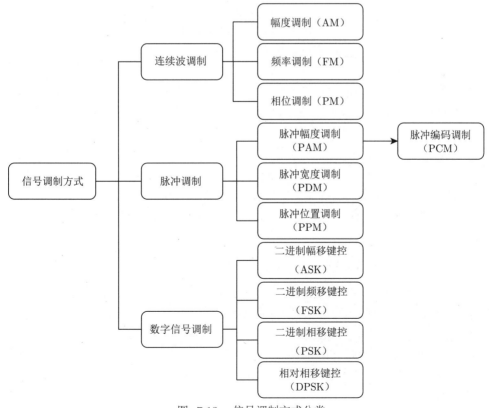

图 7.13　信号调制方式分类

7.3.3.2 脉冲调制

脉冲调制就是先用信号调制一组脉冲波的幅度、宽度或重复频率，这组经过调制的脉冲波再调制到高频载波上发射出去，以达到传播的目的。各种脉冲调制的波形示意图如图7.14所示。

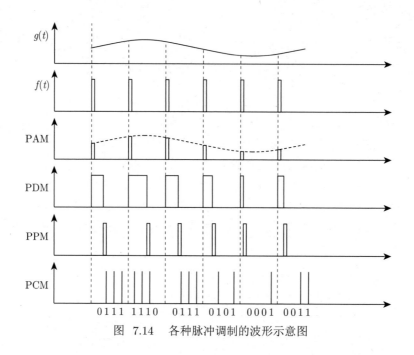

图 7.14   各种脉冲调制的波形示意图

在脉冲调制中，被调制信号是一个脉冲序列，它有三个参数：脉冲幅度、脉冲宽度和脉冲重复频率。当脉冲幅度随着调制信号做线性变化时，称为脉冲幅度调制，记为 PAM；当脉冲宽度随调制信号做线性变化时，称为脉冲宽度调制，简称脉宽调制，记为 PDM；当脉冲重复频率或脉冲位置随调制信号做线性变化时，称为脉冲位置调制，简称脉位调制，记为 PPM；当把 PAM 信号的脉冲幅度的不同大小用一组二进制码表示时，称为脉冲编码调制，记为 PCM。在脉冲调制系统中，须经过两次调制才得到高频已调波，所以这种调制称为双重调制。在遥测中应用最广泛的是 PAM 和 PCM 这两种调制方式。通常，脉冲是通过对被测对象采样得到的。

7.3.3.3 数字信号调制

数字信号（PCM）是指脉冲编码中把 PAM 信号按照二进制编码表示的信号，如图 7.14中最后的波形所示。数字信号调制的载波为一个连续正弦信号，因此按调制参数的不同，也可分为数字调幅、数字调频和数字调相。因为数字信号只有 1 或 0 两种状态，可视为开关通断，所以也称二进制幅移键控（ASK）、二进制频移键控（FSK）、二进制相移键控（PSK）。其中，PSK 又可分为绝对相移键控、相对相移键控（DPSK）两类。4 种数字信号调制的波形示意图如图 7.15所示。

二进制幅移键控（ASK）用 PCM 信号对载波进行 100% 的调制，即载波振荡器只工作于开启和关闭两种状态。二进制频移键控（FSK）把"0"符号对应于载波 W_1、把"1"符号对应于载波 W_2（W_1 和 W_2 载频不同）的已调制波形，且 W_1 与 W_2 之间的改变是瞬间完成的。二进制相移键控（PSK）用载波的两个离散相位值表示"0"和"1"（或"1"和"0"）。如果每个符号"0""1"都有固定的离散相位值，且与前后码元（符号）无关，则这种方式称为绝对相移键控；如果用载波相位的相对变化表示"0"和"1"，如"0"时相位不变、"1"时相位跳变，就称为相对相移键控（DPSK）。

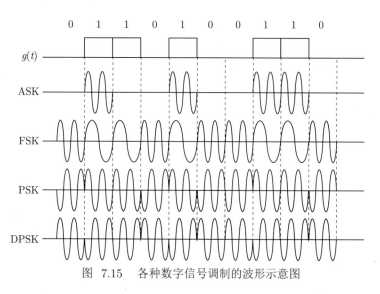

图 7.15　各种数字信号调制的波形示意图

7.3.4　多路复用

遥测信号传输的基础理论是信号调制，而调制体制可分为频分多路复用、时分多路复用两种主要类型。多路复用的目的是使成百上千路信号能够通过一个载波发送出去。

7.3.4.1　频分多路复用

频分多路复用是把待传送的各种信号分别调制到不同的副载波上，当被调制的各路副载波的频率间隔足够大时，各路已调好的频谱将不会互相重叠，经过公共信道传送后，在接收端可以很方便地用一组带通滤波器分开，达到多路信号共用一个信道的目的。图 7.16 给出了以幅度调制方法进行频分复用的原理。三路信号分别调制在三个频率上发射出去，在接收端进行解调后就恢复成了原始的信号。

副载波调制可以使用 AM、FM、PM 中的任何一种方式。同样，载波调制也可采用 AM、FM、PM 中的任何一种方式。这样经过两次调制就可以组成 AM-AM、AM-FM、AM-PM、FM-AM、FM-FM、FM-PM、PM-AM、PM-FM、PM-PM 九种体制，其中 FM-FM 体制（见图 7.17）在许多方面优于其他体制，特别是抗干扰能力强，因此 FM-FM 体制在频分制遥测中应用最广泛。

在发送端，每一路都有一个副载波调制振荡器，各路副载波振荡频率是互相错开的，它们之间保持一定的间隔，防止副载波调制振荡器输出的已调频谱重叠。每一路都有一个输出带通滤波器，用来消除高次谐波和噪声，严格限制本路已调信号所应占有的频带，尽量减少对其他各路信号的干扰。各路已调副载波信号通过相加器，综合成多路信号。多路信号再通过发射机对载频进行调制，形成已调高频信号，从天线辐射出去。

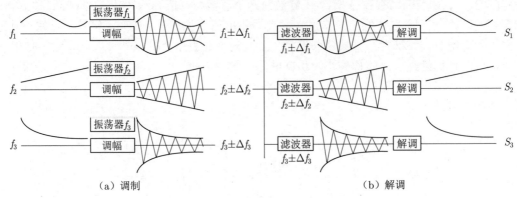

（a）调制   （b）解调

图 7.16　频分制的调制与解调示意图

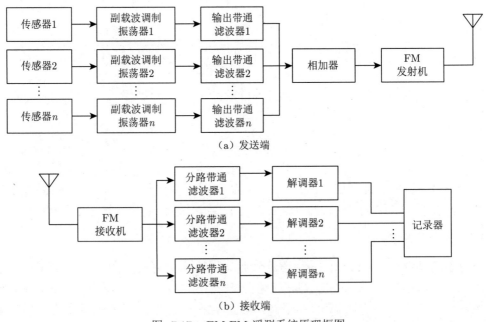

接收端收到的已调高频信号，经放大并对载频解调后，恢复成多路信号，加到并联的分路带通滤波器，从多路信号中分离出每路各自的已调副载频信号。每路带通滤波器的中心频率等于发送端该路副载频的中心频率，其带宽等于该路已调副载频信号的频谱宽度。各路已调副载频信号经过相应通道副载频解调器解调，便得到各路信号。最后将各路信号送到遥测终端设备进行处理、记录和显示。

7.3.4.2　时分多路复用

时分多路复用是指对各路信号进行采样，将各采样值按时间交错排列成一串速率更高的数据流。各种信号的样点序列在时间上互不重叠，通过公用信道后，在接收端可用一个与发送端同步的选择开关，把它们互相分开，时分制中可以用 PAM、PDM、PPM、PCM 等脉冲调制方式。

　　时分多路复用利用采样定律，将运载火箭和航天器上的各传感器输出的模拟信号电压排成一个序列，用一个称为"交换子"的部件对每路信号取样，取样频率由待测信号中频响最高的一路所决定，一般为最高频响中的最高频率分量的 2~5 倍。各个传感器输出信号都取样一次，所形成的组合信号称为"一帧"，帧信号的排列称为帧结构。时分制的优越性在于能把各个信号按频响不同而分成几个层次，层与层之间的频响可相差 1～2 个数量级，将频响最快的信号放在第一层，取样所用的交换子称为主交换子，所得出的信号称为主帧。频响较慢的信号放在第二层，用副交换子取样，所得出的信号称为副帧，以此类推，通常只包括三层。采用交换子串接方法，遥测可传信号数量可达上千路，满足了运载火箭和卫星大量慢变化信号传输的要求。另外，按频响不同分层取样，比频分制占用频带宽更为合理。现在获得广泛采用的时分多路复用系统是脉冲编码调制（PCM）数字化遥测系统，如图 7.18所示。其思想是在交换子取样的基础上，增加一个模/数转换器（A/D），将脉冲幅度变换成二进制数字序列，每个序列一般采用 8 个码位长，即一个字节代表一个取样值，称为一个遥测字，遥测字再经封装格式化后成为遥测帧，而后经过副载波调制和载波调制发送出去。

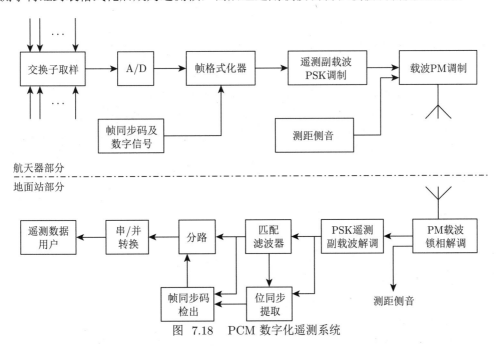

图 7.18　PCM 数字化遥测系统

　　在时分制遥测系统中，同步是一个十分重要的技术问题，包括位同步、字同步和帧同步等。为了区分帧的开始，需要在一帧的开头或末尾加入一个特殊标志，称为帧同步码，帧同步码应具有唯一性。

7.3.5　PCM 数据格式及数据差错控制

7.3.5.1　PCM 数据格式

　　PCM 体制是目前遥测和遥控最常见的信号调制体制，其调制的是数字信号。通常，数字信号都要进行数据编码，形成数据帧序列向外发送。以典型的 PCM 体制遥控数据流为例，其编码数据格式如图 7.19 所示。

一个遥控工作期内数据流的起始为载波和引导序列，以使接收机达到正常工作状态。然后是遥控帧序列，每一帧序列都以启动字开头，后面跟着各个遥控帧。每一遥控帧按照地址同步字、方式字和遥控信息序列的顺序构成。遥控信息序列有两种类型，即开关命令字和注入数据，其中开关命令字规范化为 72B，注入数据的长度可变，但不超过 4088B。

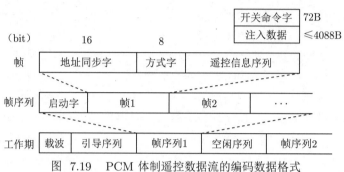

图 7.19 PCM 体制遥控数据流的编码数据格式

7.3.5.2　数据差错控制

由于干扰和噪声的存在，遥测和遥控信号经无线传输可能会出现错误，尤其是对于遥控来说，一旦发生错误，后果可能十分严重。航天遥控一般要求漏指令概率要小于 10^{-6}、误指令概率要小于 10^{-8}。进行数据差错控制主要有以下四种方式。

（1）前向纠错，又称自动纠错。地面将原始数字指令转换为纠错码，通过信息传送到航天器，航天器根据码的规律性自动纠正由信道中干扰和噪声引起的错误。前向纠错方法通过编码解决差错控制问题，其特点是单向传输即可，较为迅速及时，适合低轨高速飞行目标的实时控制，可同时控制多个目标，但若误码率较高，要纠正大量错误，就必须插入较多码元，编码构造复杂、效率低。

（2）判决重发，又称反馈重发。地面发送有检错能力的遥控数据（相当于要额外发送检错码，该码只能用于判断数据是否有误而不能纠正还原数据），航天器收到后利用检错码判决收到的测控数据是否有误，并把判决信号发回地面。地面将航天器判决认为有错的信息重新发送。这种方式编码形式比纠错码简单、效率高，对突发错误较为有效，但不能单向传输，需要反馈信道。

（3）验证反馈。地面发送有检错能力的遥控数据，由航天器接收后向地面发回验证信息，由地面进行判决，若收到信息正确，则发出执行指令，否则重发直到正确为止。这种方式与判决重发不同的是，判决活动是在地面上进行的，而不是在航天器上进行的，所以能够简化航天器设计，但同样不能单向传输，需要反馈信道。

（4）混合纠错。这种方式是前向纠错与判决重发的混合。地面发出检错和纠错两用码，通过信道发送到航天器。若错误较少（在码的纠错能力范围内），则航天器直接将错误纠正；若错误较多（超过了码的纠错能力范围），则航天器向地面发回判决信号，地面重新发出遥控数据。采用这种方式能够减少地面与航天器之间的数据传输次数，缺点是编码较为复杂。

7.4　航天测控网及其应用

航天测控网是指对航天器发射和运行进行跟踪、测量与控制的专用网络，是由测控中心与分布于各处的航天测控站（船），通过通信网络相互连接而构成的综合体。航天测控系统通常是以航天测控网的形式部署和运用的。我国航天测控网是随着导弹、卫星等航天事业的发展，在导弹测控系统和卫星观测网基础上发展起来的，主要由北京航天飞行控制中心、西安卫星测控中心，国内喀什站、和田站、东风站、厦门站、青岛站、渭南站等地面测控站，国外卡拉奇站（巴基斯坦）、马林迪站（肯尼亚）、阿尔坎特拉站（巴西）、圣地亚哥站（智利）、内乌肯站（阿根廷）、当加拉站（澳大利亚）、纳米比亚站（纳米比亚）、基律纳站（瑞典）、奥赛盖尔站（法国）、凯尔盖朗站（法国）等地面测控站，以及若干"远望"远洋测量船和通信网组成，是各类航天测控设备的综合集成。

7.4.1　航天测控网的组成及其功能

航天测控网由测控中心和测控站、通信网组成。为了提高测控覆盖范围和效率，有些国家还发射了跟踪与数据中继卫星。

7.4.1.1　测控中心

测控中心是测控网的信息交换中心、控制计算中心、调度指挥中心，其主要任务是：①指挥和控制航天测控站对航天器实施跟踪；②收集、处理和发送各测控站（船）获取的各种航天器测量数据；③处理遥测数据，监视、分析航天器的工作状态；④确定航天飞行器的轨道参数和姿态参数，发布轨道预报；⑤根据航天器飞行任务，拟订轨道、姿态机动控制方案，生成控制指令，计算各类控制参数；⑥对航天器实施控制并进行过程监视；⑦向用户提供跟踪航天器工程遥测、轨道姿态信息以及各种应用数据；⑧制订测控网工作计划，实施测控网调度指挥。

测控中心包含以下系统：①数据处理系统，由多台大型高速计算机和软件系统组成，实时处理和事后处理各测量台站汇集来的数据。软件系统包括管理程序、信息和数据处理程序等。计算机通过软件控制和管理整个测控系统和航天器。②通信系统，由载波和无线电通信设备、数据传输设备组成。它具有高可靠性和快速性，保证测控中心与天地之间以及与各测控站、发射场、回收区之间的通信联系和数据传输。③指挥监控系统，由各种监控台、屏幕显示器、绘图仪和电视等设备组成，通过文字、图形、曲线和图像直观显示各测控站的设备工作状态、航天器运行情况、航天器上设备的工作状态、执行指令情况和航天员生理状况，使指挥控制人员能实时下达指挥命令和发出控制指令。④时间统一勤务系统，由高精密度频率标准、标准时间接收设备、标准时频信号源和相应接口设备等组成，为航天测控中心的各类设备提供标准时间和频率。通过与短波和长波标准时频信号的比对，使分布在国内或世界各地的整个航天测控网的测控站点依据统一的标准时间开展工作。

7.4.1.2　测控站

测控站通过其所配备的各种无线电测控设备与航天器进行上、下行联系，是航天测控网的重要组成部分，根据测控中心的指示与航天器通信，在对各种航天器控制过程中，配合测控中心完成控制任务，也可根据预先规定的程序独立完成部分对航天器的控制。其具体任务是：跟踪测量运载火箭或航天器，将获取的轨（弹）道数据送往测控中心；接收、记录航天器遥测数据并送往测控中心；将控制指令发送给运载火箭或航天器。

测控站的类型有固定测控站、活动测控站、海上测量船和测量飞机等。设置活动测控站的目的是满足火箭发射射向改变和航天器返回时测量与控制的需要。对于载人航天返回，活动测控站设备均采用车载式可移动设备，其中有测量雷达、方向仪、场强仪、搜索救生设备、通信设备，气象观测设备、航天员医监医保设备等，并配有多架直升机。设置海上测量船和测量飞机是为了提高航天测控网对航天器的覆盖率，特别是满足载人航天时的实时监视和控制需求。对于海上测量船，除上述的测量设备外，还有保证海上航行的有关系统；对有打捞、回收任务的测量船，还配有打捞、救生设施。

测控站的测控设备一般由天伺馈分系统、发射分系统、接收分系统、测距分系统、测速分系统、遥测分系统、遥控分系统、监控分系统、时/频终端、数据传输分系统、测试标校分系统、数据记录分系统等组成。①天伺馈分系统。"天伺馈"是天线、馈源和伺服的简称，它的作用是定向辐射和接收下行的微波信号能量，通过角跟踪接收机检测出角误差信号，在它的作用下，连续稳定地跟踪目标。②发射分系统。其作用是对上行遥控指令信号进行调制和功率放大，使之适合于空间远距离传输。③接收分系统。它能在强噪声背景中检测出微弱信号，并能以最小的失真复现信号。在测控过程中，接收机是测距、测速、测角、遥测等的通道。④测距分系统。它可测量出地面测控站与航天器之间的径向距离。⑤测速分系统。它采用载波多普勒频率测量法，测量地面测控站与航天器之间的径向速度。⑥遥测分系统。该分系统用于接收和处理由航天器上遥测设备下发的遥测信号，并恢复出遥测数据。⑦遥控分系统。该分系统接收测控中心发送来的（或本地应急产生的）指令或者注入数据，调制到副载波上，再调制到载波上，通过天线实时或定时发往航天器，实现对航天器的控制。⑧监控分系统。监控分系统用于监视测控站设备状态、工作参数、目标参数、设备配置状况和数据信息等，进行数据处理、格式编排与显示、打印，对工作状态、工作参数、设备配置、目标捕获等进行设置或控制。⑨时/频终端。它将各测控站设备在时间和频率上统一联系起来，使不同地点的测控站在时间和频率上保持严格同步。⑩数据传输分系统。它是测控站的对外接口设备，负责收集和编排测控站测得的距离、速度、角度、遥测数据和监控分系统的监视信息，并将监视信息送往测控中心或其他部门，同时也负责接收这些部门发送来的遥控指令（或上行注入数据）及远程监控指令等。⑪测试标校分系统。它可以对系统的性能进行测试和校准，设备调试检查，以及全系统的模拟演练等。⑫数据记录分系统。其目的是记录遥测信息等数据，配置有磁记录器。

7.4.1.3 通信网

通过由电缆、光缆、无线电、卫通等各种通信手段构成的测控系统通信网，来保证测控中心、测控站（船）、发射场、用户以及其他有关部门之间信息的准确、及时传递。其主要功能包括：语音指挥调度通信；测控站与测控中心之间、测控站内部、测控中心内部的数据传输；测控站和测控中心等关键部位的电视监视和记录；地面与飞船的话音通信和电视图像传送。通信方式主要包括光纤通信、卫星通信网、无线通信系统等。

7.4.1.4　数据中继卫星

数据中继卫星用于转发地面测控站对中低轨道航天器的跟踪测控信号和中继航天器发回地面的信息，兼具跟踪测控和中继数据两种功能，一般部署在地球静止轨道。我国的数据中继卫星主要包括"天链"和"鹊桥"。

"天链"，顾名思义是"天上的信息链"，主要为我国载人飞船、空间站等载人航天器提供数据中继和测控服务，为中低轨道遥感、测绘、气象等卫星提供数据中继和测控服务，为航天器发射提供测控支持。它相当于把地面测控站搬到了 3.6 万千米高度的地球轨道上。一颗"天链"卫星对"神舟"飞船、"天宫"空间站轨道的通信覆盖率能达到 50%，三颗"天链"卫星组网可以实现整个轨道的通信全覆盖。同时，使用中继卫星后，天地通信的带宽得到极大提高。地面向飞船的上行通信带宽由 Kbit/s 量级提高到了 Mbit/s 量级，下行通信带宽由 Mbit/s 量级提高到了百 Mbit/s 量级。目前，我国已发展了两代"天链"卫星。

2018 年 5 月，我国发射了配合探月工程的"鹊桥"中继卫星，其工作示意图如图 7.20 所示。该中继卫星是世界上第一颗运行于地月拉格朗日点 L_2 的数据中继卫星，利用该中继卫星作为转发站，可对环月、落月飞行器的信号进行中继转发，为卫星、飞船等飞行器提供数据中继和测控服务，并实现科学数据实时下传至地面，将协助地面控制中心实施月球探测器着陆控制。

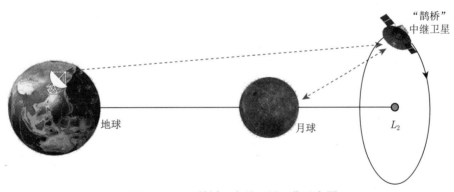

图　7.20　"鹊桥"中继卫星工作示意图

我国航天测控网经过数十年的发展和完善，已形成了包括国内外陆基测控站与测量船组成的地基测控网、中继卫星与导航卫星组成的天基测控通信网以及国内外陆基站组成的深空测控通信网，圆满完成了包括运载火箭、中低轨道卫星、地球同步轨道卫星、载人航天器、深空航天器等不同特点的航天器测控任务。

7.4.2　航天测控网的应用

航天测控网在军、民两个领域都有着广泛的应用，其中军用要求有更高的抗干扰性和电子对抗能力。在 5.4 节已介绍过航天发射测控，本章主要介绍卫星测控、载人航天测控和深空探测测控的应用。

7.4.2.1　卫星测控

不同类型的卫星对测控的要求是不同的。对地球同步轨道卫星，其测控作用距离远，范围大，要求低数据率的遥控、遥测且星载应答机尽量简单，甚至与通信转发器合一，而测量精度只要达到中等即可。由于卫星相对地面近似静止，利用测距、测速数据就可定轨，因此单站测角精度不需要太高，于是统一 C 频段（UCB）和统一 S 频段（USB）在同步轨道卫星的测控中都得到了广泛的应用。对中低轨道卫星，由于距离较近，因此利用单站定位也可获得较高的定位精度，测控系统天线口径也较小，但卫星相对地面运动角速度大，要求伺服系统动态性能好，以便跟踪。通常，由连续波跟踪测量系统及脉冲雷达构成的中、低轨道航天器测控网，便可完成中、低轨道卫星测控任务。

7.4.2.2　载人航天测控

载人航天一旦发生问题就会生死攸关，因此对设备可靠性要求很高。统一载波系统的应答机具有体积小、质量轻、电磁兼容性好的优点，且更简单、可靠，适宜在载人飞船上使用。美国在"阿波罗"登月中就使用了 USB 系统，采用 14 个 USB 地面站和载有 USB 的 5 艘测量船、8 架测量飞机，组成一个 USB 统一载波测控通信网，成功地实现了"阿波罗"飞船登月。但只依靠陆海基 USB 测控网只能达到 15% 左右的覆盖率，所以美国又发展了 TDRS 数据中继卫星，使之能对飞船和空间站实现 100% 的覆盖，支持 300Mbit/s 的高速数传和中、低速数据的多目标测控通信。我国的载人航天工程也采用了陆海基 USB 系统与"天链"数据中继卫星相结合的方式，圆满地完成了"神舟"系列飞船的测控通信任务。

7.4.2.3　深空探测测控

冷战期间，人类发射了大量深空探测器，但冷战结束后一段时间内有所降温。近年来，随着技术发展和商业航天崛起，深空探测又成为热门，"重返月球""火星移民"等已成为当前国际航天活动的热点。很多国家都制订了探月计划，其中测控是重要的一环。为了说明测控系统的重要性，下面以美国"阿波罗"登月工程为例，说明 USB（统一 S 频段）系统在登月中的作用。①在发射前，在指挥舱系统启动和航天员入舱之后，飞船上 USB 设备向肯尼迪飞行控制中心发射话音和遥测信号，还能发射电视信号。②在发射过程中，从运载火箭主推进级点火到进入地球轨道后的发动机关机期间，USB 系统提供跟踪、遥测、上行数据和双向话音，并在指定时间传递电视信号。③在奔月前，飞船绕地球飞行 1 ~ 4 圈，首圈有两个地面站进行跟踪，以后每圈至少有一个地面站跟踪定轨，同时提供话音、上行数据和电视通信。④在火箭点火、把飞船送入奔月轨道期间，USB 在覆盖范围内提供跟踪、话音和遥测支持，且点火后 20min 内地面获取测距、遥测、话音、上行数据和记录数据。⑤在指挥舱与飞船其余部分分离期间，提供测距、话音、遥测、宇航员生理医学数据传输，必要时提供电视信号传输。在登月舱系统进行检查期间，地面站能够同时得到指挥舱和登月舱的话音和遥测，且轮流得到生理医学数据、电视和跟踪数据，并支持地面站发送上行数据。⑥在绕月飞行期间，支持从一个舱（指挥舱或登月舱）得到全部 USB 的数据并建立通信。⑦当两舱在月球轨道运行期间和登月舱分离之前，需对登月舱系统进行检查，USB 系统支持两个舱的跟踪、话音、遥测和上行数据，以及一个舱的宇航员生理医学数据。⑧在登月舱脱离指挥舱落月时，同时提供两个舱的跟踪、话音、遥测和上行数据。指挥舱在月球轨道运动时，提供连续不断的遥测和话音支持。登月舱在月球上停留期间，提供话音、遥测、上行数据、生理医学数据和电视支持，同时为指挥舱提供除电视和生理医学数据外的其余各项遥测数据支持。从离开月球到两舱会合，两舱同时要求有跟踪、话音和遥测。⑨在登月舱月球发射、与指挥舱会合并返回地球时，与地球飞向月球阶段基本一样，但增加了登月舱分离后的跟踪以确定其月球轨道位置。⑩再入返回过程中，在地面站覆盖范围内，提供跟踪、话音、遥测、上行数据、记录数据重放及电视信号传输。

　　自 20 世纪 90 年代以来，小卫星获得了迅速的发展，出现了部署数量以万计的巨型星座计划，向传统测控网提出了严峻挑战。对小卫星的测控要与其特点匹配，测控网也要求具有简单、专用、成本低，测控保障费用低、体积小、质量轻等特点。另外，对不同的应用卫星，尚有一些不同的要求，如自主测控、多星测控与管理、高精度测轨、快速跟踪、测控站与业务站合一及机动灵活等。除了可采用统一载波测控体制，还常采用 GPS 自主定位多普勒测速定轨、干涉仪定位及数据中继卫星系统定轨等特殊的小卫星测控技术。此外，载人航天已不只限于地球轨道的"空间站"和运输飞船，而且要突破地球轨道，走向载人深空探测，下一步将奔向月球和火星。

思考题

（1）　航天测控系统在航天系统中发挥着怎样的作用？

（2）　结合近几次我国航天发射任务，说明航天测控系统的作用是如何体现的。

（3）　外测和内测分别指的是什么？为什么称之为内测和外测？

（4）　列举工程测控和业务测控的例子，并说明两者的区别。

（5）　航天测控的对象包含哪些？

（6）　要确定航天器在空间的位置，需要几个相互独立的测量参量？为什么？

（7）　什么是距离模糊现象？可以采用什么方法避免该现象？

（8）　在利用等信号法测角时，为何要采用 4 个相同但彼此部分重叠的波束方向图？能否只采用两个波束方向图？

（9）　在无线电技术中，什么是信号调制？为什么要进行信号调制？

（10）　在测控信号传输过程中，为什么要采用多路复用技术？有哪些方式可以实现信号的多路复用？

（11）　2018 年 5 月，我国发射了配合探月工程的"鹊桥"中继卫星，该中继卫星是世界上第一颗运行于地月拉格朗日点 L_2 的数据中继卫星。试结合我国"嫦娥"工程的进展，谈谈"鹊桥"中继卫星对我国未来探月工程的支持。

第 3 部分
卫 星 应 用

第8章

卫星遥感原理与应用

卫星由于具有运行轨道高度高、运行速度快、载荷类型多样等特点，因此以卫星作为平台的遥感技术在资源勘查、环境监测、国土测绘、抢险救灾及军事侦察等领域得到了越来越广泛的应用。

8.1　卫星遥感概述

8.1.1　卫星遥感的概念与特点

1. 概念

遥感，广义上泛指一切无接触的远距离探测，包括对电磁场、力场、机械波（声波、地震波）等的探测；狭义上是指从远处探测感知物体，也就是不直接接触物体，从远处通过探测仪器接收来自目标地物的电磁波信息，经过对信息的处理，判别出目标地物的属性。卫星遥感是利用装载在卫星上的传感器获取地球上目标物反射或辐射的电磁辐射信息，并将信息传输到地面进行处理、分析、判读，得到目标物的形态、质地和状态，提供给各领域应用。

在军事领域，卫星遥感也称卫星侦察与监视系统，是利用各类航天器获取陆地、海洋、空中、太空的战略战术目标信息的天基信息获取系统，用于评估国家安全及战争态势、支持战略战术决策、确定打击目标、为武器提供制导信息和评估打击效果。军事上卫星遥感包括侦察、监视两个方面的含义，其中侦察侧重于对目标的发现与识别；监视侧重于对目标的重复探测与跟踪，或对某一区域态势的观测。

2. 优点

与地面遥感和航空遥感相比，卫星遥感具有以下优点。

（1）观测范围大，可进行全球观测。利用卫星轨道运行的特点，如采用合适的极地轨道，通过一颗卫星即可观测整个地球，不受地面恶劣条件的影响。

（2）不受领土领空限制。卫星具有合法过境权，利用卫星遥感可以合法地侦察、监视世界各国情况，及时获取侦察情报。

（3）观测速度快。卫星可高速飞越待侦测地域，与传统的地面人工实地调查、飞机航拍相比，效率高、数据更新周期短。

（4）获取信息丰富。遥感卫星可选择不同的探测谱段，用不同的探测方式工作，可获得被观测物体丰富的细节信息。

3. 缺点

由于卫星平台轨道运动的特点，卫星遥感也有一些难以克服的缺点，主要表现在如下几个方面。

（1）轨道高度较高，难以获取目标高分辨率精细信息。卫星飞行轨道高度需要维持在卡门线以上，与机载和地面观测手段相比，其距离目标远，细节信息获取能力较弱。

（2）观测时间受限。卫星按照天体力学规律飞行，只能在飞经目标上空时进行探测，无法随意指定侦察时间，通常也不能长时间停留在目标上空（高轨卫星除外）。

（3）有的观测手段易受天气或气候影响。光学成像侦察容易受云雨等不良天气影响。

8.1.2　卫星遥感的分类

在军事领域，卫星遥感主要分为卫星成像侦察、卫星电子侦察、卫星导弹预警和卫星海洋监视四类。

8.1.2.1　卫星成像侦察

遥感卫星是指利用星载成像设备对地表目标进行成像侦察，获取图像侦察数据和目标位置信息，为军事作战提供战场态势情报和打击效果评估，是卫星遥感应用最广泛的一种方式。

衡量一颗遥感卫星成像能力的指标主要包括幅宽、空间分辨率、时间分辨率、谱段分辨率等。幅宽是指卫星成像瞬时传感器视场所覆盖的地面宽度；空间分辨率也称作地面分辨率，是指卫星成像时能够分辨出的最小地物尺寸；时间分辨率也称重访间隔或重访周期，是指遥感卫星重复侦测同一地面固定地物的时间间隔；谱段分辨率则是指遥感卫星采用多个谱段成像时，成像谱段的波长间隔。有时，人们还用地面像元分辨率代指空间分辨率，地面像元分辨率是指成像图像中一个像元所对应的地物特征尺寸。通常幅宽和空间分辨率二者无法兼顾，即幅宽大的空间，分辨率通常较低，而空间分辨率高的幅宽通常较小。气象卫星需要较大的观测幅宽，其空间分辨率较低，如美国 NOAA 气象卫星 AVHRR 传感器地面幅宽 300km、空间分辨率 1.3km；而光学高分辨率成像卫星则需较高的空间分辨率，幅宽较小，如美国的 WorldView 商业光学遥感卫星空间分辨率达到了 0.3m，其幅宽则只有 16km。遥感卫星的时间分辨率则主要取决于轨道设计。谱段分辨率代表了利用地物电磁辐射特性不同进行识别的能力，如利用普通的彩色影像无法识别绿色草地中的绿色迷彩帐篷，但利用多光谱成像，却可以根据帐篷和草地热辐射特性的不同轻易把二者区分开。

按信息传送方式分类，遥感卫星可分为返回式卫星和传输式卫星。返回式卫星通过使存放有摄影胶片的回收舱或返回舱脱离轨道返回大气层，并在陆地、海上或空中回收，经地面处理后获取信息，用这种方式获取的目标图像分辨率较高，但需要的时间长，信息的时效性差。传输式卫星是把拍摄的图像转换为电信号，通过无线电波传回地面（早期曾将拍摄过的胶片在星上显影后将图像转换成电信号记录在磁带上，到地面接收站上空时再发送到地面，然后还原成图像）。这种方式具有时效性好的优点，目前绝大多数成像侦察卫星都属于传输式卫星。

按用途分类，遥感卫星可分为普查型卫星和详查型卫星。普查型卫星拍摄的图像覆盖范围较大、分辨率较低，主要用于常规的大范围监视；详查型卫星拍摄的图像覆盖范围较小、分辨率较高，主要用于确定和查明具体目标的详细特征。

按传感器工作频段分类，遥感卫星可分为光学成像侦察卫星和微波成像侦察卫星。①光学成像侦察卫星携带可见光（波长 $0.4 \sim 0.7\mu m$）、红外（波长 $0.7 \sim 18\mu m$）和多光谱（谱段数量超过 3 个）成像设备，它们均受气象条件影响，不能在有云雾和雨雪的天气工作。可见光成像的地面分辨率最高。红外又可分为近红外、中红外和热红外。近红外成像系统记录的主要是目标反射的太阳辐射，主要用于目标材料和含水量分析；中红外成像系统记录的既有目标反射的太阳辐射，又有目标的红外辐射，主要用于夜间目标侦察与监视；热红外成像系统记录的是目标的自身辐射，对物体温度分辨能力更高，但在水汽浓重条件下的侦察效果较差。多光谱成像的光谱分辨率高，但图像空间分辨率和信噪比低，主要用于目标成分分析和伪装识别。②微波遥感卫星星载有合成孔径雷达等设备，利用频率范围为 $300MHz \sim 300GHz$ 的微波传感器，结合航天器平台的运动，接收目标的微波辐射或反射信号，将接收的信号进行记录并经过特定的信号处理，形成图像并提取有用的军事目标信息，能够克服云雾、雨雪和黑夜条件的限制，还具有一定穿透地表层、森林和冰层的能力，但分辨率不及光学成像侦察卫星的高。两者相互配合即可完成全天候、全天时的实时成像侦察任务。

美国先后发展了七代成像侦察卫星，从"科罗纳"卫星到"锁眼"系列卫星（见图 8.1），成像分辨率不断提高，地面像元分辨率已达到 0.15m。1999 年，美国新一代 8X 卫星投入使用，该卫星同时具备光学成像与微波成像功能，光学成像地面像元分辨率达到 0.1m，观测幅宽 150km，超过高级"锁眼-11"卫星视场的 8 倍，故称"8X"卫星。美国还发展了"长曲棍球""未来成像体系"雷达成像卫星。苏联/俄罗斯先后发展了八代成像侦察卫星，从第一、二、三代的"天顶"系列到第四、五代的"琥珀"系列，再到第六、七、八代的"蔷薇辉石"和"特工"系列，地面像元分辨率从 7m 提高到 0.2m。

图 8.1　美国 KH-12"锁眼"光学成像侦察卫星

以美国"锁眼""未来成像体系"卫星为代表的先进成像侦察卫星具有以下特点。①结构较大。为提高成像分辨率、扩大视场和延长工作寿命，需要采用大口径、长焦距光学望远镜或大型合成孔径雷达天线，安装大面积太阳能电池翼并携带较多的轨道调整与机动用的推进剂，这导致卫星的结构外形较庞大，质量较大，有的达 $10 \sim 20t$。②姿态控制和稳定控制精度高。为保证图像清晰，在轨道上摄像时星上光学望远镜的光轴必须精确地指向地面并保持稳定，要求姿态控制精度为 0.1°，稳定控制精度为 0.001°/s。③运行轨道低。侦察卫星一般具有机动变轨能力，有时为了对目标实施详细侦察需获取更高分辨率的图像时使卫星轨道高度临时降低到约 150km，完成摄像后再上升至正常轨道。④地面分辨率高。光学成像侦察卫星的地面像元分辨率已达到 0.1m，微波成像侦察卫星的空间分辨率达到 0.3m。

8.1.2.2　卫星电子侦察

卫星电子侦察使用无线电接收机侦收雷达、通信等电子系统所辐射的电磁信号和武器试验的遥控、遥测信号，并测定这些辐射源的地理位置，获取电子情报。其主要用于侦收雷达信号、测定战术技术参数及位置参数，判明辐射源类型、用途；侦收、分析敌方的遥控、遥测信号，掌握其战略武器系统的试验情况和发展动向；侦听、解译敌方的超短波通信和微波通信，获取其情报；长期监视电磁辐射源的变化情况，获取其电子设备发展情况以及部队配置和活动规律等情报。卫星电子侦察覆盖范围广、速度快、效率高，且不受国界和天气条件的限制，可对敌方进行长时间、大范围的连续侦察监视，获取时效性很强的军事情报，是现代军事侦察不可缺少的重要手段。

按工作体制，卫星电子侦察可分单星体制卫星电子侦察和多星体制卫星电子侦察。单星体制的设备结构简单，天线尺寸大，可探测到微弱的电磁辐射，定位精度较差；多星体制设备的天线结构简单，研制难度低，定位精度高，但需要精密同步技术。

按信号类别，卫星电子侦察可分为通信情报侦察和雷达情报侦察。通信情报侦察通过截获、解调、解密、解读获取的通信信号、导弹武器系统的测控信号进行电子侦察；雷达情报侦察通过获取雷达特性参数和信号源位置信息进行电子侦察。

目前，美国发展了五代电子侦察卫星，其中第一代为低轨道卫星，其余为地球静止轨道卫星和大椭圆轨道卫星。早期发展的有"峡谷""大酒瓶""弹射座椅"等卫星，现主要使用"军号""号角"等第四代电子侦察卫星。俄罗斯也发展了五代电子侦察卫星，前四代为低轨道卫星，第五代为地球静止轨道卫星，现主要使用第四代和第五代卫星。

典型电子侦察卫星示例如图 8.2 所示。

图 8.2　典型电子侦察卫星示例

8.1.2.3 卫星导弹预警

卫星导弹预警主要通过星载红外传感器探测导弹的热辐射，推算导弹发射点方位，判断导弹飞行轨迹和弹着点位置。预警卫星的红外探测器多工作在大气的吸收谱段（请参见8.2.2.3 小节中"大气窗口"相关内容），以避免地面红外辐射的干扰。导弹尾焰有很强的红外辐射，在导弹上升到一定高度后，星载红外探测器阵列接收到导弹尾焰的热辐射，通过信息处理消除背景和阳光干扰，得到目标的真实信号，并通过连续的扫描和跟踪，测出目标的位置和移动方向，初步预报出导弹的发射点和落点范围，连续的观测可以判断出导弹的发射点、飞行速度和飞行方向，预测弹着点。预警卫星的紫外探测器多作为辅助手段，消除由大气背景闪烁和微小流星再入大气层引发的虚警事件。有的预警卫星还带有高分辨率可见光电视摄像机，主要用于目标识别、提高探测概率。

卫星导弹预警具有探测范围广、预警时间长的特点，与陆基、海基、空基预警系统一起构成国家战略预警系统，为国家防御战略、外交策略等提供告警情报；为防御导弹攻击、空袭和实施战术反击提供预警信息。收集别国战略导弹的技术情报也是其任务之一。

美国的预警卫星系统发展的最早，性能先进，具有代表性。美国的"国防支援计划"(DSP) 预警卫星系统［见图 8.3（a）］是世界上第一个经过实战检验的天基导弹预警系统，已发展了三代。美国已在轨部署了新一代"天基红外系统"预警卫星、发射了"天基空间监视系统"低轨预警试验卫星，后者可以对弹道导弹轨道中段（被动段）进行探测和跟踪。苏联从 1972 年开始试验预警卫星，1976 年发射"眼睛"低轨红外预警卫星，1988 年开始发射"预报"小倾角地球同步轨道预警卫星，目前服役的是新一代"苔原"预警卫星。

 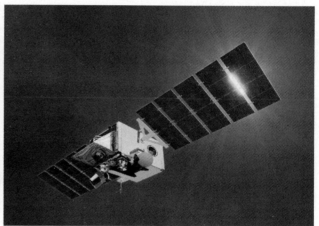

（a）DSP高轨导弹预警卫星　　　　　　　（b）STSS低轨导弹预警卫星

图 8.3　美国典型的导弹预警卫星

8.1.2.4 卫星海洋监视

卫星海洋监视是指利用星载电子侦收机、探测和成像雷达等有效载荷对海上目标进行监视。通过探测、侦收舰船等海上目标的无线电通信信号、雷达信号和目标影像，以确定目标的位置、航向和航速，实现监视海上舰船和潜艇的活动，提供海上力量部署、运动情况，为制定作战指挥决策、打击目标指示和效果评估提供情报。

从技术途径划分，卫星海洋监视主要包括三类。①电子型卫星海洋监视，属于被动形式探测，以星群形式运行工作，星群中各卫星同时侦收和获得海上同一部雷达的信号或者通信信号，利用信号到达各卫星的时间差来获得信号源的位置。②雷达型卫星海洋监视，属于主动形式探测，星上安装大功率、大孔径雷达，对海面发射雷达波束并对海面进行扫描，接收由海面目标反射的回波信号，以确定海面舰船的位置和外形尺寸。厘米波相控阵雷达在良好的海况下，能够探测到中型舰船和某些小型舰船。③成像型卫星海洋监视。通过光学、微波传感器获取海洋目标的直观图像信息和高精度的定位信息。利用红外探测器和毫米波辐射计，通过探测核潜艇航行时热尾流所形成的海水温度差，能够发现并跟踪潜航中的核潜艇。为提高监视效果，通常由电子型、雷达型和成像型三类卫星组成星座，配合工作，通过地面系统处理推算出海面上目标的相关信息。

美国于 20 世纪 60 年代末开始启动海洋监视卫星建设，共发展了三代"白云"系列电子型海洋监视卫星，目前在轨服役的是第三代，也称为"天基广域监视系统"（SB-WASS）。苏联也曾研制并部署过专用的海洋监视卫星系统。

由于卫星遥感类型多、差别大，为避免内容杂乱，本章主要介绍卫星成像侦察。对于成像遥感而言，遥感卫星今后朝着高空间分辨率、高辐射分辨率、快速重访（高时间分辨率）、高定位精度，以及多波段、多极化和多工作模式的方向发展；主动成像侦察手段为微波与光学波段并举，同时大型航天器平台技术、卫星星座技术和分布式编队飞行技术将促进多传感器数据的综合处理和融合技术的发展，从而可以获得单一波段成像传感器所不能获取的信息。航天强国将更多地使用具有全天候、全天时侦察能力的微波成像侦察卫星，并继续提高其地面分辨率，同时组建可实现全球覆盖的小卫星星座，实施对任何地面目标的实时或近实时成像侦察。在获得足够高的地面分辨率的同时，尽可能地扩大视场，并发展超光谱传感器，以增强对隐蔽和伪装目标的识别能力。

8.1.3　卫星遥感系统组成与工作过程

卫星遥感系统由遥感卫星、地面接收站、地面信息处理分发系统、地面运控系统等组成。其中，遥感卫星利用星载观测设备对地面进行遥感、获取地物信息并传回地面；地面接收站联网工作，负责及时接收遥感卫星发送的数据；地面信息处理分发系统负责对遥感数据进行处理，生成用户可以使用的情报产品，并分发给用户；地面运控系统负责制订遥感卫星工作计划，并生成相应的控制指令，由航天测控系统上注到遥感卫星。

卫星成像遥感可分为五个阶段或过程。①目标（也称地物，地面物体）电磁辐射或反射。地物具有特定的电磁信号特性，这是卫星能够对其进行遥感的前提。如果目标没有任何电磁辐射或反射，卫星遥感也就无从发现并获取该目标信息。②卫星传感器观测地物。卫星必须过境地物区域，并且卫星传感器视场覆盖到地物，此时地物的电磁辐射才可能穿过大气层后到达卫星传感器。③地物电磁辐射转化为卫星数字信号。目标电磁辐射到达卫星传感器后，经过传感器处理变化为电信号，再经 A/D 转换为数字信号，通过通信链路传回地面。④遥感影像生成。该步骤既可能在遥感卫星上完成（如光学成像），也可能在地面上完成（如 SAR 雷达图像）。⑤遥感图像信息处理与解译，通常在地面上进行。

8.2 卫星成像遥感原理

8.2.1 目标电磁特性

卫星遥感的第一个阶段是目标（也称地物，地面物体）电磁辐射或反射。本节主要考虑卫星成像遥感中可被探测到的目标电磁特性，反映为目标电磁辐射（目标自身产生的热辐射），或者目标电磁反射（如反射太阳光或雷达波）。

8.2.1.1 电磁波谱划分

按电磁波在真空中的波长依序划分成波段，排列成谱即电磁波谱，如图 8.4 所示。

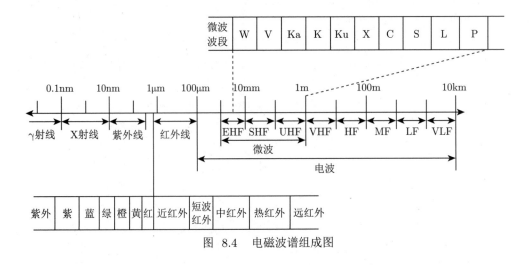

图 8.4 电磁波谱组成图

其中，与卫星成像遥感相关的主要是可见光、红外线和微波波段。可见光波长范围为 $0.38 \sim 0.76\mu m$，人眼对可见光有敏锐的感觉，是遥感技术应用中的重要波段，常用光学摄影方式接收和记录目标对可见光的反射特征；也可将可见光分成若干个波段，同一瞬间对同一景物同步摄影，获得不同波段的相片，称为多光谱成像；或采用扫描方式接收和记录目标对可见光的反射特征。红外线波长范围为 $0.76 \sim 100\mu m$，根据性质分为近红外（波长范围为 $0.76 \sim 3.0\mu m$）、中红外（波长范围为 $3 \sim 6\mu m$）、远红外（波长范围为 $6 \sim 15\mu m$）和超远红外（波长范围为 $15 \sim 1000\mu m$）。近红外在性质上与可见光相似，主要是目标反射太阳的红外辐射，因此又称为反射红外，在遥感技术中采用摄影方式和扫描方式，接收和记录目标对太阳辐射的近红外反射。中红外、远红外和超远红外是目标自身产生热辐射，所以又称为热红外，对这几类辐射采用热感应方式探测，不仅在白天可以进行，在夜间也可以进行。红外波段较宽，在此波段范围内不同物体间的反射特性和辐射特性都有良好的体现。因此，红外线波段在遥感成像中占有重要的地位。微波波长范围为 $1mm \sim 1m$，又可分为毫米波（波长范围为 $1 \sim 10mm$）、厘米波（波长范围为 $1 \sim 10cm$）、分米波（波长范围为 $10cm \sim 1m$）。由于微波波长比可见光、红外线要长，能穿透云、雾而不受天气影响，所以可进行全天候、全天时遥感探测。另外，微波能直接透过植被、冰雪、土壤等表层覆盖物，具有一定揭露伪装的能力。

8.2.1.2 目标电磁辐射

温度大于绝对零度（−273.16℃）的任何物体都具有辐射电磁波的能力。地球上所有物体的温度都大于 0K，因而都具有辐射电磁波的能力。由于这种辐射依赖于温度，因而称为热辐射。为了衡量物体热辐射的能力，通常以黑体辐射作为度量标准。黑体是能够完全吸收外来电磁辐射而毫不反射和透射的理想物体，可以把吸收的全部电磁辐射转变成热。黑体辐射是指黑体的热辐射，它是在空间各方向上都均等地辐射。黑体辐射强度可用普朗克公式进行计算，即

$$E_{(\lambda)} = \frac{2\pi hc^2}{\lambda^5} \frac{1}{\exp(hc/kT\lambda) - 1} \tag{8.1}$$

式中，$E_{(\lambda)}$ 为黑体光谱辐射出射度（W·m^{-2}·μm^{-1}），其含义是单位面积的黑体在单位时间和单位波长间隔内辐射出的能量；λ 为热辐射特定波长（热辐射覆盖所有波长，但该公式给出的是特定波长的辐射能量）；T 为黑体绝对温度；h 为普朗克常量（6.6261×10^{-34}W·s^2）；c 为光速（3×10^8m/s）；k 为玻耳兹曼常数（1.38×10^{-23}W·s/K）。根据普朗克公式，可以计算不同温度下黑体辐射波谱曲线，如图 8.5 所示。

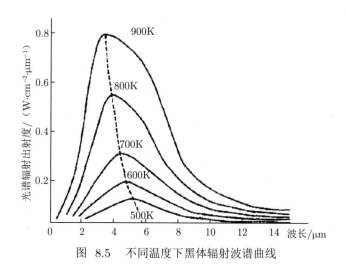

图 8.5 不同温度下黑体辐射波谱曲线

普朗克公式有两个重要的推论。一个推论是斯特番–玻耳兹曼定律，描述了绝对温度为 T 的黑体单位面积单位时间辐射出的能量总和，公式为

$$W_b = \sigma T^4 \tag{8.2}$$

式中，σ 是常数（5.67×10^8W·m^{-2}·K^{-4}）。该公式实际上是对普朗克公式在所有波长范围上的积分。

另一个推论是维恩位移定律，描述了给定温度黑体的最大能量辐射波长，公式为

$$\lambda \cdot T = 2.898 \times 10^3 (\text{μm·K}) \tag{8.3}$$

利用维恩位移定律，能够很容易地求出特定温度物体的最大辐射波长。例如，太阳的表面温度约 6000K，根据该定律可求得其辐射波长最大值 $\lambda_{max} \approx 0.48\mu m$，恰在可见光波段中间位置上。

普朗克定律是地物热辐射遥感应用的理论基础。不同温度的物体具有不同的辐射能量。一般物体除了自身有一定的温度外，还有因吸收太阳光等外来能量而受热增温的现象。在相同的温度下，一般物体发射电磁波的能力要比黑体低，其差别由物体的发射率来衡量。若一定温度下物体发射电磁波的辐射出射度为 M_e'，同温度下黑体的辐射出射度为 M_e，则物体的发射率定义为

$$\varepsilon = \frac{M_e'}{M_e} \tag{8.4}$$

发射率 ε 的取值介于 0 与 1 之间，它描述了发射源接近黑体的程度。一般情况下，不同的物体有不同的发射率，同一物体在不同的波谱段亦有不同的发射率，并且物体的发射率随着温度的变化而变化。实际物体的辐射分两种情况：一种为选择性辐射体，它们在各波长处的光谱发射率不同；另一种为灰体，在一定的温度下，其各处的光谱发射率相等。图8.6 给出了黑体、灰体和选择性辐射体的光谱发射率和辐射出射度。

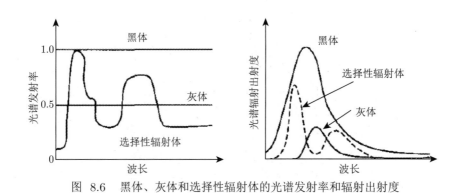

图 8.6 黑体、灰体和选择性辐射体的光谱发射率和辐射出射度

在进行卫星遥感时，需要提前收集测量所关心的不同地物的光谱发射率，这样得到地物的遥感影像后，就可以根据不同地物的温度和发射率等特征差异，进行地物判读。

8.2.1.3 目标电磁反射

入射到物体表面的电磁波与物体之间会发生三种作用：反射、吸收和透射，其能力分别用反射率 ρ、吸收率 α 和透射率 τ 来表示，不同物体对电磁波的反射、吸收和透射能力是不相同的。根据基尔霍夫定律，一个物体的光谱发射率 ε 等于它的光谱吸收率 α，因此吸收电磁辐射能力强的物体，其发射能力也强，反之亦然。

卫星传感器记录的电磁波信息除了物体辐射的电磁波，就是物体反射的电磁波。对于反射，有镜面反射、漫反射和方向反射三种形式，如图 8.7 所示。镜面反射具有严格的方向性，即入射角等于反射角，反射能量集中在一个反射方向上，其反射的能量等于入射能量减去物体吸收能量和透射能量。漫反射在物体表面的各方向上都有反射能量分布。方向反射介于镜面反射与漫反射之间，它在各方向上都有反射能量，但在某一个方向上的反射

能量比其他方向上的大。物体表面反射电磁波的形式主要与物体表面的光滑程度有关，表面光滑时产生镜面反射，否则产生漫反射和方向反射。

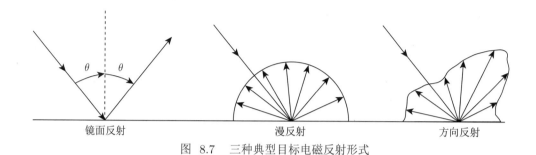

镜面反射　　　　　　　　　漫反射　　　　　　　　　方向反射
图 8.7　三种典型目标电磁反射形式

对于目标电磁反射，主要关注其反射率 ρ。实际上，电磁波波长不同，目标的反射率也是不同的。物体反射率随波长变化而变化的特性称为物体的光谱反射特性。将物体的光谱反射率与波长的关系在笛卡儿坐标系中描绘出的曲线称为物体光谱反射特性曲线。如果选择合适的遥感波段，根据不同地物反射率，就能够辅助实现地物判读识别。

物体的光谱反射率还与入射能量强度和物体自身性质有关，而很多因素都会引起入射能量强度与物体性质变化，如太阳位置、传感器位置、地理位置、地形、季节、气候、地面温度、物体本身的变异、大气状况等，实际应用中需要充分考虑这些因素对物体光谱反射率的影响。

8.2.2　大气传输特性

如前所述，卫星遥感的第二个阶段是卫星传感器观测地物，该过程除涉及卫星轨道运行和星下点计算外，主要影响因素是大气传输特性。采用光学被动遥感时，地物的电磁辐射或反射要穿过大气才能到达卫星传感器，需要考虑大气衰减的影响。采用微波主动遥感（雷达）时，也需要考虑微波信号在大气层中的传输衰减问题。

电磁波在大气中的传播主要受到四个方面的影响：散射、吸收、湍流、折射。此外大气对电磁波还有扰动和偏振作用。由于大气中气体分子与气溶胶的影响，太阳辐射的电磁波在透过大气到达地面的过程中，一部分被散射，一部分被吸收，从而造成太阳辐射能在传播过程中的衰减。到达地面的电磁波经地面物体反射后，与地面物体本身发射的电磁波混合在一起，在透过大气到达传感器的过程中再次受到大气的散射与吸收作用而衰减，从而影响传感器的成像质量。湍流是指气体的不规则流动，也称紊流。大气湍流会引起空气密度和温度的变化以及大气折射率的变化，进而引起光线传播方向的细微波动。

造成电磁辐射能在传播过程中衰减、影响成像质量的主要原因是大气对电磁波的散射与吸收作用。

8.2.2.1　大气散射作用

大气散射的性质与强度主要取决于气体分子（或大气中的其他微粒）半径和被散射的电磁波波长。根据微粒半径与散射波波长之间的关系，主要有两种不同性质的散射形式：瑞利散射和米氏散射。

瑞利散射是指由半径小于波长 1/10 的微粒引起的散射,其散射系数(能力)与波长的负四次方成正比。由于大气中的气体分子半径为 $10^{-4}\mu m$ 量级,可见光波长为 $10^{-1}\mu m$ 量级,符合瑞利散射条件,因此大气中的气体分子对可见光的散射为瑞利散射,并且波长越短,散射能力越强。在晴天时天空呈蓝色就是这个原因。

米氏散射是指由半径大于波长的微粒引起的散射。米氏散射是一种非选择性散射,散射强度几乎与波长无关。大气中的晶粒、水滴、尘烟等的半径都大于可见光与近红外线的波长,因此,太阳辐射的可见光与近红外线被它们等强度地散射。薄云、雾呈白色就是这个原因。

大气的散射作用,使一部分太阳辐射转化为"散射光",往往使遥感影像出现偏色、反差降低等现象,影响遥感影像的质量,因此传感器经常使用滤光片来消除或降低散射光的影响。

8.2.2.2 大气吸收作用

大气吸收主要是将辐射能转换成大气分子运动的动能。大气中对太阳辐射的主要吸收体是臭氧、二氧化碳、水蒸气和二氧化氮等,它们对太阳辐射和地球辐射的吸收带如图 8.8 所示。从图 8.8 中可以看出,臭氧吸收带主要在 $0.3\mu m$ 以下的紫外区;二氧化碳吸收带包括 $2.6 \sim 2.81\mu m$、$4.10 \sim 4.45\mu m$、$9.10 \sim 10.9\mu m$、$12.9 \sim 17.1\mu m$,全部在红外区;水蒸气吸收带包括 $0.75 \sim 1.95\mu m$、$2.5 \sim 3.0\mu m$、$4.9 \sim 8.7\mu m$ 的红外区,以及 $0.164cm$、$1.348cm$

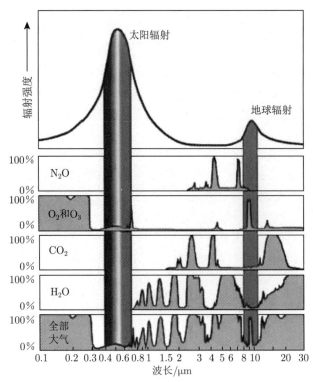

图 8.8 大气中不同成分气体的吸收带

的微波区。除此之外，甲烷、一氧化碳、氨气、硫化氢、氧化硫等对电磁波也有吸收作用，但吸收率都比较低。

8.2.2.3　大气窗口与遥感波段选择

由于大气中气体分子与气溶胶的影响，电磁波在透过大气到达地面的过程中，一部分被吸收、一部分被散射，从而造成光线强度的衰减，这一现象称为大气消光。大气消光使电磁波在传播过程中不断衰减。大气消光使电磁波的部分波段在大气中的透射率很小，有些波段甚至无法透过大气层。在电磁波的大气传输中，透射率较高的波段称为大气窗口。图8.9 给出了太阳辐射能量强度受大气消光影响前后的对比情况，图中能量强度衰减较小的就是大气窗口。

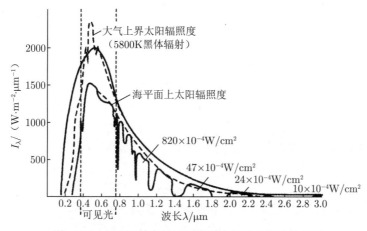

图 8.9　太阳辐射度能量强度受大气消光影响的情况

在卫星遥感中，为了更好地探测目标反射或发射的电磁波信息，传感器的探测波段（或探测通道）一般应选择在大气窗口内。目前，卫星遥感中常用的大气窗口如表 8.1所示。值得注意的是，为了防止地表大量红外信号干扰，导弹预警卫星专门选择了大气消光严重的 $2.7\mu m$ 和 $4.3\mu m$ 波段作为探测波段，从而确保发现的红外辐射源来自飞出大气层外的导弹尾焰。

表 8.1　卫星遥感常用的大气窗口

波段类型	波段范围	透射率
可见光与近红外	0.3~0.4μm（紫外线）	约为 70%
	0.4~0.7μm（可见光）	约为 95%
	0.7~1.15μm（近红外线）	约为 80%
短波红外	1.3~1.9μm	60%~90%
	2.0~2.5μm	80%
中红外	3.5~5.0μm	60%~70%
远红外	8.0~14.0μm	80%
微波	1.0~1.8mm	35%~40%
	2.0~5.0mm	50%~70%
	8.0~1000mm	100%

8.2.3　卫星成像传感器

卫星遥感的第三个阶段是地物电磁辐射转化为卫星数字信号，该转化是通过卫星成像传感器进行的。成像传感器是卫星遥感的核心部件，其工作方式和性能直接决定了遥感质量水平和应用场合。

8.2.3.1　成像传感器的分类

成像传感器的种类很多，分类方式也多种多样。常见分类方式有以下三种。

按电磁辐射来源，成像传感器可分为主动式传感器和被动式传感器。其中，主动式传感器向目标发射电磁波，然后收集由目标反射回来的电磁波信息，如合成孔径雷达（SAR）和干涉成像雷达（INSAR）等。被动式传感器自身不发射电磁波，而是收集目标反射的太阳电磁辐射和（或）目标自身辐射的电磁波信息。

按成像原理，成像传感器主要可分为扫描型传感器和成像雷达等两类（还有一类摄影型传感器因采用传统胶片方式成像，现已基本不用，故省略）。扫描型传感器采用专门的光敏或热敏探测器把收集到的来自目标的电磁波能量转化成电信号，通过无线电实时地向地面发送，或暂时存储起来，在适当的时候向地面发送。扫描型传感器又可细分为物面扫描型和像面扫描型，物面扫描型传感器直接对地面扫描成像，该类传感器有光机扫描仪、红外扫描仪、成像光谱仪等。像面扫描型传感器首先在像面上进行光学成像，然后对像面进行扫描成像。该类传感器主要有线阵或面阵 CCD 扫描仪、电视摄像机等。其中，线阵 CCD 扫描仪又可视为物面扫描型和像面扫描型两种方式的结合，即在飞行方向上由平台移动构成物面扫描，而在垂直于飞行方向上实行像面扫描。其中，光机扫描仪是较早发展应用的扫描型传感器，而固体阵列扫描仪（线阵 CCD、面阵 CCD）是目前广泛应用的扫描型传感器。成像雷达是通过天线向移动方向的侧方发射电磁波，然后接收从目标返回的后向散射波并按时间顺序进行成像的主动式传感器。雷达按其天线形式又可分为真实孔径雷达和合成孔径雷达。

按成像谱段和方式综合，成像传感器可分为光学成像传感器和雷达成像传感器两类。光学成像传感器工作在可见光到红外波段，采用被动方式收集地物辐射或反射的能量，通常采用扫描成像方式工作，常见器件是光学相机。雷达成像传感器工作在微波波段，采用主动方式成像工作，常见器件是合成孔径雷达（SAR）。

8.2.3.2　光学成像传感器的原理

光学成像传感器和家用的数字照相机组成类似，主要由光学镜头和 CCD 成像载荷组成。其中，光学镜头充当信息收集器，负责收集来自目标的电磁辐射能量，其形式为透镜组、反射镜组；CCD 成像载荷充当探测器和处理器，负责将光学镜头收集到的电磁辐射能量转化为电信号，并经放大、采样、A/D 转换后成为数字信号输出。此处主要介绍光学镜头。

针对卫星遥感需要大口径、长焦距镜头的特点，目前比较成熟的光学系统方案主要有折射系统、折反射系统和全反射系统。折射系统是最传统的一种光学系统形式，其光学元件全部由光学透镜组成，具有易加工、装调等特点，但其焦距受限于镜头长度，不利于长焦镜头安装，且对温度变化比较敏感，质量较大，对质量要求严格的光学传感器一般不采用此种系统。折反射系统采用反射镜方式成像，焦距等于光学折射路径之和，具有小型轻量化的优点，对温控要求也不严格，所以有很多成功应用。根据光线传递是否穿过反射镜自身，又可把折反射式系统分为同轴、离轴两种类型。

卫星遥感光学镜头的基本参数包括孔径 D、焦距 f、CCD 焦平面尺寸 r_d 等，该 CCD 焦平面成像对应的地物范围半径为 R，如图 8.10 所示。

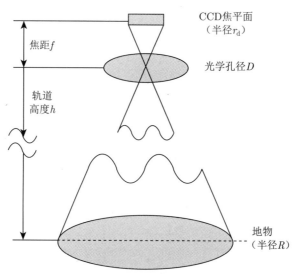

图　8.10　卫星遥感光学镜头主要参数示意图

从图 8.10 中可以看出，光学遥感的成像比例尺 I 有如下关系成立：

$$I = \frac{r_d}{R} = \frac{f}{h} \tag{8.5}$$

根据式（8.5），如果知道 CCD 焦平面上的像元尺寸、像元数量、焦距和卫星轨道高度，就可以计算出对星下点成像时一个 CCD 像元（可以理解为图像的一个像素）所对应的地物尺寸。但是，一个 CCD 像元所对应的地物尺寸并非该光学系统能够真实达到的成像空间分辨率。CCD 焦平面上的图像可能因光学系统分辨能力弱而产生马赛克现象。为此，还需要从物理上分析影响分辨能力的主要原因，即衍射现象。图 8.11 所示为衍射现象示意图。

衍射，就是电磁波在传播过程中遇到障碍物或小孔时，电磁波将偏离直线传播的途径而绕到障碍物后面传播的现象。衍射后，一束电磁波将变为一串同心圆，亮度由中心递减，中心亮点的能量占全部能量的 84%。衍射现象不仅适用于光学系统，还适用于微波通信，在微波领域称中心亮点区域为主瓣、称其余亮纹为副瓣或旁瓣。

由于存在衍射，使得靠得很近的两个地物 a、b 经光学镜头后所成的像斑可能发生重叠而无法区分。为此定义角分辨率：对于两个等光强的非相干目标，如果一个像斑的中心恰好落在另一像斑的边缘（第一暗纹处），则此两物被认为是刚刚可以分辨，如图 8.12 所示。恰能分辨时两个目标在透镜处所张的角即最小分辨角，此角即该光学系统的角分辨率 θ_r。

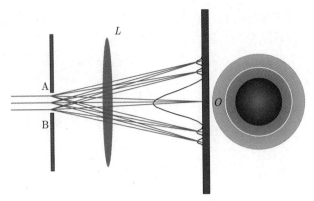

图 8.11 衍射现象示意图

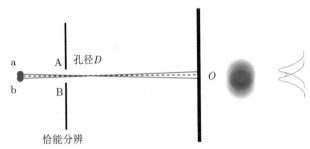

图 8.12 衍射决定的角分辨率

角分辨率 θ_r 可以用瑞利衍射判据进行计算，公式为

$$\theta_r = \frac{1.22\lambda}{D} \tag{8.6}$$

式中，λ 为成像观测所用电磁波波长；D 为光学孔径。式 (8.6) 可以换算成 a、b 两个地物之间的距离，该距离对应的就是光学镜头所约束的物理空间分辨率 GSD，公式为

$$GSD = \frac{1.22\lambda h}{D} \tag{8.7}$$

式中，h 为卫星成像观测时的轨道高度。

从前面分析可以看出，CCD 焦平面、光学镜头都可以影响空间分辨率。其中，光学镜头通过衍射现象起约束作用，要提高分辨率就需要增大光学孔径 D、采用更小的观测波长 λ、降低卫星轨道高度 h。除紫外波段外，可见光波长是所有可观测波段中波长最短的，因此用可见光观测可以获得更高的分辨率，而用红外波段观测分辨率就会降低。CCD 焦平面大小通常要通过调节焦距和光学衍射决定的分辨率相匹配，既要避免出现马赛克现象，也要避免出现多个可分辨地物单元成像为一个像素、浪费镜头能力的情况。

8.2.3.3 雷达成像传感器的原理

在运动平台上进行雷达成像时主要采用侧视雷达的方式。侧视雷达不是旋转天线，而是利用安装在遥感平台一侧的天线，以一定的侧视角发射脉冲波束并接收回波信号，结合平台的运动，便获得由垂直于平台运动方向的一条条影像带组成的二维雷达影像。

　　雷达波为何要侧视，而不是直接照射星下点？这主要是由雷达工作原理决定的。雷达记录回波信号是按照回波返回的时间顺序进行的，目标至天线的距离近则回波先返回，距离远则回波后返回，如果两个目标至天线的距离相等，则由这两个目标散射的回波同时返回，两个目标便产生叠加，以至于在影像上无法将它们区分开，这种现象称为"歧义"。如图 8.13 所示，波束 1 中垂线两侧的对称点，如 a_1 和 b_1、a_2 和 b_2 距天线的距离相等，垂线两侧的点在影像上将产生严重的叠加，出现歧义现象。令天线侧视发射脉冲波束 2 的各散射目标距天线的距离不等，便不会产生歧义现象。当然，如果地面起伏较大，仍可能会产生歧义现象。

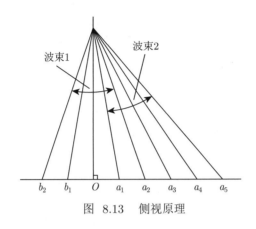

图 8.13　侧视原理

　　对于侧视雷达而言，其成像可分为真实孔径侧视成像雷达、合成孔径侧视成像两类雷达。

1. 真实孔径侧视成像雷达

　　该类雷达发射大功率高压脉冲，这种脉冲持续时间短、峰值功率大、重复周期长，可以保证远距离目标散射的回波信号有足够的强度，目标散射的回波信号经接收放大后直接成像。

　　衡量侧视成像雷达的性能指标主要包括斜距分辨率、距离向分辨率和方位向分辨率。斜距分辨率是斜距方向的距离分辨率。采用脉冲电磁波测距的最小距离分辨能力是一个脉冲宽度对应的距离。雷达从发射脉冲到收到回波的过程中，电磁波往返距离为斜距 R 的两倍，因此将斜距分辨率定义为半个脉冲宽度对应的距离，即

$$\Delta R = \frac{c\tau}{2} \tag{8.8}$$

式中，τ 为脉冲宽度。显然，斜距分辨率与斜距的大小无关，而只与脉冲宽度有关，脉冲宽度大，则斜距分辨率低。

　　距离向分辨率为垂直于飞行方向的水平方向上的距离分辨率 ΔR_{d}，如图 8.14（a）所示。计算公式为

$$\Delta R_{\mathrm{d}} = \frac{\Delta R}{\sin \theta} = \frac{c\tau}{2\sin \theta} \tag{8.9}$$

式中，θ 为侧视角。由式 (8.9) 可知，距离向分辨率只与脉冲宽度 τ 及侧视角 θ 有关，脉冲宽度越大，侧视角越小，距离向分辨率越低。因此，要提高距离向分辨率必须缩小脉冲

宽度，增大侧视角，后者也是雷达天线侧视的另一个原因。然而，脉冲宽度不可能无限缩小，否则将使发射功率下降，影响雷达最大探测距离并降低回波信号信噪比。为了解决这个问题，真实孔径与合成孔径侧视成像雷达均采用脉冲压缩技术来提高距离向分辨率。同样，天线侧视角也不能无限增大，否则将增加遮挡阴影，影响影像质量。一般情况下，选择天线侧视角为 $20° \sim 80°$。

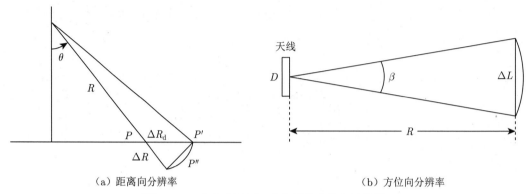

（a）距离向分辨率   （b）方位向分辨率

图 8.14   真实孔径侧视成像雷达分辨率计算原理

方位向分辨率 ΔL 是雷达影像在飞行方向上（方位向）的分辨率，即在飞行方向上能分辨的最小目标的大小。显然，在飞行方向上，如果两个目标在同一脉冲波束内，那么这两个目标是无法区分的。为此，方位向分辨率的定义为脉冲波束宽度在目标处对应的方位向距离，如图 8.14（b）所示，计算公式为

$$\Delta L = \beta R = \frac{K\lambda R}{D} \tag{8.10}$$

式中，β 为天线波束主瓣宽度；λ 为天线观测波长；D 为天线孔径；K 为系数，K 的取值取决于雷达设计，一般为 $0.8 \sim 1.3$。由式 (8.10) 可知，真实孔径侧视成像雷达的方位向分辨率与雷达波长 λ、天线孔径 D 及天线到目标的距离 R 有关，天线孔径越大、波长越短、距离越近，则方位向分辨率越高；反之，方位向分辨率则越低。因此，要提高方位向分辨率必须使用较短波长的电磁波，或加大天线孔径，或缩短探测距离。然而这些措施对卫星遥感都是严重受限的，为此人们发明了合成孔径侧视成像雷达来提高方位向分辨率。

2. 合成孔径侧视成像雷达

合成孔径是真实孔径的模拟，其基本原理是：天线在运动过程中按一定的重复频率不断发射相干脉冲，并不断接收包含相位信息的回波信号，经多普勒频移与相位相关处理后，可以获得比实际天线孔径（真实孔径）大得多的"等效天线"的观测效果。由于等效天线是实际天线在运动中合成的，因此称为"合成天线"，其孔径称为"合成孔径"。

如图 8.15 所示，孔径为 D 的天线随平台做速度为 v 的匀速直线运动，在运动过程中不断发射波束宽度为 β 的脉冲并接收回波信号。天线从位置 1（开始）到位置 3（结束）期间发射的电磁波将照射到目标点 P，同时目标点 P 散射的回波信号不断被天线接收。合成孔径雷达天线在位置 1 与位置 3 之间运动时不断对目标点 P 进行观测，相当于孔径为 L_s

（称为合成孔径）的等效天线对目标点 P 进行观测。从图 8.15 中可以看出，合成孔径 L_s 最大不会超过 $R_0 \times \beta$。采用一定补偿算法的合成孔径侧视成像雷达方位向分辨率为

$$\Delta L_S = D/2 \tag{8.11}$$

该式表明，合成孔径侧视成像雷达方位向分辨率与距离无关，而仅与实际天线孔径有关，且实际天线孔径越短，方位向分辨率越高。例如，若实际天线孔径为 8m，波长为 4cm，目标与天线的距离为 400km，则真实孔径侧视成像雷达的方位向分辨率为 2km，而合成孔径侧视成像雷达方位向分辨率仅为 4m。

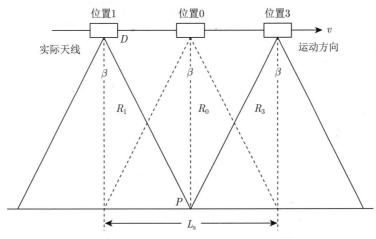

图 8.15　合成孔径侧视成像雷达原理图

　　合成孔径技术可以提高方位向分辨率，但不能提高距离向分辨率，为了提高距离向分辨率，合成孔径侧视成像雷达与真实孔径侧视成像雷达一样采用脉冲压缩技术。

8.3　卫星遥感地面运控与应用系统

8.3.1　卫星遥感地面运控与应用系统概述

　　卫星工程系统由五大部分组成，即卫星、运载火箭、发射场、测控系统和地面系统，其中地面系统是指部署在地面，对卫星进行运行控制、实行功能管理，并接收、记录和处理航天器数据信息，为各类用户提供卫星数据和服务的系统，包括卫星运行控制系统和卫星业务应用系统，简称地面运控与应用系统。卫星遥感可分为成像侦察、电子侦察、导弹预警、海洋监视，不同类型的卫星遥感工作原理不同，因此地面运控与应用系统差别很大。对同一类卫星如光学成像遥感而言，由于卫星数量较多、性能特点各异，为了充分发挥同类卫星的综合应用效益，通常要建设共用的运控系统，对在轨卫星运行计划进行统筹安排。对于应用系统，通常按照应用等级不同，分别采取建设共用的遥感应用系统、为用户安装应用终端等灵活方式，满足用户灵活使用遥感数据的需要。本节主要介绍成像遥感卫星的地面运控与应用系统。

8.3.1.1　卫星地面运控系统

卫星地面运控系统是管理调度卫星有效载荷及其配套地面设备协同工作的枢纽,在卫星有效载荷在轨测试结束交付用户使用后,负责对卫星有效载荷和配套地面设备进行运行管理。运控的对象包括卫星有效载荷和配套地面设备两部分。

对卫星而言,运控系统负责监视卫星有效载荷运行、安排卫星有效载荷工作计划、向卫星发出各种任务指令、控制卫星按用户需求工作、控制卫星业务数据传输。在第 7 章中已经介绍过,航天测控按照任务划分,可分为工程测控和业务测控两类,其中工程测控是对卫星平台的测控,又称卫星长期管理;而业务测控则是对卫星有效载荷的测控,也就是对应卫星部分的运控系统。工程测控和业务测控有着非常明显的任务划分。工程测控的通用性很强,传统做法是工程测控由航天测控网统一实施,例如,美国军用卫星通常由美国空军测控网进行工程测控,美国民用卫星通常由 NASA 测控网进行工程测控。业务测控(运控)针对的是卫星有效载荷或星座(通常是需整体管理控制才能正常运行的星座,如导航星座),更强调航天器载荷或星座使用规划与控制,一般由卫星用户或其代理机构负责运行。业务测控和工程测控经常共用一个测控网,业务测控生成的有效载荷控制指令或数据通过测控网上注到卫星。通常情况下,运控系统的监视和控制对象是卫星有效载荷,但有时卫星有效载荷工作需要卫星平台配合,例如,敏捷成像卫星或数据中继卫星需要卫星平台调整姿态以使载荷对准目标,此时运控系统就需要对有效载荷和卫星平台实施一体控制。

对地面设备而言,运控系统主要用来合理安排各种地面设备的运行计划,以便能够有序向卫星上注各种任务指令或数据、接收卫星发送的测控数据和业务数据等。卫星地面运控系统中的地面设备有的是专供该类卫星使用的专用设备,如专门为接收某类遥感卫星下行数据的地球站;也有的是与其他类型卫星共用的设备,如第 7 章介绍的航天测控系统设备,或者是多类卫星共同使用的卫星下行数据接收设备等。

卫星地面运控系统主要具有以下功能。①任务规划决策。根据用户任务需求、卫星运行状态、地面设备状态,分析卫星载荷、测控、数传等条件,对用户任务进行统一规划,对参与任务的各类天、地资源进行统一调度,明确任务中各项活动的逻辑/时序关系,生成天、地资源运行计划。②卫星控制管理。根据运行计划和卫星状态,计算生成卫星载荷配置和调整控制指令或数据,并进行一致性检查和确认,而后实施指令上注。③数据接收存储。按照运行计划,接收卫星载荷的遥测与业务数据,将数据存储到存储设备中。④数据处理与监视显示。按照任务计划,对载荷遥测数据和相关地面设备运行状态数据进行实时或事后处理,以列表、曲线和图像的形式,显示载荷遥测参数、地面设备工作参数等,监视卫星和地面设备工作情况。⑤任务评估。对于正在执行或已执行完毕的任务,根据评估指标体系、评估方法和准则,对卫星和地面设备运行状态进行评估,检验任务完成情况;对于待执行任务,通过仿真等方式,模拟任务执行过程,进行仿真推演,验证运控方案的可行性;当任务执行异常时,通过地面仿真分析复现异常场景,辅助提供处理预案。

8.3.1.2　卫星地面应用系统

卫星地面应用系统是指为用户提供卫星应用服务的系统,是卫星系统与用户应用之间的桥梁。不同类型的卫星地面应用系统,无论硬件还是软件通常都有较大差别,很难兼容。通信、遥感、导航这三类卫星地面应用系统有本质性差别,无法实现共用。即便是同属遥感卫星的海洋卫星、气象卫星、资源卫星等，其卫星地面应用系统也少有共性，需要专门研制和建设。

卫星地面应用系统主要具有以下功能。①需求筹划：主要负责提供全系统规范化需求的统一管理、分级分类处理，受理用户对卫星的使用需求，进行需求统筹、调配和快速响应，明确卫星任务要求，最大限度地发挥卫星整体效益，形成最优满足用户要求的卫星载荷任务并下达执行，同时实现卫星应用全流程监视和精细化管理，并进行任务执行信息收集与统计分析。②业务数据处理：完成卫星载荷（可能是多颗或多类卫星）数据处理，为卫星后端（用户端）应用提供支撑，在应用系统内起着承前启后的关键作用。不同类型卫星业务数据处理差别很大，如遥感卫星系统的业务数据处理包括卫星遥感数据各级产品生成、入库、发布、共享等，导航卫星系统的业务数据处理则主要是各种导航用户接收机对导航信号进行解调和处理。③质量评定：负责卫星定标数据获取和处理，支撑在轨测试阶段星地配合测试试验、在轨运行阶段载荷目标特性试验及常态化定标试验的组织和实施。

地面运控与应用系统在不同工程中往往表现不同，有时是两个系统，有时合为一个系统。总体来说，运控系统偏重于对卫星载荷或卫星星座运行进行管理和控制，目的是维持卫星载荷或星座工作在正常的模式和状态下；而应用系统则偏重于对卫星载荷的服务功能的使用，面向的是卫星用户的应用活动。例如，对于导航卫星，导航信号接收机（如手机内置的 GPS/北斗模块）就属于应用系统的一部分，而向导航卫星注入导航电文则是运控系统的工作；对于通信卫星，卫星转发器的资源分配管理是运控系统的工作，而卫星通信地面站、便携式卫星电话终端等则属于应用系统。

8.3.1.3　基本构成

成像遥感卫星地面运控与应用系统主要由以下分系统组成。

1. 任务规划与调度分系统

任务规划与调度分系统是运控系统的核心，负责分析遥感需求、进行需求综合和优先级排序；获取当前卫星的轨道、姿态、平台、载荷的状态，完成相关的卫星星历、过境窗口等计算；分析遥感条件是否具备、何时具备，调度地面测控资源，生成对卫星的测控、遥测与数传接收计划；对遥感卫星的飞行程序进行编排，生成任务控制程序；在遥感任务执行过程中对遥感进程进行调度，监控遥感任务的执行情况。任务规划与调度分系统主要包括指挥控制、轨道计算、资源调度、任务控制程序生成、任务进程监视等部分。

2. 指令编制与验证分系统

指令编制与验证分系统是运控系统的输出部分，负责生成遥感卫星控制指令，通过对指令的匹配检查、验证和确认，将指令发送到测控中心或测控站，并记录指令的发送日志。指令编制与验证分系统主要包括控制指令加工生成、控制指令检查与确认、验证等部分。

3. 数据接收与预处理分系统

数据接收与预处理分系统是应用系统的输入部分，负责通过地球站接口，实时或事后接收地面接收站发送过来的遥测和数传数据，并进行数据解密、解压、预处理，存储原始数据和预处理后的数据。数据接收与预处理分系统主要包括数据接收、遥测数据处理、数传数据处理、数据存储、数据实时转发、数据回放等部分。这里，预处理主要是指对接收到的原始卫星影像存在的畸变和降质等问题，需要首先进行校正和恢复，主要包括辐射校正和几何校正。

4. 产品生成与分发应用分系统

产品生成与分发应用分系统是应用系统的核心部分，负责将获取的遥感预处理数据进一步加工成各种图像产品，并进行图像融合、分级、分类，并把图像产品按照不同方式分发到用户或供用户检索。产品生成与分发应用分系统主要包括图像产品生成、产品融合、产品分级与分类、产品分发等部分。

8.3.1.4 基本流程

卫星遥感运控与应用的基本流程如图 8.16 所示，主要包括 9 个步骤。其中，步骤②～⑥属于地面运控过程，其余步骤属于地面应用过程。

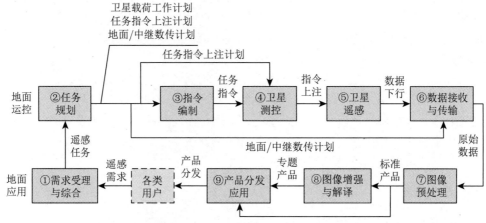

图 8.16 卫星遥感运控与应用的基本流程

1. 需求受理与综合

地面应用系统收集各类用户提出的遥感需求信息，并结合遥感卫星在轨数量、能力、现有遥感计划等，对用户遥感需求进行分析，进行遥感任务冲突整合和消解，合并重复需求、去除不合理需求，得到遥感任务清单并进行优先级排序，并将此结果作为遥感任务包发送到地面运控系统。

2. 任务规划

地面运控系统接收到遥感任务包后，对各遥感任务进行预处理，判断任务是否是元任务（可被遥感卫星直接执行的任务，也是卫星遥感可调度的基本任务单元，如一次过境单次相机侧摆侦照活动可作为元任务）。如果遥感任务不是元任务，则需要把遥感任务全部拆解成元任务。在此基础上，对各元任务进行聚合，把可合并执行的若干元任务聚合为一个元任务。而后启动遥感卫星、航天测控网、地面接收站网（有时也包括数据中继卫星）联合任务规划，根据空闲遥感卫星资源、地面测控和数据接收资源情况，实现各元任务与资源的有效分配，形成协调一致的遥感卫星载荷工作计划、任务指令上注计划和地面/中继数传计划。

3. 指令编制

根据遥感卫星载荷工作计划，编制遥感卫星载荷工作指令（载荷遥控指令）并进行校验。

4. 卫星测控

航天测控网根据任务指令上注计划，在计划规定的时间内，利用计划中指定的测控设备，把编制好的载荷工作指令上注到计划中指定的遥感卫星。

5. 卫星遥感

遥感卫星根据接收到的任务指令，在规定的时间对指定区域进行遥感成像。运控系统监视各遥感卫星的工作运行状态和任务执行情况。

6. 数据接收与传输

数据接收与传输包括两部分：一是数据接收，即地面接收站网或数据中继卫星根据地面/中继数传计划，接收遥感卫星发送的原始数据，包括原始遥感数据以及数据预处理所需的卫星轨道、姿态等数据；二是数据传输，是指地面接收站网收到原始数据后，通过地面通信网络，把数据发送到地面应用系统。有时数据传输也延后到图像预处理后再进行。运控系统监视各接收和传输设备工作运行状态。这一步相当于卫星成像遥感的第四个阶段：遥感影像生成。

7. 图像预处理

地面应用系统对接收到的原始数据进行预处理，主要包括辐射校正、几何校正、图像镶嵌等，预处理后生成图像标准产品。图像初级产品能够部分满足用户的使用需求，因而可以根据需要直接分发使用。

8. 图像增强与解译

地面应用系统对标准产品进行进一步处理，主要包括图像增强、图像解译等，生成专题产品。图像预处理、增强和解译相当于卫星遥感的第五个阶段：遥感图像信息处理与解译。

9. 产品分发应用

地面应用系统向用户提供各级遥感产品，提供方式包括主动推送、用户自主访问产品数据库等。

遥感卫星运行控制系统未来将向完全自动化、高速化发展。面对海量化用户需求和多样化的工作模式，卫星综合运控系统应具有较强的时效性和灵活性，这就需要在卫星运行控制过程中不断优化计算机操作，减少人机交互的过程。

一是"一键式"运控。"一键式"运控是指根据卫星的使用载荷约束多元化的工作模式和大量的任务需求，卫星调度人员只需要按下一个按键或者进行极为简单的操作，系统就可以合理分配卫星资源、调整成像策略，形成一套最优的成像计划，并自动完成指令生成、发送等一系列过程。同时，系统可以快速、准确地记录和统计成像过程中的相关数据。"一键式"运控要求计算机可以最大限度地简化卫星运控过程中人机交互的部分，增加计算机的处理工作，依靠计算机的高速运算功能，代替操作人员快速、自动地完成卫星运控方面的相关工作，并且可以根据一定查询条件快速查询和统计卫星运控相关的数据信息。这样就可以提高任务安排过程中的自动化程度，减少因人为因素产生的错误，并且在减少操作人员工作量的同时提高卫星综合运控的效率和准确性。

二是动态任务规划。动态任务规划是指在一个合理的规划方案形成之后，仍然可以随时增加一个或多个应急需求，并且在新需求加入后，计算机重新分析和计算所有用户的需求，适当调整原来的成像方案，优化卫星成像资源，自动形成一个新的更为合理的任务规划方案。在实际的运控过程中，新的需求往往需要调度人员手动录入，分析决策后对原来的方案进行调整，以达到资源的合理分配。动态任务规划则要求在新的需求加入之后，系统可以自动重新分析任务的优先级，形成多种规划方案，通过分析对比，最终生成一套最为合理的成像计划。动态任务规划的实现可减少在成像方案更改过程中操作人员主观的调整过程，提高任务规划系统的自动化程度，以及综合运控工作中的效率和灵活性。

8.3.2　卫星遥感任务规划

卫星遥感任务规划根据用户任务需求，结合多方面因素进行规划方案设计，最终生成遥感卫星及地面系统工作计划。任务规划涉及多个方面，规划方案的合理性、正确性直接关系到能否合理利用遥感卫星资源，充分发挥遥感卫星使用效率。

8.3.2.1　规划过程

卫星遥感任务规划过程包括遥感任务包预处理、任务冲突消解及任务方案生成三个阶段。

1. 遥感任务包预处理

对遥感任务包进行元任务分解。遥感任务包包括用户观测需求，对目标而言一般为点目标或区域目标，按卫星传感器幅宽可分为单轨可覆盖点目标及多轨覆盖区域目标。点目标区域通过卫星侧摆可以实现快速重访，区域目标分解为多轨多次观测覆盖。遥感卫星搭载传感器分为可见光、高光谱和 SAR，不同类型的传感器，其成像方式、空间分辨率及成像幅宽不同，用户可依据自己的需求，选择相应载荷进行成像采集申请。同时，用户对成像时间通常也会提出需求。对遥感任务包进行预处理，形成目标区域坐标或点位坐标、卫星载荷类型及分辨率、任务优先级及成像时间要求的元任务集合，作为规划的输入。

2. 任务冲突消解

由于卫星资源及观测能力有限，对于不同用户观测较为集中的地区，卫星即使通过侧摆也不能满足对不同需求同时进行拍摄。另外，由于卫星成像约束的限制，致使不同用户的需求不能同时满足，这时就需要进行冲突消解。冲突消解的方法主要是：根据卫星最新的轨道根数，对卫星经过需求目标时的成像时间及侧摆信息进行动态推演；结合用户需求、天气、载荷使用约束、星上存储容量、数据传输容量和地面接收能力等因素来消解成像冲突。

3. 任务方案生成

在冲突消解基础上，优化计算可行方案，包括载荷工作计划、任务指令上注计划和地面/中继数传计划等。

8.3.2.2　问题描述

总的来看，遥感任务规划类似于一个多输入、多约束条件下求最优解的问题，因此其任务规划模型可表示为以下函数形式：

$$O = f(T, R) \quad \text{given } U, C \tag{8.12}$$

式中，U 为用户需求输入；C 为约束条件集合；T 为观测活动时间集合；R 为观测活动资源集合；O 为输出的最优解或可行解。优化的目标是使现有资源在给定时间内能够尽可能地满足用户遥感需求，即遥感活动的总价值最大。

1. 用户需求输入 U

用户对成像任务的需求包括成像数据的区域要求、对地观测模式、所需图像谱段和时间要求等。对任务规划而言，当卫星资源使用发生冲突时，可根据用户需求的重要程度做出资源分配的决策，优先满足重要用户需求。从应用角度来讲，单个成像任务需求可由如下的基本属性来描述。①成像目标的地理位置。成像目标可分为固定点目标、固定区域和活动点目标。其中，固定点目标的地理位置由区域中心点的经纬度来确定；固定区域目标可抽象为地面各种多边形形状，其地理位置由各顶点的经纬度坐标来确定；活动点目标则可在一定时间内转化为固定区域需求。②图像类型要求。根据遥感器类型，图像一般分为可见光、红外等类型。对于具体的成像任务，通常可指明图像类型要求，便于确定可满足该需求的星载遥感器。③地面分辨率要求。地面分辨率也就是空间分辨率，指像元所对应地物大小。④优先级。优先级是对成像任务重要性的评价，可理解为相应图像数据的价值，优先级越高说明成像任务越重要。

2. 约束条件集合 C

约束条件集合主要包括资源约束和任务约束两个方面。

资源约束主要包括以下几方面。①资源能力。在多星联合成像任务规划问题中，真正完成任务的是星载传感器而不是卫星本身，每一个星载传感器实际上都是一个独立的资源，在任何时候只能执行一项观测任务。②资源类型。用户要求的图像数据类型必须与卫星传感器类型一致。卫星传感器的类型主要有可见光、红外、多光谱和 SAR 等。③存储容量。当卫星在地面接收站范围以外工作时，通常将卫星所采集的数据存储在星上存储设备中，在卫星经过可接收地面站时进行数据下传，星上存储设备容量有限，也会影响目标成像任务。④能量约束。卫星姿态调整和侧视操作都必须消耗能量。卫星由太阳能帆板供电，电量使用和恢复都有时间上的限制。为了保证卫星安全可靠地运行，同时也为保证成像精度，在一定时间段（如每轨）内，侧视操作次数、总开机时间、累计成像次数和累计观测时间等都有一定的限制。

任务约束主要包括以下几方面。①任务完成时间。用户对目标的图像获取时间具有一定时效性要求，有的任务属于应急任务，时效性要求很高，要求任务规划中尽早安排。②观测时间长度。大多数成像卫星采用扫描方式对目标成像，目标越大需要时间就越长。即便对于固定点目标，尽管成像所需时间只是一个时间点，但考虑到卫星拍照前需要进行一些准备工作（如侧视成像需要调整并稳定载荷指向），因此观测活动需持续一定时间以保证效果。③图像分辨率。用户根据识别地面目标能力的需要会对空间分辨率提出要求，实际分辨率需要高于这个要求。④任务逻辑约束。任务逻辑约束指多个观测任务之间的先后关系或互斥关系。例如，多个观测任务可能需要共用一个地面接收站，而该接收站只能接收一颗卫星下行数据，则这些任务在逻辑上就构成了互斥关系。

3. 观测活动时间集合 T

该集合是可以用于规划的变量空间，主要包括以下几方面。①卫星覆盖可见性。卫星遥感首先要求传感器覆盖到目标点或目标区域。对于固定的地面区域，由于卫星沿固定轨道飞行，所以卫星对该区域的覆盖时间是可计算的。②可接受的云层覆盖率和太阳照射角。这两点主要说明了光学成像设备正常工作时对太阳光照强度和气象条件的要求。可见光及多光谱成像的清晰度会受到云层覆盖率和太阳照射角的较大影响；红外成像虽然不受太阳光照的影响，但也不能穿透云层；只有 SAR 可进行全天候、全天时成像。

4. 观测活动资源集合 R

该集合是可以用于规划的变量空间，主要包括星载传感器资源、地面站网资源两类。

星载传感器资源主要包括以下几方面。①星载传感器的类型。其类型主要包括可见光成像、多光谱成像、红外成像和 SAR 成像等。可能有多种类型的传感器都可满足用户需求。②星载传感器空间分辨率。卫星实际地面分辨率可能会受到传感器侧摆的影响，但只要最佳分辨率达到了用户的要求，就可用于执行相应成像任务。③传感器工作模式。有的卫星存在多种传感器工作模式，如加拿大的 Radarsat-1 SAR 卫星有标准波束、宽测绘带波束、高分辨率波束、低入射角波束、高入射角波束、窄带扫描、宽带扫描 7 种模式，能够产生多种不同类型的图像，获取的数据地面分辨率和成像幅宽有很大的差异。这些工作模式为满足用户需求提供了选项，同时也可视为约束条件。

地面站网资源主要包括以下几方面。①指令上注测站资源。遥感卫星成像任务指令既可通过地面测控站上注，也可通过数据中继卫星上注，这些都是候选资源。②数据接收和传输资源。数据接收资源同样可选择地面接收站或数据中继卫星，其中地面接收站可分为固定站和机动站两类。

5. 输出的最优解或可行解 O

成像任务规划问题的输出主要包括执行了哪些活动、每个活动需要使用的资源和活动的执行时间，具体可表示为 Sat, Target, Res, T_S, T_C, Mem 的多元组，其中：① Sat 为卫星标识，说明具体是哪颗卫星的相关活动；② Target 为目标标识，说明活动针对的成像目标；③ Res 为资源标识，说明执行活动的具体星载传感器，以及指令上注站、地面接收站等；④ T_S 为开始时间，说明指令上注、卫星观测、数据下传等活动的开始执行时间；⑤ T_C 为持续时间，说明指令上注、卫星观测、数据下传等活动的持续时间；⑥ Mem 为星上存储量，说明成像活动执行对星载存储设备的影响。

8.3.2.3 规划算法

遥感卫星任务规划问题是一类复杂的组合优化问题，其求解算法可分为三类。①最优化算法，这类算法将对解空间进行完整搜索，可保证找到小规模问题的最优解，但这类算法只能解决小规模的单星成像任务规划问题。②基于规则的启发式算法，这类算法基于某种规则（如优先级由高到低、成像分辨率最高、卫星最早成像等）进行逐次求解计算，具有简单、直观、便于实现、运算效率高等优点，但难以保证解的优化性。③智能优化算法，这类算法效率较高，但放弃了对解空间搜索的完整性，因此必须保证具有足够的迭代次数和计算时间才能获得最优解或次优解。自 20 世纪 70 年代末起，以遗传算法、禁忌搜索算法、模拟退火算法为代表的智能优化方法迅速发展，在许多行业中也得到了很好的应用效果。本章介绍一种常用的智能优化算法：禁忌搜索算法。

禁忌搜索算法是一种全局逐步寻优算法，是人工智能在组合优化算法中的一个成功应用。该算法是对局部邻域搜索方法的改进,局部邻域搜索方法通用性强、易于实现且容易理解,但其搜索性能受邻域结构和初始解的影响较大,容易陷入局部最优。为了避免局部邻域搜索陷入局部最优的不足,禁忌搜索算法引入禁忌表 (Tabu List) 来记录已搜索过的局部最优点,在下一次搜索中利用禁忌表中的信息不再搜索或有选择地搜索这些点,以此来跳出局部最优点,最终实现全局优化。其流程图如图 8.17所示。

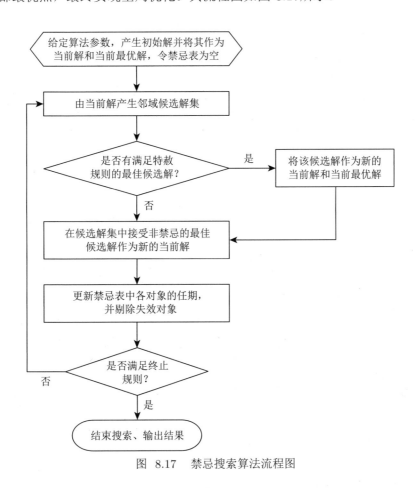

图 8.17 禁忌搜索算法流程图

禁忌搜索的过程如下。①给定一个初始解、空的禁忌表和邻域构造方法,并把初始解作为当前解和当前最优解。②根据当前解和邻域构造方法计算邻域候选解集合。③在当前解的邻域候选解集中逐个筛选,挑出最佳候选解。④如果最佳候选解对应的优化目标值优于当前最优解,此时用该候选解替代当前解和当前最优解,而不管该候选解是否被禁忌(此即特赦规则);如果最佳候选解对应的优化目标值不优于当前最优解,则在当前解的邻域中选择非禁忌的最佳候选解为新的当前解,而无视它与当前最优解孰优孰劣。⑤将被接受的最佳候选解信息添加到禁忌表中,同时根据算法设置的禁忌长度(被禁止对象不允许被选取的迭代次数)修改禁忌表,对超出禁忌长度的候选解从禁忌表中删除。⑥重复上述迭代搜索过程,直到满足终止准则(终止准则可以是确定步数终止、同一最佳候选解出现频率次数控制、目标值变化控制等)。

8.3.3 卫星遥感图像处理

通常情况下，地面接收站接收卫星发送下来的遥感图像信息及卫星姿态、星历参数等，将这些信息送往数据处理中心进行处理。遥感图像处理的目的和内容主要包括三个方面。①对接收的数据进行处理和记录，回放出原始遥感图像，对图像中存在的畸变及失真现象，根据成像机理与相应的构像数学模型进行补偿和校正，统称为图像预处理。②根据人眼的视觉原理和观察事物的特点对遥感图像进行各种变换和增强，以改善和提高遥感图像中反映地物目标特性的视觉效果与可识别性，统称为遥感图像增强处理。③对原始遥感图像所反映的地物目标波谱特性进行反演、统计和分析解译，提取出地物目标类别及其空间分布等信息，统称为遥感图像特征提取与识别处理，也称图像解译。下面以光学遥感图像处理为例进行介绍。

8.3.3.1 图像预处理

在遥感领域，把卫星下传的原始遥感图像直接恢复为分景图像后称为 0 级产品（原始数据产品）。任何遥感系统获得的原始图像数据均存在不同程度、不同性质的几何形态畸变和辐射量的失真，需要对原始遥感影像进行多种处理。遥感传感器获取信息并传输到地表后，信息要经过两个层次的处理，首先在接收端进行必要的系统处理，主要包括辐射校正、几何校正、正射校正、图像镶嵌等。

1. 辐射校正

卫星成像遥感通过传感器获得的测量值与目标光谱反射或辐射亮度等物理量是不一致的，这种差别称为图像辐射畸变或退化。产生图像辐射畸变或退化的原因很多，包括光学系统相差、传感器成像不稳定、卫星飞行姿态变化、大气条件、太阳光照条件、噪声干扰等，需要消除这些偏差才能使图像更好地接近目标原始特性。下面以大气校正、太阳光照校正为例进行说明。①大气校正。传感器在获取信息的过程中受到大气分子、气溶胶等大气成分吸收与散射的影响，使其获取的遥感信息中带有一定的非目标地物的成像信息。主要校正对象是大气散射和天空光等。大气散射可对可见光中的蓝绿波段产生较大影响，导致某些地物信息损失、产生邻近像元之间的干扰等。天空光是由大气散射和云层反射形成的充满空间的散射光，不包含任何地物信息，是在图像上附加的均匀亮度，降低了景物反差，较容易校正。②太阳光照校正。太阳光照条件的变化主要是指太阳高度角（地物所在地平方向与太阳光照方向的夹角）的改变，成像时间、季节和地理位置不同，太阳高度角也不同，通过校正太阳高度角可以使图像辐射标准化。

在遥感领域，把经辐射校正、未经过几何校正的数据产品称为辐射校正产品。

2. 几何校正

遥感成像时，由于卫星姿态、高度、速度、地球自转等因素造成图像相对于地面目标而发生几何畸变，主要表现为像元相对于地面目标实际位置发生挤压、扭曲、伸展和偏移等，针对畸变进行的误差校正称为几何校正。几何校正通常分两步。①属于系统畸变或可预测畸变的校正，称为系统校正或粗校正。系统校正主要改正由遥感传感器、遥感平台及地球本身等造成的几何畸变。通常，把有关校正数据代入理论校正公式对原始图像进行几何校正，可基本消除由于卫星姿态、速度、地球自转、地球曲率以及扫描不均匀、采样延迟等造成的几何误差，但不能校正由地形起伏引起的投影差和影像位移，也不能校正星历、姿态等数据不准确造成的误差，因此称为几何粗校正。②几何精校正。其原理是回避成像空间几何过程，而直接利用地面控制点对图像几何畸变进行数学模拟，且把图像畸变认为是挤压、扭曲、伸展和偏移等基本变形的组合。进行几何精校正时，首先要利用地面控制点数据确立一个模拟几何畸变的数学模型，以此建立原始畸变图像空间与标准图像空间的映射关系，然后把畸变图像转换到标准图像空间。

在遥感领域，把经辐射校正和系统几何校正（粗校正）后的图像映射到指定的地图投影坐标下的数据产品称为系统几何校正产品。将经过辐射校正和几何校正，同时采用地面控制点改进产品几何精度的数据产品称为几何精校正产品。

3. 正射校正

卫星影像在成像的过程中，受到透视投影、摄影轴倾斜、大气折光、地球曲率及地形起伏等诸多因素影响，致使影像中各像点产生不同程度的几何变形而失真。影像的正射校正借助于数字高程模型（Digital Elevation Model, DEM），对影像中的每个像元进行地形变形的校正，使影像符合正射投影的要求。正射校正是将中心投影的影像通过数字校正形成正射投影的过程。其原理为，将影像化为很多微小的区域，根据有关的参数利用相应的构像方程式或按一定的数学模型用控制点解算，然后利用 DEM 对原始影像进行校正，求得解算模型使其转换为正射影像。由于充分利用了 DEM 数据，故能够改正因地形起伏而引起的像点位移问题。

在遥感领域，把经过辐射校正和几何校正，同时采用地面控制点和数字高程模型改进产品几何精度的数据产品称为正射校正产品。

4. 图像镶嵌

图像镶嵌是指把两幅或多幅数字遥感影像拼接在一起，形成一幅整体图像。通常，先对每幅图像进行几何校正，将它们统一到一个坐标系中，然后对其进行裁剪，去掉重叠部分，再将裁剪后的多幅图像装配起来形成一幅大的影像。拼接后有可能出现不同来源影像灰度或色彩差异较大的问题，此时还需要进行灰度校正，常用方法是统计拼接缝两侧的灰度差，然后在两侧一定范围内强制性地消除灰度差。

在遥感领域，把无缝镶嵌图像产品称为标准镶嵌图像产品。

8.3.3.2　图像增强处理

图像增强是数字图像处理最基本的方法之一，是将原来不清晰的图像变清晰或将原来不够突出的特定图像信息和特征显现出来的图像处理方法，即采用一系列方法改善图像的视觉效果，提高图像的清晰度，将图像转换成一种更适合人或机器进行解译和分析处理的形式。常用增强方法包括辐射增强、空间域增强、频率域增强、彩色增强、图像融合等。

1. 辐射增强

辐射增强又称灰度增强，是一种像素点处理方法，主要目的是突出像元之间的对比度。目前，遥感图像没有充分利用传感器焦平面（如 CCD）的全部敏感范围，很多地物灰度值都局限在一个比较小的范围内，使得图像看起来不够鲜明清晰。通过灰度增强处理，扩大图像灰度动态变化范围，增强灰度对比，能够提高图像可解译性。Photoshop 软件中的直方图均衡化就属于辐射增强的一种典型应用。

2. 空间域增强

空间域增强有三种主要应用场景：①提取图像边缘信息，如提取道路、桥梁等边界信息，便于后续转化为矢量图；②提取原图像模糊成分进行加权处理，然后与原图像叠加，从而增强图像清晰度；③使用某一指定函数对原图像进行加权，使原图像产生锐化或平滑效果。

3. 频率域增强

频率域增强又称频率域滤波，通过修改遥感图像频率成分实现图像增强，达到抑制噪声或者改善图像质量的目的。强化图像高频分量（高通滤波），可使图像轮廓更清晰、细节更明显；强化低频部分（低通滤波），则可减少图像噪声影响，使图像更平滑。

4. 彩色增强

人的视觉对彩色的分辨能力远远高于对灰度的分辨能力。通常，人眼能够分辨的灰度等级只有十几个，但能够识别和区分的色彩可达数百甚至上千种。彩色增强就是赋予遥感图像色彩信息，从而提高目标识别精度，典型的如真彩色合成、假彩色合成等。

5. 图像融合

随着遥感技术的发展，为充分利用多传感器、多分辨率、多谱段的遥感数据，将多种遥感数据结合起来，取长补短，发挥各自的优势，有助于更全面地反映地物目标，提高信息解译及分析能力。图像融合就是综合多个传感器对同一地物或区域的扫描影像，通过互补信息有机集成，减少或抑制单一信源对地物或环境解释中可能存在的多义性、不完备性、不确定性和误差，从而提高目标特征提取、分类、判读等有效性。按照融合层次不同，图像融合可分为像素级融合、特征级融合、决策级融合等。

8.3.3.3 图像解译

图像解译主要有目视解译、自动解译两种方式。

1. 目视解译

目视解译是一种传统的解译方法，也是一种人工提取信息的方法，使用眼睛观察（可借助一些光学仪器），凭借解译人员的知识、经验和掌握的相关资料，通过大脑分析、推理和判断，提取有用的信息。长期以来，目视解译是地学专家获取区域地学信息的主要手段。目视解译是利用图像的影像特征（色调或色彩，即波谱特征）和空间特征（形状、大小、阴影、纹理、图形、位置和布局），与多种非遥感信息资料相组合，进行由此及彼、由表及里、去伪存真的综合分析和逻辑推理的思维过程。目视解译是遥感应用中无可替代的组成部分。

2. 自动解译

自动解译是指用计算机图像分类的方法获取地物信息，其中最常用的分类方法就是基于地物光谱特征的统计模式识别方法。其思想是根据一定的规则，将遥感影像中每个像元按其光谱特征进行统计分析，进而划分为不同类别。根据分类方法是否需要训练样本，可将分类方法分为监督分类方法和非监督分类方法两大类。①监督分类方法又称训练分类法，即参考先验知识和辅助信息，在遥感图像上识别出一些已知类别的像元，将这些样本构成训练样本，通过对训练样本的学习并提取样本的统计特征，得到分类模板，然后用分类模板对原图像进行识别具有相似特征的像元，完成分类。②非监督分类方法是在没有先验类别（训练集）作为样本的条件下，即事先不知道类别特征，主要根据像元间相似度的大小进行归类合并（将相似度大的像元归为一类）的方法。这种方法不需要掌握研究区域内有关成像地物的任何先验知识，仅仅依靠图像上不同地物类别之间的光谱差异来进行地物特征提取和识别，完成分类过程，后续还需将分出的若干光谱类别与实际地物类型进行对应。

8.3.4 典型系统介绍

下面主要以我国的"海洋二号"卫星（HY-2）运行控制系统和美国的"分布式通用地面站"系统为例，分别介绍典型的遥感卫星地面运控系统和地面应用系统。

8.3.4.1 HY-2 运行控制系统

HY-2 运行控制系统（Operational Control System，OCS）负责 HY-2 卫星系统业务运行控制、任务调度管理、卫星有效载荷的业务运行管理，它提供了整个应用系统集中统一的人机监控界面，实现对业务流程、系统设备及其运行状态的监视与管理。

1. OCS 的构成与功能

OCS 体系架构示意图如图 8.18 所示。OCS 的核心部分由卫星计划制作软件、运行控制软件、数据管理软件、远程调度代理软件组成。外围软件包括实时监控、数据管理、接口仿真等。OCS 主要具有以下功能。①预报轨道：主要计算多颗 HY-2 卫星过境轨道时间、全球星下点经纬度、卫星高度、太阳高度角、载荷覆盖区、地面接收站接收时间等。②制订工作计划：主要是自动或半自动生成载荷和数传计划。③业务计划与调度：自动生成地面站接收计划、卫星业务运行调度计划，实现遥感数据传输、预处理、处理、存档业务的自动调度与跟踪等。④数据管理和信息分发：实现与其他分系统实时数据和文件数据传输，提供系统参数配置、系统资源及业务运行监视、轨道根数与时间表分发、关键业务信息分发等服务。⑤系统运行状态的监视和报警：实现系统分层监视和报警、各级遥感产品质量与产品图像监视等。⑥处理流程和接口仿真任务：地面站、通信、预处理、处理、存档接口功能仿真，遥感数据处理流程仿真等。

2. OCS 的业务流程

OCS 的业务流程如下。①接收测控中心的遥测数据，并进行处理；②接收测控中心的轨道根数，处理成标准轨道报；③利用轨道报进行轨道预报，制订卫星工作计划；④根据卫星工作计划生成遥控指令，发送到测控中心，并上行注入卫星；⑤根据卫星工作计划，地面站接收条件约束生成地面站接收时间表；⑥根据地面站接收时间表生成运行调度计划；⑦根据运行调度计划和时间约束条件发出调度指令，并接收调度处理状态消息；⑧对整个业务流程和关键设备状态消息进行实时监视；⑨存储接收到的原始数据和单站 0 级遥感数据到中心盘阵，并向测控中心、卫星研制单位等转发原始遥测数据；⑩每天业务运行完成后，对业务信息进行分析统计，生成业务运行日报表；⑪通过 Web 发布业务信息。

8.3.4.2 "分布式通用地面站"系统

"分布式通用地面站"（Distributed Common Ground Station，DCGS）系统是美国陆军、空军、海军和海军陆战队通用的多源情报侦察监视信息综合应用系统，可近实时接收、处理及分发各类侦察监视信息，包括军用侦察卫星的信息。该系统能进行多源侦察监视信息的分布式处理，构建一个与互联网类似的情报共享网络。美军利用这种各军种通用的地面系统，可以同时接收、处理和分发从侦察卫星、侦察飞机、无人侦察机以及地面/海面等侦察监视平台传送来的各种情报信息。DCGS 系统可用于联合特遣部队（JTF）及以下级别的联合部队，极大地提高了联合部队内部的 ISR 信息共享能力。

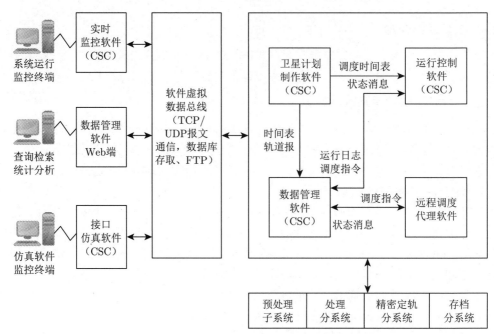

图 8.18   HY-2 运行控制系统体系架构示意图

美军于 1996 年开始研制 DCGS 系统。早期的 DCGS 系统采用传统的线性处理方式，按照"任务、处理、利用和分发"（Task，Processing，Exploitation and Dissemination，TPED）模式进行情报处理，现在各军种的 DCGS 系统都在进行升级，改用新的"任务、发布、处理和利用"（Task，Post，Process and Use，TPPU）模式。目前，DCGS 系统已经部署了空军（DCGS-AF）、海军（DCGS-N）、陆军（DCGS-A）、海军陆战队（DCGS-MC）等版本。用于美国国家侦察局的 DCGS-IC 版本也在研制之中。DCGS-AF 系统目前已发展到 Block 10.2 型，其体系构成如图 8.19 所示。

DCGS-AF Block 10.2 采用了全新的 TPPU 模式，相关数据在具备可用性之后，就立即发布到共享网络上，用户可提取这些数据并将其纳入自己的处理进程中。系统采用 Java 体系结构访问 DCGS 集成数据库，且通过基于 Internet 的工具，在全球任意位置都可对 U-2 侦察机、"全球鹰"无人侦察机和其他航空侦察监视平台进行实时的传感器规划。DCGS-AF 系统通过美军的通用数据链和综合广播业务系统接收空军侦察平台的情报侦察数据（包括图像情报、测量与特征情报、信号情报等多种情报），然后再通过全球信息栅格（GIG）将情报信息分发给美军各战场上的用户。

图　8.19　DCGS-AF 系统的体系构成

思考题

（1）　卫星遥感有何优缺点？在军事领域有何应用价值？

（2）　军事遥感卫星包含哪几类？每一类都有哪些典型卫星？

（3）　光学成像侦察卫星的焦距和镜头一般有什么特点？为什么？

（4）　什么是大气窗口？大气窗口有何作用？

（5）　简述导弹预警卫星的工作原理，并分析其红外探测器为什么要工作在大气的吸收谱段。

（6）　可见光、红外、雷达成像传感器探测器，三者是否都可以全天时、全天候探测目标？

（7）　利用大气散射原理，试分析为什么晴朗的天空会呈蓝色，而空中的云雾会呈现白色。

（8）　想要获取高分辨率光学遥感图像，可以从哪些途径实现？

（9）　在雷达成像过程中，为什么一般要采用侧视成像？

（10）　遥感影像变形的主要原因是什么？

（11）　在查看卫星影像时，经常发现不同图像区域之间存在明显的亮度差，试分析这种现象是如何产生的。

（12）　试分析多光谱和超光谱遥感在军事领域可能的应用前景。

第9章

卫星通信原理与应用

9.1 卫星通信的系统

9.1.1 卫星通信的概念

在日常生活中，无时无刻不在进行着信息的传递，如打电话、收听广播、看电视直播等。这些信息传递的方式基本上可以分为有线和无线两种类型。比如人们经常使用的手机，就是通过无线电波来传输的。在实际中，通过建立一个基站，并在基站覆盖的范围内，手机就能够接收到信号，通常称这种通信方式为地面微波中继通信。

众所周知，微波具有视距传输特性，两个通信站之间不能有遮挡。由于受地球曲率影响，地球上两个高 50m 的微波通信站之间通信距离大约为 50km，要实现更远距离的通信，就必须用多个微波中继站（如微波塔）进行接力传输，以此来实现地面微波中继通信。如果把微波中继站从地面搬到太空中，利用太空"站得高、看得远"的优势，就可以实现远距离的通信，如图 9.1 所示。因此，可以把卫星通信理解为一种特殊的微波中继通信，即利用人造地球卫星作为中继站，转发卫星通信地球站之间或地球站与航天器之间进行通信的无线电波，实现两点或多点之间的通信。卫星通信是航天技术和现代通信技术相结合的

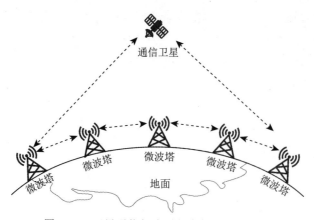

图 9.1 卫星通信与地面微波中继通信示意图

重要成果，在广播电视、移动通信、宽带互联网和军事通信领域得到了广泛的应用，是当今必不可少的通信方式之一。

随着航天技术的巨大进展，人类的活动领域已扩大到地球大气层以外乃至深空空间，单一链路的地–星–地通信已不能满足人类空间探索的需要，有时需要利用卫星中继站转发航天器与地球站之间的通信，通常称这类通信方式为卫星中继通信。

9.1.2　卫星通信工作频段

卫星通信的频率使用微波频段（300MHz ～ 300GHz），其原因除了可获得通信容量大的优点之外，主要是考虑到卫星处于外层空间（在电离层之外），地面上发射的电磁波必须穿透电离层才能到达卫星。同样，从卫星到地面上的电磁波也必须穿透电离层，而微波频段恰好具备这一条件。

微波的整个频段并不都适用于卫星通信，选择工作频段时，首先，要求电磁波传输衰减及其他衰减要小。当电磁波在地球站与卫星之间传播时，要穿过地球周围的大气层，会受到电离层中自由电子和离子的吸收，还会受到对流层中的氧、水汽及雨、雪、雾的吸收（见图 9.2）和散射，并产生一定的衰减。这种衰减的大小与工作频率、天线仰角及气候条件有密切的关系。人们通过测量得出了晴朗天气条件下大气衰减与频率的关系：在 0.5GHz 以下，电离层中的自由电子或离子的吸收在信号的大气损耗中起主要作用，频率越低，损耗越严重；在 0.01GHz 时，损耗大约 100dB；而工作频率高于 0.3GHz 时，其影响小到可以忽略；在 0.5 ～ 10GHz 频段，大气吸收衰减最小，称为"无线电窗口"；在 15 ～ 35GHz 频段，水蒸气分子吸收占主要地位。与此同时，衰减还与地球站天线仰角有关。天线仰角越大，电磁波通过大气层的路径越短，则吸收产生的衰减越小，并且当频率低于 10GHz 后，仰角大于 5° 时，其影响基本上可以忽略。另外，在 30GHz 附近也存在一个衰减低谷，称为"半透明无线电窗口"。

其次，天线接收的外界噪声要小。宇宙及大气噪声与频率的关系曲线图如图 9.3 所示。宇宙噪声是指太空星体的热气体及分布在星际空间的物质辐射所形成的噪声，它在银河系中心的指向上达到最大值，通常称为指向热空，而在天空其他某些部分的指向则是很低的，称为冷空。从图 9.3 中可以看出，工作频率如果在 1GHz 以下，宇宙噪声会迅速增加，因此人们通常都希望它工作在 1GHz 以上，这时宇宙噪声和人为干扰对通信的影响都很小。由前面分析可知，水蒸气分子和氧分子吸收衰减在 10GHz 以上时逐渐增大。因此，从降低接收噪声和大气衰减的角度来考虑，工作频段最好为 1 ～ 10GHz。

还应指出，在进行卫星通信系统设计时，大气层中雨、雾、云的影响也是应该考虑的因素。在雨天或有雾、云的气象条件下，雨滴和雾对于较高频率（10GHz 以上）的电波会产生散射和吸收作用，从而引入较大的附加损耗，称为雨衰。国际电信联盟推荐的雨衰计算公式为

$$L_R = \gamma_R \cdot l_R(\theta) \tag{9.1}$$

式中，γ_R 是降雨衰减系数，为由雨滴引起的单位长度上的衰减，单位为 dB/km；$l_R(\theta)$ 是降雨地区的等效路径长度，单位为 km，该长度与降雨云层的厚度、降雨区范围及地球站天线仰角等数值有关。因为降雨密度在整个设计路径中的分布是不均匀的，所以采用有效路径长度比实际（几何）长度更为合适。仰角越大，雨衰越小；频率越高，雨衰越大；降雨强度越大，雨衰越大。

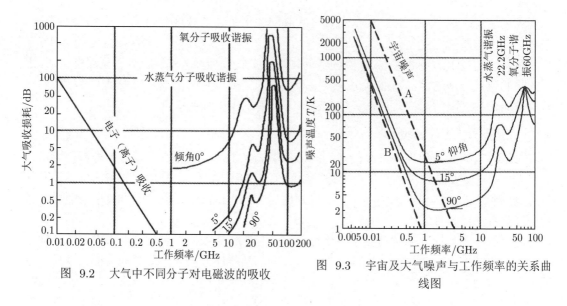

图 9.2   大气中不同分子对电磁波的吸收

图 9.3   宇宙及大气噪声与工作频率的关系曲线图

图 9.4 给出了雨、雾、云对电磁波的吸收衰减的关系曲线图，实线为雨引起的衰减，虚线为云、雾引起的衰减。可知，当工作频率高于 30GHz 时，即使是小雨，引起的衰减也不能忽略。当工作频率在 10GHz 以下时，则必须考虑中雨以上的影响。

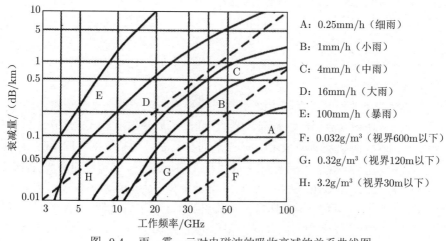

A：0.25mm/h（细雨）

B：1mm/h（小雨）

C：4mm/h（中雨）

D：16mm/h（大雨）

E：100mm/h（暴雨）

F：0.032g/m³（视界600m以下）

G：0.32g/m³（视界120m以下）

H：3.2g/m³（视界30m以下）

图 9.4   雨、雾、云对电磁波的吸收衰减的关系曲线图

除了上述两个方面，还应考虑如下要求：①有较宽的可用频带，以满足信息传输的要求；②与地面微波通信、雷达等其他无线系统间的干扰要小；③能充分利用现有的通信技术，并便于与现有地面通信设备配合使用；④要满足设备尺寸要求。综合上述要求，应将卫星通信频段选在特高频或微波频段。

9.1.3   卫星通信系统的组成

一个卫星通信系统由卫星分系统、通信地球站分系统、跟踪遥测及指令分系统、监控管理分系统（统称为跟踪遥测遥控和监视（TTC&M）分系统）及通信业务控制中心组成，如图 9.5 所示。

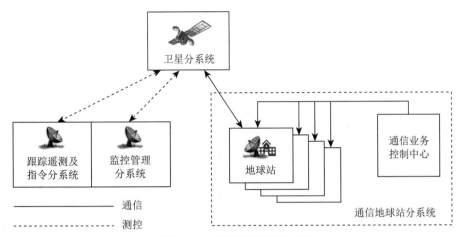

图 9.5　卫星通信系统的组成

9.1.3.1　卫星分系统

如前所述，通信卫星主要是起无线电中继站的作用，它的有效载荷主要包括通信转发器和通信天线，星上通信就是依靠通信转发器和通信天线来完成的。

1. 通信转发器

通信转发器是通信卫星中直接起中继站作用的部分，又称通信中继器。卫星上每个通信转发器都有接收机、变频器、功率放大器三个单元，实质上是一组宽频带的收、发信机。它是通信卫星中最重要的组成部分，其性能直接影响到卫星通信系统的工作质量。每个通信转发器都覆盖了一段频段，有利于降低通过同一功率放大器的载波数目，从而降低交调噪声，也便于卫星功率放大器的制造。

转发器电路结构根据性能要求不同通常分为透明转发器（弯管式转发器、非再生式转发器）与处理转发器（再生式转发器，具有交换和处理功能）。

透明转发器收到地面发来的信号后，除进行低噪声放大、变频和功率放大外，不做任何加工处理（如解调、基本信号处理等），只是单纯地完成转发的任务。它对工作频段内的任何信号都是"透明"的通路。这种转发器适合传送各种信号（模拟信号或数字信号），不对用户提过多的要求，有一次变频和二次变频两种方式。

一次变频式转发器将接收到的信号直接进行低噪声放大，经过一次变频和功率放大后，向地球站转发。这种转发器的优点是带宽较宽（一般为 500MHz），转发器工作在线性范围内，非线性失真小，允许多载波工作，但它的增益较低、功率不大，适合载波数量多、通信容量大的系统，适于多址连接。

二次变频式转发器将接收到的信号经过变频，变到中频，功率加以放大和限幅（去干扰、调幅）后，再变频到发射频率，经功率放大后向地球站转发。这种转发器的优点是中频增益高（一般为 80～100dB）、电路性能稳定，但中频带窄（一般为几十兆赫兹），工作在饱和状态时易产生非线性干扰，不适合多载波工作，适合容量不大、带宽较窄的系统。

处理转发器除了转发信号，还具有信号处理功能，包括解调、基带信号处理和交换、重新调制。与上述双变频透明转发器相比，处理转发器只是在两级变频器之间增加了信号解调器、处理单元和调制器。先将信号解调，便于信号处理，再经调制、变频、功率放大后发回地面。处理转发器由于上行信号在转发器上进行解调，可以滤除上行链路的噪声，避免噪声叠加积累。此外，上、下行链路可考虑不同的调制方式和分址方式，使星上交换成为可能，并大大降低地面设备功率要求，简化了地面设备。但这种转发器设备、技术复杂，功率损耗较大，造价也较高。

2. 通信天线

通信天线的主要功能是提供成形的天线波束，在工作频率段发送和接收信号。通信天线按其波束覆盖区的大小可分为三种。①全球波束天线：波束半功率宽度约为 17.4°，恰好覆盖整个视区，天线增益为 15 ~ 18dB；②点波束天线：波束半功率宽度为几度或更小，抛物面天线，方向性强，甚至只覆盖一个地球站，增益较高；③赋形波束天线（或半球波束、区域波束）。覆盖区域轮廓不规则，视服务区的边界而定，如图 9.6 所示。

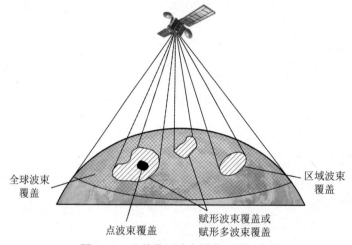

图 9.6   几种常用波束覆盖区域示意图

9.1.3.2   通信地球站分系统

卫星通信系统的地球站是微波无线电收、发信台（站），用户通过它们接入卫星链路进行通信。图 9.7 是典型的通信地球站组成框图，大体上可分为天线、馈线设备，发射设备，接收设备，信道终端设备，跟踪和伺服设备及电源设备。

1. 天线、馈线设备

天线、馈线设备的基本作用是将发射机发送来的射频信号变成定向（对准卫星）辐射的电磁波，同时收集卫星发来的电磁波，送到接收设备。通常，地面站的天线是收、发共用的，因此，要有双工器收发开关。

2. 发射设备

发射设备的主要任务是将已调制的中频（一般为 70MHz）信号变换为射频信号，并将功率放大到一定的电平，经馈线送到天线向卫星发射。功率放大器可以是单载波工作，也可以是多载波工作。功率放大器的输出功率最高可达数百至数千瓦。

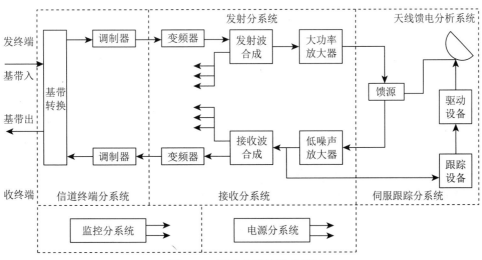

图 9.7　通信地球站组成框图

3. 接收设备

接收设备的主要任务是把天线收集的来自卫星转发器的有用信号，经加工变换后，送给解调器。通常，为了减少接收机内部噪声的干扰、提高灵敏度，接收设备入口的信号电平极其微弱，因此接收设备必须使用低噪声微波前置放大器。此外，为减少馈线损耗的影响，一般将该放大器安装在天线上。经由低噪声放大器输出的射频信号，要经过下变频变为中频信号，以便信道终端解调器进行解调。

4. 信道终端设备

信道终端设备在发射端的基本任务是，将用户发送来的消息加以处理，变成所采用的卫星通信体制要求的信号形式；在接收端则应进行与发射端相反的处理，使收到的信号恢复为原来的消息。

5. 跟踪和伺服设备

地球静止卫星并非是绝对"静止"的，地球站的天线必须经常校正方位和仰角，才能对准卫星。校正方式主要有手动跟踪和自动跟踪两种，前者是相隔一定时间对天线进行人工定位，各地球站都具备；后者是利用一套电子、机电设备，使天线对卫星进行自动跟踪。

6. 电源设备

对于军事卫星通信系统，一年中要求 99.9% 的时间不间断地、稳定可靠地工作。电源系统必须满足这一要求。特别是大型地球站，一般要有几种供电电源，即公共电网、柴油发电机和蓄电池。正常情况下是利用公共电网，一旦公共电网中断，即由应急发电机供电，在发电机开机到正常运行前，由蓄电池短期供电作为过渡。平时，蓄电池由市电通过整流设备对其进行浮充，以备急用。为了保证高度可靠，发电机也应该有备份。

9.1.3.3　跟踪遥测遥控和监视分系统

跟踪遥测遥控和监视（Tracking, Telemetry, Control and Monitoring，TTC&M）分系统提供必要的卫星管理与控制功能，以保持卫星安全在轨运行。卫星与地面间的 TTC&M

链路通常与用户通信链路是相互独立的。TTC&M 链路的工作频段可与用户通信链路的频段相同，也可以采用其他频段。最常见的是，通过一个为维持卫星在轨所需的复杂操作专门设计的独立地球终端设施来完成 TTC&M 链路。

TTC&M 分系统包括 TTC&M 天线、遥测接收机、指令发射机、跟踪子系统和相关的处理与分析子系统。卫星的控制和监视是通过监视器和键盘接口完成的。TTC&M 系统的主要操作是自动完成的，极少有人工参与。

在发射和转移轨道段，由于天线没有展开或航天器姿态不适合进行到地面的传输，主 TTC&M 系统可能不能工作，因此这一阶段的遥测遥控通常需要一个备份 TTC&M 系统。备份系统通常使用 UHF 或 S 频段全向天线，并有足够的余量保证在最不利的条件下也能工作。如果在轨运行阶段主 TTC&M 系统出现故障，则可以使用这个备份系统。

监视管理的任务是对定点的卫星在业务开通前、后进行通信性能的监测和控制。例如，对卫星转发器功率、卫星天线增益，以及各地球站发射的功率、射频频率和带宽等基本通信参数进行监控，以保证正常通信。

9.2 卫星通信工作原理

9.2.1 卫星通信网络结构

任何一个卫星通信系统都要组成一定的网络结构，以便多个地球站按一定的连接方式通过卫星进行通信。根据卫星通信系统使用目的和要求的不同，可以组成不同的卫星通信网。由多个地球站构成的通信网络，可以归纳为三种主要形式：星形网络、网形网络和混合网络。

在星形网络结构（见图 9.8）中，各远端地球站都是直接与主控地球站发生关系的，而各远端地球站之间是不能经卫星直接进行通信的，必要时须经主控地球站转发才能进行连接和通信。也就是说，无论是远端地球站与主控地球站进行通信，还是远端地球站经主控

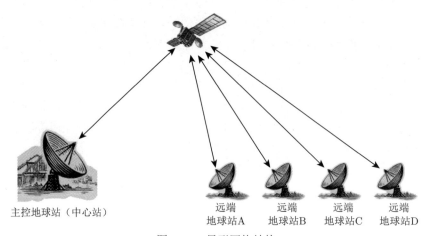

图 9.8 星形网络结构

地球站进行通信，都必须经过卫星转发器。对于这种网络结构，由于一条通信线路要经过两跳的延迟，因而，对于要求实时的语音业务来说是不适合的，而只适用于记录语音业务和数据业务。因此，其特点是便于管理，但是延时较大。

在网形网络结构（见图 9.9）中，任何两个远端地球站之间都是单跳结构，因而它们之间可以直接进行通信，但是必须利用一个主站控制与管理网络内各地球站的活动，并按需分配信道。显然，单跳星形结构是最简单的网络结构，而网形网络结构则是最复杂的网络结构，它具有全连接特性，并能按需分配卫星信道。

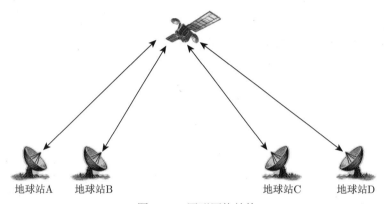

图　9.9　网形网络结构

在单跳和双跳相结合的混合网络结构（见图 9.10）中，网络的信道分配、网络的监测管理与控制等由主控地球站负责，但是通信不经主控地球站连接，所以它可以为主控地球站与远端地球站之间提供数据和语音业务，为各远端地球站之间提供数据和记录语音业务。从网络结构来说，语音信道是网状网，控制信道是星形网，因而混合网络是一种应用广泛的网络结构。

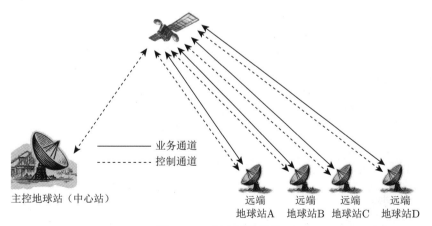

图　9.10　混合网络结构

9.2.2　卫星通信基本过程

卫星通信系统实际上是一种微波通信，它以卫星作为中继站转发微波信号，在多个地面站之间通信，卫星通信的主要目的是实现对地面的"无缝隙"覆盖，由于卫星工作于几千千米甚至上万千米的轨道上，因此覆盖范围远大于一般的移动通信系统。最简单的卫星通信系统只用一颗通信卫星，卫星在空中起中继站的作用，即把地球站发送来的电磁波放大后再送回另一地球站，卫星天线的波束覆盖全部地球站所在的地域，各地球站天线均指向卫星。这样，各地球站都可通过卫星转发进行通信。

如图 9.11 所示，以语音通信为例，卫星通信的基本工作原理如下。①由通信线路发送来的电话信号，在发端地球站的终端设备中进行多路复用，成为多路电话的基带信号，然后对基带信号进行编码，在调制器中将语音信号调制到中频载波上，然后对中频进行放大，经上变频器变换为微波射频信号，再经功率放大器和天线发向卫星。②信号经过大气层和宇宙空间，其强度不但受到了很大衰减，而且引入了一定的噪声，最终到达卫星转发器。在卫星转发器的接收机中，首先将载波频率的上行信号经过带通滤波器和低噪声接收机进行放大，并变换成为载波频率较低的下行频率信号，经过功率放大和带通滤波，最后由天线发向接收端地球站。③由卫星转发器发向地球站的载波频率，同样经过大气层和宇宙空间，信号强度也会受到很大的衰减，并引入一定的噪声，最后到达收端地球站。由于卫星发射功率小，天线增益较低，所以收端地球站必须用增益很高的天线和噪声非常低的接收机才能正常接收信号。收端地球站收到的信号经低噪放和下变频（变化为中频信号），在将信号

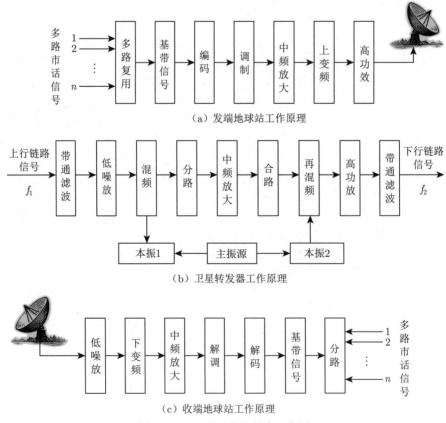

（a）发端地球站工作原理

（b）卫星转发器工作原理

（c）收端地球站工作原理

图 9.11 卫星通信的基本工作原理

变换为中频信号并进行放大后经解调器解调（解调出基带信号）和解码器解码，恢复为原始基带信号，最后利用多路分解设备进行分路，并经通信线路送到用户终端。这样就完成了一次单向卫星通信的过程。

9.2.3 卫星通信链路

卫星通信系统从发端地球站到收端地球站的信息传输过程中，要经过上行传播路径、通信卫星转发器、下行传播路径。因此，一个完整的卫星通信链路由发端地球站、上行传播路径、通信卫星转发器、下行传播路径和收端地球站组成，如图 9.12 所示。

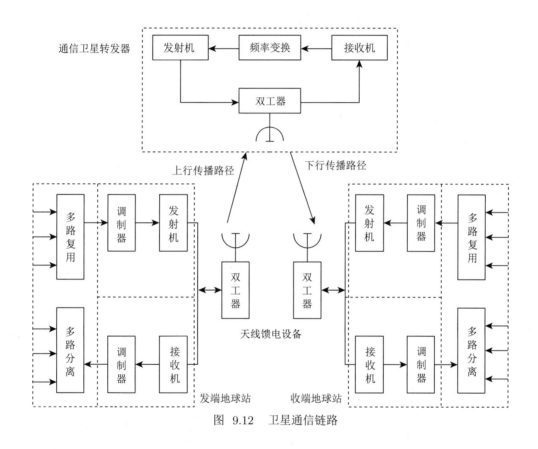

图 9.12 卫星通信链路

上行传播路径的信号质量（如误码性能）取决于卫星收到的信号功率电平和卫星接收系统的噪声功率电平大小。下行传播路径的信号质量取决于收端地球站接收到的信号功率电平和地球站接收系统的噪声功率电平的大小。一次成功的卫星通信就是收端地球站能够正确接收到发端地球站的信号，也就是说收端地球站能够从带有噪声的信号中识别出有用信号。通常用总载噪比（载波功率和噪声功率之比）来衡量卫星通信链路的性能。总载噪比主要包括上行传播路径的载噪比、下行传播路径的载噪比和卫星自身干扰载噪比（互调噪声载噪比），这里涉及卫星通信的链路分析。

上行传播路径的载波接收功率是指卫星接收机输入端的载波功率，一般称为载波接收功率。分析上行传播路径的载波接收功率时主要分析发端地球站能够发射的功率大小、上行传播路径的损耗和卫星接收天线的增益。其中，发端地球站能够发射的功率大小又包括发射机的功率大小和发射天线的增益，上行传播路径的损耗包括自由空间传播损耗、大气吸收损耗、雨衰损耗、馈线损耗等，其中主要是自由空间的传播损耗，这里就涉及卫星通信链路的基本参数了。

9.3 卫星通信地面运控与应用

卫星通信系统可分为空间段、用户段和控制段。控制段即为运行控制系统，也就是前面提到的"跟踪遥测遥控和监视分系统"，主要完成对卫星资源、地面应用网系和通信站型的一体化综合管理，将分离的卫星载荷/平台控制、载波频谱监视、通信网系管理、站内状态监控、卫星资源管控等功能进行综合集成，对卫星通信系统运行状态、资源使用、干扰威胁等情况进行全方位实时监测与控制，为系统资源合理规划、调度提供辅助决策支持，提高卫星通信运行管理与决策的科学化、自动化与智能化水平。

9.3.1 卫星通信资源调度

以 GEO 宽带卫星通信为例，卫星通信资源规划调度一般采用静态配置和动态调度相结合的方式，通过确定各项通信任务的组网传输需求，综合考虑地面通信设备的实际传输能力进行系统资源规划。GEO 宽带卫星通信任务资源调度抽象模型如图 9.13 所示。

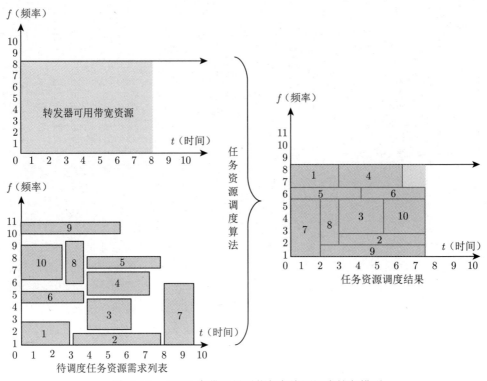

图 9.13 GEO 宽带卫星通信任务资源调度抽象模型

暂不考虑地面资源，单就星上资源而言，卫星资源调度对象按照层级依次为卫星、波束、转发器和带宽，转发器可用带宽资源为资源调度最小粒度。由于通信任务都带有时间特性，因此任务规划完成后的带宽需求也都带有时间维度。将转发器可用带宽资源抽象为时间、频率两维资源池，以任务时间需求、任务带宽需求、资源池可用时间和带宽作为约束条件，以资源池的时间、频率占用面积最大（在有限的卫星资源前提下，满足最多任务资源需求）为最优目标进行多约束条件下资源调度，达到卫星资源高效利用的目标。

资源调度问题模型可描述为：在限定的约束条件内，通过对任务进行合理规划、排序，最大化资源利用率。基于任务资源调度抽象模型，假定转发器可用带宽为 m，时间范围为 t，待调度的任务数量为 n，每个任务的带宽需求为 w_i、时间需求为 t_i，按照传统遍历算法进行调度时，第 i 个任务的调度计算量为

$$C_i = m \cdot t - \sum_1^i w_i \cdot t_i \tag{9.2}$$

n 个任务总的调度计算量为

$$C = \prod_1^n \left(m \cdot t - \sum_1^i w_i \cdot t_i \right) \tag{9.3}$$

当 n 值较大时，采用传统的遍历算法时由于计算量巨大而无法获得全局最优解。

实际上，在 GEO 宽带卫星资源调度中，通信资源不仅仅局限于星上的天线、波束和转发器等有效载荷资源，还包括地面各种通信网系和地球站型资源，因此任务资源规划调度问题转化为多约束条件下，任务、卫星、网系、站型等多维异构资源的高效合理匹配以及在匹配结果基础上基于时间、资源的二维排序问题，通常需要采用智能算法进行求解。

9.3.2　地面用户接入控制

接入技术属于无线资源管理的范畴，早期的接入只是简单地判断是否接受用户的接入请求，而现在的接入还要考虑各业务种类的差异，不能因新用户的接入而影响其他已接入用户的通信。在卫星系统中常用的是按需分配的接入方式，即卫星根据每个用户发送的时隙预约请求信息来给各用户分配其传输所需要的资源。按需分配属于预约式分配，不够灵活。随着新的卫星移动通信、数据包通信等技术的发展，随机接入的需求越来越强。随机接入是一个信道共享的过程，关键在于将有限的通信资源高效地分配给网络中的用户。由于用户是共同使用通信资源的，所以当用户有通信需求时，就会发起随机连接，对信道进行竞争，这一过程具有随机性和盲目性，可能产生需求碰撞问题，影响卫星通信系统的性能。随机接入协议在一定程度上降低了碰撞发生的概率，在高效利用系统资源和保证系统性能方面达到了平衡。常用的随机接入协议包括时隙 ALOHA 协议、CSMA 协议、树型多址协议等。

以时隙 ALOHA 协议为例，该协议将时间划分为固定长度 T 的时隙，系统规定用户只能在某一个时隙的开始位置发起数据传输，避免随机盲目地发起数据传输。同时，无论用户是否传输完所有数据，都应该在时隙末尾结束发送，这样可以极大地降低传输中与其他用户碰撞的问题。时隙 ALOHA 协议的工作原理如图 9.14 所示。

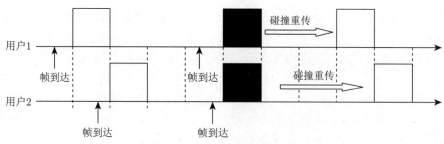

图 9.14　时隙 ALOHA 协议的工作原理

由时隙 ALOHA 协议的工作原理可知，如果要确保在同一时隙上没有其他用户同时在传输数据，则应当满足在给定时隙时间 T 内只到达一个用户。假设传输信道为理想信道、传输误差为零，用户到达服从到达率为泊松分布，则单位时间内平均能够传输的帧数量 S（也称吞度量）可利用泊松分布公式进行计算：

$$S = \frac{1}{P(k=1)} = \frac{1}{\lambda T \mathrm{e}^{-\lambda T}} \tag{9.4}$$

9.3.3　典型系统介绍

9.3.3.1　"铱"星地面运控与应用系统

"铱"星系统组成如图 9.15 所示，主要包括四个部分：太空段（Space Segment, SS）、

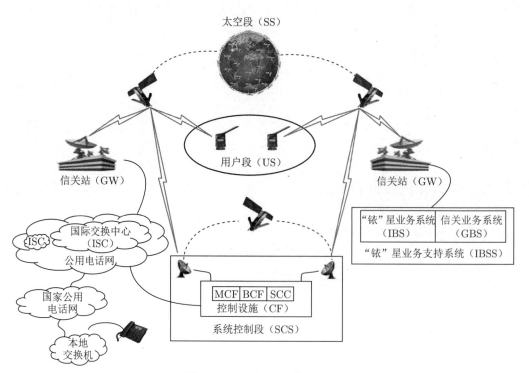

图 9.15　"铱"星系统组成图

系统控制段（System Control Segment, SCS）、信关站（Gateway, GW）和用户段（User Segment, US）。

"铱"星系统的控制段组成如图 9.16 所示，主要包括空间操作、网络操作和消息发布等。空间操作包括卫星平台载荷测量控制、星座管理与控制、系统资源调度等；网络操作是指规划整个网络，将星载配置文件上注卫星、网络配置文件下发到信关站；消息发布是指系统规划消息的全域广播。

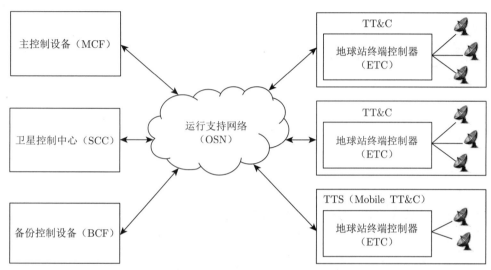

图 9.16 "铱"星系统控制段组成图

系统控制段包括三个运行实体：运行支持网络（Operation Sustain Network，OSN）、控制设施（Control Facility，CF）和遥测跟踪控制站。星座本身并不属于 OSN，OSN 负责卫星平台、地面网络和通信业务运行管理的网络支持；CF 主要包括卫星控制中心（Satellite Control Center，SCC）、主控制设备（Master Control Facility，MCF）和备份控制设备（Backup Control Facility，BCF），SCC 负责卫星定轨运行前轨道计算、姿态控制等平台测控相关的工作，卫星正式交付运行后控制工作交由 MCF 负责，MCF 在实际运行中依据遥测跟踪控制站完成星座的日常运行管理，BCF 作为 MCF 的备份，在紧急情况下为 MCF 提供补充控制设备。SCC、MCF、BCF 联合完成系统三大控制功能，即星座管理、用户通信网络管理和基础设施管理。

"铱"星系统信关站基于 GSM 结构，管理与公共电话交换网络（Public Switched Telephone Network, PSTN）之间的连接和移动用户彼此之间的连接，由于卫星星座的动态变化特性，"铱"星系统信关站针对一些底层软件和硬件做了相应的修改，以支持星座的移动性管理和路由交换。

"铱"星系统信关站的系统组成如图 9.17 所示，包括地球站终端（Earth Terminal, ET）、地球站终端控制器（Earth Terminal Controller, ETC）、信关站管理系统（Gateway Management System, GMS）、消息发起控制器（Message Originate Controller, MOC）和交换子系统（Swiching Subsystem, SS）。地球站终端通过链路捕获、卫星跟踪和重捕获来

完成信关站和卫星之间的物理链路建立和保持；地球站终端控制器由传输子系统和通信子系统组成，负责控制地球站终端之间的信息通信和传输；信关站管理系统通过收集服务质量的性能和相关统计数据确保用户电话和消息的服务质量（QoS），配合系统控制段维护信关站计费数据的收集和分发，提供对信关站的短期和长期服务进行优化的工具；消息发起控制器提供消息发起的网络接入点，负责已发送消息和用户资料的状态更新，维护用户位置、消息传输状态和系统使用记录以及编辑消息业务；交换子系统负责维护移动用户的呼叫处理、路由交换和移动用户设备状态等。

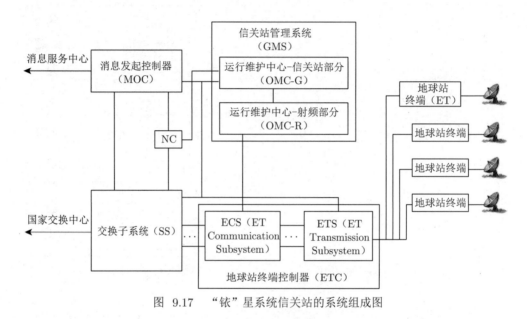

图 9.17 "铱"星系统信关站的系统组成图

用户端包括普通型手持终端、增强型手持终端、便携数据终端、车载终端、船载终端和机载终端等。不同类别终端针对不同应用需求群体提供差异化服务；手持终端面向个人为商业和公务旅行者提供话音、传真和数据服务；船载终端和机载终端分别面向航海通信、航空通信提供话音和数据服务等。

9.3.3.2 "星链"地面应用系统

"星链"系统在轨卫星数量庞大，其地面运控与应用系统规模也很大。目前"星链"系统已建设了 7 个信关站，分别位于美国华盛顿州北本德、蒙大拿州康拉德、威斯康星州杰克逊县、宾夕法尼亚州格林维尔、华盛顿州雷德蒙德、加利福尼亚州霍桑、华盛顿州布鲁斯特。据分析，现役 7 个信关站能够实现对星链计划星座转发式工作支持，同时以疏和密两种模式，进行实际运营测试。其中，集中在华盛顿州的 3 个信关站和蒙大拿州的 1 个信关站距离较近，形成密集阵列，为密集关口模态测试；其余 3 个信关站，在美国西南角的加利福尼亚和美国东北部的五大湖附近，形成大三角形稀疏阵列，为稀疏关口模态测试布局。

美国麻省理工学院的 Inigo del Portillo 等曾估算过 OneWeb、SpaceX、TeleSat 三个低轨通信卫星的地面段，其中 SpaceX 的"星链"系统按照首期部署 4425 颗星计算，要达到其预想的 27.3Tbit/s 带宽，需要部署 123 个地球站，安装 3500 副天线，规模十分庞大。对于未来要建成的由 41927 颗卫星构成的星链计划巨型星座，SpaceX 公司正在探讨 100 万套地面天线的布置策略。

思考题

（1）在卫星通信系统中，通信卫星的作用是什么？

（2）通信卫星转发器分为哪几类？各自有何特点？

（3）卫星通信的工作频段是由哪些因素决定的？

（4）卫星通信有怎样的优点和缺点？

（5）卫星测控天线和通信天线形状有何不同？为什么？

（6）卫星通信地面站的工作原理是怎样的？

（7）请查阅资料，选择你感兴趣的典型卫星通信系统，分析其发展现状和未来应用。

（8）试举例说明卫星通信系统在日常生活中的应用。

（9）你知道 TTC&M 的全称及其内涵是什么吗？

（10）卫星通信地面运控与应用系统有什么样的功能？

第 10 章

卫星导航原理与应用

在中华民族灿烂的文明中，自古就利用北斗星定方位、分季节；中国四大发明之一的司南，经古丝绸之路等途径传入欧洲，对欧洲文明乃至世界文明的发展起到了极大的促进作用。随着时代的进步、科技的发展，自 20 世纪 50 年代人造地球卫星上天后，人们就迫不及待地将这一航天技术应用于导航定位，服务于国防、军事，并逐步扩大到民生各个领域。

冷战时期，美苏两个超级大国的博弈，催生了 GPS 和 GLONASS 两个全球卫星导航系统，随着卫星导航技术应用的广泛深入，世界上有实力的大国都相继研发建设自己的卫星导航系统。苏联解体后，俄罗斯在经济十分困难的情况下，仍恢复完善自己的 GLONASS 系统；欧盟为摆脱对美国 GPS 的依赖，维护自身战略利益，建设了 Galileo 系统；日本、印度等国也在加紧建设自己的区域卫星导航系统。

从 1985 年开始，我国开始有步骤地研究自己独立的卫星导航定位系统。1994 年，国家正式批准立项，该项目以我国传统文化中寓意方向、光明与季节的星座——"北斗"来命名。从此，中国北斗卫星导航系统这一伟大工程建设拉开了序幕，并根据我国国情和国力，提出了"三步走"发展战略。截至 2020 年 6 月，我国已全面建成由 30 颗卫星组成的"北斗三号"卫星导航系统，真正实现了导航全球、造福人类的梦想，为绚丽的中国梦助力添彩。

10.1 卫星导航系统

10.1.1 系统构成

卫星导航通过接收导航卫星发送的导航定位信号，并以导航卫星作为动态已知点，实时测定接收机的位置和速度，进而完成导航。其基本作用是向各类用户和运动平台实时提供准确、连续的位置、速度和时间信息。卫星导航系统是以人造地球卫星为导航台站的天基无线电导航系统，可提供高精度、全天时、全天候的导航、定位和授时信息。

以 GPS 为例，太空段的导航星座由 24 颗工作卫星和数颗备用卫星组成，其实际长期运行的卫星总数超过了 30 颗。卫星高度为 20200km，运行周期为 11 小时 58 分。卫星分布在 6 条升交点相隔 60° 的轨道面上，轨道倾角为 55°，每条轨道上分布 4 颗卫星，相邻两条轨道上的卫星相隔 40°，可保证在全球任何地方、任何时间都可观测到 4 颗以上的卫星。

GPS 中除了由控制卫星自身工作的遥测、跟踪、指令系统，用于轨道调整与姿态稳定的控制和推进系统，电源系统和计算机等组成外，还有具有长期稳定度的原子钟（其误差为 1s/300 万年）、L 波段双频发射机、S 波段接收机、伪随机码发生器及导航电文存储器。卫星的主要任务是播发导航信号。卫星播发的导航电文包括卫星星历、时钟偏差校正参数、信号传播延迟参数、卫星状态信息、时间同步信息和全部卫星的概略星历。用户通过对导航电文的解码，可以得到以上各参数，用于定位计算。

针对 GPS 精度不能完全满足特定应用的情况，一些国家和地区分别建设了基于 GPS 的天基增强系统，利用卫星向用户播报大范围的差分 GPS 校正值和完好性数据，形成广域差分信号，提高导航系统性能。如图 10.1 所示，现阶段主要应用的天基增强系统包括美国的广域增强系统（WAAS）、日本的多功能天基交通卫星增强系统（MSAS）、欧洲的地球静止卫星重叠导航服务系统（EGNOS）、印度的 GPS 增强导航系统（GAGAN）。这些系统通过地球同步轨道卫星，提供天基增强系统服务。

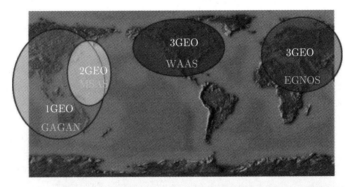

天基增强系统				
SBAS	SATELLITE	ORBIT LONGITUDE	PRN NO.	NOTES
欧洲 EGNOS	Inmarsat-3-F2/AOR-E	15.5°W	120	A, C
	Artemnis	21.5°E	124	B, C
	Inmarsat-4-F2	25°E	126	D
印度 GAGAN	Inmarsat-4-F1	64°E	127	E
日本 MSAS	MTAST-1R	140°E	129	F
	MTSAT-2	145°E	137	F
QZSS	QZS-1	135°E	183	G
美国 WAAS	Intelsat Galaxy XV	drifting	135	H, J
	TeleSat Anik F1R	107.3°W	138	I, J
	Inmarsat-4-F3	98°W	133	K

图 10.1 GPS 差分卫星系统覆盖区域及各天基增强系统参数示意图

GPS 控制段主要包括 1 个主控站、4 个注入站和 6 个监测站。主控站位于科罗拉多斯普林斯施里弗空军基地，是整个地面监控系统的管理中心和技术中心。另外还有一个位于马里兰州盖茨堡的备用主控站，其在发生紧急情况时启用。4 个注入站分别位于南太平洋阿森松岛、印度洋迪戈加西亚、北太平洋夸贾林环礁、佛罗里达的卡纳拉维尔角。注入站的作用是把主控站计算得到的卫星星历、导航电文等信息传输给相应的卫星。由于注入站同时充当了监测站，由此加上夏威夷和佛罗里达的卡纳拉维尔角的 2 处专用监测站，GPS

控制段共有 6 个监测站。监测站的主要作用是采集 GPS 卫星数据和当地的环境数据，然后发送给主控站。

用户段的用户设备包括天线、接收机、微处理机、数据处理软件、控制显示设备等，有时也统称为导航接收机。用户设备的主要任务是接收导航卫星发射的信号，获得必要的导航和定位信息及观测量，并经数据处理进行导航和定位工作。用户接收机有许多种类：按使用环境可以分为低动态接收机和高动态接收机；按用途可分为测量型、授时型、导航型和姿态接收机；导航型接收机按载体形式又可分为机载式、弹载式、星载式、舰载式、车载式、手持式等。

10.1.2 卫星导航信号

导航接收机通过接收卫星发射的导航信号进行定位导航，系统定位精度与卫星发射的导航信号有着密切的关系。导航信号应具有的功能和特性包括以下几方面。

（1）确保系统精度，完成卫星的多址区分。

（2）能在一定程度的多径干扰下正常工作。

（3）能容许一定电平的随机或故意干扰、阻塞或模仿 GPS 信号的欺骗干扰。

仍以 GPS 为例，根据实际需要，GPS 卫星发射的导航信号采用直接序列扩频调制体制，在发送端对导航电文进行扩频调制和载波调制，在接收端利用信号的相关性予以解调。

10.1.2.1 信号结构

GPS 卫星发射的导航信号中包含三种分量：载波、测距码和数据码（导航电文 D 码）。测距码采用伪随机码——C/A 码（Coarse/Acquisition Code）和 P 码（Precise Code）。载波信号使用 L 频段，由 L1 和 L2 两个分量组成，L1 的中心频率为 1575.42MHz，L2 的中心频率为 1227.6MHz。之所以选择 L 频段，一是因为该频段的信道带宽比较容易分配，二是因为电离层延迟较小。GPS 信号采用双频结构，是因为不同频率的信号经过电离层时的延迟时间不同，从而可以测定并补偿电离层效应引起的延时。

GPS 信号的基准时钟频率 $f_0 = 10.23$MHz，利用频率综合器产生所需的各种频率，如图 10.2所示。其中，L1 载波：$f_{L1} = 154 \times f_0 = 1575.42$MHz，波长 $\lambda_{L1} = 19.03$cm；L2 载波：$f_{L2} = 120 \times f_0 = 1227.60$MHz，波长 $\lambda_{L2} = 24.42$cm。

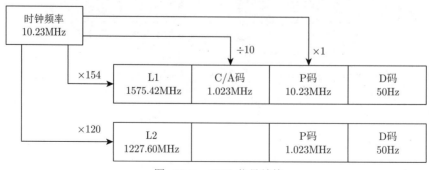

图 10.2　GPS 信号结构

D 码的调制分为两个步骤：伪随机码扩频和载波调制。首先，用 50Hz 的 D 码调制一个伪随机码，实现扩频。例如，调制 P 码后构成复合码 P+D，使 D 码信号的频带宽度从 50Hz 扩展到 10.23MHz；而调制 C/A 码后形成复合码 C/A+D，D 码信号的频带宽度从 50Hz 扩展到 1.023MHz。然后，将扩频后的信号与载波 L1 或 L2 相乘，完成载波调制。载波 L1 上 P+D 码和 C/A+D 码，载波 L2 上只调制 P+D 码。经过上述两个步骤，即可将原来带宽较小的 D 码转变为频带较宽、频率较高的调制信号，既能节省卫星的电能，又可以增强信号抗干扰性和保密性。

调制后的 L1、L2 载波信号总称为 GPS 信号。两个载波均采用相移键控调制方式，其中，L1 采用四相相移键控调制 (QPSK)，L2 采用二相相移键控调制 (BPSK)。L1 的同相载波分量 $\cos(2\pi f_{L1}t + \varphi_{1i})$ 用 C/A+D 复合码进行调制，而正交载波分量 $\sin(2\pi f_{L1}t + \varphi_{1i})$ 用复合码 P+D 进行调制；L2 信号仅用 P+D 复合码进行调制。GPS 信号表达式为

$$\begin{cases} S_{L1}^i = A_{C/A}C_i(t)D_i(t)\cos(2\pi f_{L1}t + \varphi_{1i}) + A_P P_i(t)D_i(t)\cos(2\pi f_{L1}t + \varphi_{1i}) \\ S_{L2}^i = B_P P_i(t)D_i(t)\sin(2\pi f_{L2}t + \varphi_{2i}) \end{cases} \tag{10.1}$$

式中，A_P、$A_{C/A}$ 和 B_P 分别为载波 L1 和 L2 上信号分量的振幅；$P_i(t)$、$C_i(t)$ 和 $D_i(t)$ 分别为第 i 颗 GPS 卫星的 P 码、C/A 码和 D 码；φ_{1i} 和 φ_{2i} 分别为第 i 颗卫星的载波 L1 和 L2 上的初始相位。

10.1.2.2　测距码

如前所述，GPS 信号可提供两种测距码：一种是可供民用用户使用的 C/A 码，另一种是仅供授权用户使用的 P 码。

1. C/A 码

GPS 的 C/A 码是一种伪随机码，其码长为 1023 个码元，周期为 1ms。C/A 码很容易捕获，由于其测距精度较低，故称为粗捕获码。一个周期的 C/A 码对应的测距长度为 299.792km，因此，用 C/A 码测距时在 300km 内无模糊度问题。假设两个序列的码元对齐误差为码元宽度的 $1/100 \sim 1/10$，则此时相应的测距误差为 $2.99 \sim 29.9$m。GPS 的 C/A 码具备良好的自相关性和互相关性，在接收机中产生一个相同的 C/A 码，通过搜索不同码相位对应的相关峰值获取接收信号中正确的 C/A 码相位，这是接收机能正确解调信号、实现距离测量的关键。此外，GPS 采用码分多址通信体制，信号通过扩展频谱通信技术实现信息传输，系统占用的频带宽度远远大于要传输的导航电文带宽。在发送端，频带的展宽是通过扩频的方法来实现的；在接收端，则用完全相同的扩频码进行解扩，恢复信息数据。

2. P 码

GPS 的 P 码是导航卫星发出的精密测距码，码速率为 10.23Mb/s。P 码产生的基本原理与 C/A 码相似，P 码的特征如下。

（1）码长：$N_P = 235469592765000$bit。

（2）码元宽度：$t_P \approx 0.097752$μs。

（3）周期：$T_P = N \times t_P \approx 266$d9h45min55.5s。

（4）码速率：10.23Mb/s。

由于 P 码的码元宽度约为 0.098μs，相当于距离 29.3m，若码元对齐误差仍设为码元宽度的 1/100 ~ 1/10，则测距误差为 0.293 ~ 2.93m，仅为 C/A 码的 1/10，所以 P 码可用于较精密的导航和定位，故通常称之为精码。

P 码约 266 天才能重复一次，周期很长。而实际上 P 码周期被分为 38 个部分（每个部分周期为 7 天，码长约为 6.19×10^{12}bit），其中，有 1 个部分闲置，5 个部分给地面监控站使用，其余 32 个部分分配给不同的卫星使用。这样，每颗卫星使用的 P 码便具有相同的码长和周期，但结构并不相同，以保证 GPS 工作卫星所使用的测距码的唯一性。截短后的 P 码周期为 7 天，且将每个星期日的零时作为截短周期的起点，将每个星期六的午夜 24 时作为截短周期的终点。因此，如果采用与 C/A 码相同的搜索方式，则无法实现 P 码的捕获和跟踪。在实际应用中，可以先捕获 C/A 码，然后根据导航电文给出的有关信息来实现 P 码的捕获，当然也可以采用 P 码直捕技术。P 码采用如此长的周期，具有以下几个优点。

（1）不容易被破译，有利于系统信息的保密。

（2）每颗卫星采用周期为 7 天的一段区间，充分利用了复合码优良的自相关特性。

（3）可以进行无模糊测距。根据美国政府的 GPS 政策，P 码仅供特许用户使用。

10.1.3 导航电文

GPS 导航电文的内容包括卫星星历、时钟改正、电离层延时改正、卫星工作状态信息，以及 C/A 码转换到捕获 P 码的信息。这些信息以 50b/s 的数据流调制在载频上，周而复始地向外播发。卫星播发的信息内容仅在卫星被注入新的导航数据后才得以更新。

导航电文的格式如图 10.3 所示，包括主帧、子帧、字码和页面。每帧电文长度为 1500bit，播发一帧电文需要 30s。

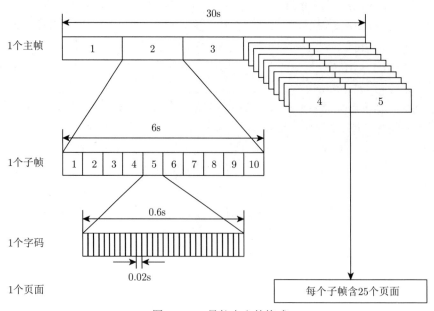

图 10.3　导航电文的格式

每帧导航电文包括 5 个子帧。每个子帧包含 300bit，持续时间为 6s。第一、二、三个子帧各有 10 个字码，每个字码包含 30bit。第四、五个子帧各有 25 个页面，每次发送一个页面，这样前 3 个子帧的内容每 30s 就会重复一次，当前 3 个子帧第 25 次重复发送时，第四、五个子帧的所有页面才第一次发送完毕。因此，完整的 GPS 导航电文需要 $30 \times 25 = 750s$ 才能传送完成，用时长达 12.5min。

1. 数据块

导航电文的数据格式较为复杂，每个子帧的前两个字码都分别是遥测字（Telemetry Word，TLW）和转换字（Hand Over Word，HOW）。各个子帧的第 3 ~ 10 个字码分别构成以下三个数据块。

第一个数据块：位于第一个子帧，给出了载波的调制类型、星期序号、卫星健康状况、数据龄期以及卫星时钟改正系数。

第二个数据块：由第二个和第三个子帧的第 3 ~ 10 个字码共同构成，为用户提供 GPS 卫星的星历参数。纯粹的椭圆开普勒轨道仅对于二体问题才是精确的，实际的 GPS 轨道存在多种扰动，包括地球非球体重力谐波分量、太阳和月亮引力及太阳光压等，因此，GPS 轨道模型必须采用摄动的椭圆轨道，校正项要考虑下述扰动因素：①对升交角距、轨道半径和倾角的正弦及余弦扰动；②升交点赤经和倾角的变化率。该模型的各参数要做周期性的改变，以便与实际卫星轨道达到最佳的拟合。

第三个数据块：由第四个和第五个子帧的第 3 ~ 10 个字码共同构成，为用户提供 GPS 历书、卫星健康状况和电离层模型。①历书数据间接地给出了所有 GPS 卫星在任意时刻的大致位置，可以用来选择最佳配置卫星，并用作 P 码截获的手段，还能提供近似的多普勒和延迟信息。如果接收机中预存了有效的历书数据，那么在开机执行首次定位时就可以利用此信息预测当前可观测卫星，减少首次定位时间。②卫星健康状况包含该颗卫星及其信号分量的状况，还为每颗卫星设置了 6 位"健康"状况字组成的卫星状况简报。③由于 GPS 卫星广播的时间是连续的，没有 UTC 时的跳秒，因而 GPS 时与 UTC 时之间会保留一个差值，GPS 具备了由 GPS 时向 UTC 时转换的能力。④电离层延迟可能会对测得的伪距群延迟造成较大的误差，在白天低仰角情况下可以达到 300ns，晚上延迟较小，一般在 5 ~ 15ns，并大致呈周期性变化。借助电离层模型，单频用户可以获得近似的校正，大约可校正电离层延迟的 70%。此外，单频用户必须校正卫星 L1-L2 差分延迟差，而双频用户不必进行校正。

2. 遥测字

每个子帧的第一个字码都是遥测字，主要作用是指明卫星注入数据的状态。遥测字的第 1 ~ 8 位是固定不变的同步码（10001011），作为识别电文内容的前导，使用户易于解释导航电文；第 9 ~ 22 位为遥测电文，它包括地面监控系统注入数据时的状态信息、诊断信息和其他信息，以此指示用户是否可以选用该颗卫星；第 23 位和第 24 位是无异议的连接比特；第 25 ~ 30 位为奇偶校验码，用于发现并纠正个别错误，确保正确地传送导航电文。

3. 转换字

每个子帧的第二个字码都是转换字。转换字的第 1 ~ 17 位为 Z 计数（表示星期时间，可用于快速捕获 P 码），计数范围为 0 ~ 100799，周期为 6s；第 18 位表明卫星注入电文后是否发生滚动动量矩缺载现象；第 19 位用于指示数据帧的时间是否与子码的时钟信号同步；第 20 ~ 22 位是子帧识别标志；第 23 位和第 24 位是无意义的连接比特；第 25 ~ 30 位是奇偶检验码。

10.2　卫星导航定位基本原理

卫星导航系统的导航定位原理是几何三球交会法，即分别以 3 颗导航卫星为球心，以用户接收机和导航卫星之间的距离为半径，3 个这样的球交会于一点，交会点就是用户接收机所处的位置。

卫星导航系统采用统一的时间系统，地面控制系统和导航卫星均配备高稳定性的原子钟作为其频率和时间基准，导航卫星的运行状态时刻处于地面控制系统连续监测下，通过导航卫星与地面监测站之间的伪距测量，可以高精度地测定并预报一段时间内导航卫星的位置和钟差，地面控制系统将导航卫星位置和钟差信息按照协议上行注入导航卫星后，卫星通过导航电文连续不断地播发给用户接收机。因此，对于用户接收机而言，导航卫星的位置和钟差是已知的。通常，为降低用户接收机的复杂度和成本，接收机仅配置频率稳定性一般的晶体振荡器作为频率和时间基准，与系统时间是不同步的，其偏差是未知的。因此，用户接收机钟差也是实现导航定位的一个待求未知量，这也就是用户接收机至少同时观测 4 颗导航卫星才能进行定位授时的原因所在。

10.2.1　信号时延测量原理

信号时延测量即伪距测量，设导航卫星的位置和钟差为 $(x_i, y_i, z_i, \delta t_{s,i})$（其中，$i = 1, 2, 3, 4$），是已知的；用户接收机的位置和钟差为 $(x, y, z, \delta t_u)$，是未知量，用户接收机与 4 颗导航卫星的距离记为 d_i（$i = 1, 2, 3, 4$），如图 10.4 所示。

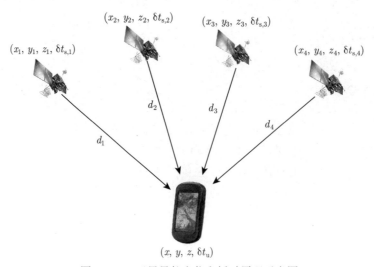

图 10.4　卫星导航定位和授时原理示意图

根据几何交会原理，可得如下方程组：

$$\begin{cases} \sqrt{(x_1-x)^2+(y_1-y)^2+(z_1-z)^2}=d_1 \\ \sqrt{(x_2-x)^2+(y_2-y)^2+(z_2-z)^2}=d_2 \\ \sqrt{(x_3-x)^2+(y_3-y)^2+(z_3-z)^2}=d_3 \\ \sqrt{(x_4-x)^2+(y_4-y)^2+(z_4-z)^2}=d_4 \end{cases} \quad (10.2)$$

式中，d_i（$i=1,2,3,4$）是几何距离，未包含导航卫星和用户接收机的钟差。

卫星导航接收机对卫星导航信号进行采样，并根据接收机本地时间记录采样时刻（记为 t_{re}，下标 re 表示接收），然后对采样信号进行处理，得到信号标记的发射时刻（记为 t_{tr}，下标 tr 表示发射，该时刻是根据导航卫星本地时间标记的）。

伪距 ρ 定义为信号接收时间 t_{re} 与信号发射时间 t_{tr} 之间的差异乘以光速 c，即

$$\rho = c(t_{re} - t_{tr}) \quad (10.3)$$

用户接收机时钟、导航卫星时钟与系统时间均存在偏差，时间偏差造成信号时延和卫星到用户距离测量的不准确，测得的不准确距离 ρ 称为伪距。图 10.5 给出了伪距观测量定位的示意图。

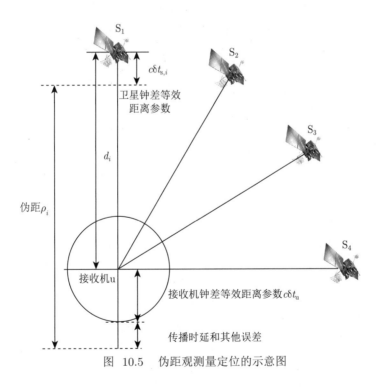

图 10.5　伪距观测量定位的示意图

在卫星导航系统时间框架下，接收时刻、发射时刻与钟差的关系为

$$\begin{cases} t_{re}^{\mathrm{SYSTEM}} = t_{re} - \delta t_u \\ t_{tr,i}^{\mathrm{SYSTEM}} = t_{tr,i} - \delta t_{s,i} \end{cases} \quad (10.4)$$

式中，$t_{\mathrm{re}}^{\mathrm{SYSTEM}}$ 表示在系统时间框架下的接收时刻；$t_{\mathrm{tr},i}^{\mathrm{SYSTEM}}$ 表示在系统时间框架下的发射时刻；δt_{u} 表示接收机钟差；$\delta t_{\mathrm{s},i}$ 表示卫星钟差，下标 i 是导航卫星的编号。

将式（10.4）代入式（10.3），得到

$$\rho_i = c\left(t_{\mathrm{re}}^{\mathrm{SYSTEM}} - t_{\mathrm{tr},i}^{\mathrm{SYSTEM}}\right) + c(\delta t_{\mathrm{u}} - \delta t_{\mathrm{s},i}) = d_i + c(\delta t_{\mathrm{u}} - \delta t_{\mathrm{s},i}) \tag{10.5}$$

将式（10.5）代入式（10.2），得到

$$\begin{cases} \sqrt{(x_1 - x)^2 + (y_1 - y)^2 + (z_1 - z)^2} = \rho_1 - c(\delta t_{\mathrm{u}} - \delta t_{\mathrm{s},1}) \\ \sqrt{(x_2 - x)^2 + (y_2 - y)^2 + (z_2 - z)^2} = \rho_2 - c(\delta t_{\mathrm{u}} - \delta t_{\mathrm{s},2}) \\ \sqrt{(x_3 - x)^2 + (y_3 - y)^2 + (z_3 - z)^2} = \rho_3 - c(\delta t_{\mathrm{u}} - \delta t_{\mathrm{s},3}) \\ \sqrt{(x_4 - x)^2 + (y_4 - y)^2 + (z_4 - z)^2} = \rho_4 - c(\delta t_{\mathrm{u}} - \delta t_{\mathrm{s},4}) \end{cases} \tag{10.6}$$

式中，$(x_i, y_i, z_i, \delta t_{\mathrm{s},i})$ $(i = 1, 2, 3, 4)$ 是 4 颗导航卫星的位置和钟差，为已知量；ρ_i $(i = 1, 2, 3, 4)$ 是用户接收机得到的伪距测量值，为已知量；$(x, y, z, \delta t_{\mathrm{u}})$ 是用户接收机的位置和钟差，为未知量。求解上述 4 个方程组中的未知量，就可以实现定位授时。这就是卫星导航系统伪距定位授时的基本原理，式（10.6）称为伪距定位授时的基本方程。

可以看出，伪距定位授时的基本原理和基本方程是建立在如下两个基本前提之上的：

（1）接收机至少得到与 4 颗导航卫星之间的伪距，即式（10.6）中的 ρ_i；

（2）接收机获取导航卫星的坐标，以及导航卫星星上时间与系统时间之间的偏差，即式（10.6）中的 $(x_i, y_i, z_i, \delta t_{\mathrm{s},i})$。

10.2.2 方程的线性化

式（10.6）中的 4 个方程构成了一个非线性方程组。为求解该方程组，根据泰勒模型先将根函数线性化，在这里只展开第一级。一般有（令 $\Delta x = x - x_0$）

$$f(x) = f(x_0) + \frac{f'}{1!}(x_0) \cdot \Delta x + \frac{f''}{2!}(x_0)^2 \cdot \Delta x + \frac{f'''}{3!}(x_0)^3 \cdot \Delta x + \cdots \tag{10.7}$$

可简化为（只展开第一级）

$$f(x) = f(x_0) + f'(x_0) \cdot \Delta x \tag{10.8}$$

将式（10.6）的 4 个方程线性化，必须引入一个接近 x 的任意估算值 x_0，这意味着将先利用估算位置 (x^0, y^0, z^0)，而不是直接计算 (x, y, z)。该估算位置中包含由未知变量 Δx、Δy 和 Δz 引起的误差：

$$\begin{cases} x = x^0 + \Delta x \\ y = y^0 + \Delta y \\ z = z^0 + \Delta z \end{cases} \tag{10.9}$$

卫星 i 到接收机估算位置 (x^0, y^0, z^0) 之间的距离 d_i^0 计算如下：

$$d_i^0 = \sqrt{(x_i - x^0)^2 + (y_i - y^0)^2 + (z_i - z^0)^2} \tag{10.10}$$

令 $\Delta t_0 = \delta t_\mathrm{u} - \delta t_{\mathrm{s},i}$ 为用户时钟与卫星时钟之差（卫星上载有原子钟，所有卫星时钟都相互校准），联立式（10.6）、式（10.8）和式（10.10），可得

$$\rho_i = d_i^0 + \frac{\partial(d_i^0)}{\partial x} \cdot \Delta x + \frac{\partial(d_i^0)}{\partial y} \cdot \Delta y + \frac{\partial(d_i^0)}{\partial z} \cdot \Delta z + c \cdot \Delta t_0 \tag{10.11}$$

进行偏微分计算后，可得

$$\rho_i = d_i^0 + \frac{x^0 - x_i}{d_i^0} \cdot \Delta x + \frac{y^0 - y_i}{d_i^0} \cdot \Delta y + \frac{z^0 - z_i}{d_i^0} \cdot \Delta z + c \cdot \Delta t_0 \tag{10.12}$$

10.2.3　方程求解

将式（10.12）中的常数项合并为 $L_i = \rho_i - d_i^0$（称为自由项），可得

$$\frac{x^0 - x_i}{d_i^0} \cdot \Delta x + \frac{y^0 - y_i}{d_i^0} \cdot \Delta y + \frac{z^0 - z_i}{d_i^0} \cdot \Delta z + c \cdot \Delta t_0 = L_i \tag{10.13}$$

写成矩阵形式（设共观测 n 颗卫星，即 $i = 1, 2, \cdots, n$），即

$$\boldsymbol{AX} = \boldsymbol{L} \tag{10.14}$$

其中

$$\left\{ \begin{array}{l} \boldsymbol{A} = \begin{bmatrix} \dfrac{x^0 - x_1}{d_1^0} & \dfrac{y^0 - y_1}{d_1^0} & \dfrac{z^0 - z_1}{d_1^0} & c \\[2mm] \dfrac{x^0 - x_2}{d_2^0} & \dfrac{y^0 - y_2}{d_2^0} & \dfrac{z^0 - z_2}{d_2^0} & c \\[1mm] \cdots & \cdots & \cdots & \cdots \\[1mm] \dfrac{x^0 - x_n}{d_n^0} & \dfrac{y^0 - y_n}{d_n^0} & \dfrac{z^0 - z_n}{d_n^0} & c \end{bmatrix} \\[12mm] \boldsymbol{X} = \begin{bmatrix} \Delta x & \Delta y & \Delta z & \Delta t_0 \end{bmatrix}^{\mathrm{T}} \\[2mm] \boldsymbol{L} = \begin{bmatrix} L_1 & L_2 & \cdots & L_n \end{bmatrix}^{\mathrm{T}} \end{array} \right. \tag{10.15}$$

其代数解为

$$\boldsymbol{X} = (\boldsymbol{A}^{\mathrm{T}} \boldsymbol{A})^{-1} \boldsymbol{A}^{\mathrm{T}} \boldsymbol{L} \tag{10.16}$$

当观测 4 颗卫星时，$i = 1, 2, 3, 4$，代入式（10.16），可根据线性代数法则解出这 4 个变量 $(\Delta x, \Delta y, \Delta z, \Delta t_0)$：

$$\begin{bmatrix} \Delta x \\ \Delta y \\ \Delta z \\ \Delta t_0 \end{bmatrix} = \begin{bmatrix} \dfrac{x^0 - x_1}{d_1^0} & \dfrac{y^0 - y_1}{d_1^0} & \dfrac{z^0 - z_1}{d_1^0} & c \\[2mm] \dfrac{x^0 - x_2}{d_2^0} & \dfrac{y^0 - y_2}{d_2^0} & \dfrac{z^0 - z_2}{d_2^0} & c \\[2mm] \dfrac{x^0 - x_3}{d_3^0} & \dfrac{y^0 - y_3}{d_3^0} & \dfrac{z^0 - z_3}{d_3^0} & c \\[2mm] \dfrac{x^0 - x_4}{d_4^0} & \dfrac{y^0 - y_4}{d_4^0} & \dfrac{z^0 - z_4}{d_4^0} & c \end{bmatrix}^{-1} \cdot \begin{bmatrix} \rho_1 - d_1^0 \\ \rho_2 - d_2^0 \\ \rho_3 - d_3^0 \\ \rho_4 - d_4^0 \end{bmatrix} \tag{10.17}$$

根据式（10.9），用 Δx、Δy 和 Δz 的解重新计算估算位置：

$$
\begin{cases}
x^1 = x^0 + \Delta x \\
y^1 = y^0 + \Delta y \\
z^1 = z^0 + \Delta z
\end{cases}
\tag{10.18}
$$

需要说明的是，按上述方法进行定位解算，需要已知待定点的估算位置 (x^0, y^0, z^0)。当估算位置误差较大时，由于观测误差方程线性化仅取一次项，高阶截断误差较大，会使定位结果产生较大的误差，此时应采用迭代的方法逐步精化解算结果。此时可将估算值 (x^1, y^1, z^1) 代入式（10.15），直至误差分量 Δx、Δy 和 Δz 小于所要求的误差。根据初始估算值的不同，要使误差分量小于 1cm，通常需要进行 $3 \sim 5$ 次迭代计算。

10.3 卫星导航地面运控与应用系统

目前，导航卫星系统常见的用户位置确定方式是卫星无线电导航业务（RNSS），用户自主完成定位和航速及航行参数计算，在这种情况下用户接收机只需要被动接收卫星导航信号即可工作，不需要导航卫星与用户接收机建立一对一关联，这就使得卫星导航地面运控系统只需要管理控制卫星导航系统自身、无须管理用户机；同样，应用系统也就是用户接收机独立运行、不受地面运控系统约束限制。用户接收机和应用系统相对独立，因此本节将卫星导航地面运控系统和地面应用系统分开介绍。

10.3.1 卫星导航地面运控系统

10.3.1.1 基本功能与构成

卫星导航地面运控系统是卫星导航系统的重要组成部分。它负责整个系统的运行控制，主要业务包括导航卫星精密定轨和轨道参数预报、卫星钟差测定和预报、电离层监测和预报、完好性监测与处理等。

卫星导航地面运控系统一般由主控站、注入站、监测站、时间同步站等组成。

主控站是运行控制系统的中枢，完成对星座内全部卫星导航信号观测数据处理，包括卫星时间同步计算、卫星精密轨道计算、卫星导航信号完好性计算、信号传播时延修正与预报计算等。主控站设有高性能原子钟系统，并建立系统时间基准，维持全系统的时间同步。通过高精度卫星对地测量数据，建立并维持系统坐标基准。

注入站完成对卫星历书、星历、钟差、控制参数及电离层校正参数和导航信号完好性参数的注入，以及用户接收机有关时效参数的注入，要求最大限度地实现对导航卫星的跟踪。

监测站接收导航卫星播发的导航信号、遥测信号，测量卫星与地面监测站之间的伪距和载波相位，然后将数据通过地面网络或卫星网络送往主控站进行综合处理，得到卫星的精密轨道和卫星钟差，该信息在主控站被编制成导航电文后通过注入站注入到卫星上，卫星将导航电文调制到信号上进行播发。

为了进一步验证并提高系统的时间同步精度和卫星轨道定轨精度，有时在主控站和时间同步站上设激光站，用激光进行星地时间同步测量和双向距离测量。除激光站进行星地双向距离测量外，卫星上还要装激光接收与测距设备，通过接收的激光信号与卫星钟时标完成星上激光伪距测量，从而获得星地时间同步参数，对无线电双向时间同步精度进行检核。我国"北斗"导航系统用这一手段，大幅度提高了星地系统时间同步测量精度，由 10ns 提高到 $1 \sim 2$ns。

10.3.1.2　关键运控活动

卫星导航地面运控系统的关键运控活动包括导航卫星时间同步、导航信号空间传播时延校正、导航卫星精密定轨与轨道修正、完好性监测与预报等。下面以卫星时间同步活动为例进行说明。

卫星时间同步的目的是准确获得卫星钟差参数。钟差参数是每个卫星导航信号参数时标与导航系统基准时间之差。该误差通过卫星广播参数向用户提供，从而降低由于伪距定位原理带来的定位误差。定时技术是由卫星导航系统向用户提供时间同步服务的技术。运控系统卫星时间同步通过星地时间同步的手段解决。由于卫星数量多，轨道高度也不同，一个导航星座的全部卫星时间同步不可能由一个地面同步站来完成，所以引入了站间时间同步手段。星地时间同步的方法很多，主要有星地双向伪距时间同步法、星地激光双向同步法、倒定位法、伪距及雷达测距法等。下面以星地双向伪距时间同步法为例进行说明。

星地双向伪距时间同步法也称星地无线电双向时间同步法：设卫星钟面时为 t_{s}，地面钟面时为 t_{g}，则星地钟差为

$$\Delta t_{\mathrm{gs}} = t_{\mathrm{s}} - t_{\mathrm{g}} \tag{10.19}$$

星地两站均在本地钟控制下发射测距信号，对方接收相应时刻的时标信号进行伪距测量，伪距表达式为

$$\begin{cases} \rho_{\mathrm{s}} = c \times \Delta t_{\mathrm{sr}} \\ \rho_{\mathrm{g}} = c \times \Delta t_{\mathrm{gr}} \end{cases} \tag{10.20}$$

式中，ρ_{s} 为卫星所测伪距；ρ_{g} 为地面站所测伪距；Δt_{sr} 为卫星接收地面信号伪距时间间隔；Δt_{gr} 为地面接收卫星信号伪距时间间隔。由于星站距离相同，因此卫星、地面站发送的信号传输延迟相同，有

$$\begin{cases} \Delta t_{\mathrm{sr}} = R_0/c - \Delta t_{\mathrm{gs}} \\ \Delta t_{\mathrm{gr}} = R_0/c + \Delta t_{\mathrm{gs}} \end{cases} \tag{10.21}$$

式中，R_0 为星地距离；c 为光速。联立式（10.20）和式（10.21），可得

$$\Delta t_{\mathrm{gs}} = (\rho_{\mathrm{s}} - \rho_{\mathrm{g}})/2c \tag{10.22}$$

式中，Δt_{gs} 为地面钟超前卫星钟的时间。

10.3.1.3　典型系统介绍

GPS 地面运控系统包括主控站，发射、异常分析与处理设施，地面天线网和地面监测网等，如图 10.6 所示。为了提高系统的可靠性和战时生存能力，地面运控系统的主控站和发射、异常分析与处理设施都在异地建立了备用系统。

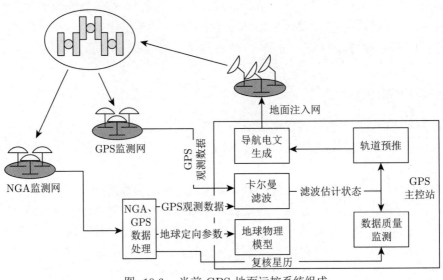

图 10.6 当前 GPS 地面运控系统组成

GPS 系统建设时间较长，为了适应不断增长的用户需求，GPS 地面运控系统进行了多次升级改造。下一代地面控制段（OCX）是 GPS Ⅲ 的一部分，是面向 GPS Ⅲ 卫星的下一代地面控制系统，用于代替现有的地面运控系统。GPS 现代化地面运控系统（OCX）是由美国空军主导，雷声公司负责研制的 GPS 增强型地面控制段项目，是 GPS 现代化计划核心组成部分之一。雷声公司的 OCX 研制重点主要包括：①集成强大的网络防御能力，保障系统端–端免受恶意的网络攻击；②可以管理 GPS ⅡR、GPS ⅡR-M、GPS ⅡF 和 GPS Ⅲ 卫星，在卫星进行升级或过渡到新卫星时保障连续操作；③发展 OCX 架构，可以支持发射和在轨检查系统（LCS），为发射 GPS Ⅲ 卫星做准备。GPS OCX 具有五个方面的性能优势。

1. 性能显著提升

精度、可用性和完好性是衡量 GPS 系统及其信号是否有效的三种方式。

（1）精度。高精度的 GPS 时间和位置信息对于包括导航、手机服务、军事目标等领域的应用至关重要。

（2）可用性。GPS 系统可在全球范围内全天候使用，而且是可信赖的。

（3）完好性。军用、民用和商用 GPS 用户可相信 GPS 信号不会以任何方式受到削弱。

OCX 若将 GPS 的这三种性能提升和增强后，终端用户的精度将达到目前系统的两倍，且 OCX 对 GPS 星座卫星管理数量不受限制。GPS 信号也会更强，将覆盖如城市密集街道和山区等区域。为了确保信号的安全可靠，OCX 集成了美国联邦航空管理局（FAA）广域增强系统（WASS）中使用的相同算法，在所有关键外部接口上使用数字签名，这些技术将赋予 GPS 用户前所未有的系统完好性。

2. 强大的网络攻击防御能力

技术发展使 GPS 面临性能降低或系统中断的威胁，为了保护 GPS 不受恶意网络攻击，OCX 采用了美国国防部 8500.2 "深度防御"（Defense in Depth）信息保障标准以及一系列专有网络安全技术，增强了系统的网络攻击防御能力，同时也符合美国军方和政府的网络安全标准。设计的 GPS OCX 将是迄今为止最为安全的地面运控系统。

3. 安全信息共享能力

"物联网"依赖快速、安全、自动化的信息共享。以往如时钟和卫星位置校正等关键信息只能通过严格的点对点接口获得，并且只能提供给极少数用户。GPS OCX 引入了一个独立的、以网络为中心的接口，接口采用最新的加密技术，能够与更大的用户群快速、准确、安全地共享信息，不受时间和地点的限制。

4. 现代化的军用/民用信号兼容性

目前，GPS 地面运控系统不能处理最新的导航信号，只能管理在用卫星播发的现代民用信号。新型 M 军码信号比现有信号更精确、更具抗干扰/欺骗能力，但完全不受当前运控系统的支持。OCX 则可以与现在和未来的民用、军用信号完全兼容。OCX 还将推出 L1C 信号，该信号与俄罗斯、欧洲、中国、日本和印度的卫星导航系统兼容，为用户提供范围更广、精度更高的卫星网络，扩大全球覆盖范围。

5. 灵活开放的体系架构

以前的 GPS 运控系统均采用专用封闭式架构，而 OCX 采用开放式面向服务架构、模块化分系统设计，使得新能力和信号集成能力无须对系统进行重建，既提高了系统的灵活性，也延长了系统预期寿命。

GPS OCX 系统建设分三个重要阶段：Block 0、Block 1 和 Block 2。Block 0 已于 2017 年 9 月向美国空军正式交付，为 2018 年首次发射的 GPS Ⅲ 现代化卫星提供保障。Block 1 计划于 2021 年交付，届时将具有完全运行能力，可以对现有卫星和现代化卫星及其信号进行管理，精度更高，现代化接收机可实现全球部署，为军事用户提供抗干扰能力。Block 2 与 Block 1 同期交付，Block 2 增加了对 L1C 新信号和 M 军码信号的运行控制。2018 年 4—5 月，先期交付给美国空军的 GPS OCX Block 0 完成了两轮网络安全测试。在两轮测试中，GPS OCX 能够防御内、外部的网络威胁，阻止播发错误的导航数据和授时数据。试验结果表明，系统符合设计要求，安全可靠。

10.3.2　卫星导航接收机

卫星导航接收机可分为导航型接收机（主要用于运动载体导航、实时给出载体的位置速度等信息）、测地型接收机（主要用于精密大地测量和精密工程测量）、授时型接收机（主要用于天文台、无线电台等时间同步）三类。下面以导航型接收机为例进行说明。

10.3.2.1　基本构成

以北斗导航接收机为例，其基本结构示意图如图 10.7 所示，主要包括天线与射频前端、基带信号处理、导航信息处理模块等。

各模块功能为：①天线负责接收北斗卫星信号，由于接收到的卫星信号比较微弱，所以射频前端会对信号进行低噪放处理，而后对信号进行下变频处理，降低信号的载波频率；②基带信号处理模块完成大量信号处理工作，包括捕获（从复杂信号环境中提取出北斗卫星信号）、跟踪（持续输出北斗卫星信号）、解调（解调出基带信号）、译码（"翻译"基带信号代表的意义）等，然后将译码得到的信息组帧发送给导航信息处理模块；③导航信息处理模块从帧数据中提取信号发送时间、本地接收时间、导航电文等定位解算需要用到的数据，计算出 PVT （位置、速度、时间）信息。

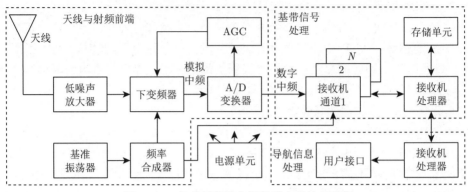

图 10.7　北斗导航接收机的基本结构示意图

北斗导航接收机的计算量主要集中在基带信号处理和导航定位解算，但是这两部分的计算特点却显著不同。基带信号处理的计算对实时性要求较高，计算量较大，但对处理精度要求较低；导航定位解算对计算实时性要求相对较低，计算量相对较小，但对数据处理精度的要求较高。这两部分对接收机性能具有决定性的作用。

10.3.2.2　定位误差

仍以北斗导航接收机为例，产生定位误差的原因很多，如卫星定轨精度、大气折射、接收机自身误差等。由于测量误差而造成的距离误差都可以等价为由于伪距测量而带来的误差，对于这些误差统称为用户等效距离误差。造成北斗定位等效距离误差的原因主要包括下列几个方面。①接收机自身原因造成的误差，主要包括接收机钟差（信号传播速度快，微小的钟差会造成巨大的伪距误差）和接收机观测误差（和接收机天线的相位中心偏移有关）；②北斗卫星信号传播时产生的误差，主要包括对流层误差（速度变慢并且发生折射）、电离层误差（电离层对北斗信号进行散射）和多径误差（大气层不规则及传播过程中各种反射造成）；③北斗卫星自身产生的误差，主要包括卫星钟差（信号传播速度快，微小钟差会造成巨大的伪距误差）和卫星星历误差（定轨和轨道预推误差，会对卫星位置计算造成一定的影响）。下面主要介绍与接收机有关的两类误差。

1. 接收机钟差

卫星有卫星的钟差，接收机也有自身的钟差，因为接收机的时间系统和卫星的时间系统是没有联系的，两个时间系统之间的差值就是接收机钟差。10ms 的接收机钟差会造成 300m 的伪距测量误差。对于接收机钟差，可利用定位解算方程组进行解算消除。

2. 接收机观测误差

接收机观测误差主要是由北斗接收机天线的相位中心偏移问题造成的。理论上，天线的几何中心和相位中心是重合的，保持两个中心的重合，就不会存在接收机的观测误差了，但是，天线的相位中心一直在随着信号的变化而实时变化，进而导致了北斗接收机的观测误差。这种误差的影响不是很大，根据天线性能的好坏，其误差为数毫米至数厘米，所以对于非精密定位可以忽略。

思考题

（1）　什么是卫星导航？为什么要发展卫星导航？

（2）　卫星导航系统分为 RNSS 和 RDSS 两种工作体制，它们的原理是什么？

（3）　卫星导航系统的原理是几何三球交会法，为什么在导航时用户接收机至少同时观测四颗导航卫星才能进行定位授时？

（4）　查阅资料，对比分析 GPS、GLONASS、Galileo 和 "北斗三号" 卫星导航系统。

（5）　试举例说明卫星导航系统在日常生活中的应用。

（6）　试举例说明卫星导航系统在军事领域的典型应用。

（7）　有时候人们发现发送北斗短报文时，在建筑物北侧信号不如在建筑物南侧信号好，试查北斗导航卫星资料分析其原因。

（8）　试分析导航型接收机、测地型接收机、授时型接收机在功能要求上有何不同。

（9）　世界上主要的卫星导航系统有哪些？哪些能够实现全球导航？

（10）　为什么卫星导航系统通常以卫星星座的形式组成？

第 4 部分
太空安全基础

第11章

太空态势感知系统原理

航天测控与运控实现了对卫星运行的管理和控制，然而随着太空中运行的卫星数量迅速增长，仅仅依靠航天测控和运控系统已经无法保障航天器在轨运行的安全。这是由于测控与运控只能实现对合作目标（己方的卫星）的探测与管理，而无法知道非合作目标（他国卫星）的运行状态，无法保证己方卫星轨道运行过程中不会与其他目标发生碰撞。而对非合作目标的探测、跟踪和识别，是由一套独立的系统——太空态势感知系统完成的。实际上，随着航天技术的发展，太空在政治、军事、经济等领域的战略地位日益提高，太空态势感知作为太空信息的获取手段，是实现太空控制的前提和基础，对太空安全具有重要意义。各国都把发展太空态势感知系统、提高太空态势感知能力作为增强本国太空安全和国防实力的重要途径，进而推动了太空态势感知不断向更高层次发展。

11.1 太空态势感知概念

太空态势感知的概念是美军为综合其在太空探测领域已有的优势，在导弹预警、太空目标监视、太空环境监测和情报信息系统的基础上提出来的。2001 年，美国空军在其发布的《太空作战》条令中首先提出并使用了太空态势感知这一概念。

11.1.1 太空态势感知定义

美军自 2001 年提出太空态势感知的概念（见图 11.1）以来，不断地对其定义进行修改，这代表了美军对太空态势感知认知的不断加深。最新的太空态势感知概念出现在美国空军 2012 年 6 月颁布的《太空作战》条令中，认为"太空态势感知是对于太空作战所依赖的太空环境和作战环境，以及在全面冲突中我方和敌方太空力量的一切要素、行动和活动的当前情况的认知和未来的预测。"如图 11.1所示，太空态势感知关注于太空域，包含了情报、监视与侦察（ISR）以及太空环境监测、太空预警等相关要素，通过整合从所有渠道获得的情报来表现针对己方太空能力的外来威胁。太空态势感知是完成其他所有太空控制任务的推动者或基础，所以它是太空控制的关键部分。

需要注意的是，从这一条令开始，美军将太空态势感知的英文由 Space Situation Awareness 调整为 Space Situational Awareness，从语义上来说更加强调了过程，意味着美军将太空态势感知视为一种作战行动。

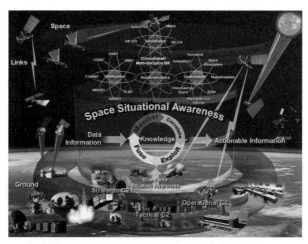

图 11.1 美军太空态势感知概念示意图

2018 年，美军在其作战条令中明确提出了太空域的概念，明确将太空作为一个作战领域。2019 年 10 月 4 日，美国空军航天司令部发布通知，要求用新的术语"天域感知"（Space Domain Awareness，SDA）代替"太空态势感知"。2020 年 8 月 10 日，美国天军公开发布了首部太空顶层出版物《天权》，将"天域感知"作为五大核心能力之一，首次进行了较为详细的描述，认为"天域感知包括有效识别、特征化和理解与太空领域有关的任何因素，这些因素可能影响太空作战，从而影响国家的安全、经济或环境。天域感知利用情报、监视、侦察、环境监测和数据共享安排的专用子集数据，为操作人员和决策者提供对影响领域行动的所有因素和行为者（包括友军、敌人和第三方）的及时描述。"

我国对太空态势感知的研究起步较晚。2012 年，原中国人民解放军装备学院（现中国人民解放军战略支援部队航天工程大学）根据教学需要对太空态势感知进行了一些理论研究，在《空间态势感知导论》这本教材中对其进行了定义，认为"空间态势感知，是通过空间目标监视、导弹预警、空间环境监测以及情报信息获取与分析等途径，对太空各种客观条件的状态和变化趋势进行认知和利用。"随着 2017 年我国成立了专门从事太空态势感知的部门，在实践过程中对太空态势感知的研究不断深化。当前，我们将太空态势感知定义为："联合使用天、地基感知力量，准确掌握和描述在太空、正在进入太空、准备进入太空或有可能进入太空的目标、事件、环境，以及与之关联的活动的动态变化情况。"这一定义指出太空态势感知的对象包括在太空、正在进入太空、准备进入太空或有可能进入太空的目标、事件、环境，以及与之关联的活动的动态变化情况；太空态势感知的目的是对这些对象进行准确掌握和描述。

11.1.2 太空态势感知对象

太空域的物理维度包括轨道环境和在该域内运行的航天器以及各种碎片，要求及时了解太空气象、光照条件和引力结构，保持对航天器在太空域内轨道运行的认识以及与任务相关的所有细节。通俗地理解，就是要解决在太空中"有什么""在哪里""是谁的""是什么""能干什么""在干什么""状态如何"以及"趋势如何"等问题。

在物理维度，太空态势感知的对象主要包括太空环境和太空目标两大类。太空环境主要是指距离地面 100 ~ 65000km 范围内的地球外围空间内的各种环境。人们通常认为太空环境近似真空，实际上，航天器轨道上包含了很多可能对航天器造成不利影响的太空环境因素，比如真空环境、中性大气环境、等离子体环境、辐射环境等。每种环境因素都可能与航天器表面或内部设备产生各种相互作用。如果不能有效地预见这些作用的潜在危害，就可能会严重影响航天器执行任务的效果，甚至造成致命故障。

太空环境会对航天系统、通信导航系统以及地面技术系统造成影响。比如对运行在复杂太空环境中的航天器来说，太空环境效应会严重威胁航天器的安全，大气阻力的存在则决定了航天器的轨道寿命；对于通信导航系统来说，电离层的扰动会产生严重影响，甚至造成短波通信中断、导航失准失效等；严重的太空环境事件还会对地面技术系统产生影响，造成电力系统中断、影响极地航线安全等。

从太空态势感知的角度，按照目标的可探测跟踪程度以及威胁程度的不同，又可以将轨道目标划分为编目目标、风险目标以及微小碎片三类。编目目标一般指直径大于 10cm 的太空目标。这些目标由于尺寸较大，能够被地面的雷达或光学设备探测并跟踪，通过编目管理可以准确预报其轨道，因此能够进行主动规避。风险目标是指尺寸在 1~10cm 的碎片，其由于超出了地面监视设备的能力而无法被探测或持续跟踪，处于失控状态。这些碎片一旦与航天器碰撞，可以穿透航天器防护层，对航天器结构造成破坏甚至导致解体，所以称其为风险目标。微小碎片是指太空中存在的大量的毫米量级或更小的碎片，主要是航天器脱落的表面涂料、解体事件产生的微小碎片、航天器发动机喷射物等，数量巨大，但由于尺寸很小不至于对航天器造成结构性损害，但有可能破坏易损表面（如光学镜头），长期碰撞也会造成累积影响。据统计估算，当前在地球轨道上这种无法观测的微小碎片的总数可能达到 50亿 ~ 60 亿个。

节点和链路是网络维度的基本组成。节点是能够创建、处理、接收或发送数据的太空架构的基本要素，任务地面系统、控制天线、用户设备、太空观测站点和航天器有效载荷是关键太空域节点的例子。链路在节点之间传输数据，除了地面网络外，电磁频谱（EMS）是所有太空架构的重要环节。轨道航天器数据下行、接收命令并通过 EMS 传输遥测。此外，主动和被动 EMS 应用允许传感器监视、检测、跟踪和特征化驻留太空的物体。由于远程操作的普及，EMS 是实现太空域控制和开发的主要途径。天域感知对网络维度的认识必须包括使轨道飞行和信息能够在太空域中、从太空域和向太空域内移动的链路和节点。这包括电磁频谱空间链接的频率、位置、访问和功率以及跨太空架构传输信息所需的物理和逻辑路径。天域感知提供了对网络维度中关键冗余和阻塞点的深入了解。

太空域的认知维度包括传递、接收、综合、分析、报告、决定和对来自太空域的信息采取行动的人的感知和心理过程。从根本上来说，太空系统是扩展个人或群体在太空域中、从太空域执行任务的工具。太空系统不是静态系统，而是由思维主体设计、使用和开发的。所有这些相关联的过程，形成和定义了太空域中的人类活动的认知组成部分。太空领域认知层面的感知包括操作或依赖太空系统的行为者及其决策过程、偏见、文化价值观和心理倾向。重要的是，军事太空部队还必须保持对自己的决定进程和任何相关的个人或机构偏见的认识。认知层面的天域感知帮助指挥官发现欺骗，确定对手的意图，并在对手的决策周期内行动。

11.2　太空态势感知活动

太空态势感知的根本任务是从物理、网络和认知三个维度"掌握天情"，为操作人员和决策者提供对影响太空领域行动的所有因素和行为者（包括友军、敌对方和第三方）的及时描述。针对需要感知的不同对象，当前太空态势感知的活动主要包括导弹预警、太空目标监视、太空环境监测，这三项活动也通常被称为太空态势感知的三大职能。

11.2.1　导弹预警

导弹预警主要是运用天基预警卫星、地基探测设备以及相关系统，在航天侦察、技术侦察等力量的支援和配合下，对全球区域内导弹目标、临近空间目标进行持续跟踪监视，发布威胁告警，研判评估威胁，开展目标识别和目标指示，并实施拦截效果与反击效果的评估，支撑国家战略预警。导弹预警往往是一个国家战略预警体系的重要组成部分，要求按照发现、引导、跟踪、识别和目标指引的流程对目标进行全过程监视跟踪，实时向各级指挥机构和反导部队推送预警和目标指引信息，支撑战略决策和反导拦截行动等。

11.2.1.1　导弹预警系统构成

导弹预警系统通常由导弹预警卫星网、地基雷达网、预警信息处理中心以及综合保障系统等组成。其中，导弹预警卫星网一般由高轨预警卫星系统和中低轨预警卫星系统两部分构成；地基雷达网包括远程预警雷达、前置预警监视雷达、远程识别雷达以及精密跟踪雷达等，导弹预警系统中的雷达装备往往可以同时兼顾目标监视任务，因此通常作为目标监视系统的兼用设备。

1. 高轨预警卫星系统

高轨预警卫星一般运行于地球静止轨道和大椭圆轨道，主要担负导弹发射事件和来袭目标早期发现任务，对目标主动段飞行阶段实施预警监视。当前，高轨预警卫星一般采用 2.7μm（短波）和 4.3μm（中波）两个红外波段、宽视场扫描传感器和窄视场凝视传感器双探测器体制，对目标温度（红外）辐射特性进行检测，实现对导弹发射事件和来袭事件的早期预警，能够估计导弹的发射点位置、射向以及目标初步识别信息等，为后续跟踪识别装备提供初步引导信息。

2. 中低轨预警卫星系统

中低轨预警卫星轨道高度为 1000～20000km，一般采用星座组网的方式，形成对全球导弹发射的监视和对来袭目标的全程跟踪。中低轨预警卫星系统有两个不同的任务定位：一是作为陆基手段的补充，完成全球范围内弹道导弹中段跟踪监视，形成初步定轨能力，支持精密跟踪雷达引导交接；二是作为全球弹道导弹预警体系核心装备，完成对目标发射事件搜索发现、来袭事件识别确认、主动段/中段跟踪监视以及打击效果评估任务。

美国低轨试验预警卫星天基跟踪与监视系统（Space Track and Surveillance System，STSS）采用捕获传感器和跟踪传感器双探测器体制，多波段红外探测谱段，双星立体观测方式，实现对目标的全程搜索发现、高精度定位跟踪、真假目标识别以及打击效果评估等。

3. 远程预警雷达

远程预警雷达一般采用 P、L 波段，主要担负导弹发射事件的远程搜索发现、识别确认及目标群跟踪监视任务，完成目标来袭事件的识别确认。远程预警雷达一般为地基大型固定站，多部雷达组网实现国土周边范围封边探测，通过完成弹道导弹目标高精度落点估计、导弹群目标弹道估计，实现导弹来袭的远程预警，为后续精密跟踪提供初步引导信息。

4. 地基多功能雷达

在导弹预警中，地基多功能雷达是指具备监视、跟踪、识别等多种功能的地基雷达装备。根据当前装备建设发展来看，地基多功能雷达包括前置预警监视雷达、远程识别雷达以及精密跟踪识别雷达等。其中，远程识别雷达主要指的是 S 波段雷达，可在远程预警雷达或其他的预警信息引导下，捕获和加密跟踪来袭目标，完成弹道导弹群目标识别，目标精密定轨，支撑弹道导弹中段拦截作战拦截器的发射，为后续精密跟踪识别提供目标弹道信息。精密跟踪识别雷达主要指 X 波段雷达，可对来袭导弹目标进行识别确认、跟踪监视、打击指示以及效果评估。平时采用热待机的模式，在外部预警信息引导下截获目标并获取目标的特性信息，从而实现弹道导弹目标真假弹头识别、弹头精密定轨、弹头目标指示（提供火控级别的目标指示及精确的 TOM 图），支撑中段拦截作战中拦截器的飞行制导，并在拦截弹和目标交会后提供弹头毁伤效果评估。

5. 预警信息处理中心

导弹预警信息处理中心是导弹预警体系的核心机构，也是太空态势感知中心的重要组成部分，负责组织弹道导弹预警装备常态化运行，接收处理全球导弹航天发射活动监测数据，融合处理形成导弹预警综合态势，为反击和反导拦截等提供预警信息保障。具体来讲，其所承担的职能包括任务统筹规划、资源统一调度、信息综合处理、预警态势生成、信息分发、模拟训练、效能评估等。

11.2.1.2 导弹预警主要任务

导弹预警通常按照发现、引导、跟踪、识别和目标指示（目指）的流程组织实施，对目标进行全过程监测识别，实时向各级指挥机构和任务部队推送目标国别、属性型号、弹头数量、发射区域、攻击区域、发射时刻及威胁等级等。支撑战略决策，重点提供反导和核反击条件、发射时段，以及拦截弹发射数量与拦截数量，核反击落地时间与打击毁伤情况等信息；支撑战役指挥，重点提供导弹属性、置信度、落点精度、目指精度等信息；支撑反导拦截战术行动，重点提供目指精度、预计拦截时间和拦截位置等信息。

1. 对来袭常/核弹道导弹进行战略预警

联合使用天地基预警装备进行预警探测，实现早期预警、全程跟踪、准确研判、精密引导和效果评估，通过情报信息的搜集与印证，提高战略预警的可靠性和时效性。对疑似携带核弹头的弹道导弹，导弹预警系统需要结合交战规则、发射位置、目标型号、发射规模、攻击位置等信息提供基于技术观测的核威胁研判信息，为战略核反击决策提供支撑；同时，对反击武器进行全程跟踪监视，并提供反击效果信息。

2. 对国内外航天发射进行预警监测

国内外航天发射事件通常情报可靠，发射情况相对简单。在监测国内外航天发射事件时，弹道导弹战略预警部队必须坚持"全面掌握，作战优先"的原则，合理分配调度资源，对国内外航天发射事件进行探测掌握。

3. 对国内武器试验进行预警监测

国内导弹试验通常为合作目标，可提前获取弹道导弹飞行试验测控技术方案，掌握弹头/弹体的外形尺寸、材质、红外辐射、电磁散射特性和弹道特性等数据。弹道导弹战略预警部队指挥所需要根据已获取情报，按照实战要求进行组织实施，严密制订作战方案，充分利用弹道导弹试验，开展战略预警体系试验验证工作，改进战略预警体系作战效能，推进战略预警体系建设。

4. 对国外武器试验进行预警监测

国外弹道导弹武器试验通常密级较高，弹道导弹战略预警部队在进行情报搜集时，应密切关注外军联合军演活动，国外设置禁航区、禁飞区等情报信息，分析研判国外武器试验活动，或是处置突发预警情况。对国外弹道导弹武器试验活动进行预警监测时，应结合情报信息，迅速研判目标发射情况，积累目标特性，检验战略预警作战效能。

11.2.2　太空目标监视

太空目标监视主要运用天基、地基和海基感知手段，对太空目标进行探测搜索、跟踪识别、编目定轨等，进行威胁评估，发布威胁告警，对太空目标事件进行查证与溯源，开展目标特性分析，支持太空安全与规避航天侦察等。太空目标监视要求按照探测、跟踪、识别、发现、目标指引和评估的流程，对太空目标和太空事件进行密切跟踪监视。开展重点目标威胁评估，提供目标特性描述，及时发现目标变轨机动事件，分析研判变轨意图等；开展太空安全分析，进行目标碰撞预警检测，及时发布碰撞预警信息以及解体陨落情况，保障进出太空安全等；开展规避航天侦察预警，准确预报敌方重点侦察卫星过境覆盖信息和载荷信息，保障地面部队行动安全等。

11.2.2.1　太空目标监视系统构成

太空目标监视系统一般由太空目标监测网与太空目标监视中心两部分构成，如图 11.2 所示。

（1）太空目标监视中心是太空目标数据处理、信息生成与信息服务的主要场所，负责监视任务的规划、设备资源的调度、探测数据的处理、目标编目维护以及对外进行数据、情报服务等，中心系统主要由数据中心、业务软件以及软硬件支撑与管理平台构成。

（2）太空目标监视网由分布于各地的各种探测设备构成，各种探测设备相互补充完成对目标的搜索、捕获以及探测跟踪等任务。根据探测传感器的位置，太空目标监视网的探测装备可分为地基和天基两大类。地基探测是利用安装在地球表面的设备对太空目标进行探测的。该类设备的优势是可长期连续地监测太空目标，便于组网，建设运行成本相对于天基装备较低，技术上较为成熟。天基探测系统是指利用星载传感器对太空目标进行监视探测的系统，主要用于高轨目标的搜索观测，也可执行近地目标的成像任务，具有高轨观测能力强、重复观测周期短、可全天候观测等特点。

太空目标监视系统的太空目标监视网是一个典型的天地一体系统，一般由地基雷达装备完成对低轨目标的探测跟踪（地看低）、地基光学望远镜和低轨光学监视卫星完成对中高轨目标的探测跟踪（低看高），利用高轨卫星实现对高轨重点目标的成像侦察（高看高），从而形成全球/境分布、立体部署的太空目标监视网络。随着光学、雷达传感器技术的不断发展，以及太空安全对太空态势感知实时性要求的不断提高，基于太空态势感知系统自身生存能力的考虑，大量的新技术装备、小型光学和雷达装备也逐渐被应用于太空目标的探测与跟踪任务，形成了对主力装备的有效补充。

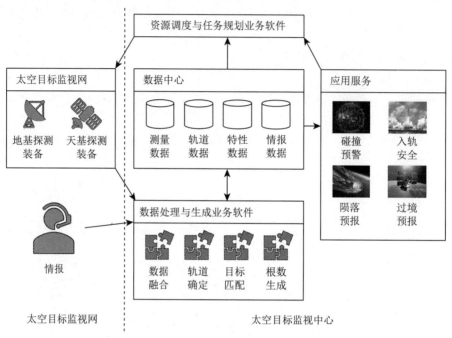

图 11.2　太空目标监视系统示意图

11.2.2.2　太空目标监视主要任务

太空目标监视通常按照探测、跟踪、识别、发现、目指、评估的流程组织实施。开展太空安全分析，重点为导弹发射、航天发射等提供碰撞概率与风险评估；组织太空目标碰撞预警，重点提供太空目标解体陨落情况、碰撞预警与风险评估等；开展反航天侦察预报，重点为各级指挥机构和任务部队提供空间目标过顶情况、侦察监视能力、威胁评估分析等。

1. 太空目标态势分析

综合运用监测、情报等手段，获取太空目标的轨道、姿态、目标特征及技术、战术指标等信息，完成太空目标的编目、识别和分类管理；在此基础上，分析理解敌我双方太空力量运行、部署和变化情况，评估、研判、预测敌方太空力量的变化趋势，以及对我方太空力量和各类军事行动的威胁，为我方决策和行动提供全方位的信息支持。

2. 发射任务空间安全性分析

根据作战任务和友邻部队需求，综合运用太空目标监视力量，对运载火箭、战略导弹、新概念武器试验等发射任务进行空间碰撞安全分析，为发射窗口选取、飞行安全管道设计提供支持，保证空间发射任务的安全实施。其中，战略导弹、新概念武器试验飞行弹道高度大于 150km。

3. 在轨航天器碰撞预警

综合运用太空目标监视力量，根据航天器与太空目标的运行轨道和几何尺寸等信息，进行碰撞风险分析和危险等级评估，发布碰撞预报，保障航天器在轨运行安全。

4. 反航天侦察预警

根据作战任务和友邻部队需求，综合运用太空目标监视力量，对敌方太空目标侦察能力、过境时间、侦察区域等进行分析和预报，为我方联合作战行动、重点区域防护、导弹突防、新概念武器试验等提供反航天侦察支持。

5. 太空目标态势情报支援

根据各级指挥所和作战部队的需求，综合运用太空目标监视力量，对太空目标态势进行感知、分析、整理，生成各类情报、数据产品，向指挥所和作战部队提供太空目标态势情报支援。

11.2.3　太空环境监测

太空环境监测主要是指运用各种监测手段和资源对太阳大气、行星际、磁层、电离层、中高层大气环境及其效应风险进行监测预警，提供太空环境态势分析预报、重大太空环境事件风险评估等，支持航天发射与武器试验、在轨航天器管理以及卫星导航、天地通信等。

11.2.3.1　太空环境监测手段

太空环境监测手段按照平台可以分为天基太空环境监测和地基太空环境监测。天基太空环境监测就是利用天基平台（如卫星或飞船）对太空环境进行就地或遥感监测；地基太空环境监测则是利用各种地基设备对太空环境进行观测。按照太空环境监测的对象，其又可以分为地球空间监测、行星际监测、太阳观测等。

1. 地球空间监测

地球空间监测是指利用天基或地基监测设备对近地空间的中高层大气、电离层、磁层三个区域进行分区监测以及对各区域进行联合监测。其中，中高层大气监测主要监测中高层大气温度、密度、成分等；电离层监测主要监测电离层电子和离子的密度、温度，电离层电场和磁场，沉降到电离层区的不同能量的电子和离子等；磁层、电离层和中高层大气联合监测主要监测各区域交界面的动力学过程。

2. 行星际监测

行星际监测是指利用天基或地基监测设备对太阳风和行星际物质、行星际磁场、太阳高能粒子和银河系宇宙射线粒子、电场及波动等进行监测，包括近地太阳风监测、日地引力平衡点（L_1 点）监测、三维行星际监测和近太阳监测等。

3. 太阳观测

太阳观测主要指：监测太阳大气（包括光球、色球和日冕）、磁场、温度、密度等参量的静态结构和动态结构及不同时空尺度的变化过程；监测日冕物质抛射事件、太阳耀斑、太阳风、日冕高速流等重要太阳活动事件的发生和演化过程；监测太阳各类电磁辐射的爆发事件和高能粒子爆发事件。监测仪器有太阳 X 射线成像仪、太阳 X 射线监测器、太阳紫外成像仪、太阳紫外流量计和日冕物质抛射监测仪等。天基太阳观测主要位于 L_1 点、地球同步轨道、地球太阳同步轨道和绕太阳的行星轨道等位置；地基太阳观测设备主要有太阳光学望远镜、太阳射电望远镜、太阳磁像仪、日冕仪等。

11.2.3.2　太空环境预报

太空环境预报是对某一区域未来一定时段内的太空环境变化做出的预测和报告。太空环境预报主要包括太空环境事件预报和太空环境要素预报。主要的太空环境事件包括日冕物质抛射事件、太阳耀斑爆发事件、太阳质子事件、地磁暴等；主要的太空环境要素包括太阳磁场、太阳风、太阳高能粒子、磁层粒子和场、电离层电子密度、中高层大气密度等。

按时效，太空环境预报可分为长期预报（几年到十几年或更长）、中期预报（几个月）、短期预报（几小时到几天）和警报、现报。按服务对象，太空环境预报可分为常规太空环境预报和专项太空环境预报。常规太空环境预报一般服务于大众；专项太空环境预报为特定任务服务，如通信、在轨卫星、导航和载人航天保障等专项预报。按太空区域，太空环境预报可分为太阳活动预报、行星际环境预报、磁层环境预报、电离层环境预报和中高层大气环境预报等。下面介绍其中的几种太空环境预报。

1. 太空环境现报

太空环境现报是对当前或最近未来时刻的太空环境要素和太空环境事件的描述和报告。现报是指以太空环境的实际观测数据和利用同化模式得到的补充数据为基础，以当前太空环境状况为初始值，通过模式推演得到最近未来时刻太空环境状况，推演的时间间隔一般略小于观测的时间间隔。现报针对的常规太空环境要素主要是太阳辐射参数、太阳风参数、磁层粒子和场、电离层参数、中高层大气参数等，也包括正在发展中的太空环境事件的状态和发展趋势。现报的准确性依赖观测数据的质量、及时性和同化模式的精度。现报具有较强的及时性，是太空环境保障的重要内容。

2. 太空环境短期预报

太空环境短期预报是提前几小时到几天的太空环境要素和太空环境事件的预测和报告。太空环境短期预报一般包括太空环境指数预报（如太阳活动、地磁活动指数等）和太空环境事件（如太阳质子事件、太阳耀斑事件、地磁暴等）的概率预报。短期预报以统计预报和经验预报方法为主，通过数据收集、质量检验、分析处理、模式计算、图形显示，最后综合分析得出预报结果。准确的短期预报需要对驱动太空环境的源头——太阳扰动事件的产生以及整个太空环境过程的物理机制具有全面的认识和了解。短期预报中的太空环境事件预报只要满足用户采取防护措施的时间要求即可。

3. 太空环境警报

太空环境警报是以紧急通告的形式发布的专项太空环境预报。警报的主要内容包括灾害性太空环境事件的性质、发生的时间、持续时间和强度等级。警报的主要依据是对引发灾害性太空环境事件的源事件（如太阳耀斑等）的观测、现实事件的观测（如发生的磁暴等）和对未来趋势的预测（如增大的高能质子通量等）。大部分警报是根据对某一事件或太空环境状况的观测结果直接发布的，能够告知事件发生的开始时间、持续时间和强度等级。太空环境警报是太空环境保障的重要内容。

4. 太空环境中长期预报

太空环境中长期预报是对太空环境未来发展趋势以月或年为时间尺度所做出的预测和

报告，主要根据太阳活动和地球运动的周期性变化规律和发展趋势做出。太空环境虽然有周期性变化特征，但存在各种周期变化及非周期变化的叠加，使得太阳活动变化呈现出不同的时间特征。因此，在利用太阳活动的周期性变化来预测未来太空环境时，若趋势出现转折，预报的准确性会大大下降。在这种状况下，预报员的经验可能更加有效。

11.2.3.3　太空环境监测主要任务

太空环境监测通常按照监测、预警、评估、发布的流程组织实施，区分黄色、橙色、红色三个等级，发布太空环境预警信息，开展应急处置与评估。太空环境监测支持太空资产安全运行，重点提供威胁事件告警、航天器风险评估、关键环境参数等；支持太空侦察，重点提供天基平台环境风险评估、地基雷达电波环境信息、关键环境参数等。

1. 评估太空环境风险

基于轨道环境参数及效应监测结果，针对不同太空资产分别建立单粒子效应、表面/深层充放电、辐射损伤及轨道衰减等环境风险告警门限，评估风险等级并发布告警信息，提出防护建议，确保太空资产安全。

2. 生成太空环境综合态势

基于太空环境监测数据和预报结果，生成包括太阳活动、地磁活动、电离层及中高层大气等参数信息的太空环境综合态势，为太空战场侦察卫星轨道控制、雷达电波修正等提供信息支持。

3. 提供太空环境情报

持续开展太空环境监测，准确预报和识别太阳爆发活动及其引起的近地空间环境扰动，识别敌方人为干扰，综合评估环境对太空活动产生的影响，生成太空环境情报信息，为太空活动提供环境情报信息。

11.3　太空目标探测系统

太空态势感知的首要任务就是利用"感"的相关设备与手段获取太空目标与太空环境的相关要素，这主要是通过各种探测传感器实现的。

11.3.1　太空目标特性

目标特性是指目标固有的理化属性以及目标与所处环境相互作用而呈现的能够被传感器感知的特性。这里的环境是指除目标之外的一切空间物质，包括目标依存的背景、目标至探测系统或武器系统之间的传输介质（如大气等）。太空目标始终处于复杂的电磁环境中，这种电磁环境包括来自太阳的电磁辐射、目标自身的电磁辐射以及来自传感器的电磁辐射等，目标与所处电磁环境相互作用而呈现的能够被传感器感知的特性，即目标的电磁特性。太空目标探测（包括目标监视与导弹预警）的基本理论主要建立在目标的电磁特性上，探测设备利用目标辐射、反射的电磁波，通过信号分析和数据处理来获得对象的信息。针对太空目标的特点及其所处的环境，太空目标特性主要包括自身所固有的几何、材质、运动和无线电信号等特性，以及与电磁环境相互作用所呈现的光学和雷达特性等。

11.3.1.1 太空目标光学特性

光电探测设备是太空态势感知尤其是目标监视系统的重要组成部分，太空目标光学特性是目标探测、监视、分类与识别的重要信息基础。太空目标光学特性是指目标与所处环境相互作用而呈现的能够被光学传感器感知的特性，实际上就是高频电磁波段的目标电磁特性。绕地球飞行的太空目标，在向阳区的太阳光照射下，可以探测的光学特性主要是太阳光散射特性（主要是可见光和紫外光），以及表面温度为 $300 \sim 450K$ 的红外辐射特性；在无太阳光照射的阴影区，可探测的光学特性仅有表面温度约为 200K 的红外辐射特性（简称辐射特性）。

1. 双向反射分布函数 BRDF

太空目标光散射特性可通过目标表面反射背景辐射在探测器入瞳处产生的辐射照度[①]来描述，而入瞳能量计算则需要采用双向反射分布函数（Bidirectional Reflectance Distribution Function，BRDF）。

BRDF 可简单地理解为光辐射的反射辐亮度和入射辐照度的比值。之所以采用 BRDF 描述目标光学散射特性，是因为实际空间目标表面对太阳光的散射既不是理想的镜面反射，也不是理想的漫反射，而是介于两者之间，目标表面的光学散射特性既与入射方向有关，又与散射出射方向有关。BRDF 的取值范围为零到无限大，单位为 sr^{-1}（sr 为球面度）[②]。

2. 太空目标光度特性

太空目标光度特性一般指目标的观察亮度随时间的变化，从目标的分辨图像或者非分辨图像中，都能很容易提取目标光度特性。目标光度特性常用光度曲线来恒量，光度曲线是指目标观察亮度随时间或相角（太阳–目标–观测站的夹角）变化的曲线。

太空目标的亮度通常用视星等表示。星等是天文学上对星星明暗程度的一种表示方法，记为 m，通俗的说法是"星星的等级"，其单位为"等"。星等又分视星等和绝对星等，视星等是地球上的观测者所见的天体的亮度。比如，全天最亮的恒星天狼星为 −1.45 等，老人星为 −0.73 等，织女星为 0.04 等，牛郎星为 0.77 等。而绝对星等是在距天体 10s 差距（32.6 光年）[③]处所看到的亮度，太阳的绝对星等为 4.75 等。

太空目标光度特性广泛用于分析目标的形状、大小、姿态、角速度、反射率等特征，其优点是测量简单、测量距离较远，可以直接通过光学望远镜进行观测，同时数据量较小，便于存储和计算。缺点是太空目标光度特性受大气效应影响较大，信息维度有限。

3. 太空目标光谱特性

光谱特性是从一个个很窄的波段范围去"看"研究对象，即从光谱维来对目标进行分析，每个波段中蕴含的信息形成了一条光谱曲线。这在缺少目标几何信息的情况下是一种独特的分析与识别方法，因为不同物体由于其组成成分的不同导致其光谱特性一般都具有一定的差异，而光谱范围划分得越细致，这种差异表现得越明显，通过这种差异可以实现对目标的识别。对于一些轨道较低、可分辨的太空目标，通过光谱测量手段，可以得到不

---

① 辐射照度：单位时间入射到单位面积表面上的辐射能，单位为 W/m^2。

② 球面度（Steradian，sr）是立体角的计量单位。面积为半径平方（r^2）的球表面对球心的张角等于 1sr。因为球的表面积是 $4\pi r^2$，所以，整个球面有 4π 球面度。

③ 秒差距（Parsec，pc）是天文学上的一种长度单位。1s 差距定义为天体的半年视差为 $2''$ 时，天体到地球（太阳）的距离，也就是地球轨道半径对应视角为 $1''$ 时的距离。

同波段的目标可分辨图像。对于一些轨道较高、不可分辨的太空目标，通过光谱测量手段则可以得到目标光谱分布随时间变化的曲线。

4. 太空目标偏振特性

振动方向对于传播方向的不对称性叫作偏振，它是横波区别于其他纵波的一个最明显的标志——只有横波才有偏振现象。光波是电磁波，因此，光波的传播方向就是电磁波的传播方向。光波中的电振动矢量和磁振动矢量都与传播速度垂直，因此光波是横波，它具有偏振性。光的偏振现象就是光的矢量性质的表现，反映的是空间电磁波的时变电场矢量的幅度大小和方向随传播方向变化的情况。大气中的任何物体，在反射和发射电磁波的过程中都会产生由其自身材质、光学基本定律决定的偏振特性。因此，与散射特性一样，太空目标的偏振特性可以作为目标特性的表征信息，而且目标反射或发射电磁波的波长（频率）、振幅、相位、偏振均属于物体的基本属性。

太空目标表面偏振特性取决于其表面的介质特性、结构特征、粗糙度等固有属性，同时还与目标表面入射光线的天顶角、方位角、观测角、探测波段等因素有关，目标表面粗糙度对其影响程度很大。偏振图像能够提高对比度，挖掘出强度图像中许多隐藏的信息，而且偏振特性能够表征一些强度测量难以表征的信息（如目标自然表面的粗糙度），有助于辨别伪装或隐蔽的目标，对置于背景中物体的边缘增强效果明显。

5. 太空目标红外辐射特性

太空目标红外辐射特性主要包括两种机制：一是目标在太空热环境中自身辐射；二是目标在散射环境中辐射。确定太空目标的红外辐射特性需要知道太空目标的形状尺寸、表面温度和表面材料的红外光谱发射率，以及日地目标相对位置、目标姿态、探测视向。

如同太空目标散射特性一样，观测时间、目标位置、姿态、自身热结构、表面材料等对目标辐射特性影响明显，使得目标辐射亮度分布不均匀（差异巨大）且动态变化。表面发射率和表面温度是影响目标红外辐射强度的主要因素，对于探测系统而言能够探测到的辐射强度还与目标有效辐射面积有关。因此，太空目标红外辐射特性可以通过表面发射率、内外热流作用下的目标表面温度及其有效辐射面积进行描述。

11.3.1.2　太空目标雷达特性

从测量目标参数的观点可以将雷达分为两大类：第一类称为尺度测量（Metric Measurement）雷达，主要测量目标的三维位置坐标、速度与加速度等参数，其单位分别是 m、m/s 与 m/s²，与尺度有关；第二类称为特征测量（Signature Measurement）雷达，主要测量雷达散射截面及其统计特征参数、角闪烁及其统计特征参数、极化散射矩阵、散射中心分布以及极点等参量，从而推求出目标形状、体积、姿态、表面材料的电磁参数与表面粗糙度等物理量。从原理上看，上述两类测量可以在同一部雷达上实现，但由于对接收系统线性动态范围、变极化、幅度与相位标定精度等要求的不同，因此对一部具体雷达而言，只能在某功能上有所侧重。

与尺度测量相比，特征测量将观察对象视为一个体目标，从雷达回波中提取目标特征信号，进而判断目标的大小、形状、表面材料参数以及粗糙度等，达到识别的目的。基于雷达特性的目标识别能力就像在雷达望远镜上增加了一个显微镜，大大丰富了获得的目标信息，不仅能明确目标位置，还能识别出目标大小和形状，增强了雷达识别真假目标的功能，同时也促使雷达转向微波遥感，开发地球资源和保护地球环境。

1. 太空目标雷达散射特性

目标的雷达散射截面（Radar Cross Section，RCS），简称散射截面，是表征雷达目标对于照射电磁波散射能力的一个物理量。可以分别从电磁散射理论和雷达测量的观点对 RCS 进行定义，两者的基本概念则是统一的，均定义为：单位立体角内目标朝接收方向散射的功率与从给定方向入射于该目标的平面波功率密度之比的 4π 倍。

1958 年，D.K. 巴顿从 AN/FPS-16 精密跟踪雷达数据中，根据回波幅度变化分析出了苏联人造卫星 SpuknitⅡ 的外形、尺寸和简单结构，从而使雷达的功能从单纯的发现和定位进入了目标识别领域。目前，目标识别已发展成为雷达领域的一个重要分支，雷达目标特征信号研究的最终目的之一就是目标识别。RCS 的应用主要体现在以下几个方面：

（1）应用于太空目标的隐身化设计；

（2）应用于太空目标的 RCS 增强与缩减；

（3）应用于太空目标的结构与姿态测量。

2. 太空目标极化特性

雷达散射截面是一个用于描述目标电磁波散射效率的量，只能表征雷达目标散射的幅度特性，缺乏对于诸如极化和相位特性等目标特征的表征。为了完整地描述雷达目标的电磁散射性能，引入了极化散射矩阵的概念。一般来说，散射矩阵具有复数形式，随工作频率与目标姿态而变化，对于给定的频率和目标姿态特定取向，散射矩阵能够表征目标散射特性的全部信息。

太空目标的极化特性主要应用于太空目标识别，但由于其特征库难以建立，因此制约了其应用与发展。

11.3.1.3　太空目标无线电特性

太空目标无线电特性是指利用无线电侦察设备测量、分析得到的目标无线电信号的特征，主要包括电子情报无线电信号、通信无线电信号、数传无线电信号三大类。对该类信号所呈现的特征及包含的信息等进行解调、解密、分析，解读无线电波的内涵信息；利用测向设备测定辐射源的地理位置，从而获取信号特征情报，以服务于目标识别、目标定位与态势生成等。

1. 电子情报无线电信号特性

电子情报无线电信号主要是利用信号侦察、测向定位设备搜索、截获的地面站、上下行测控、遥测与指控系统等传输的无线电信号。该类信号的参数和特征包含目标辐射源信息及其载体的类型、用途、分布状态、配置变化、活动情况，通过对该类信号特性分析，能够判断出目标的性能、能力、威胁等级以及行动企图等。

2. 通信无线电信号特性

通信无线电信号主要是利用通信侦察、测向定位及侦收设备搜索、截获的射频无线电通信信号。该类信号的参数和特征包含目标辐射源的位置及通信信息，通过对该类信号的分析、解译，能够判断出空间信息装备及其搭载平台等目标的技术参数、威胁程度、部署情况、行动企图等信息。

3. 数传无线电信号特性

数传无线电信号主要是利用无线电侦测设备截收、分析、记录来自空间目标的下行链路发送给地面站的数据等信号，通过对该类信号的分析、解译，能够获取信息内容、航天器工作状态与任务能力等信息。

11.3.2 太空目标探测信息类型

从技术原理上讲，太空目标信息获取的本质就是探测目标的电磁信号，包括目标发射、辐射和反射的在技术上所有可能被探测到的电磁波。目标信息是由地基或天基各类光电传感器通过遥感可获取的信息，可归纳为三大类。

1. 尺度信息（Metric Information）

尺度信息包括目标的三维位置坐标、速度、加速度等参数，其单位分别是 m、m/s、m/s^2，均与米尺度有关，由尺度信息可衍生出各类地球轨道参数。

2. 特征信息（Signatures Information）

特征信息包括从光电传感器测得的电参数及其统计量，电传感器（雷达）测得的雷达散射截面（RCS）、极化散射矩阵、散射中心分布等；光传感器（望远镜、光谱仪）测得的辐射强度、谱密度分布等，由特征信息可衍生出目标的形状、体积、质量、姿态、表面材料参数与目标上存在活动部件等物理量。

3. 信号信息（Signal Information）

信号信息包括电子侦察装备获取的航天器上下行数据信号、通信信号与遥测遥控信号等的载频、信号调制方式、重复频率、脉冲宽度与信号码型等信息。由信号信息可衍生出目标的信号特征参数、信号辐射源的位置与目标信号的指纹信息等物理量。

太空目标信息获取就是利用各种探测手段获取反映目标本质的各种特征和信息，来实现对目标类型、属性、用途、威胁的判别。利用成像探测设备可以获取目标的几何形状和结构，利用辐射探测设备可以获取与目标组成有关的特征信息，利用无线电信号侦收设备和轨道跟踪设备可以获取卫星用途等方面的信息。

太空目标探测装备有多种分类方法：根据目标信号来源可分为反射信号、发射信号与辐射信号探测装备；根据目标参数性质可分为尺度信息、目标特征信息与信号信息探测装备；根据装备平台位置可分为低级装备和天基装备；根据设备在目标监视中的应用可以分为专用设备、兼用设备和可用设备；根据设备类型可分为雷达、光学和无线电监测设备等。图 11.3 显示了典型太空目标探测装备的分类情况。

11.3.3 地基雷达系统

用于太空目标探测的地基雷达装备主要是各种大型雷达装备，是开展太空目标监视、导弹预警任务中太空目标探测的主力装备，主要应用于近地轨道目标、导弹目标的探测跟踪、特性测量、成像等，以实现新目标发现、编目维护以及弹道导弹跟踪与识别等任务。地基雷达装备具有以下优势。

（1）全天时、全天候工作。雷达依靠自身发射电磁波照射目标并接收反射信号实现对目标的探测与跟踪，因此不受光照条件等限制，在设备条件允许的情况下可以一天 24h 工作；雷达装备受气象条件影响也较小。

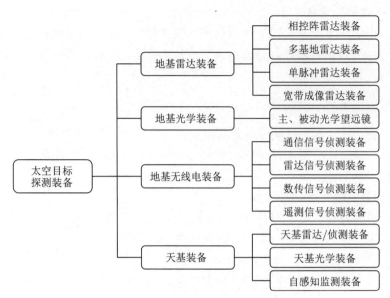

图 11.3   太空目标探测装备分类

（2）探测信息全。雷达装备可以测量目标的距离、方位以及距离和方位的变化率，理论上可以一次测量实现初轨确定；雷达装备可以获取目标的 RCS 特性、极化特性甚至进行 ISAR 成像，以此可以对目标进行识别。

（3）持续搜索能力。雷达装备通过设置搜索屏可以在覆盖区域内持续搜索，一旦发现目标即可迅速捕获跟踪，是当前太空目标监视常用的发现新目标手段。

同时，地基雷达装备需要主动发射电磁波信号照射目标，受能量限制其探测距离有限，因此当前主要应用于近地轨道目标的探测。部分雷达装备在增程的情况下可以实现对中高轨目标的探测，但需要将能量集中到很小的波束范围内，因此将丧失其搜索和多目标跟踪能力，不能作为常态工作模式。

11.3.3.1   相控阵雷达

相控阵雷达（Phased Array Radar，PAR）即相位控制电子扫描阵列雷达，是一种电子扫描雷达，如图 11.4 所示。相控阵天线由多个在平面或任意曲面上按一定规律布置的天线单元（辐射单元）和信号功率分配/相加网络组成。天线单元分布在平面上的称为平面相控阵天线；分布在曲面上的称为曲面相控阵天线，如果该曲面与雷达安装平台的外形一致，则称为共形相控阵天线。每个天线上都设置一个移相器，用以改变天线单元之间信号的相位关系；天线单元之间信号幅度的变化则通过不等功率分配/相加网络或衰减器来实现。在波束控制计算机控制下，改变天线单元之间的相位和幅度关系，可获得与要求的天线方向图相对应的天线口径照射函数，快速改变天线波束的指向和天线波束的形状。

相控阵天线具有波束指向、波束形状快速变化能力，易于形成多个波束，可在空间实现信号功率合成。这些特点可使相控阵雷达完成多种雷达功能，具有天线波束的快速变换能力和扫描能力以及稳定跟踪多批高速运动目标的能力。这些能力使得大型地基相控阵雷达成为当前近地目标最主要的探测跟踪设备，在太空目标监视任务中是进行新目标发现和已知目标编目维护的主力装备，在导弹预警任务中主要应用于远程目标跟踪等。

图　11.4　美国 AN/FPS-85 相控阵雷达

11.3.3.2　单脉冲雷达

单脉冲雷达是一种精密跟踪雷达。它每发射一个脉冲，天线都能同时形成若干个波束，可将各波束回波信号的振幅和相位进行比较，当目标位于天线轴线上时，各波束回波信号的振幅和相位相等，信号差为零；当目标不在天线轴线上时，各波束回波信号的振幅和相位不相等，产生信号差，驱动天线转向目标直至天线轴线对准目标，这样便可测出目标的高低角和方位角，根据从各波束接收的信号之和，可测出目标的距离，从而实现对目标的测量和跟踪。单脉冲雷达同一时刻只能对单个目标进行跟踪，主要应用于近地轨道太空目标和导弹目标的精密跟踪以及成像、识别等。

11.3.3.3　"太空篱笆"

"太空篱笆"（Space Fence）是指使用多个地基相控阵雷达站构成的一个连续波太空目标探测系统。雷达站的相控阵线性天线产生一个与地面垂直的扇形波束，形成一道"篱笆"，并接收穿越"篱笆"的目标回波，并测量出它们的位置、轨迹和速度矢量。

位于马绍尔群岛共和国夸贾林环礁、耗资 15 亿美元的新一代的"太空篱笆"系统采用了大型单基地相控阵雷达体制，只需要单个基地就可以实现以前多个基地的监视任务。该雷达采用全数字化收发体制，每个通道的发射波束和接收波束形成单独可控。利用 GaN 功放和数字波束形成技术，提高了发射效率和波束形成的速度、精度，并且可以完成电扫描，其波束覆盖和工作原理如图 11.5 所示。通过单一雷达发射阵面的多个通道形成多个发射波束覆盖 $120° \times 0.2°$ 的扇形面电磁区域，较之前的系统有了更广的天域覆盖范围。目标穿过扇形电磁区域时，会反射信号，接收阵列接收到反射信号以后，利用数字信号处理的方式，可以对目标的运动特征进行提取，从而实现对该飞行器的监视。

(a) 目标未经过太空篱笆   (b) 目标经过太空篱笆后

图 11.5　新一代"太空篱笆"系统工作示意图

11.3.4　地基光学系统

光学探测装备主要是指以光学成像和光电探测原理为基础，运用光学、电子学、精密机械、自动控制、图像处理和计算机等技术有机集成而构成的各种类型的仪器装置的总称。光学测量设备有多种类型，按装载方式分为固定式、车载、舰载、机载、球载、弹载和星载等；按工作方式分为跟踪式和等待式；按工作波段分为可见光测量设备、红外测量设备、紫外测量设备和光谱测量设备；按口径和质量分为大型、中型、小型和便携式；按工作方式分为主动式测量设备和被动式测量设备。

当前在用的地基光学装备主要是各种光学望远镜（见图 11.6），按照其成像目标的不同，主要有中高轨望远镜和自适应光学成像望远镜两大类。中高轨望远镜主要用于中高轨目标的发现与跟踪探测，目标成像结果为图像上的一个点，通过与星图的对比可以检测出其中的太空目标，并结合图像分析进一步计算出目标的方位。自适应光学成像望远镜主要用于对低轨目标的成像，目标成像结果为二维面目标图像，可以直观地显示目标的外形特征。地基光学设备还可以通过分光技术配置各种光学特性测量装置，实现对目标光度、光谱等特性的测量。

图 11.6　美国 GEODSS 光学望远镜系统

由于地基光学望远镜采用被动探测，需要目标反射太阳光实现目标成像，因此受到天光地影的影响，难以实现全天时探测；由于云层会遮挡可见光，因此很容易受到雨雪、云雾等气象条件的限制，也不能开展全天候探测。因此，地基光学望远镜部署地点一般要求大气清洁度高、光污染少、雨雪天气少等特点。由于受到太阳光照的限制，地基光学望远镜大多只能在晨昏（望远镜位于地影中，而目标被太阳光照射）观测或者晚上观测，即使夜间观测也需要避开满月的影响。虽然受到各种条件限制，但由于具有结构简单、测量结果直观形象、能够提供多维度的特征信息、空间分辨力强、探测距离远、测量精度高等特点，地基光学望远镜仍被广泛应用于中高轨目标监视以及低轨目标成像中，是太空目标监视中不可或缺的装备。

11.3.5　天基光学系统

由于地基光学设备受到天光地影、气象条件等的限制难以实现全天时、全天候工作，同时大气的折射与散射，也影响了地基光学设备的探测精度和探测能力，因此随着卫星技术的发展，将光学设备放到卫星平台上成为一种必然的选择。天基光学装备通过轨道的设计（如采用位于晨昏线的太阳同步轨道）可以有效克服天光地影的影响，同时由于避免了大气层、电离层等的吸收、折射和散射等因素的影响，成像能力和精度都可以得到大幅度的提高。

天基光学系统的主要应用体现在以下三个方面。

一是对高轨目标进行探测跟踪，这类似于地基中高轨望远镜的作用，卫星一般运行于近地轨道的太阳同步轨道或赤道轨道，典型系统包括美国早期的 SBV 计划、后续部署的 SBSS 系统以及 ORS-5 卫星（见图 11.7）等。

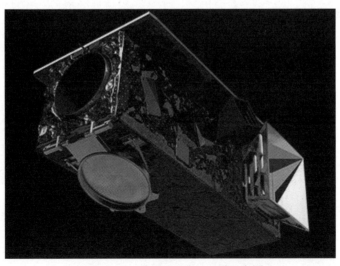

图　11.7　美国 ORS-5 卫星示意图

二是对目标进行抵近成像侦察，主要部署于地球静止轨道附近的亚同步轨道，由于其与地球静止轨道卫星存在较小的高度差，因此会导致旋转速度稍快于或慢于静止轨道卫星，利用这一速度差形成的相对运动，可以实现对静止轨道卫星的巡视抵近。大部分低轨太空目标监视卫星也可以实现对近地轨道目标的抵近成像，但由于在地球低轨道卫星相对运动速度快，自然交会概率不高，其应用受到极大限制。该类卫星最典型的代表是美国的地球同步轨道太空态势感知计划（GSSAP）卫星。

三是专用于导弹预警的天基预警卫星系统，主要通过对导弹发射时的红外信息探测实现对导弹发射的发现，并初步确定弹道导弹的射向、落点等信息。该类卫星主要部署于地球静止轨道、大椭圆轨道，如美国的国防支援计划（DSP）主要部署于地球静止轨道；天基红外系统（SBIRS）主要部署于地球静止轨道和大椭圆轨道；下一代过顶持久红外（NG-OPIR）同样部署于地球静止轨道和大椭圆轨道；天基太空跟踪与监视系统（STSS）是美国天基红外计划的低轨道组成部分，主要目的是实现对弹道导弹的全程跟踪，该卫星系统原计划发射 24 颗，最终由于各种原因只发射了一颗试验星和两颗验证星。

思考题

（1）太空态势感知的概念内涵是什么？其内涵经历了怎样的发展过程？

（2）简述太空态势感知系统对于维护太空安全的作用。

（3）太空态势感知系统要解决什么问题？

（4）太空态势感知的三大职能指的是什么？各职能有何具体工作？

（5）导弹预警系统一般由哪些部分构成？请简述其在作战中是如何运转的。

（6）太空目标监视的功能主要包含哪些？流程是如何的？

（7）太空目标特性在太空态势感知中发挥着怎样的作用？

（8）试举例说明太空目标特性的典型应用有哪些。

（9）地基太空目标监视设备的部署有哪些原则？

（10）典型的太空目标探测装备有哪些类型？分析其优缺点。

——第 12 章

太空安全威胁

大气层之外的太空具有与地球表面完全不可比拟的真空环境，声波和冲击波由于没有传播介质而消失，军事领域利用化学爆炸的冲击波毁伤目标的武器效应在太空中不再有用。处于轨道运动的物体同时也处于失重的状态。真空和失重使对流现象消失，其不再对传热传质和火焰传播产生作用，这使物体的朝光面明亮而炙热，而其背阴面则黑暗而寒冷；对流的消失还改变了地球表面许多司空见惯的物理现象，使机械电子系统的运行和生物生长的行为发生了彻底的改变。

影响航天器安全的潜在威胁主要来自两个方面：一是等离子体、单粒子、太空碎片等自然因素诱发的太空事故；二是少数谋求太空霸权国家发起的蓄意攻击。前者决定了安全防护理念与措施必须贯穿航天器设计、研制、发射、使用的全寿命周期，相关内容在第 2 章中已经进行了讨论；后者则要求研究人员关注动能、定向能和电子对抗等典型武器系统的物理机理及其在太空环境下区别于地面的毁伤效应，以便采取有效的防范手段。

12.1 动能武器威胁

动能武器被广泛应用于拦截高速飞行中的巡航导弹、战术导弹和弹道导弹等，由于其采用直接碰撞的方式摧毁目标，而不需要物理介质，因此也能够在真空环境中对高速运行的卫星实施拦截。

12.1.1 基本概念

动能武器是广泛应用于军事领域的一类典型武器。美国是动能武器技术发展和应用最为先进的国家之一，其对动能武器的认识具有一定的代表性，以下为美国导弹防御局（Missile Defense Agency，MDA）对动能武器的定义。

动能武器（Kinetic Energy Weapon，KEW）：利用动能，即运动的能量杀伤目标的武器。典型的动能武器有石头、子弹、携带非爆炸弹头的火箭和电磁轨道炮。

动能拦截器（Kinetic Kill Vehicle，KKV）：利用以非常高的速度飞行的非爆炸射弹通过碰撞摧毁目标的武器，射弹可装配寻的探测器和机动发动机，以便提高其命中精度，或者也可以按照预先确定的弹道飞行（像用火炮发射的炮弹那样）。

由上述定义可知，对动能武器的认识可区分广义与狭义两种视角。在广义视角下，动能武器涵盖所有利用运动的能量杀伤目标的武器，古老如投石车，先进如电磁轨道炮，均属于这一范畴。在狭义视角下，动能武器特指搭载寻的探测器和机动发动机、以"直接碰撞方式"拦截高速飞行目标的一类精确制导武器，即动能拦截器（在高速相对运动条件下，不依靠自主探测和机动修正，仅依赖惯性飞行想要拦截目标是十分困难的）。

图 12.1 给出了美军"宙斯盾"导弹防御系统中"标准-3"（Standard Missile-3，SM-3）拦截弹的动能拦截器——大气层外轻型射弹（Lightweight Exo-Atmospheric Projectile，LEAP）的结构组成。由图 12.1 可知，典型动能拦截器主要由以下五部分构成。

（1）寻的导引头：用于捕获目标特征信息，对应于图 12.1 中的光学器件及遮光罩、低温冷却子系统、集成式杜瓦组件等。

（2）高速信号处理设备：用于处理导引头、遥测设备获取的信号，对应于图 12.1 中的信号及遥测处理器、遥测发送器及加密机等。

（3）惯性测量装置：用于确定自身位置、速度和姿态等飞行状态信息，对应于图 12.1 中的干涉式光纤陀螺仪等。

（4）高速数据处理设备：用于制导计算和飞行线路修正计算，对应于图 12.1 中的制导处理器等。

（5）轨道控制与姿态控制系统：用于执行轨道控制与姿态控制指令，对应于图 12.1 中的轨控发动机、姿控发动机、推进剂贮箱等。

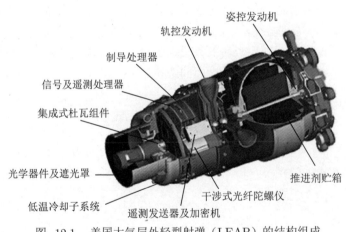

图 12.1　美国大气层外轻型射弹（LEAP）的结构组成

12.1.2　动能武器的工作过程

美军已将动能拦截器广泛应用于中段防御（GBI 拦截弹、SM-3 拦截弹）、末段防御（THAAD、PAC-3 拦截弹）等多类导弹防御系统，并多次成功实施导弹拦截试验。导弹防御系统的工作过程是一个复杂的系统工程，涉及不同类型作战单元的协同作战与密切配合。传感器系统负责目标探测；拦截弹系统负责目标杀伤；指挥控制系统则作用于由探测起始至杀伤结束的整个流程，承担威胁评判、交战分析、效果评估等任务。下面以美军地基中段导弹防御系统为例介绍动能武器的工作过程，如图 12.2 所示。

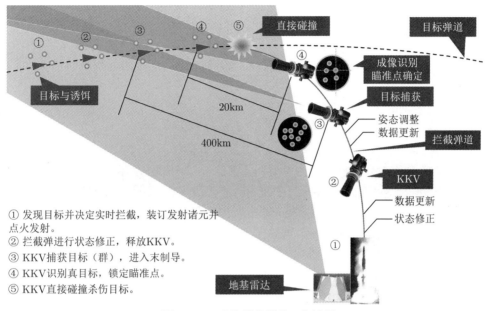

图　12.2　动能拦截器的工作过程

（1）导弹防御系统的传感器主要包括高轨导弹预警卫星与地基雷达，当发现来袭目标（群）时，传感器会及时锁定目标（群）并传回观测数据；指挥控制系统结合观测数据进行信息融合处理，完成目标（群）飞行轨迹预报并将预报数据传输至 GBI 拦截弹系统；拦截弹系统依据目标（群）飞行轨迹数据完成发射诸元参数计算，并将其装订至 GBI 拦截弹；GBI 拦截弹在给定的时刻点火发射飞向目标（群）。

（2）地基雷达等传感器对导弹防御过程进行持续观测；GBI 拦截弹在飞行过程中持续接收指挥控制系统传输的目标（群）数据，对自身飞行状态进行修正；按照预先制定的程序，GBI 拦截弹在特定时刻、特定位置释放动能拦截器（KKV）。

（3）KKV 在飞行过程中持续接收指挥控制系统传输的目标（群）数据，对自身姿态进行修正，确保导引头对准目标（群）；随着双方距离的不断接近（小于 400km），目标（群）出现在导引头视场中，KKV 捕获目标（群），进入末制导飞行段。

（4）在寻的制导算法的支持下，KKV 依靠姿态控制系统与轨道控制系统不断修正自身状态，抑制目标机动、环境噪声等因素造成的偏差；随着目标（群）在导引头视场中逐渐清晰，弹上计算机完成真假目标识别与瞄准点锁定。

（5）KKV 与目标精确碰撞并摧毁目标。

需要强调的是，尽管在上述案例以及现有的大多数装备中，动能拦截器均以载荷形式被运载火箭发射升空并释放，但这并非是部署和使用动能拦截器的唯一方式。美军在 1985 年立项的"星球大战"计划（Strategic Defense Initiative, SDI）中曾提出要部署天基动能武器，即以在轨平台搭载动能拦截器载荷，平时潜伏飞行，发现来袭目标后通过轨道机动接近目标并实施动能拦截。尽管该计划并未付诸实践，但其给出了使用动能拦截器的另一种模式。在此种模式下，动能拦截器的工作过程与上文所述略有不同，即省去了地基发射环节，增加了天基释放环节，动能拦截器释放后，其工作过程基本一致。

12.1.3　动能武器毁伤机理

如前所述，动能武器是依靠动能来杀伤目标的，经典牛顿力学给出了动能的数学形式，即

$$E = \frac{1}{2}mv^2 \tag{12.1}$$

式中，E 为物体的动能；m 为物体质量；v 为物体的运动速度。

当一个弹丸撞击一个目标时，关注点就从弹丸受到的力转移到目标受到的力上。这两个力是相关的。弹丸对目标施加的力可能会损毁目标，目标对弹丸施加的力会使弹丸减速，而且可能损毁弹丸，两个力恰恰相反。在评估动能武器与其攻击目标之间的相互作用时，两个定律非常有用。一个是能量守恒定律，即弹丸损失的能量一定传递到了目标上。因此，当一个弹丸以某个速度穿入一个目标，再以某个较低的速度穿出这个目标时，弹丸在穿入与穿出之间的动量之差就是传递给目标的能量。另一个是动量守恒定律。一个物体的动量是它的质量与速度的积，即 mv。动量守恒意味着，弹丸与目标在相互作用前后的动量之和不变。因此，如果一个目标初始是静止的，被一颗动量为 mv_0 的弹丸撞击后，该目标的动量与该弹丸的动量之和仍然是 mv_0。应用动量守恒定律时必须记住，速度都是矢量，因此它们的方向与大小都要计算在内。

12.1.3.1　影响毁伤效果的重要参数

当一颗动能弹丸击中目标时，我们希望其携带的大量动能会被传递给目标并将其损毁。哪些因素会影响弹丸击中目标时的能量呢？

1. 压强与冲量

压强是弹丸击中目标时在单位面积上施加的力，而冲量是整个击中时间内的力的总和（简单地说就是，施加力的大小乘以施加力的时间）。高的压强与大的冲量比低的压强或小的冲量更容易损毁目标。一颗子弹可向目标施加多高的压强与多大的冲量，取决于它的动能、形状及制造材料。例如，一颗极细或很尖的弹丸可在弹着点上产生非常高的压强，因为它的力都集中在非常小的面积上。用柔软、可变形的材料（如铅）制造而成的弹丸可以比非常坚硬的弹丸传递更多的冲量，因为后者击中目标后会在极短的时间内弹开。

2. 入射角度

斜射比垂直入射的效果要差。因此，弹丸入射目标的角度对弹丸与目标的影响都很大。如图 12.3所示，以大角度入射时，弹丸可能会弹开而对目标没什么影响，但是以小角度入射时则能穿透目标并造成严重的损伤。

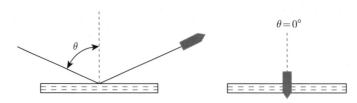

图 12.3　入射角度的影响

3. 目标的材料与形状

弹丸的材料与形状会影响其产生的压强与冲量，而目标的材料与形状会影响它被击中后的反应。有些目标的材料比较软，如果目标被非常坚硬且能抗打的材料包裹，就能受到保护。表 12.1 中列出了一颗标准的 7.62mm 北约步枪子弹穿透不同厚度的材料时所需的动能。

表 12.1　7.62mm 子弹穿透目标时所需的动能

目标类型	穿透所需能量/J
无保护措施的人	80
23cm 厚的木头	200
极轻的护甲	770
0.5cm 厚的混凝土	1500
1.2cm 厚的砖头	3000

12.1.3.2　不同的毁伤强度

影响目标损毁的参数有很多种，怎么才能将这些参数实现最优组合以达成对目标的期望损毁效果呢？首先，需要认识到，当一颗弹丸击中目标时可能产生多种效应，这些效应都可能足以损毁目标。图 12.4 中列出了部分可能的效应。

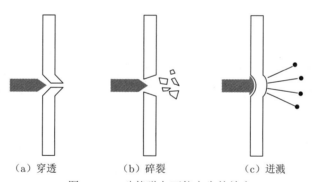

(a) 穿透　　　　(b) 碎裂　　　　(c) 迸溅

图 12.4　动能弹丸可能产生的效应

如图 12.4（a）所示，一颗弹丸可能只是撕开目标的材料，将其推挤到一边再刺穿目标表面。如图 12.4（b）所示，一颗弹丸可能击碎目标的材料，而弹丸与目标的碎片都从目标的后表面溅出。如图 12.4（c）所示，一颗弹丸可能并不穿透目标，但其撞击产生的冲击波会穿过目标并使其背面的材料迸溅，这也被称作分裂，即在不穿透目标表面的情况下损毁目标。

从军事角度看，图 12.4 中的这三种结果都可以损毁目标或使目标失去作战能力。然而，达成这三种结果的标准互不相同，对弹丸的形状、能量及其他参数的要求也有所差异。图 12.4 只是列出弹丸击中目标时可能发生的诸多现象中的一小部分。通常，会发生什么结果不仅取决于弹丸的动能、材料及形状，还取决于目标的材料与厚度。当一个固体受到不同时长的压强与冲量时，预测会发生什么结果是一件复杂的事情，所以只有了解目标的类型与材料，才能精确预测损毁程度。

12.1.3.3　超高速撞击

弹丸以远远超过声速的速度撞击目标，这被称作超高速撞击。撞击初期，目标内部的原子间结合能量可以被忽略不计，目标的反应就像可压缩的液体（或气体）。而弹丸内部的原子间结合能量也同样可能被忽略不计，弹丸的反应也像液体一样，此时目标与弹丸的材料相互混合在一起。如图 12.5 所示，目标的初期反应就像一滴水落入一个小池塘。图 12.5 显示了当一颗速度约为 7000m/s 的球状铝丸撞击一块铝板时，而到了最后，这颗弹丸在撞击目标时发生了严重的变形，最终弹丸与目标之间完全没有了材料上的界限。

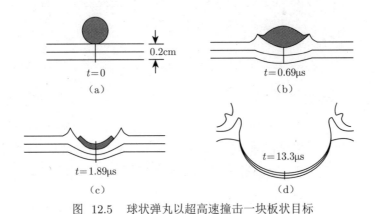

图　12.5　球状弹丸以超高速撞击一块板状目标

如果弹丸与目标确实是液体而非固体，撞击造成的破坏将会消失，就像是一块石头撞击在池塘的水面上会产生一个水坑，但很快就会被周围的水填满。然而，在固体目标的内部，当外部施加的应力小于其内部刚度系数时，目标材料会再次凝固。如此一来，图 12.5 中的撞击将在目标内留下一个弹坑，结果看起来就像图 12.5（d）的效果。

除了图 12.5（d）中显示的弹坑，还会有一块塑性变形的区域，那里的材料可能发生永久性的改变，在那块区域之外还会传递出一些弹性波。就像声波在空气中传递一样，这些弹性波也会非常有力。如果目标的后表面相距不是太远，当这些弹性波从目标的后表面反弹回目标的前表面时，它们也可以造成"热冲击"。这是因为目标表面的强度小于其内部的强度，表面的原子没有外围的原子束缚其运动。这种情形就像是挥动一条鞭子时，从鞭子手柄开始传递的波到达鞭子末端时会立即返回手柄，这可以使鞭子的末端以超声速运动，进而产生"声爆"的典型响声。

图 12.5 中的弹坑深度可以衡量这颗球状弹丸的穿透力。如果目标外层材料厚度小于这个弹坑深度，弹丸就会穿透，之后弹丸与目标材料的碎片将会散射进入目标内部。如此产生的次生弹丸将造成更为严重的军事意义上的伤害，因为大多数目标的表层下就是受保护的重要部件。重要的是，要有办法来预测一颗弹丸穿透特定材料及厚度的目标时需要达到什么条件。对于高速撞击，很容易通过试验的方法在弹丸的各项参数与弹坑的深度之间建立联系。这是因为，相关能量非常高，而弹丸会发生严重变形，因此弹丸的初始形状在撞击过程中就不再重要。更确切地说，这颗弹丸可以简单看作一个冲量来源，它只是将能量传送到目标的表面。

　　图 12.6可用于预估一定速度的弹丸穿透一定厚度的目标时所需的弹丸尺寸。假定需要用速度为 10km/s 的弹丸穿透一个 1cm 厚的目标。由图 12.6 可知，D/L 在此速度上的对应值约为 6，那么弹丸的尺寸就必须达到 $L \approx D/6 \approx 0.17$cm。通过这个例子可以发现，即使是太空中很小的一个碎片，当它以绕地轨道的正常速度飞行时也能损毁卫星。

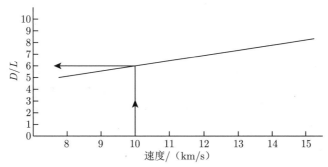

图　12.6　弹坑深度（D）与弹丸尺寸（L）的比与高速弹丸的速度之间的关系

12.2　定向能武器威胁

　　定向能武器是指利用沿一给定方向传输的能量，对该给定方向上的远距离目标产生强大杀伤力，而对其他方向上的目标没有杀伤破坏作用的武器，又称"束能武器"或"射束武器"。定向能武器可以分为激光武器、微波武器、声能武器和粒子束武器，通常由定向能束源、发射传输系统、目标俘获跟踪和识别系统以及效果评估系统等组成。定向能武器的主要特点：一是能量传播速度快，一旦发射即可命中；二是能量集中，作用距离远，可以对数百千米甚至上千千米以外的目标进行攻击；三是作战隐蔽性强，一般情况下能量传播肉眼不可见，难以被攻击方察觉和预判。定向能武器一旦投入使用，将在战争中发挥重要作用，对未来战场带来革命性的改变。例如，激光武器可以光速击中上千千米以外的目标，被攻击目标很难进行机动回避或对抗；微波武器能干扰和破坏建筑物内部的电子设备和器件，而不会使建筑物产生物理结构上的破坏及放射性污染。

12.2.1　高能激光武器

　　高能激光武器，又称强激光武器，是一种利用高能激光束摧毁飞机、导弹、人造卫星等目标或使之失效的定向能武器，其毁伤效果主要取决于功率密度和持续作用的时间。功率密度 I（W/cm^2）正比于激光器输出总功率 P，与作战距离 L 的平方和光束质量因子 β 的平方成反比：

$$I \propto \frac{P\eta}{\beta^2 L^2} \tag{12.2}$$

式中，η 为激光传输的透过率，对于地面使用的激光武器，η 就是大气透过率，气象条件和战场环境对大气透过率有不同程度的影响，雨、雾、霾等恶劣天气条件下激光武器可能无法使用；β 是光束质量因子，描述激光束发散度的指标，β 的理论极限值为 1，数值越大，光束质量越差，表示光束发散越严重，激光武器的有效作用距离越近。

12.2.1.1　激光武器的分类

根据不同的分类标准，激光武器可分为很多种，这里仅介绍四种常用分类方法，分别是用途、激光器类型、激光功率、承载平台。

根据用途的不同，激光武器可分为战略激光武器和战术激光武器两大类。战略激光武器是指能够达成战争最终目的、对全局起到决定作用、具有长远影响力的激光武器，其输出功率一般在兆瓦级以上，体积庞大，系统质量达数十吨，作用距离达数百千米甚至更远。战术激光武器是指能够达成阶段性战术目标、对战役起一定作用、具有短期影响力的激光武器，可用于对付小型舰船、火箭弹、无人机，还可用于光电对抗，甚至用于反恐、拒止等非军事行动，其输出功率一般在数十万瓦以下，系统结构紧凑，质量一般在 10t 以内，可以搭载于多种机动平台，杀伤距离在数十千米以内。

根据主激光器类型的不同，激光武器可分为化学激光武器、固体激光武器和新型激光武器等。化学激光武器的能量源于化学能，具有能量高、光束质量好和不需要外部电源等优点，但是存在体积规模庞大和战场维护不便等问题；固体激光武器的能量源于电能，以光纤激光器为主要代表，具有体积小、质量轻和性能稳定等优点；新型激光武器采用的主激光器在激光产生方式和激光能量光谱分布方面与常见激光器有显著的不同，以超连续谱激光器、光泵激光器和自由电子激光器（FEL）为主要代表，技术成熟度较低。

根据激光功率的不同，激光武器可分为高能激光武器（或强激光武器）和低能激光武器。其中，输出功率大于 20kW 或每个脉冲能量大于 30000J 时称为高能激光武器，高能激光武器的攻击对象是飞机、直升机或导弹等，距离相对较远，能达到毁伤的目的；低能激光武器的攻击对象是各种传感器、敌方指战员的眼睛等对激光极为敏感的器件或部位，距离较近，达到致眩的目的。

根据承载平台的不同，激光武器可分为地基（固定式和车载机动式）激光武器、空基（机载）激光武器、天基激光武器和舰载激光武器等。

与一般常规武器相比，激光武器具有以下突出优势：激光传输速度极快，瞬发即中；跟瞄精度高，能量利用效率高；抗电磁干扰强；攻击强度可控。但是，激光武器并非完美无缺，它也有明显的缺点：系统捕获跟瞄目标的能力要求高；在大气层内使用时易受环境影响；低强度时，效果评估难。

12.2.1.2　激光器及其工作原理

激光是一种由激活介质在激励装置的激励下经受激辐射并放大而形成的光，英文意思是"受激辐射的光放大"，缩写词为"LASER"。激光产生的基本原理如下。

（1）一个处于稳态的系统中，通常处于高能态的粒子数少于处于低能态的粒子数。如果处于高能态的粒子数多于处于低能态的粒子数，就出现了粒子数反转。

（2）这时，只要有一个能量合适的入射光子，就会迫使一个处于高能态的粒子受激辐射出一个与之相同的光子，这两个光子又会引发其他粒子受激辐射，从而实现光的放大。

（3）如果加上适当的谐振腔反馈便形成光振荡，最终发射出激光。

因此，激光产生需要满足实现粒子束反转、光放大、光振荡三个条件。

高能激光器是强激光武器的核心，用于产生高能激光束。激光器主要由增益介质、激励装置和光学谐振腔三部分组成，如图 12.7 所示。

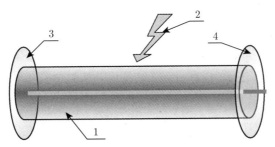

1—增益介质；2—激励装置；3, 4—光学谐振腔。

图 12.7　典型激光器组成

增益介质是指用来实现粒子数反转并产生光的受激辐射放大作用的物质体系，有时也称为激光工作物质或激光物质，介质种类有气体、固体、半导体、液体等（如氖、氢、二氧化碳、红宝石等具备亚稳态能级性质的物质）。

激励装置是指为使增益介质实现并维持粒子数反转而提供能量来源的机构或装置。根据增益介质和激光器运转条件的不同，可以采取不同的激励方式和激励装置（如光学激励、气体放电激励、化学激励等）。

光学谐振腔通常由具有一定几何形状和光学反射特性的两块反射镜按特定的方式组合而成，如图 12.8所示，其主要作用：高方向性（限制方向，沿轴线），高单色性（选频，只有与谐振腔共振频率相匹配才能形成振荡，限制腔内光的振荡模式），增强光放大作用。

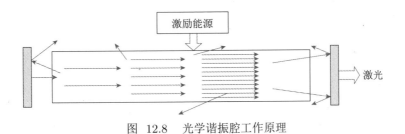

图 12.8　光学谐振腔工作原理

根据工作物质物态的不同，激光器可分为气体（原子气体、离子气体、分子气体）激光器、液体激光器、固体（晶体、玻璃）激光器、半导体激光器和自由电子激光器；根据激励方式不同，激光器可分为光泵式（利用外界光源发出的光辐照来激励工作物质）激光器、电激励式（利用放电过程来激励工作物质）激光器、化学（利用在工作物质内部发生的化学反应来激励工作物质）激光器和核泵浦（利用小型核裂变反应所释放出的能量来激励工作物质）激光器；按运行方式分，激光器可分为单脉冲激光器、重复脉冲激光器和连续脉冲激光器等。激光器主要指标包括波长、输出功率、时间特性、光束质量、光束稳定性、转换效率等。

12.2.1.3　光束控制

在激光传输过程中，将激光器输出光束的方向、相位以及强度的分布进行调整处理和控制，以满足系统规定的要求，这一过程称为激光光束控制，简称光束控制。光束控制一般包括捕获跟瞄、自适应光学、激光发射等过程。

1. 捕获跟瞄

捕获跟瞄通过红外、电视激光雷达等高精度光学瞄准设备实现作战目标的捕获、跟踪和瞄准，保证激光攻击时间内按照要求锁定目标（攻击部位）。其中，捕获是指发现并探测目标，把目标从背景和假目标中区分出来；跟踪是指利用光电传感器测量出目标视轴与跟踪轴间的偏差，使跟踪轴追踪目标；瞄准是指在跟踪基础上修正系统误差，使系统的主光轴对准目标，完成跟踪闭环。主要描述指标包括捕获视场（具有大的搜索范围），捕获能力（要求一定的分辨率），跟踪角度范围、角速度、角加速度，跟瞄精度，跟瞄距离。其中，跟瞄精度是影响激光能够毁伤目标的主要因素之一。

2. 自适应光学

自适应光学主要完成强激光大气传输过程中因湍流、热晕而引起的光束畸变等，以提高到达作战目标表面激光的光束质量（激光能量集中度），主要包括波前传感器（用来实时测量从目标入射的波前误差情况）、波前控制器（将波前传感器获取的波前畸变转化为对波前校正器的控制信号，实现自适应光学的闭环控制）、波前校正器（自适应光学系统的最核心器件，可以直接对波前相位进行调制，从而完成对波前误差的补偿，是自适应光学的执行器，决定了整个自适应光学的整体性能）三个部分。描述指标主要包括系统响应时间、大气畸变补偿能力等。需要说明的是，自适应光学分系统只在大气层内需要使用。

3. 激光发射

激光发射是由一级或多级扩束望远镜组成的，按照给出的数据，将由激光器输出的光束参数进行变换，实现光束参数匹配和像质匹配，将光束扩展到所需的通光口径后发射出去，并聚焦到目标上。其中最主要的描述指标是通光口径，后面会介绍到它是影响目标处功率密度的直接参数。

12.2.1.4 激光传输

对于激光武器来说，能量传播损耗是影响其毁伤效果的一个重要因素。

1. 激光在真空中传播

在真空状态下不存在吸收或散射光束的气体或粒子，因此光束的传播仅涉及衍射。激光所能达到的最小光束发散半角受到衍射极限角 $\theta_m = 1.22\lambda/D$ 的限制，而实际的激光束衍射角 θ_d 要比 θ_m 大，因此由衍射引起的光束发散半角可表示为

$$\theta_d = 1.22\frac{\lambda}{D}\beta \tag{12.3}$$

式中，D 为激光发射的有效通光口径；β 为光束质量因子，取值 $\geqslant 1$。

若发散角为 θ_d，激光器发射功率为 P，则激光在传播一段距离（符号表示为 L）后的光束半径为 $R_d = L\theta_d$，在不考虑其他因素的时候，目标处的功率密度 P_d 为

$$P_d = \frac{P}{\pi(L\theta_d)^2} \tag{12.4}$$

2. 激光大气传输特性

实际上，大气对激光传输的影响大致可以归结为四种大气现象：吸收、散射、折射和湍流。这四种大气现象都有不同程度的波长依赖性，对激光的传播有直接影响。此外，对

于高能激光传播，吸收现象还会引起非线性热晕效应，使激光光束能量降低、光斑尺寸变大。在真空衍射、大气湍流、大气热晕以及激光发射光轴的抖动等条件影响下，激光发射光束发射角会有一定程度的扩展，如下式所示：

$$\theta = \left(\theta_d^2 + \theta_t^2 + \theta_a^2 + \theta_i^2\right)^{\frac{1}{2}} \tag{12.5}$$

式中，θ_d、θ_t、θ_a、θ_i 分别为真空衍射、大气湍流、光轴抖动和大气热晕等引起的发散角的扩展。

在工程计算中，一般可以将大气湍流、光轴抖动和大气热晕带来的激光光束发散角的扩展由光轴精度统一表示，如下式所示：

$$\theta_{\text{半}} = \sqrt{\left(\frac{1.22\lambda}{D}\beta\right)^2 + (3\sigma_t)^2} \tag{12.6}$$

式中，$\theta_{\text{半}}$ 为激光发射半角；σ_t 为跟瞄精度。

因此，在目标处的激光功率密度可以采用如下计算方法进行估算：

$$P_d = \frac{P\eta}{\pi\left(L \cdot \theta_{\text{半}}\right)^2} \tag{12.7}$$

式中，η 为激光传输的透过率。

通过对式（12.7）的分析可知，P_d 与激光武器发射功率 P、发射口径 D 的平方成正比，与光束质量因子 β 的平方、波长 λ 的平方、作战距离 L 的平方成反比。

12.2.1.5　激光损伤阈值

影响激光武器毁伤效果的另一个重要因素是激光损伤阈值。激光辐射到目标表面之后，可能产生一系列的热学、力学等物理和化学过程，使目标的某些部件受到暂时或永久性损伤，其杀伤效果与激光光源、外界环境及材料参数有关，主要分为软毁伤和硬毁伤两种损伤效应。

1. 软毁伤

软毁伤主要是干扰效应，用激光破坏导弹或制导炸弹等精确制导武器的导引头等易损部件，或暂时干扰、致盲或永久致盲目标上的光学传感器。

2. 硬毁伤

硬毁伤是指用激光破坏目标的金属等结构件，或摧毁目标上的光学传感器甚至是平台。一般包括热效应、激波效应、等离子体效应等多种效应综合作用的结果。

（1）热效应：主要包括软化效应和热烧蚀效应。当辐照的激光功率比较低时，靶材所吸收的激光能量使靶材的局部温度升高，但低于靶材的熔点，这时，虽然不能烧蚀破坏，但是将改变结构的物理性能和力学性能，使屈服强度和拉伸强度下降，这种现象称为软化效应。当辐照的激光功率较高时，部分激光能量被靶材吸收，快速转化为热能，使被击目标材料表面熔化、气化，蒸气高速向外膨胀，将一部分滴液甚至固体颗粒带出，从而使目标局部区域形成凹坑乃至穿孔，这个过程称作激光热烧蚀。

（2）激波效应：当目标受到激光照射时，在气化阈值以上，所产生的蒸气向外喷射，在极短时间内给靶材以反冲作用，相当于一个脉冲载荷作用到靶材表面，于是在固态材料中形成激波。激波传播到靶材后表面产生反射后，可能将靶材拉断而发生层裂破坏，裂片飞出时产生一定的动能。这种激波可能与热效应相结合，产生比单独的发热或激波更强的杀伤力。

（3）等离子体效应：目标靶表面因气化形成光致等离子体云，等离子体一方面吸收光束能量使激光在目标表面发生衰减，对激光起屏蔽作用，另一方面却能够辐射紫外线甚至X射线等电磁波，使内部电子元件损伤。X射线在光谱中能量很高，可从几十兆电子伏特到几百兆电子伏特，具有极强的穿透能力，它可使感光材料曝光，作用时间较长时可使物质电离改变其电学性质，也可以对材料产生光解作用使其发生暂时性或永久性色泽变化，对固体材料造成剥落、破裂等物理损伤。

根据到达目标的激光功率密度和能量不同，可以达到破坏平台、摧毁导弹/无人机、损伤光学系统等不同目的，具体参数对应关系如表 12.2 所示。

表 12.2　激光损伤效果分析

序　号	破坏系统	破坏类型	功率密度
1	平台	破坏太阳能电池板、结构材料	10^3W/cm^2 量级，辐照若干秒
2		改变温控部件性能	10^2W/cm^2 量级，辐照若干秒
3	导弹/无人机	摧毁战斗部/发动机/金属油箱（钢壳厚度约 10mm）	10^2W/cm^2 量级，辐照若干秒
4		摧毁复合材料蒙皮/非金属油箱	10^2W/cm^2 量级，辐照若干秒
5		摧毁雷达	10^2W/cm^2 量级，辐照若干秒
6	光学系统	损伤光学相机	10^2W/cm^2 量级
7		损伤光电探测器	10W/cm^2 量级
8		干扰光电探测器	10^{-6}W/cm^2 量级

12.2.2　高功率微波武器

微波是一种特殊形式的电磁波，具有特定的频率和波长，自身携带能量，并可在空间中传播。所谓高功率微波，就是指峰值功率非常高的微波，通常是指功率大于 100MW（$1\text{MW}=1 \times 10^6 \text{W}$）、频率为 1~300GHz（$1\text{GHz}=1 \times 10^9 \text{Hz}$）的电磁波。需要指出的是，受能量供给技术及物理极限等因素的限制，目前高功率微波是脉冲波，脉冲宽度为亚纳秒到百纳秒量级（$1\text{ns}=1 \times 10^{-9}\text{s}$）。例如，对于脉宽 100ns、功率 1GW（$1\text{GW}=1 \times 10^9 \text{W}$）的微波脉冲，所携带的能量约为 100J（功率 × 时间 $=1\text{GW} \times 100\text{ns}$），而一颗质量为 10g 的步枪子弹，出膛初速度约为 1000m/s，所携带的动能约为 5000J（$mv^2/2$），远远高于上述微波脉冲携带的能量。由此可以看出，目前高功率微波具有"高功率"的特征，但还不具备"高能量"的特征。

12.2.2.1　武器工作过程

高功率微波武器（HPM Weapon，HPMW）是指采用高功率微波作为攻击手段的一种定向能武器，简而言之，高功率微波武器就是采用高功率微波实施定向攻击的武器。具体而言，高功率微波通过天线定向发射，主要攻击敌方武器装备和作战体系中的电子设备，同时，对人员也具有损伤作用，是制衡信息化、智能化战争的一种非常重要的新质作战力量。

高功率微波武器因其类型不同，相应地其系统组成也各不相同，但其核心部分均包括高功率微波源分系统及高功率微波发射分系统，还有指控分系统、跟瞄分系统及运载平台等。高功率微波武器的系统组成如图 12.9所示。高功率微波由高功率微波源分系统产生，在跟瞄分系统的引导及指控分系统的控制下，通过高功率微波发射分系统实现对目标的定向攻击。高功率微波源分系统、高功率微波发射分系统构成武器的战斗部。

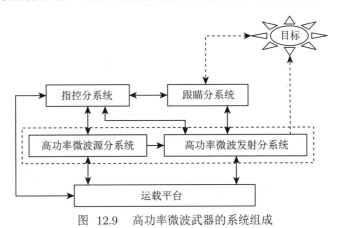

图　12.9　高功率微波武器的系统组成

高功率微波源分系统是武器的"弹药产生源"，不过这个弹药是高功率微波，它由初级能源、脉冲驱动源、高功率微波产生器件组成；高功率微波发射分系统是武器的"弹药发射前端"，它可以是紧凑型高功率微波发射天线，也可以是大型反射面天线或相控阵天线；指控分系统是武器的"大脑"，完成信息交互、处理和指令下达；跟瞄分系统是武器的"眼睛"，用于跟踪目标的运动状态；运载平台是武器的"腿"，为武器提供机动能力，可以是车辆、舰船、飞机、导弹、卫星等，当然对于大型地面固定高功率微波武器，不存在运载平台。

高功率微波武器对目标实施打击的全过程可为三个阶段：高功率微波的产生、高功率微波的发射与传输、高功率微波对目标的杀伤，如图 12.10所示。

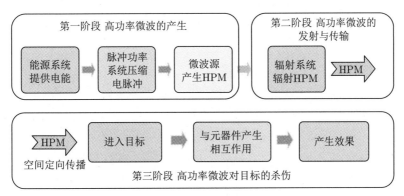

图　12.10　高功率微波武器工作流程

1. 第一阶段：高功率微波的产生

该阶段的功能由高功率微波源分系统实现，将电能、化学能或核能等转化为高功率微波的电磁能。高功率微波源通常由初级能源、脉冲驱动源、高功率微波产生器件三部分组成。初级能源负责能量的存储和供给，先长时间存储能量，在需要时快速释放能量给脉冲驱动源；脉冲驱动源实现能量压缩，将初级能源提供的低功率长脉冲的电能压缩成为高功率窄脉冲的电能，产生高功率的电脉冲；高功率微波产生器件负责能量转化，在脉冲驱动源提供的高功率电脉冲作用下产生高速电子束，高速电子束激发高功率微波产生器件内的电磁场产生微波，并通过与微波之间的相互作用不断将自身携带的动能交给微波，实现能量从电子束到微波的转移，产生高功率的微波脉冲。能量存储与压缩的过程就好像弩箭击发过程，其中，射手搭箭拉弓就是在积累能量（机械能），这段时间相对较长，而扣动扳机后的弓弦反弹则是能量的释放过程，这段时间相对很短，积累的能量瞬间释放，导致箭矢快速射出，产生的功率显著提高。又比如，水库蓄水是个较慢的过程，若蓄满后突然开闸，则瞬间放水产生的功率就会非常高。而能量转化的过程好比电风扇，在电能的驱动下，风扇叶片转动，转动的风扇又带动周围空气的流动，从而实现将电能转化为空气分子的动能。

2. 第二阶段：高功率微波的发射与传输

该阶段由高功率微波发射分系统实现，将高功率微波源产生的高功率微波转换为更有利于定向辐射的模式并以笔形束的形式辐射出去。对于地（海）基等大型高功率微波武器，由于不能抵近攻击，要求发射系统具有增益高、可波束扫描等基本功能，因此系统较为复杂。典型系统主要包括模式转换器、馈源喇叭、波束波导、反射面和伺服控制系统等。对于紧凑型高功率微波武器，由于对体积和质量有极高的要求，因此要求发射分系统尽量简单，发射分系统可能只由模式转换器和紧凑型辐射天线两部分组成。模式转换器负责将高功率微波源产生的不利于定向辐射的微波模式转换为利于定向辐射的微波模式，以避免能量不能有效集中在目标上；辐射天线系统将微波以笔形束的方式定向辐射出去，大型辐射天线还可以实现波束扫描，天线系统的定向性体现在天线的增益 G 和波束宽度 $\Delta\theta$ 上，波束宽度越小，天线方向性越好，天线的增益也就越高。在高功率微波系统中经常用到等效辐射功率（Effective Radiated Power，ERP）这个概念，它的定义为天线增益 G 与高功率微波源输出功率 P 的乘积（ERP= PG），表示了由于天线的聚束能力对辐射功率的增强，根据武器的等效辐射功率可更方便地计算高功率微波武器作用到距离 R 处的目标上的功率密度，即到靶功率密度。

3. 第三阶段：高功率微波对目标的杀伤

该阶段包括能量的传输和对目标的作用。高功率微波发射系统辐射出来的高功率微波在空间中以一定发散角（对应波束宽度）向外传播，在真空中辐射微波的传播路径为直线，传播速度为光速，最终到达目标，通过一定的方式进入目标内部，与其内部敏感电子元器件产生相互作用，从而对目标造成损伤。而当高功率微波在大气中传播时，由于大气成分、大气密度变化等因素的影响，会发生一些特殊的现象，对到达目标处的高功率微波的技术指标产生影响。这一部分内容将在 12.2.2.2 节做出更详细的讨论。

由上述高功率微波武器工作过程可以看出，高功率微波武器具备一些不同于传统武器的特征：

（1）高功率微波的作用对象是目标内的电子器件，具有"致命"和"非致命"双重性；

（2）高功率微波射束以光速攻击，可以有效杀伤高速目标；

（3）高功率微波可以实施定向攻击，对瞄准精度要求不高；

（4）高功率微波具备面杀伤的能力，可以攻击多个目标；

（5）高功率微波攻击附带损伤小，作战隐蔽性强。

12.2.2.2 微波传输

1. 高功率微波在真空中的传播

如上文所述，高功率微波在真空中以光速沿直线传播，但由于微波波束会发生扩散，高功率微波武器产生的能量没法完全聚集在目标上，因此要计算目标吸收的能量就需要先知道微波到达目标处的功率分布，即到靶功率密度：

$$S = \frac{PG}{4\pi R^2} = \frac{\text{ERP}}{4\pi R^2} \tag{12.8}$$

若目标的等效耦合面积为 σ，以带有接收天线的目标为例，目标的等效耦合面积即目标接收天线有效面积，设接收天线的增益为 G_rR，微波波长为 λ，根据天线有效面积公式有

$$\sigma = \frac{G_r\lambda^2}{4\pi} \tag{12.9}$$

则目标吸收的微波功率可表示为

$$P_r = \sigma S = \frac{PG}{4\pi R^2}\frac{G_r\lambda^2}{4\pi} = \frac{PGG_r}{(4\pi)^2 R^2/\lambda^2} = \frac{PGG_r}{L_p} \tag{12.10}$$

式中，L_p 为自由空间传输损耗，表示在一定的波长下微波在自由空间中传播时，发射功率随着传播距离的增大自然扩散引起的损耗，即

$$L_p = \left(\frac{4\pi R}{\lambda}\right)^2 \tag{12.11}$$

由式 (12.10) 和式 (12.11) 可以看出，对于带有接收天线的目标，目标吸收的微波功率正比于武器发射的功率、武器的发射天线增益以及目标接收天线的增益，反比于自由空间传输损耗。也就是说，可以通过增大武器功率和武器发射天线增益的方式来提高能被目标吸收的微波能量；目标距离越远，自由空间传输损耗越大，为达到相同的攻击效果，所需要的等效辐射功率也就越大；目标接收天线增益越大，吸收的微波功率也就越多，微波的作用效果越强。

2. 高功率微波在大气中的传播

在真空中，微波沿直线传播，除了由扩散引起的自由空间传输损耗外，没有其他衰减和不利效应。然而真空只是微波能量在大气中传输的一种理想情况。实际上，微波在大气中传输时，不可避免地将受到传输效应的影响，对所有形式的高功率微波武器来说，大气传播的复杂程度远超真空传播。由于大气衰减和雨雾衰减，微波波束在大气中会被吸收，从而损失能量；大气折射随海拔高度的自然变化会导致微波波束弯曲，从而延长微波传输距离；如果波束功率密度过高，大气将被击穿，从而阻止微波的传输。这些效应都会对微波武器的作战效能带来一定影响，尽管如此，相比于波长更短的激光，大气对微波传输的影响要小很多，特别是在 15GHz 频率以下，即使是在更高频段，也可以找到微波传输的大气

窗口，以尽量减少大气传输带来的损耗。另外，当高功率微波武器用于攻击非地面目标时，仰角相对会比较大，这种情况下只要穿过了底层高密度大气区域，就可以忽略大气衰减带来的影响。所以在一定程度上，高功率微波武器还是被认为具有全天候作战的能力。

12.2.2.3　高功率微波与目标的相互作用

高功率微波武器对目标造成毁伤，除了要保证有足够的能量传输到目标处外，还要确保有足够高的能量进入目标并与之发生相互作用。由前文可知，高功率微波波束具有固有发散性，且脉冲时间很短，因此到达目标处的功率密度也许足够大，但是能量密度却并不是很高。因此，通过集中大量能量熔化或气化目标的"硬"杀伤模式并不适合高功率微波，高功率微波作为定向能武器大多以打击"软"目标（目标内的电子元器件）为前提，此类目标具有电磁敏感性，微波可以利用这些弱点实现打击。比较棘手的是，微波可以利用的弱点取决于目标的设计构造——它的设计工作频率、元件的排列方式、外围"黑箱"的屏蔽情况等，因此，一般很难获取评估目标弱点所需的数据。这样一来，关于微波和目标的相互作用，只能进行笼统的定性讨论。

既然无法用微波将目标炸飞，也无法用微波将目标表面熔化出一个洞，那么该如何运用微波来杀伤目标呢？如何用较低的能量密度（无法直接熔穿的能量密度水平）来损伤目标或使之失灵呢？有两种方式可以让微波进入并损毁目标。最简单的杀伤方式是目标本身即微波接收机，如雷达或通信链路。在这种情况下，目标的设计目的是探测、放大、处理特定频率的微波信号，如果用频率相同但是功率密度远超预期的微波来攻击此类目标，目标的电路就很容易被损毁。由于微波进入目标的途径是通过目标自身的微波接收机（如天线），这种微波进入目标的方式叫作"前门"耦合；由于所用微波与目标的工作微波在同一频带，因此这种杀伤方式被称为"带内"杀伤。另一种杀伤方式则正好相反，进入目标的途径并非通过微波接收机这类前门器件，而是通过目标的窗口、孔缝等，这种微波进入目标的方式叫作"后门"耦合，又因攻击微波的频率与目标自身性质并无关联，因此这种杀伤方式称为"带外"杀伤。这两种方式都有其优点和缺点。

1.　"前门"耦合 ＋ 带内杀伤

微波要对目标实现杀伤，首先要进入目标内部。对于有微波接收器的目标，"前门"耦合是首选途径。

"前门"耦合是指微波脉冲通过目标系统的天线或传感器等途径直接耦合进入目标系统，耦合电流通过信号传输通道进入系统内部，并且主要沿线路分布，与线路板或电子元器件相互作用产生微波效应，从而实现带内杀伤。

如雷达接收机类的器件，必须能够探测和放大非常微弱的信号，如果接收到的信号过强，就会引发很大的电流，烧毁其电路板元件。现代设备的电线和电路元件要么是细细的金属条带，要么是蚀刻在电路板上的半导体，因此在面对微波攻击时格外脆弱，不需要引发很大的电流就可将其烧毁。任何电路都设计有额定功率，这是为了降温和散热，以免电流能量累积致使温度过高，烧毁电线和元件。额定功率一般基于电路的最大功耗而设计，一旦超过最大功耗，电路即可能因温度过高而损毁。

印制电路板中的电线宽度大约为 $1\mu m$，厚度可能还不到 $1\mu m$，横截面积一般低于 $10^{-8}cm^2$，对于这种电线尺寸，不到 $1mA$ 的电流就足以熔化其传导电路。加之这类电线一般都铺设在具有隔热作用的绝缘面板上，这样一来就大大限制了它们消散自身能量的效率，因此升温速度很快。

这些电线连接的固体元件在面对瞬时电流和电压时更加脆弱。半导体器件通常存在额定电压和额定电流，当瞬时强电流或强电场通过或加载在半导体器件上时，会导致 PN 结内的载流子增多引发雪崩击穿，致使半导体中的电流增大。由于电流能量累积速率与电流的平方成正比，于是此时电流能量累积速率随之迅速增大，这个过程时间极短，散热速率远远不足，能量的快速累积使半导体迅速升温，高温会导致半导体出现不稳定状态，同时进一步导致电流增大，进而引发更快速度的升温。这个过程称为"热失控"，经常用于研究半导体失效现象。热失控可以烧毁 PN 结，使半导体器件完全变成一个大电阻；还会引起半导体器件的引线和敷金属熔断，导致局部开路；同时可能导致半导体器件上的绝缘材料或者氧化层由于局部高温而绝缘性能降低，从而发生电压击穿。显然，过量的瞬时电流可以导致破坏性的半导体损伤。电路设计者可通过以下措施预防此类情况发生：当电流和电压信号超过某个阈值时，将电流分流至无害的线路。然而，在面对无法预知的脉冲形式和功率密度时，无论是进攻方还是防御方，都不能保证上述措施有效。而基于当下的超小型化、大规模集成电路发展潮流，电路板上的空间变得愈发宝贵，几乎没有增加保护电路或使用更宽、更耐用电线的余地。

对微波设备进行带内攻击的优点是武器功率能得到最大应用。攻击能量通过目标的微波接收天线正面进入目标，经内部电路放大后达到更具破坏力的能量等级。这种攻击方式的缺点是必须提前了解陌生目标的工作频率，或根据实时获取的频率信息调整微波武器的输出参数。而在搜集上述信息的同时，目标也不会无所事事。面对带内攻击，一种常用的反制措施是"跳频"。以雷达为例，可采用跳频措施使频率随每次脉冲而变化，这样一来，雷达就不会被固定频率的返回信号所干扰。虽然可以通过宽频带攻击来反制跳频措施，但是随之而来又产生了另一个缺点：武器的能量被分散在宽阔的频带上，只有一部分输出功率被目标所接收。最后，如果攻击的是一般目标，采用带外攻击可能更加合适。

2. "后门"耦合 ＋ 带外杀伤

相比于"前门"耦合，"后门"耦合的方式不需要了解目标的工作频率，更具有普适性。使用与目标工作频率不同的微波攻击目标，其杀伤原理是通过目标电路吸收的原始能量来造成破坏。虽然看起来似乎难以实现，但是现实中有很多随机电磁波破坏电路的案例。例如，雷暴可以引发房屋供电线路的电压波动，很容易损坏计算机、微波炉等没有防雷器保护的设备。干燥天气下，人走过地毯产生的少量放电甚至都会造成计算机系统的损坏或数据丢失，因此人们工作场所的计算机站点往往安装在接地面板上，操作员在触摸设备前必须先触摸接地面板。核武器爆炸产生的电磁脉冲（EMP）可以破坏距离爆炸地点很远的电子设备，因此军方投入了大量时间和精力来保护自己的系统免遭这种破坏。

那么微波能量如何进入目标内部？我们知道，多数目标表面都有金属面板，而电磁波是无法穿透金属面板的，因此只能通过目标表面的窗口或缝隙进入。"后门"耦合就是指微波脉冲通过目标系统的孔洞、缝隙、窗口或电缆接头等途径间接耦合进入目标系统内部，耦合产生的分布式感应场在腔体中形成复杂的微波空间场分布，并传播到整个系统内部，与腔体内的线路板或电子元器件相互作用产生微波效应，从而实现带内杀伤。

微波通过孔缝、窗口进入目标内部的原理是：由于微波的波长与孔缝、窗口的尺寸接近，通过孔径时会发生强烈的衍射，因此可以照射到目标内部被外层面板遮蔽的区域，在目标内部形成感应场。目标的设计者必然会尽可能地减少潜在的微波切入点，但是设计者必须通过广泛的测试来证明其努力是否有效。对于战略轰炸机或导弹等少数极其重要的目标来说，针对微波攻击进行全面的屏蔽和测试是切实可行的，但是对于卡车、小型电台等大量普通军事系统来说，进行此类屏蔽和测试工作并不现实。所有这些军事装备都有固态电路，因此面对微波攻击都可能具有脆弱性，只不过攻击者和防御者都无法对目标的脆弱程度进行量化。

微波进入目标内部之后又会如何作用？一旦微波进入目标内部，会在目标内部形成分布式感应场，由于目标内部的结构复杂，感应场会在目标内某些局部（如金属尖端、金属条带边沿、金属介质结合点等）产生场增强，引发感应电流，使其升温造成热损毁。热损毁的原理与带内攻击中电流烧毁传导电路类似。另外，在局部增强的电场作用下，目标内局部表面的微小凸起（通常称作"晶须"）会被气化从而产生等离子体，等离子体会继续吸收微波的能量并被点燃且缓慢移动，使得相邻区域温度升高，增强损伤效果。这就好像用火柴点燃纸的一角，产生的火焰（火焰的本质就是等离子体）会在纸上移动并不断将路径上的纸点燃，直至将整张纸烧毁。

3. 杀伤效果等级

对于微波对目标的这种杀伤模式，其效果会受到目标结构的具体细节的影响。由于微波的波长较长，在目标内部会发生衍射和干涉，因此很难预测实际应用中的具体情境，实验室中的测量结果也无法在作战条件下进行复制。考虑到上述不确定因素，设计人员无法为微波武器制定精确的杀伤阈值。针对某一目标的杀伤阈值并没有多大价值，除非知道得出这些数值的具体条件。因此，公开著作中的杀伤阈值只有在同时给出杀伤机制以及该杀伤机制下杀伤阈值对应的脉宽限制时才最有价值，然而一般情况下，公开著作中不会提供这些信息。无论是带内攻击还是带外攻击，最多只能参照公开著作中对于实现杀伤所需能量等级或功率的估算，以及实验室实验结论得出杀伤效果的定性分级，即杀伤效果等级，可以定义为以下四个等级。

（1）干扰。高功率微波作用使电子设备的工作状态出现超出容许范围的偏离，高功率微波脉冲过后短时间内，系统功能自动恢复的一种临时性的效应现象。

（2）扰乱。高功率微波作用使电子设备的工作状态出现超出容许范围的偏离，而高功率微波脉冲过后没有人为干预的条件下，电子设备功能不能自动恢复正常功能的效应现象。此时没有发生电子器件的物理损伤。

（3）降级。高功率微波作用使电子设备的关键器件性能下降或非关键器件损坏，从而导致整个受试设备性能下降的一种永久性效应现象。此时的电子器件的物理损伤不明显。

（4）损伤。高功率微波作用造成电子设备的关键器件、电子电气设备、子系统或系统的烧毁或致命损伤，正常功能不可恢复或丧失的永久性现象。此时电子器件发生较严重的物理损伤。

随着高功率微波技术的发展，高功率微波武器能力的提升及其杀伤效果研究也在逐步发展。高功率微波武器作为一种新概念定向能武器，可以通过产生强电磁辐射，干扰、扰乱、损伤敌武器装备和作战体系的电子系统，使其功能失效或降级，能有效增强攻防对抗和信息对抗能力，将成为未来信息战中一种重要的新型作战力量，兼具实战和威慑双重作用，是实施"不对称"战略的重要手段。

12.3　电子对抗

随着近年来太空竞争的日益激烈，维护太空安全需要在太空目标监视，太空控制（进攻性/防御性对抗），导航、定位和授时，情报、监视和侦察，卫星通信，导弹预警，太空环境监测，航天发射，航天测控等诸多领域权衡关键性任务。在不久的将来，上述所有航天任务都将可能在强对抗条件下进行。这种对抗环境包含一个最基本环境——电磁频谱环境。航天领域的电子对抗活动造成了对抗的电磁频谱环境，航天电子对抗是未来太空竞争中不可忽视的重要议题。"没有航天电子对抗，就没有真正的太空控制能力"，航天电子对抗更像是一种"航天软实力"，在未来的太空竞争中起着极其重要的作用。

12.3.1　电子对抗的基本概念

电子对抗的定义为：使用电磁能、定向能等技术手段，确定、扰乱、削弱、破坏、摧毁敌方电子信息系统、电子设备等，保护己方电子信息系统、电子设备正常使用而采取的各种战术技术措施和行动。其中，"确定"一词描述的是"电子对抗侦察"，即"电子支援"问题；"扰乱、削弱、破坏、摧毁"描述的是"电子攻击"问题；而"保护"一词描述的则是"电子防护"问题。因此，电子对抗本质上包含了三方面的基本内容，即"电子支援""电子攻击"与"电子防护"，如图 12.11 所示。

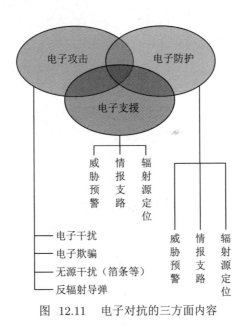

图 12.11　电子对抗的三方面内容

广义的电子对抗被定义为使用电磁能和定向能来控制电磁频谱或攻击敌人的军事行动，而更为狭义的电子对抗则将定向能独立出去，定义为使用电磁能控制电磁频谱或攻击敌人的军事行动，本书采用狭义的定义。电子对抗的主要活动通过利用电磁频谱的固有特点和缺陷来支持己方的全频谱运营，并阻止敌方使用电磁频谱的自由。许多电子对抗活动按其与电子战紧密相关的程度进行分类，无论何种定义，完整的电子战通常由三个部分组成：电子攻击、电子防护和电子支援。

12.3.1.1　电子攻击

电子攻击是电子对抗的重要组成部分，涉及使用电磁能或反辐射武器攻击敌方人员、设施或装备的军事行动，目的是降低、抵消或破坏敌方作战能力，并被视为战斗火力的一种形式（没有硝烟的炮火）。常见的电子攻击类型包括点干扰、阻塞和扫频电磁干扰。电子攻击行为还包括各种电磁欺骗技术，如虚假目标或重复目标生成技术，旨在将误导信息传送给敌人或敌方依赖电磁辐射的武器，从而降低或削弱敌方的战斗力。虽然新设备和战术层出不穷，相关技术和程序也不断发展，但电磁能量的物理学特性却始终保持不变。因此，尽管硬件和策略在不断发生变化，但有效的电子战活动仍然保持不变。

电子攻击有关的活动既可以是先发制人的进攻性活动，也可以是被动部署的防御性活动，包括通过使用各种装置和技术，削弱敌方活动的作战效能的电子对抗措施。典型的进攻性活动有：①干扰敌方雷达或电子指挥控制系统；②使用反辐射导弹压制敌方防空系统（反辐射武器使用从目标辐射的能量引导追踪辐射源）；③使用电子欺骗技术迷惑敌方情报、监视和侦察系统。防御性电子攻击使用电磁频谱来保护人员、设施、能力和设备，如自卫时使用消耗品（曳光干扰弹和主动诱饵）、干扰机、拖曳式诱饵、定向能量红外对抗系统和反无线电控制的简易爆炸装置系统等保护措施。

用于电子对抗的装置和技术包括光电红外对抗和无线电射频对抗。光电红外对抗包括采用光电红外材料或技术的任意装置或技术，这些材料或技术旨在削弱或抵消敌方光电红外活动的效能，特别是在精确制导武器和传感器系统方面。光电红外谱段是远红外线高端和紫外线低端之间的电磁频谱。光电红外对抗可以使用激光和宽带干扰器、烟雾/气溶胶、信号抑制剂、诱饵、烟火/引火物、高能激光或定向红外能量对抗等。无线电射频对抗包括采用无线电频率材料或技术的任意装置或技术，这些装置或技术的目的是削弱敌方在无线电谱段活动的有效性或实施特定的反击活动，特别是在精确制导武器和传感器系统方面。

12.3.1.2　电子防护

电子防护是电子战的一个组成部分，涉及为保护己方人员、设施和装备，防止因敌我双方电磁频谱的使用而削弱、压制或摧毁友军作战能力而采取的行动。例如，电子防护包括为确保友军使用电磁频谱而采取的行动，诸如无线电中的频率捷变或雷达中的可变脉冲重复频率等措施。电子防护不应与自卫措施混淆。防御性电子攻击和电子防护都可以保护人员、设施、能力和设备。但是，电子防护是要使我方免受所有电子攻击（包括我方、友军和敌人的电子攻击行动）的影响，而防御性电子攻击主要通过拒止敌人以引导或触发武器使用的电磁频谱应用来防止致命攻击。

相关的电子防护措施包括以下几方面。

（1）电磁加固，是指通过过滤、衰减、接地、耦合和/或屏蔽等措施，防止意外电磁能量造成的不良影响，以保护人员、设施和/或装备的措施或行动。

（2）电子遮蔽，是在友军频率上的受控制的电磁能量辐射，目的在于保护友军通信和电子系统的辐射，使其免受敌方电子战支援措施/信号情报发现的同时，又不会显著降低友方系统的正常运作。

（3）辐射控制，是有选择、有控制地使用电磁或其他类型的辐射来优化指挥和控制能力，同时最大限度地降低辐射，以保证作战的安全。例如，防止被敌方传感器探测；防止与友方系统之间的相互干扰；和/或对敌方采取军事欺骗计划的能力。

（4）电磁频谱管理，是指按照作战、工程和行政规程，规划、协调和管理电磁频谱的联合使用。频谱管理的目的是使电子系统能够在预期的环境中履行各自的功能，而不造成或遭受不可接受的干扰。

（5）战时备用模式，是指传感器、通信、导航装置、威胁识别、武器和对抗系统的鲜为人知的特点和特殊操作规程。如果在使用前，这些规程或特点不为敌方指挥员所知，则这些系统将有助于提高军事效能，但如果敌方指挥员事先知道，则可能被利用、消除或压制。战时备用模式受到严格的控制，平时很少使用，是故意采取的，以备战时或紧急状况下使用的，在使用前很少甚至从来没有被应用或截获过。

（6）电磁兼容性，是指利用电磁频谱工作的系统、装备和设备，在其预期的工作环境中正常运行，而不因电磁辐射或响应而遭受不可接受的性能下降或无意中引发性能下降的能力。它涉及类似电磁频谱管理的应用，以及系统、装备和设备设计配置和布局，目的在于确保系统不受干扰，以最大限度地提高作战效能。

12.3.1.3　电子支援

电子支援旨在搜索、拦截、识别、定位或掌握有意和无意辐射的电磁资源，以便立即实现威胁确认、目标指示、规划和开展未来电子战行动。与电子支援有关的措施包括以下几方面。

（1）电子侦察：探测、定位、识别和评估国外电磁辐射。

（2）电子情报：源自国外非通信电磁辐射的技术或地理情报，但不包括核辐射或放射性辐射。

（3）电子安全：通过采用各种有计划的措施，阻止未经授权的人员通过对非通信电磁辐射（如雷达）的截获和研究获得有价值的信息。

12.3.1.4　航天电子对抗

"航天电子对抗"是指"电子对抗"相关概念在航天领域的延伸和拓展。航天电子对抗行动中，要么被攻击的目标在太空（空间），要么攻击的武器在太空（空间），因此它又可分为在太空电子对抗和对太空电子对抗。按被攻击的目标的具体位置又可分为天对天电子对抗、天对地电子对抗、地对天电子对抗、地对地电子对抗等。

航天电子对抗行动中，根据被攻击的目标的不同类型又可分为信息链路对抗、传感器对抗和综合体系（平台）对抗等。其中，信息链路对抗主要的电子攻击目标是通信、数据中继、广播电视、卫星导航等卫星通信、数据传输与导航信息传递的射频链路；而传感器对抗主要的电子攻击目标则是各类型的传感器，包括雷达成像卫星、光学成像卫星、导弹预警卫星、电子侦察卫星等。

　　航天电子对抗，尤其是电子攻击与电子防护都是以电磁信号为载体的，因此，信号的概念是至关重要的。另外，电子对抗除了以信号为载体实现电子干扰，还可以利用反辐射导弹实现硬摧毁，因此航天电子对抗的对抗场景可分为"软攻击"与"硬摧毁"两种。

12.3.2　信息链路干扰

12.3.2.1　链路干扰的基本概念

　　信息链路干扰，通常是对卫星上行射频链路、下行射频链路或星间射频链路释放电磁干扰信号，使信号接收机无法解调还原信息的电子对抗行动，使航天器与航天器之间、航天器与地面系统之间信息链路断开，其基本原理如图 12.12 所示。

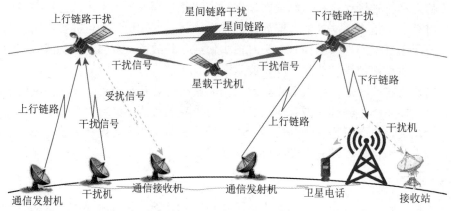

图　12.12　信息链路干扰示意

　　信息链路干扰主要有三种实现形式，分别是上行链路干扰、下行链路干扰以及星间链路干扰，如图 12.13 所示。

图　12.13　信息链路干扰的实现形式

1. 上行链路干扰

　　上行链路干扰亦称为轨道干扰，通常是干扰信号直接针对卫星信号转发器的接收端发起的链路对抗。大部分位于地球同步轨道的通信卫星、数据中继卫星均充当信息中继节点，会通过特定功能的信号转发器重新将地面站上传的信号（信息）或其他卫星发来的信号（信息）分发给地面用户终端。上行链路干扰信号可以起源于卫星接收天线波束内的任何地方，并且可淹没原始信号，使得由卫星重新发送并由地面上用户接收的信号包含不可分辨的噪声。由于卫星服务区域内的所有用户（被称为覆盖区）都受到影响，因此影响范围可能非常广。其典型的实现形式是地对天电子对抗，卫星系统直接承受干扰攻击。

2. 下行链路干扰

下行链路干扰亦称为地面干扰，通过向特定区域的用户发送广播信号来干扰卫星服务的地面用户。干扰机波束覆盖范围之外的用户不会受到干扰机的干扰。导航战中对卫星导航接收机的干扰、通信卫星对抗/测控链路对抗中对特定地面站和特定卫星通信频段的阻断都是典型的下行链路干扰。其实现形式可以是天（空）对地电子对抗、地对地电子对抗等。在下行链路干扰中，卫星本身不受干扰，但依赖卫星信号的特定用户终端或卫星信号接收站将直接承受电子攻击。

3. 星间链路干扰

星间链路干扰亦称星间干扰、有利位置干扰，是干扰信号直接针对卫星接收端发起的链路对抗。不同于上行链路干扰，星间链路干扰针对的链路通常具有"点对点信息传输"的特点，信息链路波束极窄，因此实现的可行途径是采用轨道干扰机实施抵近干扰，即天对天电子对抗。由于干扰机距离被干扰目标信号接收终端距离很近，且通常位于信息链路两个节点连线上，因此干扰机占据"有利位置"，干扰功率需求低，干扰效果好。但是，干扰实现的技术难度较大，主要是需要对干扰机实施精确的轨道跟踪和变轨设计等。

12.3.2.2　链路攻击的基本原理

电子对抗的核心研究内容始终围绕被干扰目标的有用信号与战场上敌我双方辐射的干扰信号之间在能量域的斗争以及这种斗争的后果而展开。从原理上讲，敌我双方在信号域的斗争可以模型化为有用信号与干扰信号之间的功率关系，以及这种功率对比对被干扰目标的影响。

在信息链路干扰中，反映有用信号与干扰信号之间的功率关系的基本物理量定义为干扰信号功率与有用信号链路功率的比值，称之为干信比。干信比客观地反映了有用信号与干扰信号之间的功率关系以及功率对比。

信息链路通常用于从一点向另一点传输信息，其基本模型可用图 12.14 来描述。

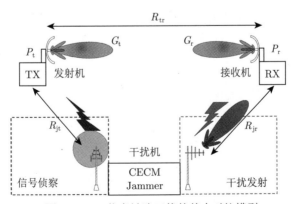

图 12.14　信息链路干扰的基本对抗模型

为了回答有用信号与干扰信号之间的功率关系，必须准确推算有用信号与干扰信号的功率。

1. 有用信号功率及其计算

图 12.15 所示为分贝形式的单向信息链路功率计算模型。

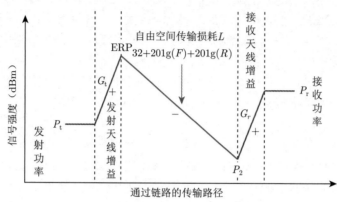

图 12.15　信息链路功率计算模型

信息链路接收终端接收的有用信号功率取决于发射信号在传输过程中所经历的信号传输历程，其中发射天线、接收天线起到一种功率放大的作用，而自由空间传输则是一种不可避免的信号衰减，于是有

$$P_r = P_t + G_t - L_{tr} + G_r \tag{12.12}$$

式中，P_r 为接收机接收的有用信号功率；P_t 为信息链路发射端的发射信号功率；G_t 为信息链路发射端的发射天线增益；L_{tr} 为信号自由空间的链路传输损耗；G_r 为信息链路接收端的接收天线增益。在忽略其他非理想因素的情况下，L_{tr} 可根据自由空间传输损耗的计算方法进行计算。模型如下：

$$L_{tr} = \frac{ERP}{P_r} = \frac{ERP}{\dfrac{ERP}{4\pi R^2} \times A_0} = \frac{4\pi R^2}{A_0} \tag{12.13}$$

式中，R 为自由空间传输距离；A_0 为增益为 0dB 的权限天线等效接收面积。根据天线面积和天线增益的关系有

$$G_0 = \frac{4\pi A_0}{\lambda^2} == 1 \tag{12.14}$$
$$c = \lambda F$$

于是有

$$L_{tr} = \frac{(4\pi)^2 F^2 R^2}{c^2} \tag{12.15}$$

将其转换为分贝形式，原先的乘除法转变为加减法，有

$$L_{tr} = 20\lg\left(\frac{4\pi}{c}\right) + 20\lg(F) + 20\lg(R) \tag{12.16}$$

式中，频率 F 的单位为 Hz；距离 R 的单位为 m。

为了方便估算，将式 (12.16) 进一步变形，有

$$L_{\text{tr}} = 32.44 + 20\lg(F) + 20\lg(R) \tag{12.17}$$

式中，频率 F 的单位为 MHz；距离 R 的单位为 km。

2. 干扰信号功率及其计算

同理，根据信号单向链路计算方法，可得干扰信号进入信息链路接收机的功率为

$$P_{\text{rj}} = P_{\text{J}} + G_{\text{jt}} - L_{\text{JR}} + G_{\text{rj}} \tag{12.18}$$

式中，P_{J} 为干扰机发射的干扰信号功率；G_{jt} 为干扰机在信息链路接收机方向的天线增益；L_{JR} 为干扰信号到达信息链路接收机的信号链路的传输损耗，在忽略其他非理想因素的情况下，可根据自由空间传输损耗的计算方法进行计算；G_{rj} 为信息链路接收机在干扰机方向的天线增益。

3. 干扰信号与有用信号的功率关系

利用干信比可以客观描述干扰信号与有用信号的功率关系。其中，干信比的比例式的表达式为

$$\frac{J}{S} = 10^{(P_{\text{rj}} - P_{\text{r}})/10} \tag{12.19}$$

干信比的分贝式的表达式为

$$J - S = P_{\text{rj}} - P_{\text{r}} \tag{12.20}$$

12.3.2.3　链路攻击的基本效果

根据干信比与压制系数 K_{j} 的关系，可以判断干扰效果。其中，根据干信比的比例式的判据表达式为

$$\frac{J}{S} = 10^{(P_{\text{rj}} - P_{\text{r}})/10} \geqslant K_{\text{j}} \tag{12.21}$$

根据干信比的分贝式的判据表达式为

$$J - S = P_{\text{rj}} - P_{\text{r}} \geqslant K_{\text{j}} \quad \text{（dB）} \tag{12.22}$$

当干信比不小于压制系数 K_{j} 时，干扰有效。其中，K_{j} 称为干扰的压制系数，为达到有效干扰所必需的干信比门限，其取值与信息链路的调制体制、纠错能力、接收机抗干扰措施、干扰信号样式、干扰方式等密切相关。

12.3.3　传感器干扰

12.3.3.1　传感器干扰的基本概念

顾名思义，传感器干扰是指针对卫星传感器实施的电子对抗，主要目标是干扰、破坏和阻止卫星搭载的各种类型的传感器正确获取和识别待测信息，使传感器"看不了"。这些传感器按类型可分为光学成像传感器、雷达成像传感器、导弹预警（红外）传感器、气象传感器、核爆探测传感器等。传感器对抗的主要攻击目标是卫星上搭载传感器的信号接收

端，如光学成像传感器、导弹预警（红外）传感器、气象传感器的镜头、光电敏感器及雷达成像传感器的天线、信号接收端等。

就像太空支援作战一样，各种类型的卫星都将发挥独特的作用。通常，航天电子对抗行动中信息链路干扰和传感器干扰是需要同时实施、一体化设计的。例如，对卫星成像传感器的对抗，除针对特定的成像传感器设计专门的电子对抗行动外，还必须考虑卫星传感器在整个作战支援中的工作流程和作用发挥过程，综合设计针对传感器信息分发、测量控制的链路对抗行动，以彻底阻断其获取信息的向外传递，如图 12.16 所示。这种结合卫星在作战体系中的特殊地位和作用而设计和实施的航天电子对抗行动统称为综合体系（平台）对抗。所谓体系（平台）可以按多个航天任务领域划分，如航天侦察体系（平台）、导弹预警体系（平台）等，而针对这些不同任务领域的航天电子对抗均需要同时综合考虑链路对抗和传感器对抗的诸多问题。

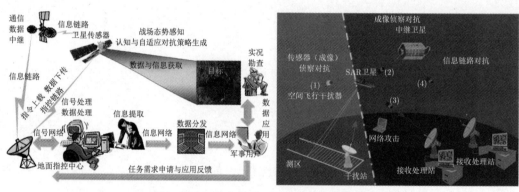

图 12.16   综合体系（平台）对抗基本概念

12.3.3.2   传感器干扰的基本原理

在传感器干扰中，反映有用信号与干扰信号之间的功率关系的基本物理量定义为干扰信号功率与有用信号链路功率的比值，称之为干信比。干信比客观地反映了有用信号与干扰信号之间的功率关系以及功率对比。不失一般性，以合成孔径雷达（SAR）卫星的对抗为例。

根据雷达方程，SAR 回波信号功率可描述为经过雷达发射、目标散射和双程自由空间传输衰减后再被雷达接收的信号功率。该模型如图 12.17 所示。

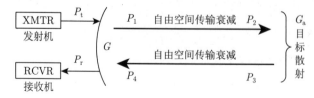

图 12.17   雷达回波信号传输模型

雷达回波信号功率模型的分贝形式如图 12.18 所示。

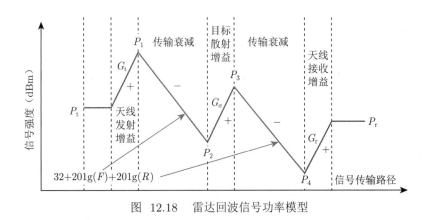

图 12.18　雷达回波信号功率模型

显然，在忽略一切非理想因素的条件下，雷达有用回波信号功率可描述为

$$P_r = P_t + G_t - L + G_\sigma - L + G_r \tag{12.23}$$

根据对抗场景模型，干扰信号在信号录取过程中直接向卫星接收机注入，根据信号传输单项链路方程，干扰信号功率为

$$P_{rj} = P_J + G_{jt} - L_J + G_{rj} \tag{12.24}$$

干扰信号功率模型如图 12.19 所示。

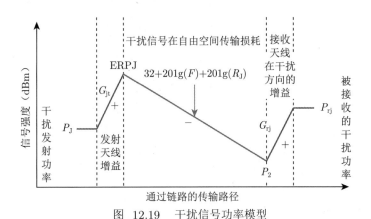

图 12.19　干扰信号功率模型

12.3.3.3　传感器干扰的基本效果

根据干信比与雷达压制系数 K_j 的关系，可以判断干扰效果。其中，根据干信比的比例式的判据表达式为

$$\frac{J}{S} = 10^{(P_{rj} - P_r)/10} \geqslant K_j \tag{12.25}$$

根据干信比的分贝式的判据表达式为

$$J - S = P_{rj} - P_r \geqslant K_j \quad (\text{dB}) \tag{12.26}$$

当干信比不小于压制系数 K_j 时，干扰有效。其中，K_j 称为干扰的压制系数，为达到有效干扰所必需的干信比门限，其取值与雷达的信号带宽、时宽、接收机抗干扰措施、干扰信号样式、干扰方式等密切相关。

由于 SAR 卫星沿轨道运动，对于固定位置部署的干扰机而言，干扰信号功率受雷达卫星接收机天线增益的影响很大。根据干扰信号功率的表达式：

$$\begin{cases} P_{rj} = P_J + G_{jt} - L_J + G_{rj} \\ P_r = P_t + G_t - L + G_\sigma - L + G_r \end{cases} \tag{12.27}$$

其中，在雷达性能、干扰功率、干扰发射天线增益、空间几何关系确定的情况下，影响干信比的最重要的因素是 G_{rj}，即雷达天线在干扰信号到达方向的增益。由于雷达在运动，因此固定干扰机能够获得的天线增益 G_{rj} 是随时间变化的，显然会引起干信比的调制，而调制的规律与 G_{rj} 的变化规律一致。

干扰对 SAR 成像的影响通常满足如下规律：

（1）干信比（干扰功率与 SAR 天线主瓣回波信号功率之比）通常受目标 SAR 卫星天线方向图调制；

（2）干信比调制的时间规律与干扰压制效果强弱的时间规律通常一致；

（3）干信比大小与干扰压制效果强弱通常成正比例；

（4）干信比最强时段一定处于 SAR 卫星天线主瓣辐照干扰机布设区域之时；

（5）干信比最强时段辐照区域的干扰效果最好。

根据上述规律，正侧视条带 SAR 成像模式条件下的最佳干扰区如图 12.20 所示。

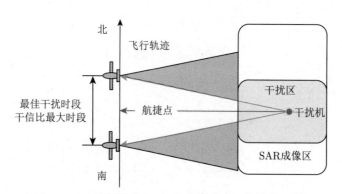

图 12.20　正侧视条带 SAR 成像模式下的最佳干扰区

可见，在正侧视条带 SAR 成像模式条件下，干信比最强时段辐照区域的干扰效果最好，即干扰机布设区域附近的干扰效果最好。SAR 卫星通常采用低副瓣天线，天线波束的主瓣辐照区才是其接收信号回波的主要部分。即使干扰机在整个卫星过境时段都开机工作且瞄准目标卫星辐射信号，但最佳干扰时段之外的干扰只能从极低增益的 SAR 天线旁瓣进入雷达卫星接收系统，很难达到实际的干扰效果。

因此，干扰对 SAR 传感器的影响最终体现在图像上的效果也受干信比变化规律的影响，当且仅当干信比不小于压制系数时成像区域才受影响，如图 12.21 所示。

需要注意的是，随着电磁频谱应用的泛在性越来越明显，电磁频谱已逐渐成为继地理域（陆、海、空、天、水下）、逻辑域（网络空间）的又一个典型作战域。如同在物理域和网络空间中一样，部队通过在电磁频谱内的机动和作战，来获得战术、作战和战略优势。随着 2020 年 5 月 22 日美国国防部发布了《JP3-85：联合电磁频谱作战》条令，首次在美国国防部层面提出了以"电磁战"这一术语替代"电子战"。新版条令的主要内容包括联合电磁频谱作战综述、联合电磁频谱作战的组织、联合电磁频谱作战规划、联合电磁频谱作战实施等。

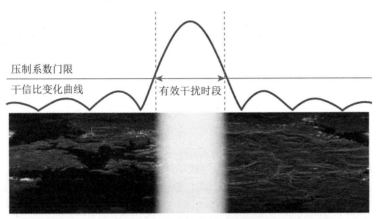

图　12.21　　干扰压制区与干信比的关系

《JP3-85：联合电磁频谱作战》条令明确："电磁战是指使用电磁和定向能来控制电磁频谱或攻击敌方的军事行动，包括三个组成部分：电磁攻击（EA）、电磁支援（ES）和电磁防护（EP）。电磁战是联合电磁频谱作战的关键，对联合部队在动态电磁环境作战并获得胜利至关重要。"

思考题

（1）　动能拦截器的工作过程是怎么样的？

（2）　在太空中，为什么要采用"直接碰撞方式"的动能拦截器摧毁目标，采用爆炸冲击波武器是否可行？

（3）　哪些因素会影响动能武器的毁伤效果？

（4）　你知道激光是怎么产生的吗？

（5）　激光损伤的主要效应有哪些？试推导真空及大气中激光到达目标处的功率密度公式。

（6）　高功率微波具备"高能量"的特点吗？为什么？

（7）　高功率微波与目标相互作用有哪两种途径？有何不同？

（8）　为什么航天电子对抗更像一种"航天软实力"？

（9）　使用电子对抗武器攻击敌方卫星导航系统的地面站，算不算航天电子对抗的范畴？为什么？

参 考 文 献

[1] 顾诵芬，史超礼. 世界航天发展史 [M]. 郑州：河南科学技术出版社，2000.

[2] 胡其正，杨芳. 宇航概论 [M]. 北京：中国科学技术出版社，2010.

[3] 郑晓虹，余英. 航天概论 [M]. 北京：人民邮电出版社，2013.

[4] 贾玉红，等. 航空航天概论 [M]. 3 版. 北京：北京航空航天大学出版社，2013.

[5] 尹志忠，孙真真，秦大国. 世界军事航天发展概论 [M]. 北京：国防工业出版社，2015.

[6] 李智，张占月，孙琰. 现代太空战 [M]. 北京：国防大学出版社，2016.

[7] 高耀南，王永富，等. 宇航概论 [M]. 北京：北京理工大学出版社，2018.

[8] 刘家辞，李晓敏，郭桂萍. 航天技术概论 [M]. 2 版. 北京：北京航空航天大学出版社，2018.

[9] TRIBBLE A C. 空间环境 [M]. 唐贤明，译. 北京：中国宇航出版社，2009.

[10] PISACANE V L. 空间环境及其对航天器的影响 [M]. 张育林，等译. 北京：中国宇航出版社，2011.

[11] 总装备部电子信息基础部. 太阳风暴揭秘 [M]. 北京：国防工业出版社，2012.

[12] 总装备部电子信息基础部. 太阳风暴对通信装备的影响与应对 [M]. 北京：国防工业出版社，2012.

[13] 总装备部电子信息基础部. 太阳风暴对雷达及导航装备的影响与应对 [M]. 北京：国防工业出版社，2012.

[14] 总装备部电子信息基础部. 太阳风暴对航天器的影响与防护 [M]. 北京：国防工业出版社，2012.

[15] 总装备部电子信息基础部. 太阳风暴的监测与预报 [M]. 北京：国防工业出版社，2012.

[16] 李智，陈凌云，张占月. 外层空间法规与政策 [M]. 北京：国防工业出版社，2013.

[17] 杨晓宁，杨勇，等. 航天器空间环境工程 [M]. 北京：北京理工大学出版社，2018.

[18] 罗小明，等. 军事航天导论 [M]. 北京：国防工业出版社，2018.

[19] BAO WEIMIN, WANG XIAOWEI. Develop Highly Reliable and Low-Cost Technology for Access to Space [J]. Embrace the New Space Ecomomy Era. AEROSPACE CHINA, 20(4):23-30.

[20] 张育林. 地月空间工程 [M]. 北京：国防工业出版社，2021.

[21] 刘林. 航天器轨道理论 [M]. 北京：国防工业出版社，2000.

[22] 杨嘉墀. 航天器轨道动力学与控制 [M]. 北京：中国宇航出版社，2001.

[23] 郗晓宁. 近地航天器轨道基础 [M]. 长沙：国防科技大学出版社，2003.

[24] 于小红，张雅声，李智. 发射弹道与轨道基础 [M]. 北京：国防工业出版社，2007.

[25] SELLERS J J, et al. 理解航天：航天学入门 [M]. 张海云，李俊峰，译. 北京：清华大学出版社，2007.

[26] HOWARD D CURTIS. 轨道力学 [M]. 周建华，徐波，冯全胜，译. 北京：科学出版社，2009.

[27] DAVID A VALLADO. Fundamentals of Astrodynamics and Applications [M]. Microcosm Press，2013.

[28] DAVID WRIGHT, LAURA GREGO, LISBETH GRONLUND. 太空安全物理学 [M]. 范丽，潘升东，张学阳，译. 北京：国防工业出版社，2014.

[29] HOWARD D CURTIS. Orbital Mechanics for Engineering Students [M]. Amsterdam Elsevier Ltd.，2020.

[30] 张雅声，徐艳丽，杨庆. 航天器轨道理论与应用 [M]. 北京：清华大学出版社，2020.

[31] 黄圳奎. 航天器姿态动力学 [M]. 长沙：国防科技大学出版社，1997.

[32] 李立涛，荣思远．航天器姿态动力学与控制 [M]．哈尔滨：哈尔滨工业大学出版社，2019．

[33] JAMES RICHARD WERTZ, WILEY J LARSON. Space Mission Analysis and Design [M]. Berlin: Springer，1999.

[34] PETERBOND. 简氏航天器鉴赏指南：典藏版 [M]．张琪，付飞，译．北京：人民邮电出版社，2012．

[35] PETER FORTESCUE, GRAHAM SWINERD, JOHN STARK, et al. 航天器系统工程 [M]．李靖，范文杰，刘佳，等译．北京：科学出版社，2014．

[36] 李颖，杨庆，芦雪，等．国外典型航天系统手册 [M]．北京：国防工业出版社，2016．

[37] 张庆君，刘杰，等．航天器系统设计 [M]．北京：北京理工大学出版社，2018．

[38] 柴洪友．航天器结构与机构 [M]．北京：北京理工大学出版社，2018．

[39] 苗建印，钟奇，赵啟伟，等．航天器热控制技术 [M]．北京：北京理工大学出版社，2018．

[40] 陈琦，刘治钢，张晓峰，等．航天器电源技术 [M]．北京：北京理工大学出版社，2018．

[41] 褚桂柏．航天技术概论 [M]．北京：中国宇航出版社，2002．

[42] 何友金，吴凌华，任建存，等．靶场测控概论 [M]．济南：山东大学出版社，2009．

[43] 朱一凡，李群，杨峰，等译．NASA 系统工程手册 [M]．北京：电子工业出版社，2012．

[44] 万全，王东锋，刘占卿，等．航天发射场总体设计 [M]．北京：北京理工大学出版社，2015．

[45] 王春利．航空航天推进系统 [M]．北京：北京理工大学出版社，2004．

[46] 杨月诚．火箭发动机理论基础 [M]．西安：西北工业大学出版社，2010．

[47] 李学锋，王青，王辉，等．运载火箭飞行控制系统设计与验证 [M]．北京：国防工业出版社，2014．

[48] 张卫东，等．运载火箭动力学与控制 [M]．北京：中国宇航出版社，2015．

[49] 赵军，术雷鸣．中国航天测控网的发展 [J]．现代军事，2003(02):24-26.

[50] 于志坚．我国航天测控系统的现状与发展 [J]．中国工程科学，2006(10):42-46.

[51] 王刚，武小悦．美国航天测控系统的构成及发展 [J]．国防科技，2010，31(05):87-91.

[52] 吴伟仁，李海涛，李赞，等.中国深空测控网现状与展望 [J].中国科学: 信息科学,2020,50(01):87-108.

[53] 张永生，王涛，张云彬．航天遥感工程 [M]．北京：科学出版社，2010．

[54] 魏文寿，张璞，肖继东．卫星遥感应用 [M]．北京：气象出版社，2013．

[55] OLSEN R C. 空天遥感 [M]．贾鑫，孙华燕，吴彦鸿，译．北京：国防工业出版社，2014．

[56] 蒋卫国，王文杰，李京．遥感卫星导论 [M]．北京：科学出版社，2015．

[57] 胡如忠，刘雪萍，楚良才，等．国产遥感卫星进展与应用实例 [M]．北京：电子工业出版社，2016．

[58] 侯妍，范丽，杨雪榕，等．太空信息支援 [M]．北京：国防工业出版社，2018．

[59] 孙学康，张政．微波与卫星通信 [M]．北京：人民邮电出版社，2000．

[60] 陈振国，杨鸿文，郭文彬．卫星通信系统与技术 [M]．北京：北京邮电大学出版社，2003．

[61] PRATT T, BOSTIAN C, JEREMY ALLNUTT. Satellite Communications [M]. 2nd Edition. New York: John Wiley and Sons Inc.，2003.

[62] 樊昌信，曹丽娜．通信原理 [M]．北京：国防工业出版社，2008．

[63] RODDY D. 卫星通信（原书第 4 版）[M]．郑宝玉，等译．北京：机械工业出版社，2011．

[64] 王春霆，张俊祥，潘申富，等．卫星通信系统 [M]．北京：国防工业出版社，2012．

[65] 赵志勇，毛忠阳，刘锡国，等．军事卫星通信与侦察 [M]．北京：电子工业出版社，2013．

[66] 赵洪利，杨海涛，穆道生，等．卫星通信导论 [M]．北京：国防工业出版社，2014．

[67] 兰友国，林明森，谢春华．HY-2 卫星地面应用系统运行控制方案设计与实现 [J]．中国工程科学，2014，16(06):13-20.

[68] 蒋兴伟，林明森，张有广．HY-2 卫星地面应用系统综述 [J]．中国工程科学，2014，16(06):412.

[69] 朱立东，吴廷勇，卓永宁．卫星通信导论 [M]．北京：电子工业出版社，2015．

[70] 张洪太，王敏，崔万照，等. 卫星通信技术 [M]. 北京：北京理工大学出版社，2018.

[71] 王海涛，仇跃华，等. 卫星应用技术 [M]. 北京：北京理工大学出版社，2018.

[72] 北京米波通信技术有限公司. 现代商用卫星通信系统 [M]. 北京：电子工业出版社，2019.

[73] 王惠南. GPS 导航原理与应用 [M]. 北京：科学出版社，2003.

[74] 陈秀万，方裕，尹军，等. 伽利略导航卫星系统 [M]. 北京：北京大学出版社，2005.

[75] 霍夫曼·韦伦霍夫，等. 全球卫星导航系统 GPS、GLONASS、Galileo 及其他系统 [M]. 程鹏飞，蔡艳辉，等译. 北京：测绘出版社，2007.

[76] 赵琳，丁继成，马雪飞，等. 卫星导航原理及应用 [M]. 西安：西北工业大学出版社，2011.

[77] 谢钢. 全球导航卫星系统原理——GPS、格洛纳斯和伽利略系统 [M]. 北京：电子工业出版社，2013.

[78] JEAN-MARIE Z. 卫星导航基础 [M]. 王元钦，侯孝民，马宏，译. 北京：国防工业出版社，2014.

[79] 黄丁发，张勤，张小红，等. 卫星导航定位原理 [M]. 武汉：武汉大学出版社，2014.

[80] 佩洛夫 А И，哈里索夫 В Н. 格洛纳斯卫星导航系统原理 [M]. 刘忆宁，焦文海，张晓磊，等译. 北京：国防工业出版社，2016.

[81] 国务院新闻办公室. 中国北斗卫星导航系统 [M]. 北京：五洲传播出版社，2016.

[82] 夏林元，鲍志雄，李成钢，等. 北斗在高精度定位领域中的应用 [M]. 北京：电子工业出版社，2016.

[83] 谢军，王海红，等. 卫星导航技术 [M]. 北京：北京理工大学出版社，2018.

[84] 陈军，余金峰，纪学军，等. GNSS 惯性导航卫星应用技术 [M]. 北京：北京理工大学出版社，2018.

[85] 曾德贤，李智. 太空态势感知前沿问题研究 [J]. 装备学院学报，2015(04):74-79.

[86] 杜小平，李智，王阳. 美国太空态势感知能力建设研究 [J]. 装备学院学报，2017，028(003):67-73.

[87] 尤政，赵岳生. 国外太空态势感知系统发展与展望 [J]. 中国航天，2009，000(009):40-44.

[88] 朱林泉，朱苏磊. 激光应用技术基础 [M]. 北京：国防工业出版社，2004.

[89] 蓝信矩，等. 激光技术 [M]. 北京：科学出版社，2009.

[90] 美国海军空间司令部. 美国海军太空教程 [M]. 杨雪榕，肖龙龙，侯迎春，译. 北京：国防工业出版社，2014.

[91] 英国国防部发展、概念与条令中心. 英国太空基础教程 [M]. 胡敏，夏鲁瑞，汪荣峰，译. 北京：国防工业出版社，2014.

[92] PHILIP E NIELSEN. 太空武器 [M]. 张占月，张志威，唐立文，等译. 北京：国防工业出版社，2014.

[93] 周炳琨，高以智，等. 激光原理 [M]. 北京：国防工业出版社，2014.

[94] 美国空军大学. 美国空军大学太空基础教程（2009 版）[M]. 杨雪榕，夏鲁瑞，肖龙龙，译. 北京：国防工业出版社，2015.

[95] 林英，张雁，康雁，等. 网络攻击与防御技术 [M]. 北京：清华大学出版社，2015.

[96] DAVID L ADAMY. 应对新一代威胁的电子战 [M]. 朱松，王燕，等译. 北京：电子工业出版社，2017.

[97] 徐锐敏，唐璞，等. 微波技术基础 [M]. 北京：科学出版社，2017.

[98] REBECCA REESMAN, JAMES R WILSON. The Physics of Space War: How Orbital Dynamics Constrain Space-to-space Engagements [R]. The Aerospace Corporation，2020.

[99] TODD HARRISON, KAITLYN JOHNSON, THOMAS G.ROBERTS, et al. Space Threat Assessment 2020[R]. The Center for Strategic and International Studies (CSIS)，2020.

[100] ANIL K MAINI, VARSHA AGRAWAL. Satellite Technology: Principles and Applications[M]. New Jersey: John Wiley & Sons Ltd.，2007.

反侵权盗版声明

电子工业出版社依法对本作品享有专有出版权。任何未经权利人书面许可，复制、销售或通过信息网络传播本作品的行为；歪曲、篡改、剽窃本作品的行为，均违反《中华人民共和国著作权法》，其行为人应承担相应的民事责任和行政责任，构成犯罪的，将被依法追究刑事责任。

为了维护市场秩序，保护权利人的合法权益，我社将依法查处和打击侵权盗版的单位和个人。欢迎社会各界人士积极举报侵权盗版行为，本社将奖励举报有功人员，并保证举报人的信息不被泄露。

举报电话：（010）88254396；（010）88258888

传　　真：（010）88254397

E-mail：　dbqq@phei.com.cn

通信地址：北京市万寿路 173 信箱

　　　　　电子工业出版社总编办公室

邮　　编：100036